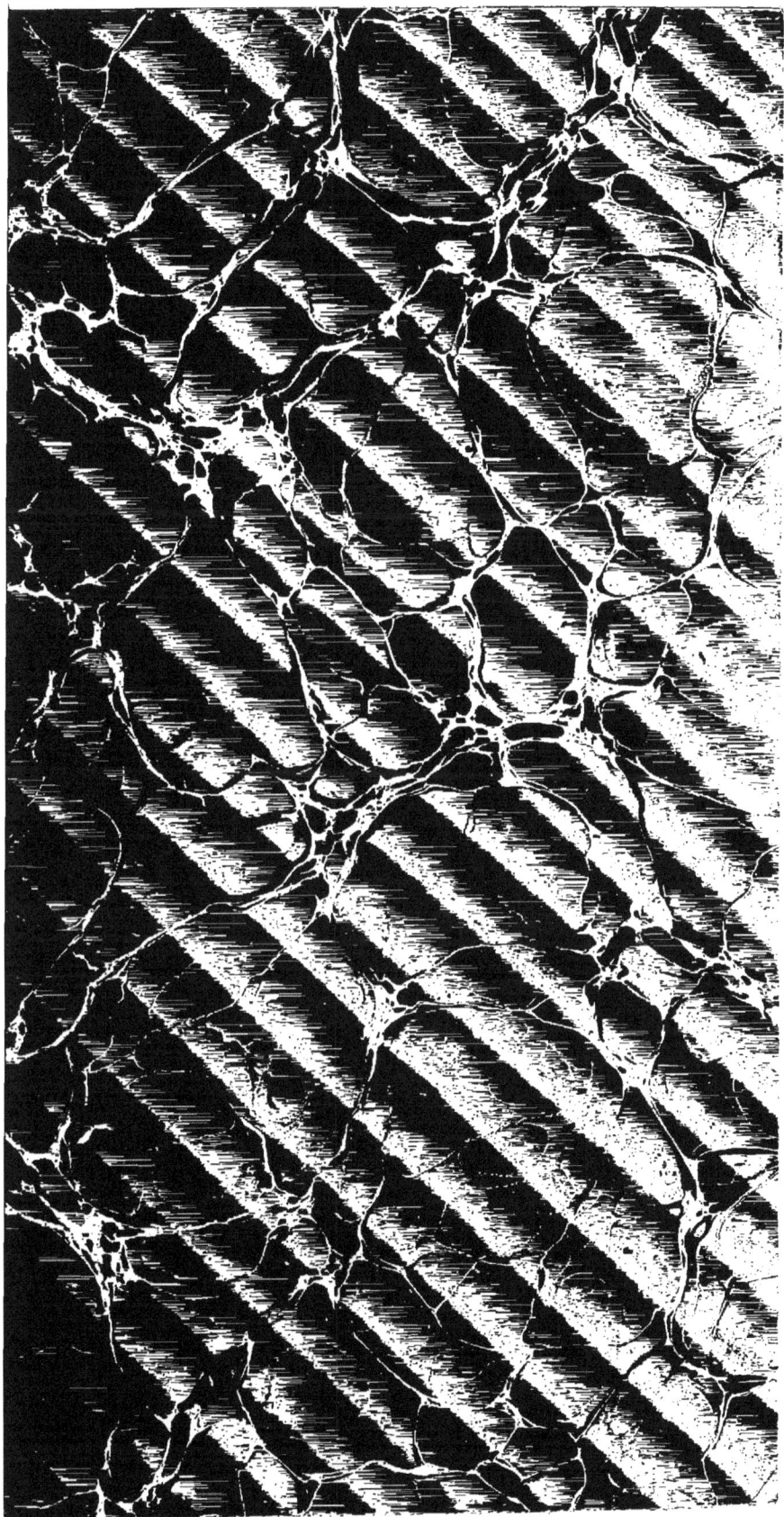

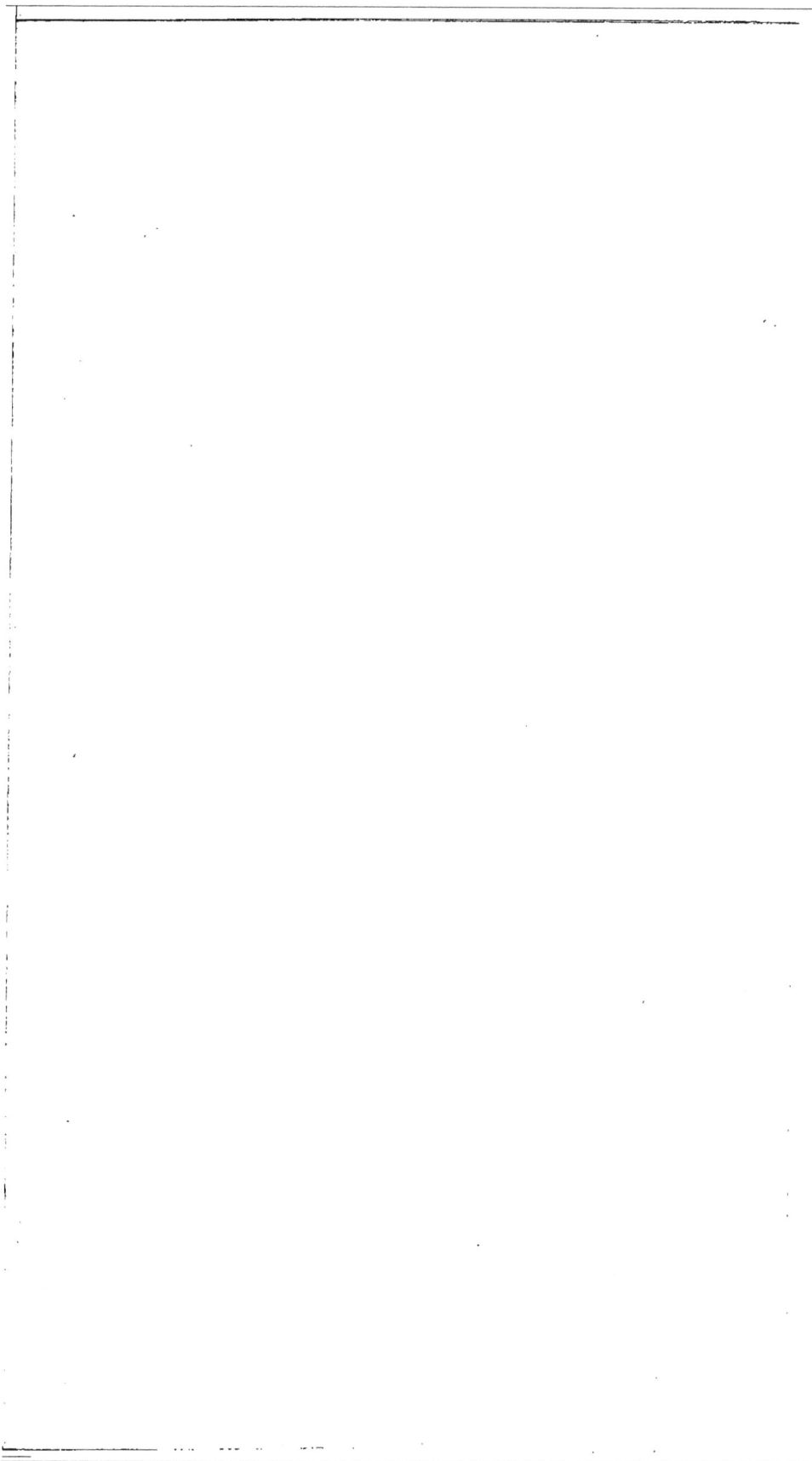

TRAITE

DE

L'ÉCONOMIE DU BÉTAIL.

TRAITÉ

DE

L'ÉCONOMIE DU BÉTAIL

PHYSIOLOGIE — RACES

AMÉLIORATION — ALIMENTATION

SPÉCULATIONS.

PAR

A. GOBIN

ANCIEN ÉLÈVE DE L'ÉCOLE IMPÉRIALE D'AGRICULTURE DE GRAND-JOUAN,
ANCIEN CHEF DES CULTURES
ET RÉPÉTITEUR DE ZOOTECHNIE A L'ÉCOLE IMPÉRIALE DE LA SAULSAIE, ANCIEN SOUS-DIRECTEUR
DE FERME-ÉCOLE, DIRECTEUR DE LA CAISSE DES ASSURANCES AGRICOLES,
A DREUX (EURE-ET-LOIR).

TOME PREMIER.

PARIS

IMPRIMERIE ET LIBRAIRIE D'AGRICULTURE ET D'HORTICULTURE
DE Mme Ve BOUCHARD-HUZARD
5, RUE DE L'ÉPERON.

AVANT - PROPOS.

A M. L. L., A MARSEILLE.

Les livres ont leur destin, mon cher ami, et il était
écrit que ce travail dont vous connaissez une partie
déjà, vous irait trouver sur les rivages de la Méditerranée. Quand vous le voudrez lire, installez-vous dans un
bois d'orangers en fleur ; les parfums de l'air vous feront peut-être passer sur l'aridité du livre. C'est un ami
que je vous envoie, un ami bien cher, croyez-le, mais
auquel, pour assurer votre accueil, je crois devoir re-
mettre cette lettre d'introduction ; c'est un fils pour moi,
je vais donc tâcher de vous dire ce que j'ai voulu le faire
et de vous faire pénétrer dans son cœur.

Quoique antique, le titre qu'il porte n'a rien de bien
élevé ; *zootechnie* eût offert plus de piquant à ceux qui
ne connaissent point le grec ; mais ce mot encore peu
répandu ne dit pas à tout le monde ce qu'il est, et puis,
je le crois un peu prétentieux. Ce n'est pas que *Traité
de l'économie du Bétail* soit beaucoup plus modeste pour-

tant, mais voyez quelle a dû être ma perplexité en présence de la pauvreté de notre langue. Et puis, c'est qu'un titre, c'est souvent la fortune d'un livre, tant de gens jugent sur le titre ! Il est vrai que j'avais la ressource de créer un mot nouveau, ou d'emprunter un ancien titre, celui-ci, par exemple : *Moyen infaillible de se faire plusieurs mille livres de rente, au moyen du bétail*, ou encore, *le véritable Art d'améliorer, multiplier et engraisser le bétail, et de s'en faire*, etc. C'eût été là, pour lui, un brevet probable de succès (*s. g. d. g.*), si surtout j'avais ajouté : *Ouvrage indispensable aux propriétaires, éleveurs, fermiers*, etc., etc. Ce que c'est que de nous ! Puisse cependant son titre sonore ne pas le compromettre dans le monde !

Et ici, nous allons nous trouver en désaccord formel ; vous m'aviez souvent conseillé de faire sur le bétail un livre élémentaire, écrit en style aussi fleuri que je le pourrais, qui sût se faire lire des gens du monde, un livre qui ne présentât que l'attrait de la forme et n'effrayât pas par le fond, la science enfin, cachée sous le plus de fleurs que possible. Vous aviez certainement raison de demander un semblable travail, mais je n'ai certainement pas eu tort de dédaigner votre conseil. C'est que voyez-vous, et cela entre nous, il est beaucoup plus difficile de faire de la géorgique, de la pastorale dans le style de MM. François Arago, Babinet, Victor Borie ou Edmond About, que de faire de la pédagogie. L'Académie française est plus difficile que l'Académie des sciences, et tel qui peut faire vingt lieues au pas dans sa journée, ne saurait franchir élégamment une haie pour cueillir une rose, ou bien il laissera ses vêtements aux épines. L'aristocratie foncière d'ailleurs, qui s'occupe fort peu d'agriculture et de bétail, ne veut que

des moutons bien peignés et bien frisés, des vaches par-
fumées et enguirlandées, et je ne me suis pas senti de
force à seconder ces travestissements hypocrites. Il faut,
pour réussir à faire digérer tout cela, trop de brillant
de style, trop de vive imagination, trop d'habitude des
trucs dramatiques ; bref, j'aime mieux vous avouer franchement mon impuissance, et laisser à d'autres ces difficiles lauriers.

C'est donc pour les cultivateurs seulement que j'ai
écrit, en me plaçant le plus possible au double point de
vue de la pratique et de l'économie ; et il m'a semblé
qu'il pouvait y avoir quelque chose à leur apprendre,
en les initiant aux applications des diverses sciences, en
les faisant profiter de l'expérience des hommes progres-
sifs. La routine et l'ignorance ont reçu de terribles échecs
depuis vingt ans, savez-vous, et les agriculteurs sont
partout maintenant à la recherche du progrès. Quelques-
uns même, hélas ! s'y acharnent avec trop d'enthousiasme et d'imprudence, s'embarquant inconsidérément
sur une barque trop fragile et sans de suffisantes provisions de route. Que j'en ai vus sombrer ainsi, les uns en
quittant le port, les autres au moment d'y rentrer, mais
ces désastreux naufrages profitent toujours à quelques-
uns : on indique les écueils sur les cartes, on place des
fanaux, on allume des phares sur les promontoires, et
désormais, nul ne veut plus naviguer à l'aventure et sans
boussole.

Voyez, par exemple, quels merveilleux progrès ont
amenés depuis vingt ans les concours de boucherie et de
reproducteurs. Tout le monde a maintenant dans la tête
et devant les yeux le type de conformation des races per-
fectionnées ; c'est un progrès déjà, mais ce n'est pas le
seul. Toute amélioration dans le bétail correspond pro-

videntiellement à une équivalente amélioration dans la culture, et la tache d'huile va désormais s'étendre lentement, mais sûrement, jusque dans nos campagnes les plus reculées. C'est toute une révolution, révolution pacifique cette fois, et dans laquelle tout le monde gagne, la plus belle loterie dans laquelle l'État puisse placer son argent ; mouche du coche, peut-être, c'est à ce progrès que j'ai voulu aider.

La science du bétail est une science presque nouvelle ; c'est à coup sûr, de toutes les branches de l'agriculture, celle dans laquelle il y a le plus à faire, sur laquelle il y a le plus à dire. Heureux qui saura dire de bonnes choses : *Pauca si bona, satis ;* s'il y a dans ce livre quelques conseils utiles, c'est assez. Malheureusement, l'économie du bétail ne repose encore que sur quelques bases parfois contestables, l'observation et la comparaison des faits ; les expériences, vous et moi savons comment on les fait trop souvent, et quelles inductions erronées on en peut tirer. Vous connaissez l'histoire de ce publiciste qui, voyageant en hiver dans une chaise de poste hermétiquement close, mit par hasard le nez à la portière au relais d'un village espagnol, et apercevant la servante rousse plantée sur la porte de l'auberge, tira son crayon et ses tablettes, et inscrivit gravement ces lignes précieuses : « En Espagne, toutes les femmes sont rousses. » Hé bien ! nous sommes tous un peu, plus ou moins, ce voyageur : un fait nous frappe, nous le généralisons pour en tirer des conséquences ; nous torturons même souvent les chiffres pour les faire concorder avec nos idées, et nous écrivons glorieusement : La race mérinos est celle qui produit la laine la plus fine, donc....., etc. Ce n'est pas, non plus, une petite affaire, que de tourner et retourner une question afin de l'envisager sous toutes

ses faces ; et le parti pris d'ailleurs, et les idées préconçues dont il est difficile de se débarrasser !

Conclure du particulier au général, est une des plus
grandes erreurs qu'on puisse commettre en agriculture
comme en économie du bétail ; il y a tant de circonstances
minimes en apparence, puissantes en réalité. Aussi, bien
des cultivateurs qui lisent assidûment les divers journaux d'agriculture ne doivent-ils pas être médiocrement
surpris de voir, chaque mois en quelque sorte, changer
ce qu'on a jusqu'ici appelé les *principes de la science;*
ce qu'on a cru vrai en décembre devient souvent erreur
en janvier. C'est que la *science* n'existe pas encore, c'est
qu'elle tend à se constituer en prenant pour bases les
expériences de tous, expériences faites avec plus ou
moins de conscience ou d'habileté, sur divers sols, sous
différents climats, etc.

Et puis, il faut le dire aussi, en France, l'action est
enthousiaste, la réaction intolérante et fanatique. Les
révolutions, plus que partout ailleurs, sont fréquentes,
non pas tant en politique que dans les arts et les sciences.
Ce qu'on adorait hier, on est tout disposé à le brûler
aujourd'hui ; les idoles d'un jour reçoivent des statues de
carton-pierre ou d'argile, que le coup de pied du premier passant renverse bientôt dans la boue. Le Français
n'éprouve pas un moins grand plaisir à renverser qu'à
édifier, et on l'a souvent dit : il n'y a chez nous de définitif que le provisoire.

Voyez plutôt quelles vicissitudes a subies la question
fondamentale des haras : organisée, tolérée, supprimée,
rétablie tour à tour, recevant comme annexe une école
bientôt renversée sous prétextes d'inutilité et d'économie.
Attaquée par les uns comme une superfétation, soutenue
par les autres comme indispensable à la production et à

la défense nationales, voyant son existence chaque jour
mise en question, quel bien vouliez-vous que fît une
semblable administration? L'existence des vacheries de
l'État ne fut pas moins difficile, mais plus heureuse que
l'*Institut agronomique*, elles conquirent le droit de rendre
des services. Mais patience, quand tous les États de l'Europe auront successivement organisé leur école centrale
d'agriculture, nous relèverons la nôtre, et reconstituerons
notre précieux muséum des races domestiques. Il nous
plaît, à nous, de recevoir de l'étranger des idées toutes
faites; il nous faut des Américains pour nous établir à
Longchamps des courses au pas et au trot pour les chevaux de trait; il nous a fallu aller en Allemagne pour
étudier l'organisation du crédit foncier, en Angleterre
pour apprendre l'élevage et l'engraissement du bétail. Ce
n'est pas que nous nous en plaignions, la France ne saurait prétendre au monopole des connaissances humaines;
mais ce qui m'attriste, c'est de voir des entreprises
fondées sur des bases mal étudiées et qui se terminent
par une chute; c'est de voir l'instabilité générale dans
les idées. On court après le progrès et comme le chien
de la fable, on lâche bien souvent la proie pour l'ombre.

Ç'a été souvent, mon cher ami, la conclusion de nos
causeries, que cette recherche du progrès était une étude
noble et belle, mais qu'en pratique, il ne fallait procéder
à une amélioration, quelle qu'elle soit, que par des
transitions prudemment ménagées. On ruine un pays en
substituant du jour au lendemain la liberté à l'escla-
vage; on ruine une industrie en l'émancipant tout d'un
coup de ses entraves; on ruine une terre en la faisant
trop rapidement passer de la stérilité à la richesse. Il faut
être préparé, depuis longtemps déjà, à la liberté et à la
fortune pour en savoir jouir. Vous connaissez la fable

qui nous montre un chien de garde au cou pelé par son collier, et qui, sollicité à la désertion par un frère vagabond, repousse très-prudemment ses conseils. Le cultivateur en France, a besoin de tutelle, de direction, d'encouragement. Ce qui n'empêche pas un grand nombre de gens de se plaindre de ce qu'ils appellent un joug déshonorant, et de réclamer la liberté immédiate et complète, prétendant que, guidé par son intérêt, le producteur saura bien trouver la vérité. Et on ajoute : Voyez plutôt l'Angleterre où le gouvernement ne patronne, ne subventionne rien ! Ce qui est faux d'abord et ce qui ne prouverait rien ensuite, à raison des immenses différences que présentent les deux royaumes.

On est à peu près d'accord aujourd'hui, grâce aux prédications de MM. de Gasparin, Lecouteux, de Lavergne, que la meilleure agriculture est l'agriculture intensive ou améliorante; et cependant, ce n'est qu'implicitement qu'on a laissé entendre que la meilleure économie du bétail était l'exploitation intensive des animaux. Seulement, pour le sol comme pour le bétail, il faut agir avec réflexion, prudence et habileté. Ce n'est pas tout que d'être riche et bien intentionné, l'enfer est pavé de bonnes intentions; il faut surtout savoir dépenser son argent.

Pour nous, la question est celle-ci : tirer du cheval de trait le plus de travail effectif, au meilleur marché possible; exiger beaucoup des animaux bien nourris; nourrir beaucoup pour avoir beaucoup de produits, et cela de même pour le bœuf, la vache, le mouton et le porc. Mais ceci suppose encore des races améliorées dans chaque spécialité, c'est-à-dire la *spécialisation*. C'est là évidemment qu'il nous faut virer, mais le chemin le plus court n'est pas toujours l'inflexible ligne droite;

c'est souvent gagner du temps que d'en savoir perdre à tourner les obstacles; or, il n'y a guère de fortune qui puisse conduire bien loin son homme sur la route étroite et ardue du progrès direct et par des trains exprès. Les convois omnibus qui tournent la montagne au lieu de la gravir parviennent bien plus sûrement à planter leur drapeau sur son sommet. Ici, il faut l'avouer, les Anglais sont nos maîtres encore, et nous devons les imiter pour notre plus grand profit. Ils ont appliqué à toutes leurs espèces domestiques le principe économique de la spé-cialisation, ou comme qui dirait, la *division du travail :* races de trait au pas, chevaux de course ou de chasse, bœufs d'engrais ou vaches laitières, moutons, porcs et volailles, sont construits chacun pour la perfection en leur genre.

En France, nous pouvons dès à présent tendre à la création de ces divers types : améliorer nos races cheva-lines et bovines de trait vers la vitesse d'allure au pas; celles d'engraissement et de laiterie vers une aptitude plus précoce et plus décidée. Ainsi, les bœufs nantais, d'après M. Jamet, parcourent en moyenne 25.600 mètres par jour, étant attelés à une charrue et exécutant un labour de $0^m.33$ de largeur de bande avec une profon-deur de $0^m.20$, soit tournées et dérayures comprises, 80 ares par jour de dix heures de travail, en sol de moyenne consistance. Que de chevaux restent, dans nos fermes, au-dessous de ces chiffres. A l'institut de Ver-sailles, les attelages de chevaux suffolks-punchs et clydes-dales labouraient en moyenne un hectare dans leur jour-née, les percherons et les boulonnais 70 à 80 ares seu-lement. Pourquoi les races suffolk et clydesdale ne rece-vraient-elles pas entrée dans les dépôts de quelques-uns de nos haras? Pourquoi ceux de ces animaux qui avaient été achetés pour l'institut de Versailles ont-ils été dispersés en Bresse et en Bretagne, où ils sont à peu près sans utilité, au lieu d'avoir été placés dans le Boulonnais, la Flandre ou le Perche, où ils auraient pu rendre de grands services? Pourquoi enfin ne pas encourager la création de races de gros trait au pas allongé, pour le roulage et la culture, de même qu'on a créé des races de trot et de galop?

Mais quels progrès accomplis depuis quelques années! Ce qu'on estimait surtout dans une race, il y a quelque trente ans, c'étaient, avant tout, la sobriété et la rusticité; aujourd'hui, on en tient beaucoup moins de compte; on aime mieux des animaux qui mangent davantage et durent moins longtemps, à la condition que, par rapport à leur nourriture et à leur valeur, ils produisent une plus grande somme de travail, de viande ou de lait. La quantité de foin ou l'équivalent nécessaire pour produire soit un kilogrammètre de travail, soit un kilogramme de viande ou de laine, soit un litre de lait, voilà le criterium pour les races actuelles; voilà ce qu'il faut déterminer par des calculs et des expériences, voilà ce qui nous conduira à la vérité vraie; voilà enfin ce qui détruira bien des réputations usurpées, ce qui réhabilitera bien des races inconnues ou méprisées jusqu'ici.

J'ai souvent été pris d'une miséricordieuse affection pour une de ces races que tant de gens prennent pour but de leurs railleries plus ou moins spirituelles, le pur sang anglais. L'a-t-on assez élevée sur le pinacle! l'a-t-on assez accablée sous le mépris! Instabilité des choses humaines! Hier, l'hôte obligée de toutes les fêtes, demain peut-être proscrite de toutes les réjouissances; il y a trente ans, base de tout progrès; depuis vingt ans accusée de toutes nos infortunes équestres. Pauvre race qui ne méritait sans doute

Ni cet excès d'honneur, ni cette indignité!

Les fautes commises par l'homme sont rejetées sur une race calomniée et qui devra supporter sans se plaindre l'injustice des reproches en attendant le jour prochain de la réhabilitation. Du reste, nous devrions être habitués à ces revirements d'opinion publique. N'accuse-t-on pas aujourd'hui la race percheronne d'avoir dégénéré parce qu'elle s'est affinée, allégée enfin, avec l'infusion du sang oriental et anglais. Elle a dégénéré, cela est constaté par de récents documents officiels; les vétérinaires et les cultivateurs de la Beauce et du Perche l'écrivent et le répètent chaque jour, depuis quelque temps. Et d'abord, les races ne dégénèrent pas; elles se transforment suivant les besoins de l'époque. Or, la race percheronne suivait le progrès général en devenant plus légère, en recevant par les soins de l'administration un peu de sang anglais ou arabe. Mais, voilà qu'un beau jour la compagnie des omnibus parisiens s'avise d'installer sur l'impériale de ses voitures des banquettes supplémentaires, et de recevoir vingt-huit voyageurs au lieu de seize; il lui faut dès lors des chevaux plus lourds, plus massifs, et qu'elle doit payer un prix plus élevé. Grand émoi dans le Perche qui, à peu près seul, en reprenant son ancien type et l'alourdissant encore, pouvait fournir à cette consommation importante et lucrative. Et les éleveurs de crier que la race a dégénéré, et de s'en prendre aux haras d'abord et à la race ensuite. A quoi tiennent les révolutions ! Et l'histoire de ces dernières années est pleine de faits aussi sérieux. Mais pourquoi les cultivateurs du Perche n'adoptent-ils point le croisement suffolk lorsqu'ils veulent faire des chevaux d'omnibus? Pourquoi ceux qui veulent faire des chevaux de cavalerie, de diligence ou de cabriolet ne continueraient-ils pas à donner un peu de sang oriental? Il y a là de quoi contenter tout le monde.

Disons-le donc franchement : tout disposés à imiter ce qui se fait ailleurs qu'en France, et à chercher le progrès, nous avons trop négligé l'étude des bases sur lesquelles repose toute amélioration du bétail, qu'on agisse par le régime ou la sélection, par le croisement ou le métissage. Point d'idée nouvelle qui n'ait eu ses adeptes, point de race qui n'ait eu ses adorateurs; tandis que derrière ceux-là marchait, en bataillon serré et invincible, la légion nombreuse des conservateurs, trop souvent bafoués du nom de routiniers. Car notez bien qu'il y a la bonne et la mauvaise routine : la bonne, celle qui gagne de l'argent et qui n'a pas assez de capitaux, cependant, pour faire mieux; la mauvaise, celle qui possédant tous les éléments du progrès, argent et sol riche, repousse, de parti pris toute amélioration connue, et s'en tient au *statu quo* de ses pères.

Que si la science du bétail commence seulement à pénétrer parmi nos cultivateurs, il ne faut pas s'en prendre à eux. Faites-leur connaître et procurez-leur de bons types, enseignez-leur l'art de produire beaucoup de bon bétail, et les cultivateurs, qui savent calculer, vous suivront dans cette voie. C'est ce que j'ai tenté de faire dans ce travail, mon cher ami, et à défaut de réussite, au moins me compterez-vous l'intention. Il m'a semblé que, pour produire de bon bétail, il fallait connaître les lois de la physiologie ; c'est là la base d'où tout découle, reproduction, alimentation, spéculations ; mais il faut y joindre encore l'élément économique, le prix de revient comparé au prix de vente. Que de gens achètent au prix de dix francs, et sans s'en douter, une pièce de cent sous ! Les lois de la physiologie sont unes ; celles du prix de production varient à l'infini ; aussi, si j'ai cherché à exposer les premières en me tenant, autant que je l'ai pu, au niveau des connaissances actuelles, je n'ai dû tenter, pour les secondes, que de fournir les éléments de calcul ou de rechercher le prix moyen. Je me suis, autant qu'il m'a été possible, rapproché de la pratique, et j'ai fait usage, comme vous le verrez, des utiles renseignements que vous aviez recueillis sur l'agriculture du Nord et que vous aviez bien voulu me transmettre ; j'y ai joint ce que la pratique m'a permis de recueillir dans les diverses stations de ma vie rurale, en Berry, dans la Bresse, le Gâtinais, la Bretagne, la Normandie, etc.; j'ai cherché à me rendre compte de l'opinion des cultivateurs anglais sur différentes questions , de leurs pratiques dans certains systèmes. Enfin j'ai cherché partout la vérité ou du moins les éléments qui pouvaient m'y conduire, et cela de bonne foi et, autant que possible , sans idées préconçues. Puissé-je être assez heureux pour être utile à quelques-uns, et obtenir votre plus ou moins complète approbation !

Tout à vous d'affection , etc.

INTRODUCTION.

Le xviiie siècle sera pour la postérité un merveilleux sujet d'études; c'est là que nos descendants devront étudier le mouvement rénovateur de la philosophie et l'enfantement des sciences naturelles. Il est, pour les nations comme pour l'homme, des périodes d'un sommeil plus ou moins prolongé, et quelques-unes arrivent ainsi à une mort calme et successive. D'autres douées d'une plus énergique vitalité quittent, à la baguette d'un génie, leur repos léthargique et se réveillent jeunes et prêtes à tout. Tantôt ce génie s'appelle Alexandre, Charlemagne ou Napoléon; tantôt il se nomme Apelles, Platon, Virgile, Véronèse ou Voltaire; et la civilisation se remet en marche vers le beau ou vers le bien, portant ici ses bienfaits, prenant là des idées, posant des bases nouvelles aux sociétés et les guidant vers le progrès intellectuel. Et ces étapes successives sur la route qui doit nous conduire à un but éloigné à la fois et inconnu, ne furent jamais plus nombreuses que vers la fin du siècle qui nous a précédés; c'est une complète palingénésie, une nouvelle *renaissance*, des sciences surtout; c'est une révolution qui dans sa marche impétueuse entraîne l'Europe entière, mélangeant les nationalités, bouleversant les

I.   **

idées, les cimentant souvent même ensuite par le sang des martyrs.

C'est la naissance de l'industrie, c'est l'émancipation intellectuelle; c'est enfin l'amélioration matérielle du sort des peuples. La Grèce a créé les arts, l'Italie nous les a conservés; mais, aux nations modernes, à la France surtout, restera la gloire d'avoir enrichi le monde de tant de découvertes physiques, de tant d'inventions industrielles. A la France la gloire de Bichat, de Buffon, de Rozier, de Jacquart et de Papin; de Bourgelat, de Cuvier, des Jussieu, de Haüy, de Lagrange, de Chaptal, etc. Avec ces génies divers on assiste au laborieux enfantement de la physiologie humaine et de l'art vétérinaire, de la physique et de la chimie, de la botanique et de la minéralogie. L'industrie s'enrichira du tissage mécanique et de la vapeur, des applications successives de toutes les sciences à la teinture et à la fabrication des étoffes, à l'extraction des métaux et du sucre, à l'hydraulique des moteurs, etc. L'agriculture de son côté, désormais appuyée sur la physiologie animale et végétale, pourra suivre des guides assurés et rompre avec la routine séculaire.

Dans l'ordre d'idées qui nous occupe, Buffon fut le grand précurseur. Né en 1707 à Montbard, dans la Bourgogne, Buffon, riche et d'une noblesse de robe, abandonna la magistrature pour se vouer à l'étude des sciences naturelles. Il voyage en France, en Italie et jusqu'en Angleterre; il apprend même l'anglais et traduit la *Statique des végétaux* de Hales, et le *Traité des fluxions* de Newton, qui lui valurent l'admission à l'Académie des sciences, en 1735. Le surintendant du Jardin du Roi, Dufay, le désigna en mourant, comme le seul capable de lui succéder, et en 1739, Buffon à peine âgé de trente-deux ans, obtenait cette place pour laquelle les de Jussieu appuyaient Duhamel-Dumonceau, plus âgé et plus connu alors par ses travaux. Et ne le regrettons point ; le génie de Buffon devait avoir une bien autre portée que celui de son concurrent. Comprenant sa tâche autrement que ses prédécesseurs, le nouveau directeur du Jardin du Roi forme le plan d'embrasser toutes les branches de l'histoire naturelle, et dans ce but, il s'adjoint un de ses jeunes compatriotes, Daubenton, qui vient d'être reçu médecin et qu'il fait nommer son démonstrateur. Le Jardin du Roi se transforme, il devient véritablement un muséum ; animaux les plus rares et les plus curieux, échantillons de toutes sortes y affluent, envoyés par des correspondants placés sur tous les points du globe. Les deux collaborateurs étudient, comparent, décrivent et classent. L'école zoologique française était fondée, et il était réservé à Cuvier, Lacépède et Geoffroy-Saint-Hilaire, de lui faire faire de nouveaux progrès.

Daubenton, plus jeune de neuf ans que son maître, ne reçut point dans les travaux de celui-ci toute la part qui devait loyalement lui en revenir. Buffon myope et doué surtout de l'esprit systématique, dut confier à son compatriote l'étude des détails, se réservant les grandes vues de l'ensemble. Aussi, les quinze premiers volumes de l'*Histoire naturelle, générale et particulière* renferment-ils un grand nombre d'articles de Daubenton, à peine retouchés par le maître à qui l'on fit honneur à la fois de la profondeur des vues et de l'élégance du style.

Les premiers mérinos nous étaient venus d'Espagne à une époque difficile à préciser, et avaient servi à l'amélioration des races du Béarn et du Roussillon. En 1768, M. de Barbançois, brigadier des armées du roi, obtient de M. d'Étigny, intendant du Béarn, trois béliers qu'il emploie à croiser son troupeau berrychon de Villegongis. Turgot qui suivait ces essais, avait en 1776 fait venir d'Espagne un troupeau de deux cents têtes qu'il distribua entre M. de Trudaine et M. de Barbançois, M. Dupin et M. Daubenton ; ces animaux furent ainsi répartis en Brie, en Berry, et en Bourgogne. Devenu, à son tour, intendant des finances, M. de Trudaine consulta en 1766, Daubenton, sur la possibilité d'améliorer les laines de nos races indigènes ; Daubenton entreprit dès lors des expériences sur la terre de Montbard où il réunit des animaux du Maroc, du Thibet, d'Angleterre, de Flandre, du Roussillon et d'autres parties de la France. Il étudia sur ces races l'influence du logement, de l'hygiène, et des croisements quant à la finesse de la toison ; il rendit compte de ces expériences, dix ans plus tard, à l'Académie des sciences. Commencées en 1766 et continuées jusqu'à sa mort, ces études lui coûtèrent des sommes énormes, que fut loin de compenser une subvention annuelle qui lui fut accordée en 1795. Les esprits furent éveillés, les particuliers et l'État importèrent des troupeaux espagnols à Rambouillet, en Touraine, en Dauphiné, en Beauce, en Brie, en Normandie, à Naz sur les frontières suisses, etc. Daubenton aida et favorisa encore ce mouvement, par la publication de son *Instruction pour les bergers et les propriétaires de troupeaux*, véritable catéchisme pratique qui réunissait en même temps la clarté et la méthode. Ce que cherchait Daubenton dans la science, c'était encore moins peut-être la science elle-même que celles de ses applications qui pouvaient enrichir les arts et l'industrie. Aussi, rendit-on pleinement justice à ses travaux en le nommant, en 1778, professeur de zoologie générale au collége de France, professeur d'économie rurale à Alfort en 1783, et professeur de minéralogie au muséum en 1793 ; il occupa cette dernière chaire jusqu'à sa mort arrivée le 31 décembre 1799.

Tessier naquit le 16 octobre 1741 à Angerville, près d'Étampes ; la médiocre fortune de ses parents lui fit ob-

tenir de l'archevêque de Paris une bourse au collége de
Montagu, où il fit des études théologiques assez complètes, bientôt abandonnées pour la médecine. L'année
1760 le vit obtenir le titre de docteur-régent, et dès 1776,
il était membre de l'Académie de médecine, et cinq ans
plus tard, de l'Académie des sciences. En 1787, Louis XVI,
créant la ferme expérimentale de Rambouillet, appela à
la direction de cet établissement Tessier que patronnaient
MM. de Lamoignon de Malesherbes et d'Angivilliers. La
révolution vint mettre un terme aux occupations agricoles de Tessier et le faire médecin à l'hôpital militaire
de Fécamp où il connut Georges Cuvier, et le premier de
tous devina et protégea ce grand et audacieux génie.
Avec des temps plus calmes, Tessier revint à son domaine
de Bazoches en Brie, que ses nouvelles fonctions d'inspecteur général des bergeries le forcèrent encore une
fois à quitter. Dès lors, il dut mener une vie active qui
ne l'enleva pas pour cela à la science, et les honneurs
dont il fut revêtu lui furent de nouvelles incitations à
l'étude. Il avait pris à cœur de seconder l'œuvre de Daubenton dont il avait compris toute la portée. C'est sur
ses instances, que Louis XVI demanda au roi d'Espagne
l'autorisation d'acheter des mérinos dans les meilleures
cavagnes pour les transporter à Rambouillet où Tessier
lui-même devait en prendre soin, en même temps qu'il
surveillerait l'établissement de bergeries de l'État dans
les différentes provinces. En 1810, il publia son *Instruction sur les bêtes à laine*. C'est lui aussi qui, en 1809, coo-
pérant avec Thoüin, Parmentier, Bosc, etc., à la rédaction du *Dictionnaire d'agriculture* publié par Déterville,
se chargea de la plupart des articles qui concernent le
bétail. La vieillesse ne semblait pas peser sur cet heureux centenaire qui, à quatre-vingt-quinze ans, dictait
encore avec une admirable netteté d'idées son *Histoire*

de l'introduction et de la propagation du mérinos en France.
Il mourut le 12 décembre 1837, âgé de quatre-vingt-seize ans.

Gilbert, un peu plus jeune que Tessier, s'était voué avec lui à la tâche d'acclimater chez nous le mérinos. Il était né en 1757 à Châtellerault ; son père, procureur en cette ville, l'envoya à l'âge de quatorze ans à Paris, pour y achever ses études au collége Montagu dont était déjà sorti Tessier, puis au collége Lemoine. Ses études terminées, son père le fit entrer chez un procureur, dans le but de le rompre aux affaires et de lui céder sa charge ; mais Gilbert montra peu de zèle pour cette profession et se vit retirer la pension que lui faisait sa famille. Sans ressources dès lors, il résolut de se présenter à M. de Necker, alors ministre, et après un examen, il en obtint une place gratuite à l'école d'Alfort. Élève remarquable, il devint bientôt répétiteur, puis secrétaire du directeur, et enfin professeur, ce qui le réconcilia avec son père. Plusieurs prix obtenus dans les concours, et entre autres, pour son *Traité des prairies artificielles,* le firent mieux connaître encore, et M. de Tolozan, intendant du commerce, l'envoya en Angleterre, pour y étudier l'éducation des moutons à longue laine et tenter de les introduire dans le nord de la France, essai qui ne réussit que fort imparfaitement. L'attention était alors portée sur la race espagnole, et Gilbert concourut, avec Daubenton et Tessier, aux premières importations. Il fut même choisi par le gouvernemeut pour organiser les bergeries de Sceaux et de Versailles, En 1786, il avait fait un premier voyage en Espagne pour choisir le troupeau qui devait être placé à Perpignan ; de retour l'année suivante, il s'occupa d'installer dans sa petite ferme le troupeau qu'il devait en propre à la munificence du duc de l'Infantado, et qui passa à sa mort dans les mains de Tessier. En 1797,

Gilbert infatigable retournait en Espagne, pour choisir et diriger une nouvelle importation ; il dut y rester trois ans, berné par les ministres et les marchands, obligé d'engager son propre patrimoine pour suppléer aux fonds annoncés et qui n'arrivaient pas. La fatigue du voyage et les ennuis de tout genre amenèrent une fièvre tierce qui, devenant maligne, l'emporta après neuf jours de souffrances le 8 septembre 1800, à l'âge de quarante-trois ans. Selon quelques biographes, sa mort fut un suicide. Gilbert laissa des *Instructions sur le claveau et le vertige abdominal* (1795) et des *Instructions sur les moyens les plus propres à assurer la propagation des bêtes à laine d'Espagne* (1797). Il entra dans la première formation de l'Institut, et en 1789, il avait fait partie du bureau consultatif d'agriculture, avec Huzard, Parmentier, Cels, etc. Tessier cite avec éloge son caractère aimable, son ardeur pour le bien, sa franchise et ses profondes connaissances.

Tel est le résumé historique succinct de l'importation du mérinos et de son acclimatation ; nous verrons plus loin (t. Ier, p. 174 et 228) comment il donna naissance à une sous-race précieuse, dans les mains de M. Graux de Mauchamps. Une race anglaise à laine longue, celle de Dishley ou de New-Leicester, à la création de laquelle nous assisterons tout à l'heure, avait été pour la première fois introduite en France en 1819 par M. Wollaston, puis en 1825 par M. de Mortemart et en 1825 par M. Gusestier dans l'arrondissement de Lesparre (Gironde). En 1833, l'administration importa à son tour 110 brebis et 12 béliers de cette race qui furent placés à Alfort, sous l'habile direction de M. Yvart. On y essaya dès lors le croisement dishley-mérinos qui, par des soins constants est arrivé à former aujourd'hui une sous-race appréciée pour ses caractères fixes, les qualités distinctes de sa toison et de sa chair, enfin sa précocité et son aptitude à

prendre la graisse. MM. Pluchet, Dailly, Gareau, Em. Le-
long et bien d'autres, l'ont adoptée en remplacement du
métis indigène commun, et leur exemple ne tardera sans
doute pas à être suivi par les cultivateurs intelligents de
la Brie, de l'Ile-de-France et de la Beauce.

C'est en 1837 que l'administration tenta l'introduction
de la race de Romney-Marsh ou New-Kent; cette entreprise ne réussit pas et les animaux placés chez les cultivateurs du Pas-de-Calais ne produisirent presque aucun
résultat et moururent d'ailleurs presque tous peu de
temps après. Cet insuccès pourtant, ne découragea pas
M. Malingié qui, ayant préparé sa souche par le mélange
de sangs divers, alla choisir en Angleterre un type améliorateur. Le new-kent lui parut être celui qui répondait
le mieux à ses vues, et il le greffa sur la tige multiple
qu'il lui avait préparée. On sait quels succès couronnè-
rent les travaux de M. Malingié que la mort enleva trop
tôt, mais dont l'œuvre est continuée avec habileté par
ses fils. Si la race de la Charmoise n'est pas encore inva-
riablement fixée, elle n'en offre pas moins un type précieux pour les exploitations riches et de culture progressive, soit à l'état de pureté, soit pour les croisements à
divers degrés; nulle race peut-être ne réunit dans de
semblables proportions la finesse de la laine, la précocité
et l'aptitude à l'engraissement.

Le southdown, d'un autre côté, importé en France
vers 1836 par l'administration, semble devoir se partager avec le dishley l'amélioration de nos races indigènes:
au dishley, les contrées riches et les plaines fertiles; au
southdown, les collines calcaires, les plateaux siliceux
aux herbes courtes mais succulentes. A l'un, les terres
d'alluvion, les vallées, les gras pâturages de la Normandie,
les fermes à usines du Nord; à l'autre, le Berry, la Bretagne, la Gascogne, la Champagne, etc.

Presque en même temps que Buffon, Daubenton, Tessier et Gilbert, apparaissait Bourgelat, le fondateur des écoles vétérinaires. Né à Lyon en 1712, Claude Bourgelat se fit avocat d'abord, puis détourné par d'honorables scrupules de cette profession où il s'était déjà fait connaître, il quitta Grenoble pour entrer dans un régiment de cavalerie. Dès lors, il changea les *Pandectes* et les *Institutes* pour Wynter et Solleysell. L'anatomie comparée l'occupa entièrement d'abord et plusieurs ouvrages le font connaître de d'Alembert et de Diderot qui l'appellent à la rédaction de l'*Encyclopédie*. Le premier peut-être, Bourgelat créa l'anatomie comparée, précédant ainsi Cuvier dans ses admirables travaux. Nommé en 1745 chef de l'Académie d'équitation de Lyon, il quitte le service actif pour les méditations de la science. En 1761, il fonde à Lyon la première école vétérinaire dont il est directeur, et dans laquelle Rozier lui succède tandis qu'il fonde en 1765 celle d'Alfort. Au milieu des honneurs et de l'estime publique, il termina le 3 janvier 1779 une carrière bien remplie, laissant sa famille dans la misère. Aucune statue ne lui a encore été élevée jusqu'ici ! En 1744, il avait publié, sous le titre de *Nouveau Newcastle,* un manuel d'équitation, dressage et hygiène du cheval, qui commença sa réputation. De 1750 à 1753, il fit paraître les trois volumes de ses *Éléments d'hippiatrique,* son ouvrage capital. Les *Éléments* sont écrits avec élégance et pureté, science et érudition : il aime le cheval et voudrait le faire aimer ; aussi bon vétérinaire que praticien et écuyer habile, il renversa un grand nombre d'erreurs en anatomie, en physiologie et en hippiatrique. En 1766, parut l'*Anatomie comparée du bœuf, du cheval et du mouton,* traduite dans la plupart des langues, et qui peut-être éveilla plus tard le génie de Cuvier. Tous les biographes lui reprochent la *Matière médicale raisonnée*

(1765), qu'il racheta bien cependant par son *Traité de la conformation extérieure du cheval* (1768), son chef-d'œuvre et qui renferme des notions aussi justes que nouvelles, des aperçus aussi sains que profonds. Bourgelat mit le comble à ses travaux par les *Éléments de l'art vétérinaire* (1770) l'un des classiques, encore aujourd'hui, de nos écoles vétérinaires.

François Rozier, né à Lyon en 1734, devait être l'émule et le rival jalousé de Bourgelat. Second fils d'une famille médiocrement riche, Rozier fut de par le droit d'aînesse contraint d'embrasser la carrière ecclésiastique; il entra au séminaire de Villefranche et s'empressa de le quitter aussitôt après la mort de son père, survenue en 1757. Il prit alors à ferme la régie du domaine patrimonial de Sainte-Colombe qui appartenait à son frère. Mais sentant aussitôt combien il lui manquait de connaissances spéciales, il vint s'asseoir comme élève amateur sur les bancs de l'école que venait d'ouvrir Bourgelat. Quatre ans plus tard, l'élève remplaçait le maître comme directeur. Mais Bourgelat, et ce sera toujours pour lui une tache indélébile, jaloux des succès de son ancien élève, fit révoquer sa nomination par lettre de cachet. Après quatre nouvelles années passées à divers travaux de botanique, de physique et d'œnologie, Rozier se retira en 1780 à son domaine de Beauséjour, près de Béziers. C'est là qu'il composa son *Cours d'agriculture*, encore aujourd'hui commenté par tant d'auteurs, et ses Mémoires sur la navette et le colza, sur la fabrication des huiles d'olive et de noix, sur le rouissage du chanvre. Persécuté par la haine de l'évêque de Béziers qui fait bouleverser ses travaux de Beauséjour, Rozier se retira enfin à Lyon où il périt le 29 septembre 1793, écrasé par une bombe, pendant le siége de cette ville.

C'est à Buffon et Bourgelat qu'on doit les premières

études suivies et sérieuses, en France, sur l'espèce chevaline; le premier, Buffon, traça les règles quelquefois contestables, il est vrai, de l'amélioration et du croisement; le second, Bourgelat, fit connaître les règles de la beauté et des proportions du corps. Ce n'est que depuis la fondation des écoles de Lyon et d'Alfort que l'art vétérinaire commença vraiment d'exister.

Le cheval de pur sang anglais, introduit pour la première fois en France vers le commencement du xviie siècle, sous Louis XIV, était considéré alors plutôt comme un sujet de curiosité que d'étude. La dernière année de son règne, pourtant, le grand roi fit acheter de M. de Nointel, conseiller d'État, le domaine du Pin, et y installa sous la direction de Gersant, l'un de ses écuyers, quelques étalons et juments obtenus à grands frais. Louis XV, son successeur, n'était pas un ardent amateur de chevaux, mais la royale favorite, madame de Pompadour, qui aimait les beaux attelages, fit en 1762 établir un haras sur sa propriété du Limousin, et en obtint la direction pour M. de Lambesc. Il avait fallu, pour qu'on appréciât le cheval anglais, que, dans un pari en 1754, lord Pascool franchît en 108 minutes les 58 kilomètres qui séparent Fontainebleau de la capitale. Vingt-deux ans plus tard, en 1776, sous Louis XVI, s'organisaient à Fontainebleau, dans la plaine des Sablons, les premières courses réglées pour les chevaux; la révolution devait bientôt venir renverser cette institution naissante. Napoléon Ier, qui, s'il n'aimait pas le cheval anglais, avait besoin d'encourager la production des chevaux en général, réorganisa les haras en 1806, porta leur nombre à 6 et fonda 30 dépôts et 2 écoles d'expériences. C'est de cette époque que date la répartition de la race anglaise dans les diverses contrées de la France.

Mais, dans l'ignorance où l'on était alors, le croisement

anglais fit plus de mal que de bien, et la France vit disparaître deux de ses races les plus estimées, celles navarrine et limousine. On versa le sang anglais dans toutes les races indistinctement, sans tenir aucun compte de la taille, des formes, ni du sol; la Normandie fut peut-être la seule contrée où l'on en recueillit quelques avantages, encore étaient-ils compensés par certains défauts. Mieux instruits et plus prudents aujourd'hui, nous savons mieux approprier nos types reproducteurs aux races à améliorer, nous savons mélanger à de justes doses le sang des races diverses, et d'ailleurs l'extension des routes ferrées nous indique bien plus clairement le but à atteindre et simplifie singulièrement la question. Aussi, pensons-nous que la race anglaise, employée avec prudence et savoir, sera bientôt réhabilitée dans l'estime des éleveurs, malgré les injures dont on l'accable, et considérée comme la base d'amélioration de plusieurs de nos races indigènes.

A la même époque qu'on introduisait chez nous le cheval anglais, nous voyons apparaître aussi les étalons andalous, napolitains, yorkshires, holsteinois et danois. Un article secret du traité de Bâle (1795) réservait à la France le droit d'exporter d'Espagne vingt étalons andalous qui furent répartis dans le Midi. La race napolitaine avait été introduite vers 1704, mais en nombre très-réduit; celle du Yorkshire en 1780, mais sans résultat; la race danoise importée successivement en 1702, 1732 et 1780, et placée surtout en Normandie, y a laissé, jusqu'à ces derniers temps, des traces malheureuses; c'est à elle que l'ancienne race normande devait sa robe noire, sa tête longue et busquée, sa disposition au cornage chronique.

Nul peut-être après Bourgelat, ne rendit à l'industrie chevaline en France, plus de services que J. B. Huzard, élève et ami du fondateur d'Alfort. Fils d'un maréchal de Paris, Huzard entra à l'âge de treize ans à l'école vétérinaire qui venait de s'ouvrir ; Bourgelat qui l'y distingua entre tous, le fit, après la fin de ses études, nommer en 1772 professeur à cette même école ; il y enseigna l'extérieur des animaux domestiques, la connaissance de leur âge, la chimie et la pharmacie comme suppléant de Cadet de Vaux, la matière médicale et l'application des bandages. Mais après trois ans, son père le rappela près de lui, la pratique lui semblant plus lucrative que le professorat. La forge cependant, n'empêcha pas Huzard de cultiver la science, et chaque année le vit triompher dans les concours théoriques ou pratiques. En 1794, il entra dans la commission d'agriculture du gouvernement, en 1795 à l'Institut, et successivement à l'Académie de médecine et à la Société centrale d'agriculture. Chargé de diriger le choix des chevaux de remonte de la cavalerie, de surveiller l'hygiène des administrations de messageries, il fut enfin nommé en 1796 inspecteur général des écoles vétérinaires. L'Empire le vit continuer ses actifs travaux, et la restauration le chargea en 1829, d'installer la nouvelle école vétérinaire de Toulouse. Devenu en 1834 inspecteur général honoraire, il n'en continua pas moins ses travaux d'érudition, faisant entendre dans les diverses réunions scientifiques auxquelles il était assidu, sa voix toujours écoutée, ses conseils toujours suivis. Il mourut le 30 novembre 1839, à l'âge de quatre-vingt-quatre ans.

C'est à J. B. Huzard et à Gilbert, surtout, que la France dut, pendant la révolution, le salut des domaines royaux des Tuileries, Versailles, Trianon, Saint-Cloud, Saint-Germain, le Raincy et Fontainebleau ; la conservation de la bergerie et du troupeau de Rambouillet que son digne héritier, M. Huzard fils, devait à son tour sauvegarder en 1848. J. B. Huzard avait coopéré avec Tessier et Gilbert à l'introduction des mérinos en France, et publia pendant plusieurs années les *Comptes rendus sur l'établissement rural de Rambouillet*. La production agricole et l'hygiène publique lui durent un remarquable *Mémoire sur les maladies qui affectent les vaches laitières;* l'art vétérinaire s'enrichit de ses *Instructions sur le claveau, la morve, le farcin et les eaux aux jambes;* sur les *Maladies des animaux domestiques;* sur les *Affections inflammatoires épizootiques;* le commerce et la législation, de son *Traité sur les vices rédhibitoires*.

Mais c'est à la production, à l'hygiène et à l'amélioration des races chevalines que s'attacha surtout J. B. Huzard; l'*Encyclopédie méthodique*, le *nouveau Dictionnaire d'histoire naturelle*, le *Dictionnaire d'agriculture* publiés par Déterville, renferment de lui de nombreux articles dans lesquels on reconnaît toujours une profonde connaissance du sujet, une érudition étendue, une alliance logique de la pratique et de la science. Son *Instruction sur l'amélioration des chevaux*, imprimée aux frais du gouvernement à 60,000 exemplaires, est un véritable code complet de la production chevaline, et il faut le dire, jamais conseils n'arrivèrent plus à propos : la guerre et les épizooties venaient de dépeupler l'Europe entière, et les projets de l'empereur lui faisaient prévoir la nécessité d'encourager l'élevage et l'amélioration de nos races équestres. Aussi, Huzard dut-il prendre en 1805 une part importante à la réorganisation de nos haras. Adversaire de toute anglomanie, il prêchait l'amélioration de nos races par elles-mêmes ou par le croisement en prenant les mâles améliorateurs dans les types méridionaux; il demandait la création de deux haras sur deux points opposés de la France.

Enfin l'hygiène spéciale du cheval lui fut redevable de ses *Instructions sur les soins à donner aux chevaux sur les routes,* travail qui fut traduit en plusieurs langues.

Les noms de J. Girard, Chabert, Flandrin, Garsault, Vitet, les deux Lafosse, en France; Bracy-Clark, Winter, Solleysell, en Angleterre; Hartman, Gœlike, Camper, en Allemagne, doivent être ajoutés à la liste de ceux à qui la science du cheval doit surtout ses progrès récents.

Bien plus près de nous, c'est-à-dire depuis vingt-cinq ans à peine, un directeur général des haras, M. Gayot avait entrepris de créer, par le métissage de la race bigourdane des Pyrénées et les races arabe et anglaise, une sous-race de pur sang français appropriée aux besoins de notre époque. Nous considérons comme regrettable à divers titres qu'on ait cru devoir abandonner ces essais sur le point d'aboutir, et qu'on ait dispersé les étalons, les poulinières et les produits, avant d'avoir pu juger le résultat. Peut-être, un de ces jours, sera-t-on amené à recommencer l'entreprise et on regrettera alors de n'avoir plus sous la main ni sous les yeux les moyens d'étude et de comparaison.

Du cheval passons au bœuf et voyons quelle marche a suivie l'amélioration dans cette espèce. C'est en 1823, d'après M. Delafond, que M. Brière d'Azy (Nièvre) pria un fermier anglais de ses amis, M. Vinnel, de lui envoyer quelques vaches et un taureau de la race pure de Durham, qu'il plaça à sa ferme de Valotte, près Saint-Benin-d'Azy (Nièvre), sous la surveillance d'un fermier anglais, M. Elm. Ces animaux appartenant à une bonne souche donnèrent des résultats si satisfaisants, que, en 1825, M. Brière fit venir un nouveau fermier et de nouvelles vaches achetées dans le comté de Leicester. En 1827, nouvelle importation par les frères Browster, nouveaux fermiers anglais de Valotte. Mais cette fois, les animaux appartenaient, selon M. de Dampierre, à la race créée par Tomkins, aux Herefords. Ce fut une calamité pour la

Nièvre, mais on ne tarda pas à épurer cette souche. MM. Hervieu et Tachard s'empressèrent d'expérimenter le croisement durham-charollais, et les concours de boucherie nous ont montré quels furent leurs succès; néanmoins, bien peu de cultivateurs de leurs pays les imitèrent, et ceux-là seulement qui se trouvaient dans des circonstances particulièrement favorables. Vers 1840, M. de Béhague essaya comparativement les croisements durhams avec le charollais et le cotentin. Plus éloigné de la Normandie, il s'en tint aux premiers et lutta souvent avec bonheur contre MM. Hervieu fils et Tachard.

C'était en 1836, que l'administration de l'agriculture avait importé à Alfort la race de Durham, afin de fournir à l'élevage des reproducteurs choisis et d'un prix peu élevé. Une seconde importation, en 1838 forma le noyau de l'élevage de la vacherie du Pin qui devait s'accroître par la suite ; en 1843, 1844 et 1847, elle était assez riche pour se dédoubler dans les dépôts de Saint-Lô, Poussery et le Camp. Repoussé en Normandie, diversement apprécié dans la Nièvre, le durham fut reçu avec empressement dans le Maine ; répandu maintenant dans toutes les contrées de la France, dans celles même où on s'attendrait le moins à le rencontrer, il a été croisé à titre d'essai avec presque toutes nos races, mais avec des succès bien divers ainsi qu'on devait s'y attendre. On l'a vu produire des premiers croisements presque parfaits avec les races les plus opposées, depuis l'auvergnate jusqu'à la bretonne, depuis la hollandaise jusqu'à la schwitz. Ces spécimens apparaissent dans nos concours de boucherie organisés par l'administration depuis 1844 et s'en vont mourir à l'abattoir sans qu'il reste d'eux autre chose que la vulgarisation du type conformé pour la boucherie; MM. Hervieu, Tachard, de Béhague et les autres lauréats de nos concours, n'avaient d'autre but que de fabriquer

des animaux propres à remporter les primes administra-
tives, ce qui ne veut pas dire que le pays n'ait point pro-
fité de leurs travaux cependant.

M. de Torcy semblait s'être proposé un but d'une
utilité plus générale. Vers 1824, il essaya d'améliorer
par elle-même la grande race bovine du Merlerault, contrée où il cultivait; mais il dut y renoncer. Devenu élève
de Grignon, en 1831, il y put étudier la race de Schwitz
introduite par M. Bella, et s'enthousiasma pour la beauté
de ses formes, larges et arrondies, la facilité de son entretien, son aptitude à conserver son lait et sa disposition
à prendre la viande. Quittant Grignon en 1832, il prit la
culture de son domaine de Durcet, arrondissement de
Domfront (Orne). Dès lors il s'occupa plus particulièrement de la race cotentine, ne conservant de celle du Merlerault que la descendance d'une vache achetée par lui
en 1832, et qui devint une de ses bonnes familles. « A
« partir de cette époque, dit-il, j'entrai dans une ère
« bien constante d'amélioration ; seulement, cette amé-
« lioration était en quelque sorte accidentelle ou tout au
« moins individuelle : les caractères n'en étaient point,
« n'en pouvaient être persistants. Mais cependant je de-
« vais déjà m'applaudir partiellement de mes efforts, car
« ma vacherie s'était enrichie de quelques sujets que je
« n'aurais pu trouver ailleurs. » M. de Torcy en était là
de ses croisements schwitz-cotentins, quand le haras du
Pin reçut en 1838 la race de Durham. Ses yeux s'ouvri-
rent, il avait rencontré le type qu'il cherchait, il aperce-
vait le but. Il acheta d'abord un taureau et deux vaches
pleines qui provenaient d'animaux antérieurement importés dans le Nivernais par M. Brière d'Azy. « Les croi-
« sements, dit-il, de mon taureau avec des vaches issues
« précédemment de normand et de suisse, puis le croi-
« sement direct avec des bêtes suisses, commencèrent à

« me donner de bons types que j'améliorai ensuite par
« l'emploi des taureaux de pur sang durham, *Emilius* et
« *Pescator*, achetés dans les ventes de l'État. » L'ambi-
tion de M. de Torcy était d'obtenir par métissage une
race de boucherie plus rustique et mieux appropriée à la
France que le durham, tout en restant aussi précoce,
aussi apte à l'engraissement, aussi économique en un
mot. Y était-il parvenu? Cette amélioration est-elle fixée,
persistante? M. de Torcy ne craignait pas de répondre
affirmativement. Pour nous, nous pensons qu'il faut un
plus long temps pour fixer les caractères d'une race
nouvelle ; c'est là l'œuvre de son digne héritier. Mais
M. de Torcy, par ses longs et courageux efforts, par la
loyale franchise avec laquelle il publiait le but et le résultat de ses travaux, n'en a pas moins droit à la reconnaissance de tous les cultivateurs et du pays tout entier.

Vers 1820 aussi, un cultivateur du Cher, M. Louis
Massé, cherchait de son côté l'amélioration de la race
charollaise, et continua son entreprise sans se laisser attirer hors de sa route par l'enthousiasme général pour la
race anglaise. Perfectionnant d'abord sa culture, créant
des herbages, adoptant la culture des fourrages artificiels,
il put dès lors agir par le régime et la sélection ; le résultat
fut qu'il obtint des animaux mieux conformés, plus aptes et
plus précoces à prendre la graisse, que la race commune.
Les primes qu'il obtint aux concours de 1844, 1845 et
1847 prouvèrent que sa race améliorée pouvait avantageusement lutter avec les croisés durhams-charollais,
comme conformation, précocité, qualité et rendements
de viande. MM. Ruiz, Nantin, Magnin, Chamard, etc.,
suivirent les principes pratiqués par M. Massé. Nous
avons entendu exprimer l'opinion qu'il serait malséant
d'affirmer contre les assertions de M. Massé, que la souche
de son bétail avait reçu, à si faible degré que ce fût, du

sang de durham par les importations de M. Brière. Empressons-nous d'ajouter que le mérite de l'habile éleveur n'en serait en rien diminué, puisque cherchant un type, il est plus tôt fait et plus économique de le prendre où on le trouve.

Il est une autre race, non plus anglaise, mais suisse. qui précéda en France la race de Durham, essayée partout et presque partout repoussée ; c'est celle de Schwitz. La Mayenne, le Berry, le Poitou, la Bretagne même ont tenté au commencement de ce siècle le croisement par la race suisse; on espérait surtout ainsi améliorer les qualités laitières; on n'oubliait qu'une chose, c'était d'amener avec la vache les pâturages de son pays natal. Partout d'ailleurs, on y renonça à cause des difficultés que présentait la naissance des veaux dont la tête était hors de toute proportion avec la taille de nos races indigènes. Les races flamande et normande remplacèrent généralement la race suisse pour les croisements, dans la Beauce, le Berry, la Brie et la région du Nord. M. Bella père, en 1827 amena la race suisse à Grignon, où elle s'est jusqu'ici conservée pure et à peu près sans dégénérescence ; c'est à cette race que nous venons de voir M. de Torcy demander le second élément de son métissage.

Voyons maintenant comment s'était accomplie, en Angleterre, une révolution identique, mais un peu antérieure et dont nos éleveurs cherchaient à profiter. Jusqu'à la fin du XVIIIᵉ siècle, l'Angleterre, sous le rapport agricole, était restée inférieure à la France. Il ne fallut, pour lui communiquer une nouvelle et merveilleuse prospérité, que le génie en quelque sorte instinctif de quelques hommes plus habiles qu'instruits et sortis du rang des simples cultivateurs.

Robert Backwell naquit en 1726 à Dishley-Grange, près Longborough, dans le comté de Leicester. Son père et son grand-père s'étaient succédé comme fermiers à Dishley, propriété de la famille de Garrendon. Le père de Robert mourut en 1755, lui laissant la ferme composée de 182 hectares environ et une fortune raisonnable. Backwell, dès lors, se mit à l'œuvre, mais il comprit vite que le bétail devait être la base de la culture; son plan était ainsi tracé, et il ne craignit pas d'entreprendre, à lui seul et avec ses uniques ressources, l'amélioration de toutes les espèces domestiques. Il alla lui-même chercher en Hollande plusieurs juments qu'il croisa par des étalons des races de trait de l'Angleterre, cherchant moins encore la taille et la masse que l'harmonie des formes. Georges III, bon connaisseur en chevaux, applaudit souvent à ses succès. La race obtenue par métissage est encore estimée aujourd'hui dans le Leicestershire, le Derbyshire et le Staffordshire, et fournit aux grandes villes leurs meilleurs chevaux de camions. Elle porte encore le nom de dishley.

De même aussi, il entreprit d'améliorer la race bovine indigène du Leicester. Cette race, naturalisée en Irlande de temps immémorial, s'était successivement répandue dans le Lancaster, le Westmoreland, le Cumberland, le Yorkshire et le Leicester. De pelage brun ou noir, avec les reins blancs, des cornes très-longues et recourbées en bas, cette race de haute taille, de formes anguleuses et resserrées, avait été améliorée déjà par sir Thomas Gresley de Drokelow-House, près Borton (Stafford), M. Fowler de Rollwright (Oxford), sir Hugh Smithson duc de Northumberland, et par M. Webster de Canley près Coventry (Warwich). C'est cette dernière souche que choisit Backwell pour l'approprier à ses vues. Il ne paraît pas avoir employé dans ce but d'autres moyens que la nourriture, la sélection et la consanguinité; c'est peut-être la seule race anglaise qui ait été vraiment améliorée par elle-même ; encore, l'origine de son taureau *Towpenny*, issu d'une vache achetée à sir William Gordon de Garrington, près Longborough, n'est-elle pas à l'abri de toute suspicion. Ce que voulait obtenir Backwell, c'étaient des animaux qui assimilassent parfaitement la nourriture, et pour cela il fallait une large poitrine et un squelette léger. De nos jours, la race dishley à longues cornes disparaît rapidement devant celles de Hereford, de Devon et de Durham qui lui sont supérieures en qualité de viande et en précocité ; mais elle n'en a pas moins joui d'une réputation méritée, pendant près d'un siècle. A la vente de M. Pajet de Ibstock, le 14 novembre 1793, dix animaux de cette race atteignirent le prix moyen de 2,074 francs par tête.

Dans l'espèce ovine, Backwell, négligeant la finesse, le tassé et le poids de la toison, chercha des animaux qui pussent produire de la viande aux moindres frais, ne considérant la laine que comme accessoire. On ignore quelle fut la souche de son troupeau ; il a bien reconnu lui-même avoir pendant quelque temps employé la race de l'ancien Lincoln, mais il dit l'avoir bientôt abandonnée comme trop grossière. Quelques-uns pensent qu'il prit la souche indigène du troupeau de son père, et y mélangea du sang ryeland, teeswater, etc. Il ne nous paraît pas impossible, d'un autre côté, que Backwell eût ramené de son voyage en Hollande un bélier ou des brebis de race texel qu'il croisa avec son troupeau et dont il aurait amélioré les produits d'après les mêmes principes qui lui avaient servi pour l'espèce bovine. Il faut ajouter aussi que, depuis quelques années, la race indigène du Leicester avait été améliorée par un simple petit cultivateur, Joseph Allom de Clifton (Leicester) dont la gloire s'absorba dans celle de Backwell. Quoi qu'il y ait de vrai dans tout cela, la race de Dishley, plus heureuse que le bœuf à longues cornes, survivra longtemps à son créateur et tend de plus en plus à se partager l'Europe avec le southdown son rival, deux races qui, par leurs croisements avec la plupart des autres, peuvent répondre à toutes les circonstances et à tous les besoins.

Imitant Joseph Allom, Backwell eut l'idée de louer ses taureaux et ses béliers comme reproducteurs; mais, en revanche, il n'en vendait que bien rarement; il se défaisait bien plus facilement de ses femelles, mais après avoir pris soin de leur faire contracter la cachexie. Par contre, il louait ses béliers de 400 jusqu'à 800 guinées (10,360 fr. à 20,720 fr.), par saison. Ses domestiques n'étaient jamais engagés pour moins de quatre ans, dans l'espoir que, bien payés, bien nourris et bien soignés, ils s'attacheraient par reconnaissance à leur maître et ne divulgueraient point ses procédés d'élevage. Seul entre tous, un vieux pâtre, John Reedon, avait la confiance de Backwell et connaissait la généalogie de ses animaux. Le comte de Leicester, MM. Culley, Buckley et autres, qui vécurent chez lui comme pensionnaires, ne purent parvenir à pénétrer certains de ses secrets. A ces sentiments d'étroit mercantilisme il faut opposer la libéralité avec laquelle Backwell faisait aux visiteurs les honneurs de sa ferme. La guerre d'Amérique faillit le ruiner, et il se trouva plongé dans de graves embarras financiers ; mais il parvint, avec le temps, à rétablir ses affaires et put laisser à ses héritiers une importante fortune. Quelques auteurs affirment qu'il fut pécuniairement soutenu par le gouvernement anglais.

Contemporain de Backwell, Benjamin Tomkins était issu d'une famille de petits propriétaires. Entré comme valet de ferme chez William Riedell de Kingspion (Hereford), il y remarqua deux vaches, l'une presque blanche appelée *Pigeon*, l'autre rouge-caille appelée *Mottle*,

toutes deux très-curieuses par leur constant embonpoint. Tomkins, en 1769, épousa la fille de son maître
et prit sa ferme ; il eut soin de conserver les deux vaches
Mottle et *Pigeon* que l'on suppose avoir été achetées à une
foire de Kington, sur les frontières du pays de Galles.
Ce fut là la souche qu'il travailla à améliorer ; par quels
moyens? on l'ignore, car de même que Backwell, il s'en-
toura constamment du mystère le plus complet. Ainsi,
on ignore à quelle race appartenaient ces deux vaches,
et quels animaux il leur donna pour faire souche. On
croit qu'il acheta de bonnes bêtes de la race de Hereford
partout où il les trouva, et que, de même que Backwell,
il employa simultanément le régime et la sélection. La
réputation de la race améliorée par Tomkins ne s'étendit
que lentement, mais balança quelque temps celle de la
race à courtes cornes ; aujourd'hui encore, beaucoup
d'éleveurs et d'engraisseurs la préfèrent à celle de Durham, non pour sa précocité, mais pour la qualité de sa
viande. La race ovine de Ryeland dut des soins analogues, mais moins heureux, à Tomkins, qui mourut
en 1819, âgé de soixante et onze ans.

Presque à la même époque que Backwell et Tomkins
amélioraient les races de Dishley et de Hereford, les
deux frères Charles et Robert Colling allaient accomplir
le même œuvre sur la race teeswater. Tous deux, en
1771, prirent auprès de Darlington, dans le comté de Durham, des fermes importantes. Robert et l'un de ses amis,
M. Waistel, achetèrent d'un pauvre journalier un veau
qui suivait chaque jour sa mère sur la berme des chemins; peu après, les nouveaux propriétaires revendaient
ce jeune animal à Charles Colling, pour le prix qu'il leur
avait coûté. Ce veau devint le fameux taureau *Hubback ;*
il était petit, mais de formes harmonieuses et arrondies ;
il avait hérité de sa mère une merveilleuse aptitude à

prendre la graisse. On ignore à quelle race précise il appartenait, mais il n'en fut pas moins le père de la race courtes-cornes améliorée. Ce ne fut point, du reste, la seule obscurité qui régna dans la généalogie de ses ancêtres ; l'infusion du sang galloway, pour n'avoir eu sans doute que des résultats heureux, n'en vient pas moins prouver, une fois de plus, que la race de Durham n'est point une race améliorée par elle-même, ce qui ne lui enlève rien de ses qualités, mais ce qui ne manque pas d'importance comme principe. Charles, le plus jeune des deux frères, paraît avoir été le plus habile ou du moins le plus heureux, ce qui n'est souvent qu'une même chose ; il quitta l'élevage en 1810. Robert, l'aîné, fut cependant un éleveur habile et sa souche est tenue aussi en grande estime ; il fit sa vente en 1818 et quitta dès ce moment la culture. Ajoutons enfin, et pour rendre justice à chacun, que, quand les Colling commencèrent leurs travaux, la race teeswater avait reçu quelques améliorations déjà de MM. Milbanck de Barningham, Henri Grey, Booth, Georges Coates, Waistel, Simpson, Hill, Watson, Charge, etc.

Depuis lors, la plupart des races anglaises ont subi, pour la boucherie de notables perfectionnements, par le croisement, le métissage, la sélection et le régime. Lord Leicester d'Holkham (Norfolk) et Turner de Barton (Exeter) améliorèrent le north-devon ; M. Watson de Keillor, l'angus ; M. William Mure, le galloway ; il n'est pas jusqu'au west-highland qui, amélioré déjà au milieu du dernier siècle par sir Archibald, duc d'Argyll, n'ait encore reçu, dans ces dernières années, des perfectionnements qui le rapprochent sensiblement du type de boucherie. Dans un autre ordre d'idées, les races laitières ne pouvaient rester stationnaires, quoique la production du laitage ne fût pour les Anglais qu'une spéculation tout à fait secondaire; aussi quelques éleveurs mirent-ils leurs soins à maintenir cette aptitude dans certaines familles de la race durham même. Telle est la famille de *Duchess*, une vache de Charles Colling, par exemple, conservée soigneusement pure par MM. Bates et Maynard. M. Dexter, régisseur du lord Hawwarden, améliorait à la fin du dernier siècle, et probablement par croisement, la race du Kerry et en obtenait une sous-race qui porte encore son nom; l'évêque de Killaloë, à la même époque, donnait aussi ses soins à cette même race. M. Reeve de Weighton, près Wels (Norfolk), vers 1780, et après lui son gendre, M. England s'occupaient, dans le même but, de la race suffolk-polled. C'est à la même époque encore, le commencement de ce siècle, qu'on doit rapporter l'introduction, en Angleterre, de la race de Jersey qui prit le nom d'Ayrshire.

Né vers 1752, John Ellman, dont l'attention avait été éveillée par les travaux de Backwell sur les dishleys, résolut de former une race à laine courte, robuste et rustique, quoique disposée à l'engraissement. Il prit en 1780 la ferme de Glynside près Lewis (Sussex), où, pendant près de cinquante ans, il donna ses soins à la race indigène des dunes calcaires de la Manche, analogue en tout à celle que nous possédons sur les falaises de la Normandie. Mieux nourrie et surveillée dans sa reproduction, cette race prit de l'ampleur de formes et de la taille; sa toison s'améliora également un peu, grâce sans doute et quoiqu'on le nie, à quelques gouttes de sang mérinos plus ou moins pur. Et cependant la race southdown conserva toute la qualité de sa chair et une suffisante vigueur de tempérament. A l'encontre de son rival Backwell Ellman ne chercha jamais à s'entourer de mystère et à tenir cachés ses procédés d'amélioration. Il mourut en 1832, à l'âge de quatre-vingts ans, honoré du respect et des regrets de tous ses concitoyens. Après lui, le duc de Richmond et Jonas Webb de Babraham se sont voués à la poursuite de son œuvre dans laquelle nous devons dire qu'il avait été secondé par les soins de son frère, Thomas Ellman, de Bedingham (Sussex).

Toujours vers le même temps, sir Richard Goord, propriétaire dans le comté de Kent, entreprenait d'améliorer la race de Romney-Marsh, en employant la sélection, le régime et peut-être aussi le métissage par les sangs de dishley, ryeland ou cheviot. Il obtint ainsi une sous-race perfectionnée sous le rapport de la finesse de la toison, de la précocité et de l'aptitude à prendre la graisse, connue en France sous le nom de new-kent. C'est celle que M. Malingié a greffée sur plusieurs de nos races indigènes. Plus délicate de tempérament, moins rustique, mais plus précoce que celles de Dishley et de Southdown, elle leur est supérieure par les qualités de sa laine et convient particulièrement aux pays de riches herbages. Suivant l'impulsion générale, lord Adare de Dunraven (Glamorgan) améliorait la race du pays de Galles ; M. Turner de Creak, près Hindon (Wiltshire), celle du Norfolk, etc.

Georges Culley, élève de Backwell, qui dut deviner plutôt qu'il n'apprit de la bouche de son maître ; sir John Sinclair, publiciste agricole et fondateur du bureau d'agriculture de Londres ; David Low, professeur d'agriculture à l'université d'Édimbourg ; Henri Clyne, lord Spencer, William Youatt ; Stephen, l'auteur du *Livre de la Ferme* ; Raynbird, Martin, etc., ont par leurs écrits, propagé en Angleterre la connaissance du bétail et les principes de son élevage. Les clubs, les sociétés particulières d'agriculture et leurs concours secondent puissamment le progrès, aidés encore par les journaux spéciaux et ceux politiques même. A la tête des premiers, il faut, sans contredit, placer le *Farmer's Magazine*.

En France, nous avons vu Buffon poser la base des sciences naturelles que devaient un peu plus tard rectifier et élargir Lacépède, Cuvier et Geoffroy-Saint-Hilaire; Daubenton, Vicq-d'Azir, Bichat, Serres éclairaient de leur lumineux flambeau l'anatomie et la physiologie comparées; Bourgelat et Rozier appliquaient ces deux dernières et nouvelles sciences à nos animaux domestiques; Daubenton, Tessier, Gilbert s'occupaient de l'amélioration des laines et nous dotaient du mérinos; tous cherchaient, par leurs travaux et leurs conseils, à pousser l'agriculture dans la voie du progrès. A Rozier, pour être juste, il faut joindre Duhamel-Dumonceau (1700-1782), adepte de Tull, continuateur du marquis de Turbilly, et auteur des *Éléments d'agriculture* (1762); Thoüin, Huzard, Bosc, de Silvestre, etc. Bientôt allait apparaître le système de culture alterne, proclamé en France par Pictet et Yvart et auquel le blocus continental allait être si favorable en important, par ordre, la culture de la betterave. C'est ainsi que le bétail et la culture progressaient en s'aidant réciproquement.

Le nombre et le poids de nos troupeaux s'accroissaient, et avec eux le produit des cultures; on ne considérait plus le bétail comme un mal nécessaire, mais bien plutôt comme la source de toute richesse. Et dans des temps plus rapprochés de nous la marche de ces idées fut puissamment favorisée par les travaux et les écrits remarquables de MM. de Gasparin, Royer, Perrault de Jotemps, Girod de l'Ain, Girou de Buzareingues, Magne, Moll, Lefour, Gayot, Richard (du Cantal), Bardonnet des Martels, Baudement, etc. N'oublions pas non plus MM. Lefèvre Sainte-Marie, l'un des importa-

teurs et le protecteur des durhams, et Yvart qu'on appelle quelquefois, et à fort juste titre, le grand mouton-
nier de France.

Grâce à tous ces hommes dévoués, l'économie du bétail peut maintenant chercher à consolider ses fonda-
tions, grouper les faits pour en extraire une conclusion,
comparer les expériences au double point de vue de la
physiologie et de l'économie, afin d'en former un premier corps de doctrines. Il y aura certes encore bien
des contradictions difficiles à concilier, bien des faits
dont l'explication serait dès à présent difficile à donner ;
mais les sciences ne sortent pas comme des déesses,
tout armées du cerveau de Jupiter ; elles subissent les
phases de toute existence humaine, et l'économie du
bétail est parvenue à peine à l'adolescence. Plus fort
donc sera le faisceau des faits groupés, plus rapide et
plus sûre sera la marche de nos connaissances à l'endroit du bétail. Malheureusement, les Français ne se
préoccupent point assez de ce qui se passe à l'étranger ;
l'Angleterre, l'Allemagne ne s'endorment pas plus que
la France, mais nous ignorons à peu près ce qui se
passe dans la seconde surtout de ces contrées. Il nous
manque un organe spécial, consacré à l'étude du bétail,
non-seulement chez nous, mais encore et surtout au delà
de la Manche et du Rhin. A en juger par les beaux travaux de MM. Moll et de Lavergne, nous aurions beaucoup
à apprendre de nos voisins dont l'indifférence n'égale
point la nôtre, à coup sûr. Royer nous avait donné une
excellente traduction commentée de l'ouvrage de D. Low
sur les races anglaises ; mais qui nous traduira le *Livre
de la Ferme* de Stephen, le traité du bétail de Youatt,
l'ouvrage allemand de M. de Weckerlin ? Qui nous rendra

compte des travaux des clubs, des sociétés et des congrès d'agriculture, aujourd'hui si nombreux dans toute l'Europe ? Qui nous parlera de la Russie, de l'Italie et de l'Autriche ?

C'est qu'en effet, on raisonne maintenant le progrès, on expérimente avant de se former une opinion ; c'est plus lent peut-être, mais certes beaucoup plus sage. Aussi devons-nous appeler la chimie à notre aide, pour nous éclairer sur la statique des animaux ; et ce ne sera pas en vain, si nous en jugeons par les remarquables travaux de MM. Barral sur le sel, Boussingault et Payen sur les substances grasses, Grûby et Delafond sur le sang, Claude Bernard sur la salive, etc. La physiologie trop négligée jusqu'ici, devra nous expliquer la reproduction, l'assimilation et les sécrétions. Déjà M. Yvart nous a indiqué la corrélation intime qui unit la peau aux muqueuses digestives ; M. Colin, les fonctions des glandes salivaires dans la digestion ; M. Lereboulet, le rôle du foie dans les diverses périodes de la vie ; M. Gratiolet, celles des mamelles, etc.

La voie des expériences directes, la plus délicate et sur laquelle nous devons surtout attirer l'attention des cultivateurs instruits, a souvent jusqu'ici ouvert un large champ aux controverses, témoin celle de M. de Béhague sur le sel, dans l'engraissement et la production du lait, sérieusement combattues dans leurs conclusions par M. Erambert ; celles non moins contradictoires sur le même condiment, de MM. Turck, Daurier, Dailly, Boussingault, Uberaker, etc.; celles enfin de MM. Nivière et Moll sur les aliments fermentés, auxquelles on pourrait opposer les conclusions de MM. Lebel et Vannier de Mettray. Ajoutons que certains éleveurs prétendent que la viande des races améliorées est celle qui s'obtient au plus bas prix ; que d'autres assurent que l'avantage reste,

sous ce rapport à certaines races mixtes; que les uns s'obstinent à produire des laines mi-fines de métis mérinos,
tandis que Malingié demandait le mouton sans laine
comme l'ultimatum du progrès; que ceux-ci prêchent
la cuisson des aliments tandis que ceux-là la repoussent
d'après leur pratique. Mais, lorsqu'on en vient à scruter
sérieusement les circonstances qui ont régi ces différentes
expériences, on parvient presque toujours à les concilier et à en faire sortir une conclusion unanime et à peu
près incontestable.

Somme toute, des faits recueillis et étudiés en France,
en Angleterre et en Allemagne, dans ces dernières
années, il résulte un certain nombre de principes uni-
versellement adoptés maintenant et que nous résumerons
succinctement ici. Ce sont des conquêtes qu'il est précieux pour nous d'enregistrer :

1° On est partout d'accord sur la conformation que
doivent présenter les animaux aptes, par leur précocité
et leur puissance d'assimilation, à fournir de la viande et
de la graisse.

2° On admet généralement que la sécrétion de la
graisse et celle du lait peuvent alterner dans les individus, mais ne sauraient coïncider simultanément dans
des proportions sensiblement égales. Reste à déterminer
la conformation spéciale aux animaux laitiers et, ici
cesse l'entente.

3° Il est reconnu que la production des laines de
grande finesse est incompatible avec l'aptitude à l'engraissement; il faut opter pour l'un ou l'autre de ces produits, suivant les circonstances économiques.

4° Les Allemands ont les premiers distingué, dans la
ration, la partie destinée à l'entretien et celle nécessaire à la production; mais on a reconnu que, pour les
jeunes animaux, la ration presque entière tournait au

profit de la production, et que la ration d'entretien augmentait proportionnellement et en raison directe de l'âge des animaux; qu'en outre la ration de production était presque toujours d'autant plus économique qu'elle était plus abondante.

5° On a jusqu'à présent conseillé l'amélioration des races françaises par elles-mêmes au moyen du régime de la sélection : l'exemple des succès obtenus tant en Angleterre qu'en France fait gravement soupçonner que l'amélioration des races par elles-mêmes n'est presque toujours qu'un faux calcul et qu'une duperie.

6° La reproduction n'est rien sans le régime, et réciproquement; dans la reproduction il faut non-seulement tenir le plus grand compte de la constance des races, mais encore de la généalogie des individus. Le semblable ne produit le semblable qu'à condition de descendre d'une longue suite d'ancêtres semblables.

7° La consanguinité est une conséquence forcée de toute amélioration dans les races; on peut sans danger la pousser jusqu'au point où l'on aura atteint le but proposé; elle ne commence à devenir dangereuse que lorsqu'on le dépasse. Savoir s'arrêter à temps dans le mélange du sang et des familles, là est la grande difficulté.

8° La production économique du travail, de la viande, du lait ne s'obtient que par une exploitation intensive des animaux. « Peu donne peu, » disait Backwell. « Beaucoup est ce qui coûte le moins cher, » disent les Allemands.

Tels sont, croyons-nous, les principaux faits acquis à la science en ce moment; telles sont les bases sur lesquelles reposera l'édifice à venir. Ce serait être ingrat que de méconnaître la part qu'a prise l'administration de l'agriculture en France à ces progrès, par l'institution des concours de boucherie et de reproducteurs, régionaux, généraux et universels. C'est à elle que nous devons d'avoir pu comparer les diverses races de l'Europe, et de pouvoir les étudier dans l'intéressant ouvrage qu'elle a demandé à la science profonde de M. Baudement : c'est à elle que nous devons les études de M. Lefèvre Sainte-Marie sur la race de Durham et de M. Lefour sur la race flamande; l'étude économique de la production animale, en Allemagne, par M. Moll; la propagation, en France, des races courtes-cornes améliorées, devon et ayrshire, dishley et southdown.

Grâce sans doute aussi à une noble et haute impulsion, il semble que l'agriculture touche vraiment cette fois à une réhabilitation justement méritée, mais longtemps attendue. Les primes d'honneur, les décorations même, vont chercher les simples mais habiles cultivateurs; Parmentier, Mathieu de Dombasle, Olivier de Serres, etc., obtiennent des statues. Les domaines impériaux donnent l'exemple d'une culture judicieuse et d'une bonne exploitation du bétail; la Société impériale d'acclimatation, par son exemple et ses encouragements, favorise l'introduction et l'amélioration des races; enfin, son jardin et celui du muséum s'enrichissent chaque jour d'animaux curieux à plusieurs titres et qui finiront par constituer dans la capitale même une collection précieuse des principales races agricoles de l'Europe.

Marchons donc désormais à la fois avec hardiesse et prudence; profitons de l'expérience de tous les peuples et de tous nos voisins; unissons en même temps la science et la pratique, et bientôt nous n'aurons plus lieu d'envier l'Angleterre, notre habile rivale et jusqu'ici notre rivale heureuse.

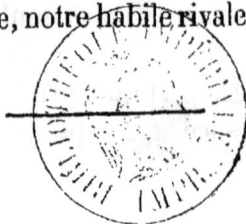

TRAITÉ

DE

L'ÉCONOMIE DU BÉTAIL.

CHAPITRE PREMIER.

PHYSIOLOGIE ANIMALE APPLIQUÉE AUX RACES DOMESTIQUES.

La physiologie est la science qui étudie les phénomènes divers de la vie des animaux ; elle a pour but de rechercher et d'expliquer les mystères de leur organisation et de constater les divers changements qu'amène dans leur structure l'effet permanent ou momentané des influences extérieures. Elle comprend donc des connaissances indispensables à quiconque se livre à la production des animaux domestiques ; mais elle suppose l'étude préalable d'une autre science, l'anatomie, laquelle s'occupe de la disposition matérielle du corps, de la structure des différents organes qui le composent.

Le corps de tous nos animaux domestiques est composé de solides et de liquides ; les solides constituent ce qu'on appelle les tissus organiques ; les liquides se composent d'eau tenant en dissolution ou en suspension diverses substances organiques ou inorganiques, et sont contenus, renfermés eux-mêmes dans les tissus.

§ 1er. Des tissus.

La base du corps animal est un tissu spongieux dans lequel

1. 1

toutes les autres parties sont mêlées ou épanchées; on lui a donné le nom de tissu *cellulaire* à cause de sa forme. En effet, il se compose de cellules ou aréoles cylindriques ou allongées, toutes communiquant ensemble; sa couleur est blanchâtre, sa consistance est, en général, molle, spongieuse et pénétrable. De tous les tissus, il est le plus répandu dans le corps des animaux, et on le regarde comme le tissu primitif, celui dont tous les autres ne sont qu'une modification.

Le tissu *musculaire* constitue ce qu'on nomme vulgairement la chair des animaux; il est formé de fibres qui se réunissent en fascicules puis en faisceaux pour constituer les muscles. Agents producteurs de tout mouvement, les muscles se divisent en : muscles de la vie volontaire, pleins, de formes variables et d'une belle couleur rouge, et en muscles de la vie animale, creux ou placés dans les parois d'organes creux, et d'une teinte plus pâle et presque jaunâtre. Les premiers sont dépendants de la volonté de l'animal, les seconds exécutent automatiquement les mouvements de la vie, en dehors de toute volonté; mais quelles que soient leur disposition et leur structure, tous se distinguent par leur contractilité et leur irritabilité.

La composition chimique de la fibre musculaire varie chez nos divers animaux domestiques suivant l'espèce, l'âge, l'état de santé et de graisse, et le régime auquel ils sont soumis. Les trois analyses suivantes feront mieux ressortir ces différences.

	I	II	III
Eau......................	771.7	795 »	783 »
Fibrine, tissu cellulaire, nerfs, vaisseaux...............	177 »	150 »	168 »
Albumine et matière colorante du sang.................	22 »	32 »	24 »
Extraits alcooliques et sels...	18 »	11 »	
Extraits aqueux et sels.......	10 »	10 »	25 »
Phosphate de chaux, alumine.	0.8	10 »	

La première s'applique au bœuf, elle est de Berzélius; la seconde à un veau d'un mois, la troisième à un porc; toutes deux sont de Schlossberger.

Le tissu *médullaire* ou *nerveux* n'est ni contractile ni irritable; il se compose de tubes cylindriques composés d'une membrane amorphe, homogène, transparente, nommée névrilème, renfermant un liquide visqueux, assez dense et qui, au microscope, paraît composé de globules. Ce tissu, qui compose le cerveau, le cervelet, la moelle épinière et les nerfs, a la propriété de transmettre la volonté à tous les organes du mouvement, et de rapporter de toutes les parties du corps les sensations au centre nerveux.

M. Frémy nous fournit de la substance cérébrale de l'homme une analyse assez complète :

Eau..	80 »
Matières grasses.................................	5.2
Osmazôme et albumine...........................	8.1
Phosphore combiné à la matière grasse..............	1.5
Soude, phosphates de chaux, de potasse et de magnésie..	5.2
	100.0

Le tissu *fibreux* tantôt blanc, tantôt jaunâtre, tantôt élastique, tantôt inextensible, n'est sensible qu'au tiraillement et à la dilacération. Il est composé de fibres disposées en faisceaux ou en lames, tenaces et peu extensibles. C'est lui qui sert à la réunion des muscles avec les os ou des muscles entre eux; il fournit en outre des enveloppes protectrices aux organes essentiels, le cerveau, le cœur, l'œil, le foie, le testicule, etc.

Telles sont les trois principales modifications du tissu cellulaire ou primitif, mais ce ne sont point les seules et Bérard reconnaît jusqu'à vingt et un systèmes organiques de tissus. Nous nous contenterons de parler des suivants :

Le tissu *adipeux* ou *utriculaire* est constitué de cellules rondes ou ovoïdes tant qu'elles ne sont pas remplies de graisse, et formées d'une enveloppe très-mince. Ces cellules se déposent dans le tissu cellulaire, par amas plus ou moins considérables, et s'y creusent des loges communiquant entre elles. On le rencontre partout où il y a des chocs à amortir, sous la peau, autour de l'œil, des reins, de l'épiploon, du médiastin, dans les cavités des os, etc., mais jamais là où sa présence ferait obstacle aux fonctions, par exemple aux paupières, au pénis, etc.

Le tissu *osseux* est considéré comme formé du tissu cellulaire dans les mailles duquel viennent successivement se déposer des principes inorganiques qui finissent par former une agrégation plus ou moins dense. Pendant la vie fœtale ce tissu a l'apparence d'un simple cartilage, flexible, tendre, sans vaisseaux rouges, sans cavité intérieure et sans moelle. Puis les sels de chaux, de magnésie et de soude viennent remplir les cellules et le tissu devient plus ou moins solide, plus ou moins compacte, mais inflexible et insensible. Sa composition chimique varie non-seulement dans chaque espèce d'animaux, mais encore dans le même individu suivant son âge, son état de santé, son régime, et qui plus est, les proportions des matières inorganiques varient d'os à os. Certaines maladies amènent le ramollissement des os ou augmentent leur fragilité, les scrofules, le cancer, par exemple; au fur et à mesure que l'âge s'accroît, ils deviennent plus denses, mais aussi plus cassants. Deux analyses de Berzélius et de Johnston, faites sur l'espèce bovine, présentent des résultats à peu près identiques :

	Berzélius.	Johnston.
Gélatine du tissu cellulaire............	33.30	33.25
Sels de chaux (phosphate, carbonate et fluor).	61.20	60.75
Sels de magnésie (phosphate).............	2.05	3 »
Sels de soude (chlorure).................	3.45	3 »
Traces de fer, de silice et d'alumine........	» »	» »
	100 »	100 »

Le tissu *séreux* se rencontre partout où il y a un glissement à faciliter entre deux organes qui se touchent sans adhérer, entre les os et la peau, entre le cerveau et la boîte osseuse, entre les plèvres, les feuillets séreux du péricarde, etc. C'est le tissu cellulaire qui en forme la base. Il se produit même d'une manière anormale, chaque fois que le tissu cellulaire se trouve accidentellement soumis à une pression ou à un frottement continuel.

Le tissu *tégumentaire* se divise en tégumentaire externe ou peau, et tégumentaire interne ou muqueux. La peau se compose de trois couches (derme, tunique dermoïde, corps muqueux) qui renferment dans leur épaisseur des papilles, des glandes sudoripares, une couche pigmentaire, et des bulbes sécréteurs de la corne, des poils ou de la laine. Les muqueuses tapissent les parties des organes indirectement exposées au contact de l'air, bouche, fosses nasales, poumons, tube digestif, vessie, utérus, etc. Le tissu muqueux se produit accidentellement, là où le tissu cellulaire se trouve placé pendant un certain temps en contact avec un liquide qui l'excite.

Le tissu *vasculaire* forme l'enveloppe des vaisseaux de toute nature, artères, veines, chylifères, lymphatiques, qui servent dans l'organisme au transport des divers liquides; mais sa composition n'est pas identique dans tous les ordres de ces vaisseaux formés les uns de cinq, les autres de quatre et même de trois couches enveloppantes.

Le tissu *corné*, composé de fibres allongées et agglutinées, ne reçoit ni nerfs ni vaisseaux ; il forme les cornes, les sabots, le bec et les ongles des oiseaux ; les poils ne sont qu'une variété de ce tissu, sécrétés comme la corne par des glandules ou follicules contenus dans l'épaisseur du derme.

Chacun de ces systèmes remplit un but distinct, une destination spéciale : le tissu cellulaire sert à l'organisation de tous les autres et facilite les adhérences médiates ; il reçoit la graisse sécrétée (tissu adipeux) et les vaisseaux capillaires les plus déliés ; le tissu musculaire exécute tous les mouvements commandés par le cerveau et en empêche certains autres ; le tissu nerveux télégraphie les ordres et rapporte les sensations ; le tissu fibreux relie les os aux muscles, facilite les mouvements et donne aux organes une certaine force de résistance.

§ 2. Des humeurs.

Les liquides formés en des êtres et par des organes vivants, ont reçu le nom d'humeurs. On les a divisés en trois grandes classes.

1° Le sang, humeur centrale où tout vient aboutir et d'où tout sort, et qu'on partage en sang artériel et sang veineux.

2° Les humeurs qui se rendent dans le sang et contribuent à sa reconstitution, le chyle, la lymphe et le chyme.

3° Celles qui proviennent du sang, soit par transpiration, soit par sécrétion ; les unes sont excrétées au dehors (sueur, cérumen, lait, larmes, urine, sperme), et les autres sécrétées au dedans (suc gastrique, mucus, salive, bile, suc pancréatique, sérosité des séreuses, humeur synoviale, humeurs de l'œil et du sens de l'ouïe, liquide amniotique, graisse, etc.). On pourrait encore les diviser en alcalins (bile, sperme, salive, etc.) et en acides (lait, sueur, urine, etc.).

De ces humeurs, enfin, les unes servent à la conservation de l'individu (sang, sucs gastrique et pancréatique, salive, bile, synovie, graisse); les autres à celle de l'espèce (lait, sperme, liquide amniotique); d'autres sont rejetées en dehors comme inutiles (sueur, urine, cérumen, larmes). La composition de ces divers liquides est à la fois très-variable et très-complexe; mais l'eau en forme toujours la masse, tenant en dissolution ou en suspension certains principes organiques et inorganiques.

Le *sang*, fluide vital et nourricier que l'impulsion du cœur fait circuler dans tous les vaisseaux et à travers tous les organes, portant avec lui tous les éléments nécessaires à la conservation et à l'accroissement du corps, entraînant et ramenant avec lui vers le cœur tous les fluides absorbés que vont revivifier les poumons, le sang, disons-nous, offre une composition variable selon l'espèce, le genre, le sexe, la race, l'âge, les tempéraments, le régime, etc. Élémentairement, on y distingue, chez les animaux vertébrés, deux parties qui se séparent d'elles-mêmes par le repos : l'une, liquide, transparente et de couleur jaunâtre, qu'on appelle sérum; l'autre, plus lourde, opaque et d'une belle couleur rouge, formée de petits corpuscules solides, réguliers, variant en forme du sphéroïde à l'ellipse et qu'on appelle globules. Ces petits corps sphériques dans les animaux mammifères, elliptiques chez les oiseaux, les reptiles et les poissons, se composent de deux parties : un sac membraneux, sorte de petite vessie déprimée avec un renflement au centre, qui forme une sorte de disque dont l'enveloppe extérieure d'un beau rouge communique au sang sa couleur; en second lieu, un corpuscule sphéroïdal plus consistant, incolore, et contenu dans le renflement médian de l'enveloppe membraneuse. La dimension de ces globules est loin d'être la même chez tous les animaux. Ainsi, tandis qu'elle est chez l'homme, le chien et le lapin de 1/150e de millimètre, chez le cheval, le bœuf et le mouton, de 1/200e ; nous la trouvons chez les oiseaux de 1/150e pour le petit diamètre et de 1/100e à 1/75e pour le grand, suivant l'espèce ; chez la grenouille, elle est de 1/45e pour le petit diamètre et de 1/75e pour le grand. Les deux éléments, le sérum et les globules se rencontrent chez l'homme dans les proportions suivantes pour 100 parties : sérum 86.91, globules 13.09, en moyenne, et parlant toujours, bien entendu, du sang veineux.

Si nous étudions chimiquement ces deux éléments du sang, nous verrons qu'ils sont plus composés que nous ne le pensions. En effet, le sérum se compose d'eau, d'albumine et de matières grasses extractives et de sels minéraux. Les globules comprennent de la fibrine, de l'hématosine et de l'albumine, le tout en des proportions assez variables, selon l'espèce, l'âge, etc., ainsi que nous le verrons plus loin. Quant aux principes minéraux, ils se composent de phosphates de chaux et de magnésie, de chlorure de soude, de fer en quantité appréciable et de traces de quelques autres métaux. Enfin on y a reconnu la présence de quarante-deux corps outre l'eau, tant principes organiques que sels minéraux.

Enfin, la proportion du sang qui vivifie le corps des différents animaux, ne présente pas de moins notables différences que sa composition. Ainsi des expériences faites par Vanner, ont fourni les résultats suivants :

Un bœuf pesant 750k vif a donné....	31k.500 de sang, soit 4.2 p. 0/0.
Un bœuf — 700k —	29k.500 — 4.2 —
Une vache — 588k —	27k.000 — 4.6 —
Un mouton — 50k —	2k.500 — 5 » —
Un mouton — 40k —	2k.050 — 5 » —

Suivant M. Rigot :

Des chiens de 32ᵏ.500 poids vif, donnent 3ᵏ.250 de sang, ou 10 p. 0/0.
— 14ᵏ » — — 1ᵏ » — ou 7.1 »

Ainsi plus le poids des animaux diminue, et plus la masse proportionnelle du sang semble devenir importante, mais dans les animaux d'espèces semblables, la quantité varie encore suivant le tempérament, le sexe, la race, l'âge, l'état d'embonpoint, etc. Nous verrons plus loin qu'il faut distinguer le sang qui provient des veines de celui auquel donnent issue les artères, tous deux bien différents par leur couleur et leur composition chimique aussi bien que par leur destination. Le sang veineux varie du rouge rutilant au rouge presque noir et renferme plus de carbone ; le sang artériel est d'un rouge plus vermeil et renferme plus d'oxygène, une plus forte proportion de globules et se coagule plus rapidement. Voici d'ailleurs les analyses de M. Girardin.

	Sang artériel.	Sang veineux.
Carbone............................	50.2	55.7
Azote...............................	16.3	16.2
Hydrogène..........................	6.6	6.4
Oxygène............................	26.3	21.7
	99.4	100.0

La *lymphe* sur l'origine de laquelle on est loin d'être d'accord, présente dans sa composition une grande analogie avec le chyle ; elle est comme le sang, composée d'un liquide séreux contenant des globules en suspension et se coagule comme lui en se séparant en deux parties dont la proportion moyenne paraît être de 1 partie de caillot pour 300 de sérum, tandis que dans le sang de l'homme, le rapport des globules au sérum est 15.05 à 300. L'aspect de la lymphe varie suivant les organes où on la rencontre, tantôt opalin ou rosé, tantôt rouge, d'autres fois blanc ou jaunâtre. Voici quelle paraît être, dans l'état normal, sa constitution chimique :

Eau...............................	92.5	
Fibrine...........................	0.3	
Albumine.........................	5.7	99.9
Chlorures alcalins, soude, phosphate de chaux.	1.4	

L'abstinence prolongée, suivant M. Rigot, en augmente très-sensiblement la quantité et fait un peu varier la proportion de ses éléments constitutifs. Formée d'éléments puisés profondément dans toutes les parties du corps, cette humeur est modifiée, perfectionnée en quelque sorte par de nombreux ganglions qu'elle traverse, et vient se réunir soit au chyle, soit au sang veineux.

Le *chyle*, produit immédiat de la digestion, varie, on le conçoit, d'après le régime auquel sont soumis les animaux et l'espèce à laquelle ils appartiennent. En général il a un aspect blanchâtre et ressemble au lait ou à la lymphe ; sa saveur est à la fois salée et alcaline. Il ressemble assez à la lymphe par sa constitution élémentaire et se coagule comme elle, en laissant un caillot formé de globules et un liquide analogue au sérum et sur lequel surnage une couche grasse. Le caillot avec le temps et le repos, prend une couleur rosée. Les aliments azotés augmentent la proportion des globules et de la fibrine du caillot ; ceux non azotés produisent un chyle blanc et pauvre en fibrine et en matière colorante. Nous venons de dire que le chyle se versait ainsi que la lymphe dans la circulation veineuse.

La *sueur* est une humeur acide exhalée par la peau dans certaines circonstances ; elle est due à l'activité des glandes sudorifères qui viennent en aide à la respiration et à l'exhalation générale pour éliminer de l'économie divers principes qui la surchargent. Elle contient notamment de l'eau, des sels de soude et de potasse, dont un acétate, et des matières organiques grasses. Cette exhalation est plus ou moins abondante dans les diverses espèces animales, et dépend en outre de la température, du régime, de l'exercice ou du travail auxquels sont soumis les animaux. Le bœuf transpire beaucoup moins à la peau que le cheval ; chez le chien, elle est remplacée dans certains cas par une salivation très-abondante. Dans l'espèce ovine, elle prend le nom de suint et s'accumule dans la toison qu'elle adoucit et rend difficilement perméable à l'eau et au froid ; mais alors sa nature est plus complexe. Le suint se compose, d'après Vauquelin, d'un savon à base de potasse qui en constitue la plus grande partie, d'une petite quantité de carbonate de potasse, d'une quantité notable d'acétate de potasse, de chaux dans un état de combinaison inconnu, de traces de chlorure de potassium et enfin d'une matière colorante d'origine animale.

Le *lait*, produit particulier aux mammifères, est destiné, par la nature, à la nourriture des jeunes animaux. Sécrété par des glandes particulières, ce liquide est, en général, blanc, opaque, de saveur un peu sucrée, plus pesant que l'eau, et donnant une réaction acide. Par le repos, il se sépare en trois parties : le butyrum ou beurre qui surnage est un principe gras qui renferme de l'oléine, de la butyrine, de la margarine, de l'acide butyrique et un principe colorant jaunâtre ; le sérum de densité intermédiaire, renferme de l'acide lactique, des chlorures de soude et de potasse et du sulfate de potasse ; le caséum, la partie la plus dense et aussi la plus azotée, renferme un principe immédiat (caséine) analogue à l'albumine et insoluble dans l'eau ; des sels ammoniacaux, et une huile particulière. Le tableau suivant indique la variation de ces trois éléments dans nos diverses espèces domestiques :

	Butyrum.	Caséum.	Lactine du sérum.	Eau.
Lait de vache..........	2.68	8.95	3.60	84.77
Lait de chèvre.........	4.56	9.12	4.38	81.94
Lait de brebis..........	5.80	15.30	4.20	74.70
Lait d'ânesse...........	1.29	1.95	6.29	90.47
Lait de jument.........	traces	1.62	8.75	89.63

Ceci s'applique à la lactation normale et bien établie, dont cependant la proportion élémentaire se modifie très-sensiblement par le régime, le tempérament et les aptitudes spéciales de chaque individu. Le premier lait sécrété après la parturition, et qu'on nomme colostrum, diffère beaucoup du lait normal; sa couleur est jaunâtre, sa consistance presque sirupeuse, sa densité de 1.072, tandis que celle du lait normal est en moyenne de 1.052, et celle du butyrum de 1.012. Il ne subit point de fermentation acide et passe à celle putride; les matières grasses qu'il contient en assez forte proportion lui communiquent des propriétés purgatives.

Le butyrum est un produit immédiat gras, formé de margarine, d'un principe colorant et d'acide butyrique qui donne au beurre son odeur particulière. Tous ces principes intimement mélangés sont contenus dans des globules infiniment ténus dont les enveloppes se fendent pendant le barattage et laissent les corps gras se réunir pour former le beurre. Ce sont ces globules qui, tenus en suspension dans le lait normal, lui donnent sa couleur blanc opaque.

Quant aux principes inorganiques renfermés dans cette humeur, ils consistent surtout en chlorures de soude et de potasse, en phosphates de chaux et de magnésie, en proportions variables, ainsi que le prouvent les deux analyses suivantes de Haidlen, sur 100 litres de lait.

Phosphate de chaux..................		2.31	3.44
— de magnésie................		0.42	0.64
— de fer.....................		0.07	0.07
Chlorure de potasse..................		1.44	1.83
— de sodium................		0.24	0.34
Soude à divers états..................		0.42	0.45
		4.90	6.77

Le climat, le régime, l'âge, les aptitudes, la race, font singulièrement varier la composition de ce liquide dont la proportion d'eau, chez les vaches seulement, peut varier de 82 à 92 p. 0/0, et celle du butyrum, de 2 à 4 p. 0/0.

La *salive* est sécrétée par différentes glandes, dans le but de favoriser la déglutition et de préparer la digestion. « C'est, dit « M. Bérard, une humeur visqueuse, inodore, limpide ou « plutôt un peu bleuâtre, plus ou moins filante. Examinée au « microscope, elle présente des globules muqueux. Sa densité « est de 1.006. Sa nature est ordinairement alcaline, mais « quelquefois acide. Elle renferme du carbonate et du bicarbo- « nate de soude et de potasse, de l'eau (99 p. 0/0), du chlo- « rure de sodium et de potassium, des phosphates de soude et « de chaux. Sur 100 parties de matières solides, il y en a un « peu plus de 40 fournies par les sels, et 60 par des matières « organiques. Enfin, on y rencontre quelquefois du lactate de « soude et de potasse, de l'acétate de soude, du carbonate de « chaux, du phosphate et du carbonate de magnésie et de la « silice. Tiedman et Gmelin y ont rencontré chez l'homme du « sulfocyanure de potassium, et dans celle de la brebis, du « sulfocyanure de sodium. Les matières organiques qu'elle ren- « ferme sont le mucus, l'osmazôme, une huile contenant du « phosphore, un corps gras mêlé de cholestérine (un principe « de la bile) et de la caséine. Un principe particulier lui donne « son caractère, la ptyaline, découverte par Berzélius, soluble

« dans l'eau, et insoluble dans l'alcool concentré. » (Cours de physiologie, t. 1er, p. 703.)

Sa nature chimique varie selon l'espèce, le régime, et la glande qui la sécrète. Les trois analyses suivantes donneront une idée de ces différences. La première a été faite par M. Lassaigne, a seconde par Henry, la troisième par Caventou.

	1o Cheval.	2o Cheval.	3o Ane.
Carbonate de chaux.............	84	85.5	91.6
— de magnésie........	»	7.6	»
Phosphate de chaux...........	3	4.4	4.8
Matières animales............	9	2.4	3.6
	96	99.9	100.0

Outre son action particulière sur les matières amylacées qu'elle transforme en une substance identique au sucre de lait par sa composition et ses propriétés, la salive a encore pour objet de pénétrer et d'attendrir les aliments, d'élever leur température, de faciliter leur déglutition et de les préparer aux élaborations subséquentes.

La *bile* est une humeur sécrétée du sang par le foie, très-variable dans sa nature, suivant l'espèce des animaux, mais en général, d'une couleur jaune, brune ou verdâtre, d'une odeur particulière, d'une amertume très-prononcée, d'une consistance plus ou moins visqueuse et donnant toujours une réaction alcaline. Tous les animaux vertébrés ne sont pas pourvus de vésicule biliaire ou réservoir de la bile : le cheval, l'âne, le mulet et en général tous les solipèdes, le cerf, le chameau, l'éléphant, et parmi les oiseaux le pigeon et la pintade, en sont dépourvus. La bile dans ce cas est versée directement par l'organe sécréteur, dans la circulation.

La composition de la bile est très-compliquée; on y rencontre des acides gras, une résine particulière, une matière colorante variant du brun au jaune et au vert, du sucre, de l'albumine, des sels, de la soude libre, du fer, et une matière grasse non saponifiable, la cholestérine. Voici d'ailleurs d'après M. Thénard l'analyse de la bile du bœuf :

Eau...............................	87.56
Résine biliaire....................	3 »
Picromel........	7.54
Soude libre......................	0.50
Phosphate de soude...............	0.25
Chlorure de soude................	0.40
Sulfate de soude........	0.10
Sulfate de chaux.................	0.15
Oxyde de fer....................	traces.
	99.50

La bile est ainsi que le suc pancréatique, indispensable à la formation du chyle par leur action particulière sur les fécules et les corps gras. Elle est sécrétée par le foie surtout dans l'intervalle des repas, et mise en réserve dans la vésicule qui se vide dans l'estomac pendant la digestion.

Le *suc pancréatique* sécrété par une glande placée derrière et sous l'estomac, ressemble beaucoup à la salive par sa composition et ses propriétés, d'après les analyses de MM. Leuret et Lassaigne. Seulement, il ne se mêle aux aliments que lorsqu'ils sont parvenus dans l'intestin duodenum.

Le *suc gastrique* est produit par diverses petites glandes renfermées dans l'épaisseur des tuniques de l'estomac, et qu'excite le contact des aliments solides. Le suc gastrique donne toujours une réaction acide due à la présence des acides hydrochlorique et lactique, il renferme en outre 99 p. 0/0 d'eau, du chlorure de soude, des phosphates acides de chaux et d'ammoniaque, du mucus, un principe aromatique et une matière particulière (Blondlot).

La *graisse* est le produit d'une sécrétion renfermée en plus ou moins grande abondance dans les mailles du tissu adipeux, logé lui-même dans les cellules du tissu cellulaire. Elle est constituée par des vésicules infiniment ténues, groupées en pelotons arrondis. Comme tous les corps gras, elle ne renferme pas d'azote, mais seulement du carbone, de l'hydrogène et de l'oxygène, formant trois combinaisons diverses, l'oléine, la margarine et la stéarine. La graisse provenant des divers animaux et des différentes parties du corps d'un animal ne présente pas une composition identique. On en jugera par le tableau suivant :

	Stéarine et margarine.	Oléine.
Suif de mouton....................	80	20
Moelle de mouton...................	26	74
Suif de bœuf.......................	70	30
Moelle de bœuf.....................	76	24
Graisse de porc....................	38	62
Graisse d'oie......................	32	68
Graisse de canard..................	28	72
Graisse de dindon..................	26	74

Les graisses animales sont fusibles en proportion de l'oléine qu'elles renferment; la facilité à prendre la graisse dépend également de la quantité relative de ce principe; la graisse du cheval qui est fluide et se fige si difficilement implique une des causes qui rendent son engraissement plus rapide que celui du bœuf, et celui-ci, que l'engraissement du mouton; mais au-dessus de tous trois se placent nos oiseaux de basse-cour, et le porc, celui des mammifères, peut être, qui prend le plus facilement la graisse et la fournit en plus grande abondance. L'âge, la race, le régime surtout, influent considérablement sur les qualités, l'abondance et la couleur des graisses animales que la boucherie divise : en graisse proprement dite, celle qu'on trouve répandue sous la peau, dans les interstices des fibres musculaires, autour des gros vaisseaux, à la base du cœur, entre les replis du mésentère et de l'épiploon, etc.; celle-ci est molle et très-fusible; et en suif qui s'accumule en masses plus ou moins considérables autour des reins, des intestins, du mésentère et de l'épiploon, enfin, autour de la plupart des membranes de l'abdomen; il est plus solide, plus résistant que la graisse et ne fond qu'à une chaleur plus élevée.

Le sperme est une humeur sécrétée par les organes génitaux du mâle (testicules et canaux efférents); il est éminemment alcalin, et Vauquelin l'a trouvé composé ainsi qu'il suit :

Eau...............................	90
Mucilage animal......................	6
Soude..............................	1
Phosphate de chaux...................	3

100

Le sperme, outre les éléments organiques et inorganiques ci-dessus, contient des animalcules microscopiques en nombre variable et de formes diverses suivant l'espèce à laquelle appartiennent les animaux. Plusieurs physiologistes ont assigné à ces animalcules qu'on a nommés zoospermes, une action directe dans l'acte de la fécondation.

Les liquides *amniotique et allantoïdien* sécrétés pour la nutrition fœtale, servent en outre à la protection de l'embryon. Ils sont tous deux de nature différente. Le liquide amniotique, double produit du sang de la mère d'abord, et plus tard de celui du fœtus, diminue en abondance au fur et à mesure que la gestation s'avance; d'abord terne et limpide, il devient successivement trouble et visqueux. Il est renfermé dans une enveloppe immédiate au fœtus, de nature séreuse et close de toutes parts. Le liquide allantoïdien est contenu entre l'amnios et une autre membrane enveloppante, l'allantoïde, qui manque chez l'homme et varie de forme chez divers animaux. Il augmente en abondance au fur et à mesure qu'approche l'époque de la

I.   2

parturition, et quelques physiologistes admettent une endosmose à travers la membrane amniotique. La liqueur allantoï-
dienne renferme de l'eau, de l'albumine, du mucilage, de
l'osmazôme, des sels, mais M. Lassaigne n'y a point reconnu
d'urée; en revanche il y signale la présence d'un acide particulier nommé acide allantoïque. Chez les animaux qui se reproduisent par la ponte, c'est-à-dire dont la gestation est extra-
utérine, les liquides allantoïdien et amniotique ont jusqu'à
un certain point pour analogues l'albumen ou blanc, le vitellus
ou jaune de l'œuf.

L'*urine* sécrétée par les reins, se rend dans un réservoir
particulier, la vessie; c'est une élimination de principes inutiles à la nutrition intérieure ; cependant on a expérimenté que
l'urine des animaux nourris de viande entraîne avec elle environ les 10/12ᵉˢ de l'azote contenu dans les aliments; aussi
celle des carnivores est-elle beaucoup plus riche que celle des
herbivores; en outre, acide chez les premiers, elle est alcaline
chez les seconds. L'analyse de l'urine de l'homme par Berzélius, de celle du cheval et de la vache par Girardin prouve
combien le régime peut modifier la composition chimique de
cette excrétion.

	Homme.	Cheval.	Vache.
Eau	93.30	94.00	65.00
Matières organiques	4.85	0.70	5.00
Matières salines	1.85	5.30	30.00

Les principes organiques se composent d'urée, d'acide urique
et de mucus; les sels comprennent du chlorure, du sulfate et
du carbonate de potasse, du chlorure d'ammoniaque, du phosphate et de l'hydrochlorate d'ammoniaque, du sulfate, du phosphate et de l'hydrochlorate de soude, de l'acide lactique, et du
lactate d'ammoniaque. Arzbaecher nous fournira l'analyse de

l'urine du cheval et de celle de la vache, déduction faite du sel
marin (chlorure de sodium).

	Cheval.	Vache.
Sels de potasse........................	28.97	56.74
Sels de soude.........................	»	1.31
Sels de chaux.........................	27.75	1.74
Sels de magnésie......................	4.22	4.09
Oxyde de fer..........................	0.79	0.31
Acide sulfurique à l'état de combinaison....	6.48	4.63
Acide carbonique......................	27.28	31.04
	100.00	100.00

La couleur et l'odeur de l'urine sont modifiées par certains
aliments, et certaines maladies.

Tous ces liquides, toutes ces humeurs, sont en définitif, ex-
traits du sang par diverses élaborations; il semblerait dès lors
que le fluide vital devrait renfermer les éléments dont sont
formés tous les organes de l'animal, et les liquides qu'il sécrète;
il n'en est pas exactement ainsi. Le sang fournit les éléments
seuls, et le travail nutritif, la vie organique, combinent et
transforment ces éléments par des procédés inconnus encore à
la chimie, pour la plupart. Ainsi nous trouvons dans l'organisme
une foule de combinaisons organiques et inorganiques dont les
bases seules se trouvent dans le sang, principe d'où seul elles
ont pu être extraites. Ce liquide vital renferme nous l'avons
dit déjà, environ 43 corps simples ou leurs dérivés, ou principes
immédiats, mais la statique chimique des animaux nous offrirait
un nombre au moins quadruple de combinaisons diverses, ce
qui indique dans l'organisme une merveilleuse puissance d'é-
lection, une puissante force de transformation.

—Après avoir étudié au point de vue de la chimie les tissus et
les humeurs qui composent le corps des animaux, nous serons
plus à l'aise pour étudier le jeu des organes et des appareils,
rechercher leur mode d'action et le but qu'ils doivent remplir.

§ 3. Des fonctions.

On appelle fonction, les phénomènes vitaux produits par un organe, ou la réunion de plusieurs organes nommée appareil. Des fonctions, les unes ont pour but la conservation de l'individu, les autres celle de la race, d'autres enfin d'établir les rapports entre les individus. On distingue donc les fonctions de nutrition, les fonctions de relation, et celles de reproduction. Toutes ont entre elles des rapports intimes qui les font se venir en aide, se suppléer réciproquement même dans certains cas, et réagir les unes sur les autres d'une manière plus ou moins puissante.

1° FONCTIONS DE NUTRITION.

La vie des animaux ne s'entretient qu'à la condition qu'ils s'approprieront une partie des substances qui les entourent et rendront en échange au monde extérieur une portion de leur substance propre. Dès que ce mouvement intérieur vient à s'arrêter sans retour, l'animal meurt et son corps rentre dans le monde extérieur par une décomposition plus ou moins prompte, plus ou moins complète. C'est ici le lieu de remarquer l'analogie que présentent sous ce rapport les règnes animal et végétal, et l'échange constant qui s'opère entre eux; le végétal fournit les éléments pour la composition des animaux, et en reçoit en retour les mêmes principes, mais animalisés, c'est-à-dire devenus plus propres à favoriser une végétation nouvelle; de sorte que par les seules forces naturelles, la fertilité de l'écorce du globe tend à s'accroître chaque jour. Tous deux, végétal et animal, soutirent de l'atmosphère qui les environne une partie des éléments nécessaires à leur nutrition, et enrichissent ainsi la terre aux dépens d'un réservoir inépuisable.

Les fonctions de nutrition se divisent entre trois groupes d'appareils, ceux de la digestion comprenant les organes de l'estomac, de l'intestin et leurs annexes, ceux de la circulation dont le cœur et les vaisseaux constituent les éléments, enfin ceux de la respiration ayant pour organe les poumons. Chacun de ces appareils remplit un but différent il est vrai, mais ils concourent tous au même but, la nutrition : les aliments sont ingérés puis digérés, et leur produit mis en contact avec l'air et rendu apte à entretenir la vie, est versé dans la circulation qui le porte à toutes les parties du corps. Il y a donc trois actes principaux à distinguer dans cette fonction.

A. Digestion. — Tout jeune animal a besoin pour développer son corps et ses formes, de puiser continuellement dans le monde extérieur des principes nutritifs; tout animal adulte subit la même nécessité pour assimiler à ses organes des matériaux nouveaux et réparer ses pertes; enfin l'homme exige davantage encore des animaux domestiques en leur demandant des produits qui supposent un excès de nutrition, et les placent souvent en dehors des lois naturelles. Le premier acte de la nutrition comprend donc la préparation des aliments par les organes, jusqu'au moment où, à l'état de chyle, ils sont mis en circulation dans les vaisseaux destinés à les rendre assimilables. Mais ce premier acte lui-même se subdivise en plusieurs opérations qu'il est important d'étudier distinctement, afin de les bien comprendre.

I. *Préhension.* — La manière dont les divers animaux saisissent leur nourriture dépend de la conformation de leurs membres antérieurs et de celle de leur bouche. L'homme a les bras et les mains, les solipèdes et les ruminants ont les lèvres et la langue, les oiseaux ont le bec. Le cheval et le bœuf pâturent à l'aide des lèvres, des dents et de la langue; seulement celle-ci est presque lisse chez le cheval, tandis que chez le bœuf, elle est garnie à sa partie supérieure de papilles nerveuses assez longues et assez roides et dont la pointe est dirigée vers le fond de la cavité buccale ; aussi le premier se sert-il surtout des lèvres et aussi des dents pour séparer les herbes du sol ; le bœuf au contraire emploie surtout la langue, les dents de la mâchoire inférieure et le bourrelet qui remplace celles supérieures ; aussi tond-il le gazon de moins près que le cheval. Le mouton pâture par des moyens semblables à ceux du bœuf, mais de plus près, vu la petitesse de sa bouche ; chez tous deux les lèvres sont beaucoup moins mobiles que chez le cheval. Chez les oiseaux, nous l'avons dit, le bec est l'organe de la préhension, long, aplati et presque mou chez le canard et l'oie ; court, étroit et résistant chez le coq, le dindon, la pintade, le pigeon, etc.

II. *Mastication.* — Pour être avalés et digérés facilement, les aliments ont besoin d'être écrasés, broyés, divisés enfin en fragments très-petits. C'est dans l'intérieur de la bouche que s'opère cette division mécanique, à l'aide des dents, secondées par l'action accessoire des joues et de la langue, et sous l'influence de la salive. Le nombre et la forme des dents varient suivant l'espèce, l'âge et quelquefois le sexe des animaux ; on les divise en incisives, canines et molaires, d'après leurs formes et leurs usages. Elles sont dans le cheval adulte, au nombre de quarante disposées ainsi qu'il suit : douze incisives dont six à la mâchoire inférieure et six à la supérieure, placées à l'extrémité la plus avancée des deux maxillaires ; vingt-quatre molaires dont six de chaque côté de chacune des mâchoires inférieure et supérieure ; enfin, entre les incisives et les molaires, un peu en avant des barres, quatre crochets dont un de chaque côté de chacune des mâchoires ; mais les crochets n'existent le plus souvent, chez les juments, qu'à l'état rudimentaire. Les ruminants ne possèdent que trente-six dents, les incisives de la mâchoire supérieure étant remplacées par un bourrelet cartilagineux ; les incisives sont au nombre de huit et les molaires de vingt-huit, ceci pour le bœuf, le mouton et la chèvre. Chez le porc, on rencontre quarante-quatre dents (dans l'état sauvage), dont six incisives à chacune des mâchoires inférieure et supérieure, et quatre canines dont deux de chaque côté de chaque mâchoire, un peu en arrière des dernières incisives.

Les incisives ont une forme large et aplatie, plus ou moins tranchante chez les adultes ; les molaires présentent à leur terminaison une surface plus ou moins large et inégale, sorte de table sur laquelle s'opèrent l'écrasement, le broyage des aliments, d'après un double mouvement de compression verticale et de froissement horizontal. Amenées dans la bouche, grossièrement tranchées par les incisives, les matières alimentaires sont conduites par la langue sous les molaires où le jeu des mâchoires les triture plus ou moins finement et où les joues les ramènent sans cesse.

III. *Insalivation*. — Pendant la mastication, les aliments s'imbibent d'un liquide particulier, la salive ; quelques-uns même s'y dissolvent complétement. La salive est sécrétée par trois paires de glandes en grappes s'ouvrant par un conduit excréteur dans la cavité buccale. Ce sont les parotides, les maxillaires et les sublinguales. La première a son orifice au niveau de la troisième molaire supérieure ; cette glande située au devant de l'oreille et derrière la mâchoire inférieure, est la plus volumineuse de toutes. La seconde, logée sous l'angle de la mâchoire inférieure, s'ouvre par un canal qui aboutit en dessous de la langue par un petit mamelon qu'on appelle barbillon. La troisième qui est aussi la plus petite, au-dessous de la langue, dans l'espace que les deux côtés de la mâchoire laissent entre eux. D'après M. Colin, chez les ruminants, la salive sécrétée par les maxillaires pendant la mastication s'élève à peine à la moitié de celle versée par les parotides. Quant aux linguales, leur sécrétion est constante, mais relativement beaucoup moindre pendant le repas. Pendant l'acte de la rumination, ce sont les parotides et les linguales seulement qui fournissent la salive. (*Recueil de méd. vétér.*, mai 1852, p. 395.) D'après M. Bernard, la salive parotidienne, aqueuse et non gluante, imbibe et dissout facilement les substances ; la salive fournie par la glande sublinguale et les glandes buccales, au contraire, visqueuse et gluante, enveloppe le bol alimentaire qu'elle rend plus cohérent et dont elle facilite le glissement ; la salive sous-maxillaire, à cause de ses caractères mixtes peut à la fois dissoudre, étendre ou affaiblir les substances sapides, en même temps qu'elle peut lubrifier les surfaces et diminuer l'énergie des contacts. (*Mém. de l'Acad. des sciences*, janvier 1852.)

Nous avons dit que la salive avait pour triple effet d'attendrir, en les pénétrant, les substances alimentaires, de faciliter leur déglutition, de modifier chimiquement quelques-uns de leurs principes rendus ainsi plus aptes à subir une complète digestion. Tous les aliments n'excitent pas au même degré cette sécrétion. D'après MM. Lassaigne et Bernard rapporteurs de la commission d'hygiène de l'Institut, les fourrages secs absorbent de quatre à cinq fois leur poids de liquide buccal (salive et mucus) ; les féculents secs (avoine, farine d'orge, fécule, etc.) en absorbent un peu plus d'une fois leur poids ; les fourrages verts, un peu moins de la moitié de leur poids, et les féculents humides (fécule et son mouillés) n'en absorbent pas un poids sensible quand ils sont suffisamment imbibés. La glande parotide seule d'un cheval a pu fournir en vingt-quatre heures près de 1^k.925 grammes de salive. Girard obtint d'un autre cheval

21 livres de salive en lui faisant manger une demi-livre de foin.

L'insalivation complète du bol alimentaire n'est pas moins indispensable à une bonne digestion, qu'une mastication parfaite. Chez les ruminants, qui doivent ingurgiter une grande masse d'aliments peu nutritifs, la première mastication est très-grossière; mais pendant le repos, l'animal jouit de la faculté de ramener sous les mâchoires le bol alimentaire qui subit alors une dernière division et redescend dans l'estomac. C'est ce qu'on appelle rumination ou mérycisme, dont nous parlerons tout à l'heure.

IV. *Déglutition.* — On appelle ainsi l'acte par lequel les aliments broyés et réduits en pâte semi-fluide, sont conduits de la bouche jusque dans l'estomac, à travers le pharynx et l'œsophage. La mastication et l'insalivation étant suffisamment complètes, le voile du palais se relève et laisse libre le passage du pharynx vers lequel le bol alimentaire est poussé par la contraction des muscles de la langue, du voile du palais et même des joues. Dès qu'il est parvenu dans le pharynx, cette cavité se contracte en arrière, poussant la pelote alimentaire vers l'œsophage dont les fibres circulaires, par un mécanisme semblable, la conduisent jusque dans l'estomac. Tel est le résumé succinct de la manière dont s'accomplit cet acte, un des mouvements les plus compliqués de ceux qui servent à la digestion, mais qui à notre point de vue, présente un médiocre intérêt.

V. *Chimification.* — La forme et la structure de l'estomac varient suivant les espèces auxquelles appartiennent les animaux. En général, c'est une sorte de sac, proportionnellement plus ou moins vaste, ne formant chez le cheval qu'une seule cavité, tandis qu'il est, chez les ruminants, divisé en quatre poches distinctes. Aussi l'acte digestif présente-t-il d'assez grandes différences entre les solipèdes et les ruminants. Occupons-nous des premiers d'abord.

L'estomac du cheval présente une forme assez irrégulière et deux ouvertures : l'une supéro-antérieure appelée cardia, le fait communiquer avec l'œsophage ; l'autre postéro-inférieure nommée pylore donne accès dans l'intestin. Il est formé de trois couches superposées : à l'intérieur une muqueuse munie de petites glandes sécrétrices; une musculaire plus épaisse vers le cardia; enfin une séreuse externe. L'estomac est doué de très-grandes facultés d'extension et de contractions, dues à la paroi musculaire qui concourt à sa structure. Après avoir franchi, ainsi que nous l'avons dit, l'œsophage, le bol alimentaire traverse le cardia et arrive dans l'estomac proprement dit, où son accumulation dans la région antérieure ou cardiaque prépare le travail de fermentation qui surviendra plus tard, tandis que la région postérieure ou pylorienne se resserre, ainsi que le cardia. Les parois stomacales se contractent et pressent sur les aliments, de la périphérie au centre. En même temps les follicules gastriques de la muqueuse interne sécrètent en abondance du suc gastrique qui pénètre et amollit la masse alimentaire. Une sorte de fermentation s'établit, et il s'opère alors une certaine action chimique ; la masse alimentaire devient sensiblement acide, prend une teinte grisâtre et développe une odeur fade et particulière, en un mot, elle se convertit en chyme. Les mouvements péristaltiques de l'estomac qui ont agi d'abord de droite à gauche de manière à pousser vers la partie extérieure la masse alimentaire ramollie par couches, vers le grand cul-de-sac, se font au bout d'un certain temps en sens contraire et chassent le chyme vers le pylore et dans l'intestin grêle. La nature et le volume fractionnel des aliments influent sur la durée de cette digestion stomacale; ainsi les fourrages verts sont plus promptement convertis en chyme que les fourrages secs, les farineux plus vite encore, quoique moins que les substances animales, la chair musculaire surtout.

La digestion des ruminants nous offrira des phénomènes plus compliqués : leur estomac est formé de quatre sacs ou renflements distincts et communicants. Celui dans lequel s'ouvre l'œsophage par le cardia, s'appelle le rumen ; c'est dans les animaux adultes le plus vaste des quatre ; il forme deux compartiments ; l'un droit et l'autre gauche, qui ne sont indiqués que par la scissure extérieure qui forme, à l'extrémité opposée au cardia, deux culs-de-sac. La membrane muqueuse qui le tapisse à l'intérieur est garnie de papilles et revêtue d'une couche épidermique. C'est dans la panse ou rumen que descendent les aliments après une première mastication. Le second estomac appelé le bonnet, est beaucoup moins développé et semble n'être qu'un appendice du rumen, avec lequel il est en communication directe par une ouverture large et béante intérieurement, en même temps qu'il communique non moins immédiatement avec l'œsophage. Pendant le repos de l'animal, et quand le rumen est rempli, le bonnet tapissé à l'intérieur d'une muqueuse façonnée en mailles tétragonales, et revêtu d'une couche intermédiaire de muscles assez puissants, se contracte assez vigoureusement pour venir en aide au rumen et détacher de la masse alimentaire une sorte de pelote qu'ils poussent vers l'œsophage ; celui-ci par ses contractions péristaltiques de bas en haut ramène dans la bouche ce nouveau bol alimentaire qui est encore mastiqué, insalivé, puis redescend par le pharynx et l'œsophage.

Quant au mécanisme de ce mouvement compliqué de la rumination, il a été ainsi décrit par M. Flourens : la panse et le bonnet en se contractant poussent la masse alimentaire entre les bords de la gouttière œsophagienne qui en se contractant à son tour, en saisit une portion détachée, et en forme une pelote derrière laquelle les fibres du tube alimentaire se resserrent circulairement, pour l'amener jusqu'à la bouche. D'après le poids de chaque bol, dit M. Colin, on peut calculer qu'un bœuf qui mange journellement $12^k.500$ de foin ne les ramène à la bouche que par 520 rejections, lesquelles exigent, pour se produire, un espace de temps de 7 heures 12 minutes, la mastication de chaque pelote durant en moyenne 50 secondes. (*Mém. de l'Académie des sciences*, numéro du 26 juillet 1852.)

Le troisième estomac s'appelle le feuillet. La muqueuse intérieure présente de larges replis longitudinaux qui lui ont valu son nom. Un peu plus grand que le bonnet, il l'est encore beaucoup moins que le rumen. Après avoir subi pour la seconde fois la mastication, c'est dans le feuillet que descendent les aliments, par l'œsophage avec lequel il est, comme la panse et le bonnet ou réseau, en communication. Là, pressés entre les lames garnies de papilles et de villosités, ils sont débarrassés d'une partie de leur humidité surabondante, et en quelque sorte triturés de nouveau jusqu'à ce qu'ils passent dans le quatrième estomac ou caillette. Celui-ci est à vraiment dire le seul estomac proprement dit ; intermédiaire pour le volume entre le rumen et le feuillet, avec lequel seul il communique, il est tapissé à l'intérieur d'une muqueuse façonnée en plis nombreux et irréguliers et qui renferme de nombreuses glandules gastriques. C'est là seulement, en effet, que s'opère la chymification, sous l'influence du suc gastrique. La caillette communique avec l'intestin par le pylore ; quant à l'ouverture cardiaque, elle est beaucoup plus large et moins contractile que chez les solipèdes. Mais le volume relatif de l'estomac des ruminants, subit avec l'âge d'assez importants changements : dans leur jeunesse, c'est-à-dire tant qu'ils sont alimentés par le lait de la mère, la caillette l'emporte par son développement sur tous les autres ; dès que l'alimentation devient végétale, c'est le rumen qui se développe, et un peu aussi le bonnet et le feuillet. Ajoutons encore que les boissons et les aliments semi-fluides se rendent directement dans le feuillet sans traverser ni le rumen ni le bonnet.

Divers phénomènes accessoires accompagnent la digestion stomacale ; la circulation du sang s'accélère, les mouvements respiratoires sont plus précipités, la chaleur se concentre vers la région stomacale aux dépens des extrémités. La durée de cet acte varie suivant les aliments ingérés ; l'espèce, l'âge, l'état de santé de l'animal, le mode de préparation et de division qu'ont subi ses aliments, enfin le repos qu'on lui accorde. De la différence de structure de l'estomac, il résulte que le bœuf doué de la faculté de ruminer pendant le repos, peut être attelé au travail peu de temps après son repas ; il n'en est point de même du cheval dont la digestion pour être complète demande une mastication beaucoup plus parfaite, et par conséquent un plus long temps.

Le système digestif des oiseaux présente encore de notables et curieuses différences dans la manière dont s'accomplissent les divers actes de la digestion que nous avons étudiés jusqu'ici. Leur estomac se compose de trois sacs distincts, placés sur le trajet œsophagien et ne communiquant entre eux que par ce tube. Le premier s'appelle le jabot. C'est un sac à parois membraneuses, dont le volume varie, et où les aliments séjournent un temps plus ou moins long ; il est très-développé chez les granivores, et manque chez l'autruche et la plupart des piscivores. Un second renflement de l'œsophage porte le nom de ventricule succenturié ; la muqueuse qui le tapisse intérieurement est garnie de follicules destinés à sécréter le suc gastrique sur les aliments, à leur passage dans cet estomac dont le vo-, lume varie : plus développé chez ceux qui manquent de jabot, il est très-restreint chez les granivores. Enfin l'œsophage vient se terminer dans un troisième sac appelé gésier : celui-ci est formé de parois, tantôt minces et membraneuses chez les oiseaux qui se nourrissent d'aliments provenant de débris animaux, tantôt épaisses et garnies de muscles puissants chez ceux qui mangent des grains et des substances difficiles à broyer. Pour ceux-ci le gésier remplit l'office de mâchoires, car à l'aide de petits graviers avalés avec les aliments, ceux-ci ramollis déjà par la salive et le suc gastrique, sont triturés et réduits en pâte par les violentes contractions musculaires de cet organe. Quant à la salive, sécrétée par de petits follicules arrondis situés sous la langue, elle est tantôt épaisse, tantôt même tout à fait visqueuse. C'est du gésier que les aliments réduits en chyme passent, par le pylore, dans l'intestin.

VI. *Chylification.* — L'ouverture pylorique fait, comme nous l'avons déjà dit, communiquer la cavité de l'estomac avec le canal intestinal. Celui-ci est un tube membraneux et diversement contourné sur lui-même, de longueur variable et dont l'extrémité inféro-postérieure s'ouvre au dehors par l'anus. Logé tout entier dans la cavité abdominale, il peut être divisé en deux parties : l'intestin grêle et le gros intestin.

L'intestin grêle qui commence au pylore, se divise à son tour en trois portions : le duodenum qui fait suite immédiate à l'estomac, est celle dans laquelle s'achève la digestion; il est très-étroit, tapissé intérieurement d'une muqueuse garnie de follicules et de villosités; les premiers sécrètent en abondance une sorte d'humeur visqueuse, les secondes servent à l'absorption des produits de la digestion. La muqueuse est revêtue immédiatement d'une couche musculaire, et celle-ci d'une séreuse. Le duodenum forme dans les solipèdes environ les trois quarts de la longueur totale des intestins. Le jejunum ou portion flottante, et l'iléon ou portion cœcale continuent les mêmes fonctions que le duodenum, mais sont plus étroits encore et se replient en nombreuses circonvolutions. A l'extrémité postérieure de l'iléon, se trouve une valvule formant barrière et qui s'oppose au retour de toute substance qui l'a franchie.

Le gros intestin se divise également en trois portions : le cœcum est ainsi nommé parce qu'il se prolonge en cul-de-sac au delà du point d'insertion de l'intestin grêle, et présente à son extrémité un appendice vermiforme. Le colon, gros tube présentant comme le cœcum de nombreux renflements, offre à l'intérieur un grand nombre de valvules, plusieurs courbures, et diminue progressivement de diamètre vers son abouchement avec le rectum. Cette troisième portion dont le nom explique la forme droite, aboutit au dehors par l'anus. Le gros intestin sur la surface interne duquel on ne rencontre plus que de très-rares villosités absorbantes, reçoit de l'intestin grêle les produits inertes de la digestion, et a pour principale mission de les expulser de l'organisme.

Le tube intestinal a pour annexes de ses fonctions deux glandes importantes, le foie et le pancréas, sécrétant l'une la bile, l'autre le suc pancréatique.

Le foie situé à la partie supérieure de l'abdomen, un peu plus à droite qu'au centre, est formé d'une substance molle et compacte, élémentairement composée de granulations, et traversé par un grand nombre de vaisseaux sanguins. Cet organe a la propriété d'extraire du liquide circulatoire un liquide particulier, la bile qui, par divers canaux excréteurs bientôt réunis en un seul, se rend dans un réservoir appelé vésicule biliaire, ou fiel. De là, la bile est versée par un canal particulier, dans le duodenum, à peu de distance du pylore : la bile paraît être sécrétée par le foie aux dépens du sang veineux surtout, car la circulation artérielle y est très-peu développée et semble destinée seulement à la nutrition de l'organe.

Le pancréas est une glande analogue par sa structure granuleuse, aux salivaires; placé au-dessus de l'estomac, d'une couleur blanc grisâtre légèrement rougeâtre, il s'ouvre par un canal excréteur particulier, dans le duodenum, près de l'orifice du canal cholédoque (conduit biliaire). Un autre organe dont on ignore encore les fonctions précises, la rate, situé le long de la grande courbure de l'estomac dans les solipèdes, est attaché dans les ruminants sur le sac gauche du rumen. Quelques physiologistes la regardent simplement comme un organe modificateur du sang dans certains cas. Après cette courte mais nécessaire digression anatomique, nous pouvons revenir à l'acte lui-même de la chylification.

Nous avons vu les aliments franchir le pylore et entrer dans l'intestin grêle, à l'état de chyme. Là, leur présence dans le duodenum détermine comme dans l'estomac des contractions vermiculaires qui semblent avoir pour effet de remuer le chyme en le mélangeant intimement avec la bile et le suc pancréatique, et de le faire progresser vers le jejunum. Sous l'influence des liquides intestinaux le chyme devient jaunâtre et amer; d'acide qu'il était, il devient alcalin; puis bientôt il s'en sépare une substance plus ou moins fluide, plus ou moins blanchâtre qui se fixe à la muqueuse intestinale; c'est le chyle brut qui sera absorbé comme nous le verrons tout à l'heure. Quand le chyme est arrivé dans l'iléon, il ne renferme presque plus de chyle; il franchit la valvule cœcale, et pénètre dans le gros intestin. C'est donc dans l'intestin grêle que se termine, on peut dire complétement l'acte de la digestion, commencé dans l'estomac. Les expériences de MM. Leuret et Lassaigne semblent prouver que dès la digestion stomacale il se forme déjà du chyle. C'est pendant la digestion intestinale surtout que se dégagent de la masse alimentaire certains gaz qui distendent plus ou moins les intestins, et qu'on a reconnus être de l'acide carbonique, de l'hydrogène pur, de l'hydrogène carboné ou sulfuré.

Le régime suivi par chaque espèce d'animaux détermine la proportion relative des intestins entre eux d'abord, puis comparativement à leur taille. Plus l'alimentation est nutritive, chez les carnivores, par exemple, et moins les intestins sont développés; moins elle est nutritive, comme chez les herbivores, et plus les intestins présentent de longues dimensions. Ainsi, dans le têtard de la grenouille qui se nourrit de végétaux, la longueur des intestins comparée à la longueur du corps est : : 10 : 1; chez la grenouille qui se nourrit d'animaux, elle n'est plus que comme 2 : 1. Dans l'homme, ce rapport est de 7 : 1; dans le lion 3 : 1; dans le chat sauvage 3 : 1; dans le chat domestique 5 à 1; dans le mouton 27 à 1. Aussi les animaux parcimonieusement nourris quant à la qualité des aliments ont-ils l'abdomen distendu et tombant, tandis que ceux qui reçoivent une nourriture nutritive sous un faible volume ont le ventre relevé, soutenu, parfois même levretté.

Les intestins sont enveloppés d'une membrane séreuse très-fine, nommée péritoine, qui sert à les protéger et à les fixer. Elle se divise en épiploon et en mésentère; c'est dans les replis de cette dernière portion que se dépose le tissu adipeux chez les animaux mis à l'engrais, et chez ceux appelés hibernants. Quant à la digestion dans le gros intestin, son étude ne nous présenterait rien d'important, aussi la négligerons-nous.

VII. *Absorption du chyle.* — Nous venons de voir le chyme

se transformer dans le duodenum en chyle brut, qui sous
forme d'un mucus blanchâtre venait s'accoler à la muqueuse
intestinale. Il nous reste à dire comment ce résidu utile de la
nutrition parvient dans la circulation générale.

A la surface des nombreuses villosités qui garnissent la muqueuse intestinale, prennent naissance par d'imperceptibles
orifices, des vaisseaux d'un ordre particulier, appelés chylifères
ou lactés. Diverses réunions de ces vaisseaux s'anastomosent
entre elles pour former, entre les lames du mésentère, des
troncs plus importants qui traversent de distance en distance
de petites glandes irrégulières de forme et rosées de couleur,
que l'on nomme glandes mésentériques. Ces divers troncs
s'abouchent dans le canal thoracique placé à côté de l'artère
aorte, et qui reçoit également les vaisseaux lymphatiques de
presque toutes les autres parties du corps, et vient se terminer
dans la veine sous-clavière gauche. Le chyle et la lymphe se
trouvent ainsi versés dans la circulation veineuse.

De couleur blanche ou à peine rosée pendant la première partie de son trajet dans les chylifères mésentériques,
le chyle, à mesure qu'il progresse devient de plus en plus rougeâtre ; la proportion du cruor augmente et il devient plus coagulable. Quant à son mouvement ascensionnel contre les lois
de la pesanteur, on l'attribue aux valvules contractiles des
vaisseaux dans lesquels il circule, aux mouvements respiratoires, au battement des artères, et à toutes les causes qui peuvent comprimer par intermittence le canal thoracique. Quant
à l'absorption en elle-même, on ignore encore si elle a lieu par
simple endosmose, ce qui paraît difficile, ou par d'infiniment
petites ouvertures pratiquées à la surface des villosités intestinales.

Introduit dans la circulation, le chyle subit comme le sang,

une première transformation dans les poumons, l'hématose.
Mais les globules qui le composent ne paraissent pas être renfermés comme ceux du sang dans une sorte de vessie colorée,
et quelques physiologistes regardent le foie comme chargé de
lui faire subir cette seconde modification qui le rendrait en
tout semblable au fluide circulatoire. Cette fonction du foie, du
reste, ne nous paraîtrait pas être sans rapports avec les altérations qu'il subit dans certains cas pathologiques, comme dans
sa pléthore graisseuse si bien étudiée par M. Lereboulet, et
avec les fonctions glucogéniques que lui attribue M. Chau-
veau.

B. CIRCULATION. — Entrevue vers 1550 par Michel Servet
qui mourut victime de la jalousie de Calvin, la circulation du
sang ne fut pleinement reconnue que plus d'un demi-siècle
ensuite, par Guillaume Harwey, professeur d'anatomie à Londres
et médecin de Charles Ier.

Cet acte a pour organes le cœur et les vaisseaux qu'il nous
faut d'abord étudier succinctement.

Logé dans la cavité thoracique, un peu plus à gauche qu'à
droite de son plan médian, le cœur n'est, à tout prendre qu'un
muscle creux divisé en deux moitiés formant chacune deux cavités superposées, un ventricule et une oreillette. La moitié qui
correspond au côté gauche du corps, ou cœur artériel est formée de parois musculaires plus épaisses, plus puissantes que la
partie correspondante du côté droit qui présente aussi une cavité moins spacieuse. Ces deux cœurs accolés présentent une
forme conoïde et sont renfermés dans une membrane fibro-sé-
reuse enveloppante nommée le péricarde, qui concourt à les
fixer et à les protéger, et qui les baigne d'une sérosité destinée
à prévenir les adhérences.

Le cœur gauche ou artériel se compose d'un ventricule surmonté d'une oreillette avec laquelle il communique. Le cœur droit ou veineux présente une structure semblable ; et tous deux accolés l'un à l'autre sont, dans les animaux adultes, séparés par une cloison complétement isolante. Le ventricule droit reçoit l'artère pulmonaire, et le ventricule gauche reçoit l'aorte. Quant à la communication des ventricules avec leurs oreillettes, elle a lieu au moyen de diverses valvules faisant l'office de soupapes. Nous avons étudié plus haut le tissu des vaisseaux circulatoires et n'y reviendrons pas. Pour décrire d'une manière intelligible le phénomène de la circulation, nous la diviserons en veineuse et artérielle, continuant à suivre la marche du chyle provenant de la digestion.

Nous avons vu le canal thoracique, charriant le chyle et la lymphe, aboutir à la veine sous-clavière gauche ; celle-ci se rend à son tour dans la veine cave supérieure qui s'abouche dans l'oreillette droite. D'un autre côté, la veine cave inférieure ramène de tous les points du corps, aussi bien que la supérieure, le produit des diverses absorptions qu'elle verse aussi dans l'oreillette droite. De là, ce sang veineux descend dans le ventricule droit par le double mouvement de contraction de l'oreillette et de dilatation du ventricule ; puis ce dernier se contractant à son tour ferme la valvule séparative de l'oreillette et pousse le sang dans l'artère pulmonaire dont les divisions capillaires se répandent dans les cellules du poumon où il subit l'influence de l'air amené par les bronches. L'action du ventricule droit contracté se continuant, le sang gagne les veines pulmonaires qui le ramènent à l'oreillette gauche du cœur ; il est alors devenu sang artériel, descend dans le ventricule gauche dont les contractions le chassent dans l'artère aorte qui le distribue à d'autres canaux artériels, lesquels se ramifiant à l'infini, le portent à toutes les parties du corps. Les capillaires artériels s'entrelacent avec les capillaires veineux, les premiers portant les éléments de la nutrition des organes et des sécrétions de toute nature, les seconds ramenant à la circulation veineuse les résidus de nutrition et de sécrétions qui vont être révivifiés par une nouvelle hématose.

Le mécanisme au moyen duquel s'accomplit cette rotation circulatoire est assez compliqué et présente quelques phénomènes intéressants. Il fallait en effet une force assez puissante pour faire voyager d'un centre unique vers les parties les plus éloignées du corps, et contre toutes les lois de la pesanteur, un liquide si fluide pût-il être. La nature a employé dans ce but les contractions musculaires du cœur, l'élasticité des parois vasculaires et la contraction plus ou moins énergique des valvules qui les garnissent intérieurement, la pression réciproque et persévérante des organes contigus aux vaisseaux, etc. Les mouvements de contraction ou systole, et de dilatation ou diastole, du cœur, sont successifs dans le cœur veineux et artériel, et déterminés à la fois par le nerf grand sympathique et la moelle épinière, c'est-à-dire le cerveau.

La circulation donne lieu à plusieurs phénomènes importants à étudier, soit dans le développement relatif des organes qui y concourent, soit dans la composition du liquide circulatoire, soit enfin dans les indices de santé ou de maladie que présente sa marche générale.

Le cœur ne prend pas dans toutes les espèces d'animaux un poids proportionnel à leur taille ni à leur poids, ainsi qu'on pourrait le croire, mais en harmonie avec le développement des organes qui lui viennent en aide et avec le genre d'existence auquel les animaux sont destinés. M. Rigot a fait à cet égard de curieuses recherches résumées dans les chiffres suivants :

	Poids absolu du cœur.		Poids relatif du cœur	
	Grande taille.	Petite taille.	eu égard à la taille	eu égard au poids du corps.
Porc.......	0^k.350	0^k.500	:: 12 : 17	:: 1 : 230
Bœuf......	1^k.200	2^k.500	:: 12 : 25	:: 1 : 220
Mouton....	0^k.140	0^k.220	:: 12 : 28	:: 1 : 170
Cheval.....	1^k.200	4^k.000	:: 12 : 40	:: 1 : 160
Chat.......	0^k.008	0^k.020	:: 12 : 30	:: 1 : 160
Chien......	0^k.120	0^k.200	:: 12 : 20	:: 1 : 130

Le moindre développement relatif du corps semble corres-
pondre à une plus grande faculté d'exhalation et de transpiration cutanée, deux modes d'élimination qui viennent en aide à
la circulation et à la respiration. Le volume du cœur varie en
outre chez l'homme suivant l'âge et le sexe, et on a observé à
cet égard trois faits assez curieux : le premier, c'est que chez la
femme, il est inférieur en moyenne, à 1/9e en poids à celui de
l'homme ; le second c'est que tandis que le poids du cœur augmente progressivement chez l'homme, à mesure qu'il avance
en âge, celui de la femme diminue successivement en poids
dès qu'elle a perdu, avec l'âge, l'aptitude à la maternité ; enfin
c'est que le cœur d'une femme qui a, même une seule fois, été
mère reste toujours plus gros, toutes proportions égales d'ailleurs, que celui d'une autre femme inféconde, et que cet excès
de développement s'étend à tous les organes circulatoires.

Un autre fait important et sur lequel nous aurons occasion
de revenir plus tard, c'est que, non-seulement « parmi les ani-
« maux domestiques, les ruminants et surtout ceux de l'espèce
« bovine, se font remarquer par la prédominance de leur sys-
« tème veineux sur le système artériel (Lavocat, *Anatomie-An-
géiologie*, p. 32), » mais encore cette prédominance caractérise
plus particulièrement les femelles que les mâles, et parmi les
femelles, celles qui présentent la plus grande aptitude à la sécrétion du lait. L'anatomie de l'organe mammaire nous en offrira des preuves matérielles.

Les mouvements de dilatation et de contraction du cœur, communiquent, nous l'avons dit, la principale impulsion qui fasse circuler le sang dans les artères; celles-ci, vaisseaux légèrement élastiques, se dilatent pour laisser passer l'ondée sanguine et se contractent après ce passage. Cette diastole et cette systole artérielle, appréciables sur certains vaisseaux extérieurs, constituent ce qu'on a nommé le pouls, dont l'appréciation permet de préjuger l'état de santé et de maladie. Le pouls indique chaque dilatation du cœur, et permet ainsi d'apprécier la force, la vitesse et la régularité de la circulation. Les espèces, les genres, les sexes, offrent, sous le rapport de la fréquence du pouls, de notables différences augmentées encore par l'âge et l'état de santé. Ses battements sont plus fréquents et plus pleins chez le mâle que chez la femelle, chez les jeunes que chez les adultes et surtout les vieillards, chez ceux atteints de pléthore sanguine que chez ceux qui le sont d'atonie générale, chez les animaux maigres que chez ceux obèses, chez les petits que chez les grands, etc. Le tableau suivant nous donnera l'échelle de ces nombreuses différences :

Homme âgé d'un mois.......	120 à 164 pulsations par minute			(Trousseau).
— de 2 ans (garçon).	114	—	—	—
— de 2 ans (fille)...	126	—	—	—
— adulte (moyenne).	80	—	—	(moyenne).
— Vieillesse (moy.).	59	—	—	—
Cheval adulte et en bonne santé	36 à 40	—	—	(Rigot).
Ane et mulet................	45 à 50	—	—	—
Bœuf....................	38 à 42	—	—	—
Mouton et chèvre..........	65 à 80	—	—	—
Porc....................	70 à 80	—	—	—
Chien...................	90 à 100	—	—	—
Chat....................	120 à 140	—	—	—
Lion....................	40	—	—	(Dubois).
Lionne..................	55	—	—	—
Souris..................	120	—	—	—

Poule...................	140 pulsations par minute (Dubois).			
Pigeon...................	136	—	—	—
Génisse de 18 mois.........	54 à 55	—	—	—
Vache de 4 ans.............	40 à 42	—	—	(Villeroy).
Vache de 9 ans.............	35 à 36	—	—	—
Taureau de 15 mois.........	43 à 45	—	—	—
Bœuf de 4 ans.............	42 à 44	—	—	—
Vache de race schwitz 6 ans..	35 à 42	—	—	(Allibert).
Vache bretonne 6 ans........	62	—	—	—
Cheval adulte de taille moyenne.	32 à 38	—	—	—
Cheval poney de 6 ans........	50	—	—	—
Éléphant...................	25 à 30	—	—	(Colin).

Ainsi, d'espèce à espèce la taille des animaux n'implique rien par rapport à la fréquence du pouls, non plus que le développement relatif du cœur ; mais il en est autrement dans le genre, et plus les animaux sont de petite race, plus la circulation est active chez eux, de même que la respiration. C'est ce que prouvent de reste les curieuses expériences faites à Grignon par M. Allibert, et dont nous aurons occasion de nous occuper plus tard. Il nous suffit ici de constater ces dissemblances et cette loi naturelle.

Quant au liquide circulatoire en lui-même, nous avons étudié sa composition chimique ; nous devons ajouter ici que le sang est soumis à certaines altérations morbides (chlorose, typhus (1), etc.), que son effusion en quantité proportionnellement notable amène la syncope, l'évanouissement, la mort ; enfin, que la transfusion du sang artériel ou veineux d'un animal peut entretenir la vie ou ramener la santé dans les artères ou les veines d'un autre animal appartenant à un même genre. MM. Gruby et Delafond ont découvert un fait non moins curieux,

(1) Prédominance de la fibrine, inflammatious ; des globules sur la fibrine, fièvre ; diminution proportionnelle des globules, chlorose, ictère, hydropisies ; sérum très-albumineux, diabète, mal de Bright.

la présence, dans le sang d'un grand nombre de chiens, d'animalcules microscopiques qu'ils ont nommés filaires. Voici le résumé de leurs observations. Le nombre des filaires microscopiques de certains chiens a pu être évalué approximativement de 11.000 à 224.000. La moyenne de vingt chiens a été de 52.000. Le chyle et la lymphe, ni aucun liquide sécrété n'en renferment. Même au nombre de 224.000, ils n'altèrent pas les facultés instinctives de l'animal, ni son énergie musculaire. Un chien à sang vermineux donne avec une chienne à sang non vermineux, des descendants dont les uns appartenant à la race du père, n'en ont pas, tandis que ceux tenant de la race de la mère ont des filaires dans le sang. Si les deux parents en ont, tous les produits en auront. Dans le sang des descendants, les filaires n'ont été découverts qu'à l'époque où les chiens ont atteint l'âge de cinq à six mois (*Mém. à l'Acad. des sciences*, 5 janvier 1852). Peut-être cette question plus complétement étudiée dans toutes ses phases, mettrait-elle sur la voie étiologique de la maladie particulière à ces animaux?

Répandu jusque dans les organes les plus ténus, le sang y porte les principes nécessaires soit à la réparation des pertes qu'ils ont éprouvées, soit à leur accroissement. Si par des moyens mécaniques ou hygiéniques même, on diminue ou bien plus, on empêche l'afflux du sang dans un organe, on ne tarde pas à le voir s'émacier, et dans certains cas, s'atrophier. Si au contraire par des moyens tout opposés on y détermine l'afflux du fluide vital, il y a hypertrophie. On observe, à un moindre degré, que plus un organe fonctionne et reçoit de sang, et plus son volume s'accroît. La contraction musculaire développe en excès les membres ou les régions du corps dans lesquels elle s'exerce, et la zootechnie, non moins que la gastronomie tirent de ce phénomène bien connu d'intéressantes applications.

C. Respiration. — Nous avons vu la circulation amener le sang veineux dans l'appareil pulmonaire qui devait le transformer en sang artériel. C'est par l'acte de la respiration que nous allons voir le sang noir se changer en sang rosé, et devenir propre à la nutrition de l'organisme.

L'appareil respiratoire se compose principalement des poumons et de ses annexes, les canaux aériens. Renfermés dans la cavité thoracique protégée par la colonne vertébrale et les côtes, les poumons sont des organes pairs formés par la réunion d'un grand nombre de vésicules toutes communiquant les unes avec les autres. Leur tissu est donc éminemment spongieux ; sa couleur est grise ou rosée quand il est exsangue. Séparés par le médiastin en deux lobes, les poumons sont extérieurement recouverts d'une membrane séreuse, la plèvre.

Aspiré à travers les fosses nasales, le larynx et la trachée, l'air atmosphérique parvient dans les bronches qui ne sont autres que deux bifurcations de la trachée elle-même, destinées l'une au poumon droit, l'autre au poumon gauche. Se divisant et se subdivisant à l'infini, et jusqu'à l'état de capillaires, les bronches aboutissent à chacune des vésicules du poumon ; c'est sur les parois excessivement ténues de ces vésicules que le sang apporté par l'artère pulmonaire est mis, molécule par molécule, pour ainsi dire, en contact avec l'air atmosphérique. Un mécanisme spécial produit l'aspiration et l'expiration de l'air, l'afflux et le départ du sang.

Le mouvement d'inspiration ou de dilatation des poumons est produit à la fois par l'élévation des côtes, le relâchement des fibres musculaires, du diaphragme, et d'un autre côté, par la pression atmosphérique. Le mouvement d'expiration résulte de la contraction du diaphragme et des muscles abdominaux, et de l'élasticité dont est doué le tissu pulmonaire. Poussé par les contractions du cœur, le sang veineux traverse l'artère pulmonaire qui par ses ramifications capillaires dans le poumon, le place dans chacune des vésicules en contact avec l'air atmosphérique. Transmué en sang artériel, il est alors repris aux extrémités des vaisseaux capillaires de l'artère, par les capillaires des veines pulmonaires qui le versent dans l'oreillette et de là dans le ventricule gauche.

Mais dans cet acte, le sang a subi d'importantes modifications dues surtout à l'air, et qu'il nous importe d'étudier avec quelques détails.

Le corps d'un homme adulte renferme en moyenne 10 à 14 kilog. ou litres de sang; d'après Volkman, chaque contraction du ventricule droit chasse en moyenne 150 à 180 gr. de sang vers le poumon; or, en supposant 72 pulsations par minute, le cœur aura fourni à la respiration de 11 à 13^k.500 de sang, c'est-à-dire que presque toute la masse de ce liquide aura parcouru le corps tout entier et aura été révivifiée dans les poumons, pendant ce court espace de temps. D'un autre côté l'homme adulte, en état de bonne santé et de repos produit en moyenne vingt inspirations pendant le même temps, soit environ une inspiration pour quatre pulsations. Ceci explique pourquoi un globule d'air introduit dans les vaisseaux circulatoires, pourquoi un atome d'acide hydrocyanique déposé sur une muqueuse, produisent une mort foudroyante. Mais les poumons ne se vident pas complétement d'air pendant l'expiration, et les cellules en retiennent six à huit fois autant qu'il s'en échange à chaque inspiration.

L'air atmosphérique inspiré se compose en moyenne ainsi qu'il suit :

Oxygène.....................	20.81
Azote.	79.13 } 100
Acide carbonique.................	0.06

L'air expiré a sensiblement changé de constitution; il renferme de 15 à 16.5 pour 100 d'oxygène, de 3.5 à 5 pour 100 d'acide carbonique, enfin de 81.5 à 78.5 d'azote. La proportion d'acide carbonique varie en outre suivant l'activité de la respiration; ainsi, à 6 inspirations par minute, l'air exhalé contient 5.7 de ce gaz; à 12 inspirations, 4.1; à 24 inspirations, 3.3, et à 48 inspirations, 2.9 seulement. Cet air expiré renferme encore en proportion variable de la vapeur d'eau. Il nous sera facile de comprendre maintenant ce qui s'est passé dans le poumon : dans l'inspiration, l'oxygène de l'air a été en partie absorbé par le sang et s'y est combiné; dans l'expiration le poumon rejette de l'acide carbonique, en partie contenu dans le sang, et sur la formation duquel les physiologistes ne sont pas d'accord. D'après les expériences de MM. Magnus, Regnault et Reiset, « le sang artériel représenterait un courant d'oxygène « qui, en circulant dans les vaisseaux les plus ténus du corps, « détermine la formation des produits d'oxydation ou de com- « bustion parmi lesquels se trouve l'acide carbonique. Les « rapports de dépendance qui existent entre l'absorption de « l'oxygène et l'exhalation de l'acide carbonique paraissent « aussi indiquer que les mêmes agents de transport sont com- « muns aux deux gaz : ces agents sont les globules du sang. « Ils fixent l'oxygène de l'air dans le poumon, tout comme ils « fixent l'acide carbonique produit dans la circulation. » (Liebig, 31e lettre sur la chimie, p. 88.) Le sang veineux dont la couleur est d'un rouge sombre et presque noir, prend après l'hématose, c'est-à-dire après sa transformation en sang artériel, une belle teinte d'un rouge éclatant.

Des différences que nous avons constatées entre l'air inspiré, seule atmosphère vitale quand il est composé ainsi que nous l'avons indiqué, et l'air expiré, c'est-à-dire vicié par la respiration, il résulte que les locaux dans lesquels sont rassemblés les animaux doivent renfermer un air pur en assez grande quantité, ou au moins permettre son facile renouvellement. Cette capacité cubique dépend de la durée de séjour qu'y font les individus, de leur âge, de leur taille et du régime auquel ils sont soumis. En effet, les animaux adultes dégagent plus d'acide carbonique que les jeunes et les vieux, les mâles que les femelles, les herbivores que les carnivores ; l'hygiène doit donc tenir compte de ces considérations, dans la construction des étables, écuries, bergeries, etc.

Les organes de la nutrition sont sous la dépendance du système nerveux ganglionnaire ou nerf grand sympathique, dont une division, le nerf vague ou pneumo-gastrique, né par plusieurs racines des parties supérieures et latérales de la moelle épinière, envoie des branches au larynx, aux poumons, au cœur et à l'estomac. D'après les expériences de M. Clément, la section de ce nerf transformerait les poumons en simple organe d'exhalation, ferait diminuer la proportion d'eau dans le sang, et augmenter celle de l'albumine, dans les rapports suivants :

	Sang avant la section.	Sang après la section.
Eau..................	803.344	795.015
Matières fixes du sérum.	53.743	87.273
Fibrine..............	3.371	3.669
Globules colorés.......	139.542	114.043
	1.000.000	1.000.000

(*Mém. de l'Académie des sciences*, 28 juin 1852.)

Les phénomènes produits dans l'acte respiratoire peuvent donc se résumer ainsi : 1° combustion directe d'une certaine quantité de carbone du sang par l'oxygène de l'air ; 2° absorption de l'oxygène et exhalation d'acide carbonique ; 3° absorption et exhalation simultanée d'une petite quantité d'azote ; 4° exhalation d'eau fournie par le sang. Enfin 5°, production de chaleur, phénomène qui demande une explication. Toute combinaison chimique donne lieu à un dégagement de chaleur; or l'hématose, nous l'avons vu, consiste dans l'oxygénation du sang, dans la combustion de l'hydrogène et du carbone du sang veineux par l'oxygène de l'air inspiré. Ce n'est point à dire que les poumons soient un foyer incandescent; c'est dans la masse de la circulation, c'est dans chacun des organes que se produit cette combustion qui produit et entretient la chaleur dans les corps animaux. Mais la faculté de produire du calorique n'est pas égale chez tous, ni semblable même dans tous les organes d'un même individu. Seulement, le climat et la température ambiante ne paraissent l'influencer en rien. Sous toutes les latitudes, depuis — 70° C. en Sibérie jusqu'à + 40° C. au Sénégal, la température de l'homme est en moyenne de 36° C. ou 29° R. La température de la plupart des mammifères ne varie guère que de 36 à 40° C., et celle des oiseaux, de 40 à 42° C. Voici du reste les résultats de plusieurs expériences faites avec soin par de savants physiologistes :

Fœtus humain au moment de sa naissance.... 35°.00 C.   (Isidore Bourdon).
3 enfants mâles de 1 à 2 jours................ 35°.06   (Bérard).
4 enfants de 13 ans......................... 36°.99   (Despretz).
9 hommes de 30 ans......................... 37°.14   —
4 hommes de 68 ans......................... 37°.13   —
Muscles de 3 hommes de 20 ans............. 36°.77 (Despretz et Bréchet).
Tumeur scrofuleuse au cou d'une jeune fille.. 40°.00   —
Température intérieure de l'homme (moyenne). 36°.50   (moyenne).
Température intérieure du chien .... 38°.30 (Despretz et Bréchet).
        —   du corbeau........... 42°.91   (Bérard).
        —   du pigeon............ 42°.98   —
        —   de quelques petits oiseaux. 44°.03   —

M. Despretz, dans un remarquable mémoire couronné en 1823 par l'Académie des sciences, a fixé en chiffres positifs les sources originaires de la chaleur animale. Nous ne citerons que les deux expériences suivantes : la première faite sur une lapine âgée de plusieurs années, dura 1 heure 36 minutes; l'air fourni s'éleva à 47 litres 993 à 8°.27 C. de température; la seconde eut lieu sur six petits lapins de quinze jours, dura 2 heures 5 minutes; l'air fourni s'éleva à 49 litres 475 à la température de 9°.25 C.

	1re expérience.	2e expérience.
Composition de l'air au commencement.		
Oxygène..........................	10.079	10.389
Azote.....	37.914	39.086
Composition de l'air après les expériences.		
Acide carbonique...................	3.076	2.955
Oxygène..........................	6.023	6.219
Azote..........	38.743	39.517
Mutations survenues.		
Acide formé.......................	3.076	2.955
Azote dégagé.....................	0.829	0.431
Oxygène disparu..................	0.980	1.218
Chaleur due à la formation de l'acide carbonique.	68.2 p. 0/0	58.5 p. 0/0
— à la formation de l'eau.........	21.2 p. 0/0	23.6 p. 0/0

« Dans aucune de plus de deux cents expériences, ajoute ce « savant physicien, la chaleur de la respiration n'a produit « moins de 7/10es ni plus de 9/10es de la chaleur totale émise « par l'animal; le rapport 7/10es n'a été donné que par de « très-jeunes animaux qui perdent quelquefois une portion de « leur chaleur propre. » M. Legallois a également constaté que la caloricité d'un animal diminue quand on le place dans un air raréfié, ou dans une position défavorable à la respiration. Chez les oiseaux pendant l'incubation, la température du corps s'élève dans une notable proportion; M. Valenciennes a pu observer le même fait dans la femelle d'un serpent python couvant ses œufs au muséum; la température du corps de la couveuse était de 19° C. plus élevée que celle de l'air ambiant. La production de chaleur est, en partie aussi, due à l'influence du système nerveux ; lorsqu'au moyen de substances stupéfiantes (opium, laudanum) on neutralise plus ou moins cette influence, la température du corps s'abaisse plus ou moins sensiblement ; la surexcitation au contraire produit l'effet opposé ; et c'est peut-être à une cause semblable qu'est dû le fait suivant rapporté par M. Bernard : « Lorsque sur un animal mammifère « (chien, chat, cheval, lapin, etc.) on coupe dans la région « moyenne du cou le filet nerveux de communication qui « existe entre le ganglion cervical inférieur et le ganglion cer- « vical supérieur, ou qu'on enlève le ganglion cervical lui- « même, on constate aussitôt, que la calorification augmente « dans tout le côté correspondant de la tête de l'animal. Cette « élévation de température débute d'une manière instantanée, « et elle se développe si vite qu'en quelques minutes et dans « quelques circonstances, on trouve entre les deux côtés de la « tête, une différence de température qui peut s'élever quel- « quefois jusqu'à 3 ou 4° C. Toute cette partie de la tête devient « le siége d'une circulation sanguine plus active, qui cesse et « revient à l'état normal le lendemain, quoique la température « continue à être aussi élevée. » (*Mém. de l'Acad. des sciences*, 29 mars 1852.) Le même physiologiste assigne à l'appareil di- gestif et surtout au foie la propriété de développer la chaleur animale ; M. Collard de Martigny avait déjà constaté que le sang veineux dans les cavités droites du cœur avait une tem- pérature de 0°.50 R. plus élevée que le sang artériel des cavités gauches ; M. Claude Bernard a constaté que dans l'estomac, le sang veineux est là encore, ou plutôt déjà, plus chaud que le sang artériel ; que nulle part, le sang ne présente une tempé- rature plus élevée que dans les veines hépatiques où, chez les animaux les plus vigoureux, il arrive jusqu'à 41°.6 C. Suivant lui, le foie serait donc la principale source de calorification, aidé par l'estomac, les poumons, le cœur et la circulation dans les vaisseaux.

La fonction de nutrition se complète par trois phénomènes physiologiques particuliers, et qui sont accessoires de la digestion, de la circulation et de la respiration : ce sont l'absorption, l'exhalation et les sécrétions.

« L'absorption, dit M. Milne-Edwards, est l'acte par lequel « les êtres vivants pompent en quelque sorte et font pénétrer « dans la masse de leurs humeurs les substances qui les envi- « ronnent ou qui sont déposées dans la profondeur de leurs « organes. » L'absorption s'exerce dans le tube intestinal, sur les liquides et les aliments digérés, à la surface des muqueuses et de la peau, sur les substances étrangères avec lesquelles ces diverses parties se trouvent en contact. Elle se fait à l'aide de l'imbibition, de la capillarité, et de l'endosmose. L'imbibition et la capillarité donnent lieu à l'imprégnation des tissus et au mélange des matières absorbées avec les humeurs de ces parties; l'endosmose, se rattachant à la circulation générale, donne lieu au transport de ces mêmes substances vers les points éloignés de ceux par où elles ont pénétré. Ainsi, il y a l'absorption veineuse, l'absorption lymphatique, et l'absorption chylifère, que nous avons étudiées déjà. Mais la peau, privée de sa couche épidermique, jouit aussi d'une faculté absorbante très-développée, propriété dont la médecine tire souvent parti.

L'exhalation est, au contraire, l'acte par lequel une partie des substances contenues dans la masse générale des humeurs s'échappe des vaisseaux circulatoires pour pénétrer dans certaines cavités internes, ou pour gagner le dehors. On distingue l'exhalation interne, celle qui a lieu à la surface interne des cavités (cervicale, abdominale, thoracique, oculaire, etc.), baignant de sérosité les organes irritables et délicats. Elle vient en aide à l'absorption, de même que celle-ci lui vient en aide à son tour. L'exhalation externe s'opère par la surface pulmonaire et par la peau ; on l'appelle encore transpiration insensible, et il faut se garder de confondre l'exhalation cutanée avec la sueur. Les pertes que cette exhalation cause aux animaux sont très-importantes ; les expériences des physiologistes nous apprennent que 62.5 p. 0/0 des aliments disparaissent par la transpiration, dont 48.44 par l'exhalation pulmonaire, et 14.06 par la transpiration cutanée.

La sécrétion est l'acte par lequel les glandes séparent du sang, souvent en les modifiant, peut-être même en les transformant, les éléments de leurs humeurs. Tantôt ces sécrétions ne sont qu'un moyen d'éliminer des principes inutiles à l'organisme (sueur, urine) ; tantôt elles sont destinées à assurer la reproduction de l'espèce (lait, sperme) ; d'autres fois elles contribuent à la nutrition de l'individu (salive, bile, suc pancréatique) ; enfin elles entrent en certains cas dans la structure intime de certains organes (humeurs vitrées de l'œil), ou assurent le jeu régulier de certains autres (sérum, synovie, etc.). Les poils, la laine, appendices de la peau, la graisse réservoir naturel de nutrition, sont encore des produits de sécrétions, sur lesquels nous aurons à revenir en parlant de la production du lait, de la viande et de la laine.

Les savants ne sont point encore unanimes sur la question de savoir si le sang renferme tous les principes formés, des différents fluides qui seront sécrétés par leur passage à travers les glandes. Les physiologistes répondent oui, mais les chimistes disent non. Les progrès de cette dernière science amèneron sans doute l'accord.

Les fonctions de relation concourent avec celles de nutrition qu'elles dirigent, à assurer l'existence de l'individu, et encore, à le mettre en rapport avec tout ce qui l'entoure. De là, des actes de deux natures : la vie animale et la vie organique, dirigées chacune par des organes différents d'un même appareil complexe, nommé système nerveux.

Le système nerveux se compose : 1° du système nerveux cérébro-spinal, ou système nerveux de la vie animale, formé de l'encéphale (cerveau, cervelet), de la moelle épinière qui n'est que le prolongement du cerveau et qui se divise en un grand nombre de branches secondaires lesquelles se ramifient à leur tour dans toutes les parties du corps, accompagnant les artères et les veines; 2° du système ganglionnaire, ou système nerveux de la vie organique, composé d'un certain nombre de petites masses nerveuses bien distinctes, appelées ganglions, d'où partent des filets nerveux qui se distribuent aux appareils des fonctions, poumons, cœur, estomac, intestins, vaisseaux sanguins, etc.

Le système cérébro-spinal comprend nous venons de le voir, l'encéphale dans lequel on distingue le cerveau et le cervelet, la moelle épinière et ses ramifications.

L'encéphale est protégé par la boîte osseuse du crâne; le cerveau, sa partie supérieure et la plus volumineuse, est formé d'une substance blanchâtre apppartenant à un tissu propre, et recouverte d'une couche grisâtre à l'extérieur. Le cervelet, sa partie inféro-postérieure, est beaucoup moins développé et présente la même structure. Tous deux, le cerveau et le cervelet se prolongent en une sorte de cordon allongé qui traverse par son centre la colonne vertébrale, c'est la moelle épinière. A l'inverse de ce que nous avons vu pour le cerveau et le cervelet, elle est constituée par une substance grise interne et une couche blanchâtre externe. Elle présente en outre deux moitiés unies entre elles par des bandelettes de fibres médullaires transversales, et, de distance en distance, des renflements appelés ganglions, où les filets nerveux prennent racine au nombre de quarante-trois paires provenant tous de la moelle épinière ou de la base du cerveau ; les douze premières paires qui naissent dans l'intérieur du crâne président aux sens (olfaction, goût, tact, vue, audition) et aux sensations fonctionnelles (pneumogastrique). Les autres paires ou nerfs spinaux servent, les uns à transmettre des impressions, d'autres à déterminer sous l'influence de la volonté les mouvements musculaires ; la plupart remplissent cette double fonction de sensation et de motion.

Le système ganglionnaire se compose, nous l'avons dit, de ganglions nerveux liés entre eux par des cordons médullaires et divers filets nerveux qui s'anastomosent avec ceux du système cérébro-spinal, ou se distribuent dans les organes voisins. On rencontre de ces ganglions nerveux à la tête, au cou, dans le thorax, dans l'abdomen, près du cœur, et de chaque côté de la ligne médiane au-dessous de la colonne vertébrale. Ce système préside, en dehors de la volonté de l'individu, aux fonctions de nutrition ; on l'appelle encore le nerf grand sympathique.

Ainsi, le système nerveux préside aux fonctions, aux sens, aux sensations et aux mouvements. Une étude plus approfondie de ces différents actes serait pour nous de peu d'importance, c'est pourquoi nous la négligerons.

3° FONCTIONS DE REPRODUCTION.

Les fonctions reproductrices ont pour but d'assurer la conservation de l'espèce. On distingue en général quatre modes de reproduction :

1° Spontanée ; la matière placée dans certaines circonstances physiques et chimiques particulières, est considérée par quelques physiologistes, au nombre desquels Buffon, Burdach, Lamarck, Bérard, comme pouvant s'organiser d'elle-même et donner ainsi naissance, spontanément, à des animaux et à des végétaux d'une classe plus ou moins élevée. Il est vrai que d'autres physiologistes nient complétement ces créations nouvelles de la nature.

2° Par bourgeons. Certains animaux appartenant aux derniers degrés de l'échelle des êtres (polypes) manquent complétement d'organes spéciaux pour la génération, ou plutôt toutes les parties de leur corps sont aptes à donner naissance à un être nouveau, au moyen d'un bourgeon superficiel qui s'y développe, grossit et devient un animal en tout semblable à celui qui l'a produit.

3° Ovipare. L'appareil de la reproduction apparaissant, il y a séparation dans les organes appartenant à chaque sexe, et présence d'un ovaire. Dans l'échelle inférieure cependant, on trouve quelques animaux réunissant dans le même individu les deux sexes avec un ovaire et une ponte (mollusques). Tantôt la fécondation de ces œufs ou germes a lieu avant la ponte (oiseaux), tantôt elle n'a lieu qu'après (poissons, quelques reptiles).

4° Vivipare. C'est le mode de génération particulier aux êtres les plus élevés dans l'échelle animale. Les sexes sont toujours complétement séparés ; le germe après avoir quitté l'ovaire par une sorte de ponte intérieure, se greffe s'il a été fécondé sur les parois de la matrice, où il vit de la vie de la mère jusqu'à sa naissance. C'est de ce mode de reproduction et du précédent seuls que nous nous occuperons ici.

Nous ne ferons point ici l'anatomie des organes génitaux ; nous nous bornerons à présenter les analogies qu'ils offrent chez les deux sexes, par la similitude des fonctions.

Organes génitaux du male.	Organes génitaux de la femelle.
Testicules. Sécrétant le liquide fécondant.	*Ovaire*. Sécrétant le germe à féconder.
Épididyme. Préparant le liquide fécondant.	*Pavillon frangé*. Recevant le germe fécondé.
Canal efférent. Conduisant le liquide fécondant.	*Oviducte*. Conduisant le germe fécondé.
Prostate. Facilitant l'écoulement du liquide-fécondant.	*Cotylédons placentaires*. Facilitant l'attache du germe fécondé.
Vésicules séminales. Lieu de sécrétion.	*Utérus*. Lieu d'incubation.
Canal éjaculateur. Conduire le liquide fécondant.	*Vagin*. Recevoir le liquide fécondant.
Prépuce, pénis, mamelles rudimentaires.	*Vulve, clitoris, mamelles*.

Nous aurons occasion de revenir sur ces analogies ; nous nous contenterons de les constater ici. Jetons maintenant les yeux sur l'acte même de la génération et ses résultats.

Dans les mammifères et les oiseaux, c'est-à-dire dans l'échelle élevée des êtres, le rôle du mâle est d'introduire dans les organes de la femelle l'organe chargé de projeter le fluide fécondant, sécrété pendant cette introduction, c'est-à-dire le sperme. Quant à la manière dont s'opère l'imprégnation de l'ovule, il existe plusieurs opinions ; la plus ancienne l'attribue à une vapeur (*aura seminalis*) qui se dégageant de la liqueur spermatique viendrait baigner l'ovule parvenu à une maturité complète ; la plus récente et la plus généralement adoptée remplace l'*aura seminalis* par les animalcules spermatiques qui gagnant les parois utérines, viendraient directement déposer sur les ovules le principe qui doit leur donner la vie ; cette dernière idée est due à MM. Prévost et Dumas. Un peu plus tard, MM. Baër, Wagner, Ratthi et Valentin découvraient chez les mammifères, les reptiles, les poissons et la plupart des invertébrés, et M. Purchingé chez les oiseaux, la vésicule prolifère, analogue, chez la femelle, du zoosperme chez le mâle, et second terme de la procréation vitale.

Ainsi, dans tout le règne animal, le premier produit de la génération est un œuf fourni par la femelle, et auquel s'est combiné un zoosperme fourni par le mâle. On ignore encore, il est vrai, comment s'opère cette combinaison, quoiqu'on aperçoive certaines différences entre l'œuf fécondé et celui qui ne l'a point été ; mais sait-on bien aussi comment s'opèrent les combinaisons chimiques ?

Les anciens avaient sur la fécondation des idées en harmonie avec leur poétique religion, dans laquelle étaient matérialisées toutes les forces de la nature. « Borée (le zéphyr, le vent) aima « plusieurs cavales dans leurs pâturages et s'unit à elles sous « la forme d'un coursier à la crinière d'azur. » (Homère, Iliade, xx° livre, vers 223-224.) Pline rapporte qu'en Lusitanie, aux environs de Lisbonne (Olisippo, plus tard Felicitas Julia) et du Tage, « les cavales se tournant vers le zéphyr sont « fécondées par son souffle, et que les chevaux qui en pro- « viennent sont d'une légèreté extrême, mais qu'ils ne vivent « pas plus de trois ans. » (Hist. nat., livre viii.) Varron, Columelle, Elien, avaient déjà rapporté cette fable. Enfin, tous croyaient à la génération spontanée, et Virgile nous indique les moyens de faire naître des essaims d'abeilles. Il suffit dans un petit enclos recouvert, d'étouffer un taureau à peine adulte, de l'entourer de lavande et de verdure ; bientôt

O surprise, ô merveille! un innombrable essaim
Dans ses flancs échauffés tout à coup vient d'éclore (*Géorg.*, liv. IV).

Aristote et Galien jetèrent les premiers quelque lumière sur le développement embryonnaire des organes dans les animaux les plus parfaits. Acquapendente, Graaff, Malpighi, Oken découvrirent la vésicule ovigène et en dévoilèrent l'usage. Harvey prouva que « tous les animaux et l'homme proviennent d'un « œuf, » et Geoffroy-Saint-Hilaire démontra l'analogie primitive des animaux dans tous les organismes.

Pour que la fécondation puisse avoir lieu, il faut le concours de certaines circonstances physiologiques. Il faut que l'ovule soit parvenu à maturité, et que le sperme renferme les animalcules aptes à la fécondation. Expliquons ceci.

Nous savons que les ovaires ne sont autre chose que des glandes destinées à sécréter les ovules; ceux-ci se présentent sous forme de vésicules transparentes et nombreuses, formées d'une pellicule très-fine renfermant un liquide visqueux, de couleur jaune ou rougeâtre. Quant à la cavité qui renferme ces ovules, elle est constituée par un tissu mou, spongieux, grisâtre et imbibé d'un liquide qui baigne les ovules. Chacun de ces ovules parvient successivement à maturité, c'est-à-dire se développe et quand il a atteint tout son volume, sort de l'ovaire par une sorte de ponte. Quand il a été fécondé, le pavillon frangé de la trompe utérine le recueille en venant s'appliquer contre l'ovaire, et le conduit jusque dans l'utérus, où il se greffe aux cotylédons placentaires. L'ovule non fécondé est résorbé ou expulsé par les organes génitaux. Ces époques de pontes naturelles déterminent chez la femelle ce qu'on a appelé les chaleurs. Elles se reproduisent d'une manière plus ou moins sensible tous les 18 à 24 jours chez la jument, et durent de 8 à 10 jours; aux mêmes intervalles chez la vache, mais ne durent que 24 heures; tous les 20 à 24 jours chez la brebis et durent 12 heures, enfin tous les 25 à 30 jours chez la truie pour ne durer que 15 à 18 heures. Ces époques périodiques de rut féminin ne sont pas toujours également apercevables, et nous savons que chez la jument et la brebis surtout, il est souvent difficile de modifier l'époque des fécondations. Certaines femelles d'un autre côté, surtout chez les vaches, sont affectées de chaleurs périodiques et dont les intervalles sont plus rapprochés que dans l'état normal, souvent tous les 8 jours; on les appelle taurelières et il est rare qu'on parvienne à les faire féconder. D'autres vaches n'ont que des chaleurs à peine apparentes.

Les chaleurs sont accompagnées d'un afflux du sang vers la matrice, d'une modification dans la quantité et la qualité du liquide sécrété par les mamelles, du gonflement de la vulve par laquelle s'écoule une humeur transparente et visqueuse; les signes extérieurs outre ceux-ci, sont surtout un mugissement fréquent et prolongé, de l'inquiétude et de la vivacité dans les mouvements. Elles ne se présentent que chez les femelles adultes, et il suffit quelquefois que leur première apparition ait été négligée, pour que l'animal ne puisse ensuite être que difficilement fécondé. Une alimentation échauffante en provoque le retour; un régime débilitant l'éloigne; les animaux entretenus dans un trop grand état de graisse n'en donnent aucun signe; la tonte provoque leur apparition.

Chez les mâles, ce n'est que lorsqu'ils sont parvenus à l'état adulte, que le sperme contient des animalcules fécondants. Mais dans toutes les espèces, le mâle n'est pas également apte à la fécondation à toutes les époques de l'année ; chez les animaux qui vivent à l'état sauvage, le rut n'apparaît qu'une ou deux fois au plus par an, et coïncide avec les époques de chaleur des femelles (cerfs, chevreuils, daims, etc.). Dans les espèces domestiques, le rut est beaucoup moins prononcé dans les symptômes, mais il est permanent. L'aptitude des mâles n'embrasse donc que leur âge adulte, c'est-à-dire de 2 ans 1/2 à 10 ou 12 ans pour le cheval ; de 18 mois à 8 ou 10 ans pour le taureau ; de 15 mois à 4 ans pour le bélier ; de 10 mois à 3 ans environ pour le verrat. Ces limites d'âge varient du reste sensiblement suivant la précocité des races, le régime auquel on les soumet, le climat et le prix qu'on attache à leurs produits. Les mâles enfin, ne conservent leur aptitude à la fécondation qu'autant qu'ils sont maintenus en état de santé ; toute privation ou tout excès de nourriture, toute surcharge de travail, tout abus dans les saillies qu'on leur demande, diminuent cette aptitude. Un étalon ne doit pas saillir plus de 60 à 80 juments par an, et plus de 2 par jour ; un taureau peut suffire pour un troupeau de 40 à 50 vaches, et saillir deux fois par jour ; un bélier ne doit pas recevoir plus de 70 à 80 brebis et un verrat plus de 25 truies.

La marche, la course, un exercice violent de la femelle avant la saillie assurent souvent la fécondation ; un exercice modéré, un régime à la fois tonique et rafraîchissant, pour le mâle, conservent et développent son aptitude.

On obtient la présomption que la fécondation a eu lieu, qnand la femelle refuse de recevoir le mâle, et que celui-ci loin de paraître la désirer, se borne à la lécher ou ne paraît nullement s'occuper d'elle. Ordinairement, la conception a pour indice encore la cessation des chaleurs, mais ce n'est point un signe certain. L'exploration intérieure pourrait seule donner une certitude, mais elle est dangereuse en ce qu'elle provoque souvent l'avortement. Aussi, ne peut-on avoir une preuve évidente de la conception que lorsque après six ou sept mois les mouvements du fœtus sont appréciables extérieurement à l'œil et à la main.

La fécondation n'est possible en outre qu'entre animaux appartenant à un même genre; les accouplements féconds d'animaux de divers genres quoique de la même famille, sont des faits tout exceptionnels. Ainsi l'étalon peut féconder l'ânesse, et le produit s'appelle bardot; l'âne peut féconder la jument, et le produit s'appelle mulet. On conteste fortement l'existence du jumart, produit de l'accouplement du cheval avec la vache; de l'âne et de la vache ou bif; mais la chèvre et le bélier, la brebis et le bouc peuvent donner des accouplements féconds. Il en est de même du mouflon avec la brebis. D'après Pline, les anciens Espagnols employaient souvent cette hybridation. Quant à celle des mulets, elle est fort ancienne; le Seigneur avait défendu à son peuple d'accoupler entre elles les bêtes domestiques d'espèces différentes. La fille d'Ésaü, Anna, ayant laissé se mêler dans le désert les cavales et les ânes de son père, il en était résulté des métis dont on ne tarda pas à tirer un précieux parti. Du temps d'Hérodote, on rencontrait aussi des mulets en Scythie, et ils étaient fort communs en Grèce. Les Romains en firent usage aussi et les tiraient surtout de l'Espagne. Enfin le faisan et la poule, le coq et la perdrix, le pigeon domestique et le ramier nous donnent des métis estimés pour la qualité de leur chair.

On a cependant pu, en dehors des lois naturelles, obtenir des accouplements féconds du cerf et de la vache d'après Hofacker, de l'ours et de la chienne, d'après Beckstein; du coq et de la cane, du mâle pintade avec la cane, d'après Hofacker. Mais dans tous les cas, ces hybrides sont inféconds dans nos climats, quoiqu'on ait de nombreux exemples de la fécondité de la mule dans les pays méridionaux, Italie, Grèce, Sicile, Espagne, et même dans le midi de la France. Il est à remarquer que, ainsi que le dit le docteur Nanzio, directeur de l'école vétérinaire de Naples, toutes les fois qu'on cite des faits avérés d'accouplements de bâtards, ils s'appliquent constamment à des animaux femelles; la faculté procréatrice paraît manquer absolument chez les bâtards mâles. Il serait assez curieux de vérifier si cette infécondité est due à l'absence de zoospermes.

Étudions maintenant les suites de la fécondation : l'ovule, après l'imprégnation se tuméfie ; le sang afflue à l'ovaire ; le liquide ovarien devient plus abondant, et l'ovule s'échappe de cette glande. Cette expulsion a lieu de 2 heures à 3 jours après la fécondation, chez la lapine ; après 17 heures chez la truie, après 2 à 9 jours dans la chienne.

L'orifice des trompes utérines (pavillon frangé) vient, comme nous l'avons vu, appliquer contre l'ovaire ses lanières repliées, et forme un canal qui recevant l'ovule, le conduira dans l'utérus. Il peut arriver quelquefois cependant que l'ovule échappe au pavillon frangé ; il en résulte alors des gestations extra-utérines. Tombé dans la cavité abdominale, l'ovule s'attache sur une anse d'intestin, ou sur n'importe quel autre organe, et s'y développe plus ou moins complétement.

Chez la femme, l'ovule descendant progressivement dans la trompe, parvient après 10 à 12 jours dans l'utérus, où il se greffe sur l'un des nombreux cotylédons placentaires. La membrane blastodermique qui jusqu'alors enveloppait l'ovule n'était composée que de deux lames superposées, l'une muqueuse interne, l'autre séreuse externe. Dès lors, une lame vasculaire s'interpose entre la muqueuse et la séreuse et la

membrane blastodermique se trouve constituée par trois lames
d'où naîtront tous les systèmes organiques, tantôt par superposition, tantôt par juxtaposition. Ainsi, le système osseux
sera d'abord formé par une couche de fibres sur laquelle vien-
dront s'appliquer successivement de nouvelles couches, formées élémentairement d'une série de fibrilles surajoutées les
unes au bout des autres. La moelle épinière suivra dans son
accroissement en longueur et en épaisseur les mêmes lois de
développement, qui présideront aussi à l'organisation des tissus
vasculaire et musculaire. Nous reviendrons du reste sur ce sujet.

Retraçons d'abord le développement fœtal dans sa marche
régulière, en comparant l'embryon de l'homme à celui des
grands mammifères domestiques et des oiseaux.

« Avant l'imprégnation, dit M. Serres, un des savants qui
« ont fait faire le plus de progrès à l'organogénie animale, l'œuf
« des femelles se compose de trois parties fondamentales : d'une
« membrane cingeante qui est à l'extérieur, le chorion, d'une
« vésicule particulière, nommée prolifère, et d'une masse gra-
« nuleuse qui est le vitellus. La vésicule prolifère est la pre-
« mière développée; elle a déjà atteint son développement, que
« la masse vitelline est encore incolore, sans globules jaunes et
« sans enveloppe propre. Elle occupe alors, d'après M. Wagner,
« le centre de cette masse albumineuse d'où elle s'élève insen-
« siblement, à mesure que se forment les globules vitellins,
« dont la pesanteur spécifique paraît plus forte que le liquide
« clair qui remplit la vésicule prolifère. Par cette évolution, la
« vésicule germinatrice arrive ainsi à la superficie du vitellus,
« qui se revêt alors d'une membrane propre et qui présente
« au point correspondant à la vésicule prolifère un disque d'un
« jaune clair (le disque prolifère) dont le but est de le mainte-
« nir en place, et que nous nommons ligament prolifère. La

« position excentrique de la vésicule génératrice, l'appareil qui
« la fixe dans cette position, sont les préliminaires indispen-
« sables de l'imprégnation qui doit être opérée par le fluide
« spermatique du mâle, ou les zoospermes. De quelque obscu-
« rité que soit encore enveloppé ce premier acte de la généra-
« tion, un fait évident ressort des travaux anciens et modernes,
« c'est que la vésicule prolifère et les zoospermes doivent être
« amenés au point de contact pour que la fécondation s'opère.
« La rupture de la vésicule prolifère est le résultat immédiat
« de cette fécondation. Par cette rupture, le fluide qu'elle ren-
« fermait s'en échappe et s'épanche sur le vitellus. Les **12** ou
« **15** premières heures de l'incubation sont employées par la
« nature à isoler le disque prolifère et du vitellus et de la
« membrane vitelline. De la **16**ᵉ à la **20**ᵉ heure se produisent
« dans l'axe du disque prolifère, deux sacs germinateurs,
« grandes cellules embryogènes ayant chacune une indivi-
« dualité propre, renfermant chacune les éléments des orga-
« nismes ainsi séparés en deux parties égales, l'une à droite
« l'autre à gauche. »

I. L'ovule greffé sur les cotylédons du 10ᵉ au 12ᵉ jour après
la fécondation, ne peut guère être distinct à l'œil qu'après le
19ᵉ ou 20ᵉ jour. Du 12ᵉ au 15ᵉ jour, une ligne un peu renflée
se présente sur le blaste : c'est le rudiment de la moelle épinière, vers le centre de laquelle apparait vers le 20ᵉ jour un
petit point rouge, le cœur. Du 21ᵉ au 29ᵉ, se développent la
tête sous forme d'une vésicule à parois très-minces, et de petits
tubercules ou bourgeons arrondis qui deviendront les membres
inférieurs et supérieurs. La longueur totale du fœtus n'est encore que de $0^m.009$ à $0^m.011$. Vers le 44ᵉ ou le 48ᵉ jour commence à apparaître la colonne rachidienne. Du 55ᵉ au 60ᵉ les
différentes parties du visage, la bouche, le nez, les oreilles,

deviennent distinctes; les yeux sont indiqués par deux points noirs et les paupières sont déjà séparées; les membres commencent à dessiner leurs formes; le fœtus est long alors de $0^m.054$ environ. Vers le 75e jour, apparaissent les organes génitaux, mais sans qu'on puisse déterminer avant la fin du 3e mois le sexe de l'embryon. La tête seule égale jusqu'ici en volume tout le reste du corps. Vers le 90e jour, le cou devient distinct; du 110e au 125e, les muscles exécutent déjà quelques mouvements, la bouche s'entr'ouvre. Pendant le 5e mois, les diverses parties du corps reprennent des proportions mieux équilibrées; la pupille se débarrasse de sa membrane opaque qui la voilait jusqu'ici; les diverses parties qui forment le pavillon de l'oreille deviennent apparentes; le fœtus a $0^m.22$ à $0^m.25$ de longueur environ; à 7 mois, il a $0^m.37$ à $0^m.40$, et la peau prend une teinte rosée. A 8 mois, sa longueur est de $0^m.42$ à $0^m.45$; les cheveux et les poils apparaissent. Enfin, après le 9e mois, il est parvenu à son entier développement; il présente $0^m.48$ à $0^m.54$ de longueur et pèse de 3 kilogr. à $3^k.500$.

Chez les grands mammifères domestiques, le tube nerveux ou rachidien apparaît vers le 15e jour; les tubercules rudimentaires des membres se développent vers le 35e jour et le cœur se montre au 40e (au 20e chez la chienne). Au 60e, la tête très-volumineuse présente les points noirs des yeux; quelques os et surtout ceux des mâchoires et les côtes, présentent des points solidifiés. Vers le 125e jour, le cerveau jusqu'ici liquide prend de la consistance et le cervelet devient distinct. Vers le 5e mois, les muscles exécutent quelques mouvements de contraction, ceux surtout qui avoisinent la colonne vertébrale; la peau commence à se couvrir de poils. De cette époque jusqu'au part, les diverses parties du corps reprennent leur harmonie, les tissus acquièrent de la consistance, les organes dont le jeune animal aura besoin dès sa naissance prennent un accroissement relativement plus complet.

Les oiseaux n'ont qu'un seul ovaire consistant en une agglomération de petits sacs membraneux réunis en grappes et qui sécrètent les ovules. Ceux-ci sont formés d'une matière liquide et jaunâtre (vitellus) renfermée dans une enveloppe très-mince. Qu'il y ait eu ou non fécondation, l'ovule parvenu à maturité quitte la vésicule ovigène, passe par le pavillon frangé et arrive dans l'oviducte. Dès lors, on remarque à la surface de la membrane vitelline, une petite tache blanchâtre appelée cicatricule; c'est là le germe embryonnaire. Au fur et à mesure que l'œuf descend dans l'oviducte, il se trouve recouvert de substances sécrétées par les parois de ce conduit; en sorte que, arrivé à la moitié du trajet environ, le vitellus se trouve enveloppé par le liquide albumineux (blanc d'œuf) et arrivé au dernier quart, ce liquide lui-même est englobé par une coquille calcaire. C'est alors qu'a lieu la ponte. S'il y a eu fécondation, et si on soumet cet œuf à l'incubation, voici quelle marche suivra, dans le poulet, le développement fœtal.

Vers la 12e heure de l'incubation, se développe autour du germe ou blaste, une espèce de disque membraneux et transparent, plus obscur vers les bords extérieurs et limité par deux cercles concentriques de couleur blanche. Vers la 18e heure, le germe se rétrécit, prend peu à peu la forme d'un fer de lance, s'arrondit à l'extrémité supérieure, étendant les deux ailes terminées par deux bourrelets qui ne tardent pas à se réunir. Vers la 24e heure, apparaissent trois petits points arrondis, rudiments des premières vertèbres, successivement allongés par d'autres points vertébraux. Vers la 30e heure, à l'extrémité antérieure du blaste, se développe la tête sur laquelle, à la 36e on dis-

tingue les yeux. Pendant le 3ᵉ jour, apparaissent les bourgeons rudimentaires des ailes et bientôt, des membres inférieurs. Au 4ᵉ jour se forment les deux appendices dont la
réunion constituera la mâchoire inférieure ; les yeux deviennent noirs. Au 5ᵉ jour, les membres commencent à se
mouvoir légèrement ; et le 6ᵉ, ils présentent distinctement
les différents rayons qui les composent, les pieds sont formés le 7ᵉ jour. Du 9ᵉ au 10ᵉ, naissent les capsules qui sécré-
teront les plumes et celles-ci à la fin du 11ᵉ jour recouvri-
ront déjà tout le corps. Jusque-là, la tête égale en grosseur,
à elle seule, tout le reste du corps ; mais dès lors, elle cesse
de s'accroître peu à peu, tandis que les autres parties continuent de se développer et de se mûrir ; le bec surtout prend
de la consistance, afin que le jeune animal puisse briser la coquille au moment de l'éclosion, c'est-à-dire du 20ᵉ au 22ᵉ jour.
La marche progressive de ce développement est relativement
la même dans les œufs de nos oiseaux domestiques, suivant la
durée variable de l'incubation.

Tel est en quelque sorte le développement des organes extérieurs que vont nous expliquer les lois de la nutrition fœtale
et du développement des appareils de la vie animale.

II. Reprenons donc l'ovule des mammifères. Son arrivée
dans l'utérus détermine, avons-nous dit, l'afflux du sang et la
face interne de cette cavité étant surexcitée, sécrète alors une
substance albumineuse et de couleur jaunâtre qui s'organise
promptement, et à la fois du côté de l'ovule et de celui du
placenta devenus ainsi adhérents par ce point, c'est la membrane caduque. Bientôt quelques ramifications vasculaires
s'établissent entre le placenta et l'ovule et dès ce moment commence la première période de la vie embryonnaire.

Le germe ou blaste grossit, se développe, s'enveloppe d'une

I.   5

membrane séreuse, le chorion, qui l'entoure de toutes parts et
se soude à l'épichorion ou membrane caduque, au point placentaire. Vers le vingtième jour, la colonne vertébrale, la tête,
le système nerveux sont apercevables à l'état rudimentaire ;
au quarantième, apparaît le cœur, puis le canal intestinal.
Pendant ces premiers développements, l'embryon est couché à
plat ventre sur le vitellus, ou vésicule ombilicale dont l'enveloppe sillonnée extérieurement de nombreux vaisseaux artériels
et veineux communique avec le fœtus par le canal vitellin qui
s'ouvre à l'extrémité de l'intestin grêle. C'est par ce point qu'a
lieu dans la vésicule ombilicale l'absorption du liquide vitellin
que la veine omphalo-mésentérique porte ensuite jusqu'au
cœur. Après le deuxième ou troisième mois, la vésicule ombilicale presque entièrement absorbée se flétrit et disparaît. Alors
commence la période de nutrition placentaire.

Quelque temps avant la fin de la période vitelline, s'est développée, immédiatement autour du fœtus, une seconde enveloppe séreuse, l'amnios ; née de l'ouverture ombilicale, péné-
trée d'un assez grand nombre de vaisseaux, elle renferme dans
sa cavité le liquide amniotique dont nous avons parlé déjà et
au milieu duquel baigne le fœtus. Puis, entre l'amnios et le
chorion, se développe une troisième membrane, l'allantoïde
formant une cavité allongée qui renferme le liquide allantoïdien, et communique avec le fœtus par un canal particulier,
l'ouraque ; ce conduit met en communication la vessie du fœtus
et le liquide allantoïdien. Nous avons fait remarquer déjà que,
au fur et à mesure que la vie embryonnaire avançait, le liquide
amniotique augmentait jusqu'à mi-terme environ, pour diminuer ensuite peu à peu et disparaître ; tandis que le liquide
allantoïdien, au contraire, augmente jusqu'au part.

La vésicule ombilicale complétement résorbée est remplacée

par le cordon ombilical; celui-ci se compose d'une veine (ombilicale, provenant du placenta), de deux artères (ombilicales, émanant des artères bulbeuses), et du canal de l'ouraque dont nous venons de parler.

C'est donc la circulation de la mère qui dès lors nourrit le fœtus. Le sang des artères ombilicales s'épure dans le placenta, et celui de la veine ombilicale s'y révivifie; là s'opère un véritable échange : les artères utérines déposent dans les cellules placentaires le sang de la mère ; les artères ombilicales, le sang qui a déjà circulé dans le fœtus. Les radicules de la veine ombilicale absorbent le sang de la mère ; les radicules des veines utérines, le sang qui a circulé dans le fœtus. Celui-ci du reste, possède aussi un organe dépurateur du sang, le foie qui par son développement et son activité supplée à l'inertie du cœur dans les premiers temps, et diminue de volume et d'énergie, à mesure que le cœur exécute plus complétement les fonctions qui lui sont propres.

La nutrition fœtale possède encore comme annexe le liquide amniotique. L'amnios reçoit par les capillaires des artères utérines un peu de sang destiné à la sécrétion du liquide séro-albumineux ; ce liquide amniotique contribue à la nutrition, non pas seulement par absorption cutanée, mais encore aussi par une absorption plus directe, ainsi que semblent le prouver des poils du fœtus lui-même, retrouvés dans son propre estomac.

La circulation particulière au fœtus n'est pas moins intéressante : le sang de la mère, apporté dans le placenta par les artères utérines y est absorbé par les capillaires de la veine ombilicale qui rentrant dans l'abdomen traverse le foie, puis se rend dans la veine porte qui a déjà reçu celui des veines mésaraïques ; de là, le sang est versé dans la veine cave supérieure, déjà chargée de celui qui revient des extrémités abdominales, et qui s'ouvre dans l'oreillette droite du cœur. Là il se partage en deux colonnes : l'une se rend dans l'oreillette gauche en passant par le trou ovale ou trou de Botal, de là, descend dans le ventricule gauche, puis dans l'aorte ascendante qui le distribue aux extrémités supérieures. La seconde pénètre par l'orifice auriculo-ventriculaire dans le ventricule droit, puis dans l'artère pulmonaire qui le distribue en petite quantité aux poumons, mais surtout par le canal artériel à l'aorte, d'où il se rend aux organes thoraciques et abdominaux, et aux extrémités postérieures.

Si nous reprenons le même sujet dans la classe des oiseaux, nous rencontrerons de nombreuses et frappantes similitudes qu'il nous serait facile encore d'étendre aux poissons et aux reptiles.

L'œuf des oiseaux nous offre avec celui des mammifères de grandes analogies : il se compose en procédant de l'extérieur à l'intérieur : 1° du test ou coquille, enveloppe résistante composée de **89.6** à **97** p. 0/0 de carbonate de chaux, de **1** à **1.7** de phosphate de chaux et de **0.30** à **0.70** de gélatine ou d'albumine. Le test, nous l'avons vu, est sécrété sur le chorion, au passage de l'œuf dans le dernier quart du trajet, par les parois de l'oviducte. 2° D'une enveloppe assez résistante aussi, nommée cuticule ou chorion, qui double partout le test, si ce n'est vers le gros bout de l'œuf, endroit où se recourbant sur l'albumen, elle laisse entre elle et le test une cavité nommée chambre à air. 3° De l'albumen, vulgairement appelé blanc de l'œuf; ce liquide formé de cellules lâches se compose de **15** p. 0/0 d'albumine en dissolution et de traces de soude et de phosphore. 4° De l'enveloppe vitelline sur l'un des points de laquelle est fixée la cicatricule ou germe. 5° Du vitellus ou embryotrophe composé de **80** p. 0/0 d'eau, de **15.5** d'albumine et de 4.5 de mucus. 6º Des membranes chalazifères et des chalazes qui, prenant naissance sur la cicatricule, se prolongent sur une double direction vers le gros et le petit bout de l'œuf, contournant l'enveloppe vitelline, traversant l'albumen, et viennent s'attacher sur le chorion. Elles paraissent avoir pour but de fixer en place le vitellus et de préserver ainsi le germe de tout choc. On les a longtemps regardées comme l'origine et le centre de formation du fœtus, et Acquapendente voyait dans leurs trois nœuds primitifs le principe des trois grandes cavités, tête, thorax et abdomen. 7º La chambre à air est destinée à fournir, par la respiration, à la nutrition du fœtus pendant la dernière période de l'incubation.

Mais ces diverses parties subissent pendant la vie embryonnaire des modifications analogues à celles que nous avons rencontrées dans les mammifères. Ainsi, prenant toujours le poulet pour exemple, vers le quatrième jour se forme autour de l'embryon un amnios qui l'enveloppe tout entier; le sixième jour, c'est encore une autre membrane, l'allantoïde qui s'organise en communication directe par un de ses points avec le fœtus. Vers le septième jour, le vitellus augmente et devient plus fluide, l'albumen diminue et se porte vers le petit bout de l'œuf. Dès le dixième jour, l'allantoïde entoure tout le fœtus. Enfin au dix-neuvième jour, la tête pénètre dans la chambre à air, et une respiration élémentaire s'établit ainsi que le prouve l'analyse suivante faite par Burdach avant et après cette période de la nutrition embryonnaire.

Air de la chambre à air.	1er jour.	8e jour.	21e jour.
Oxygène........................	0.260	0.225	0.180
Azote........................	0.740	0.731	0.740
Acide carbonique................	»	0.044	0.080

Ajoutons encore que ce réservoir d'air n'est pas le seul

moyen employé par la nature pour fournir à la respiration; cet acte s'exécute encore à travers la coquille percée de trous extrêmement ténus, et ce qui le prouve, c'est que le fœtus meurt sitôt qu'on enduit le test d'une substance qui détruit sa porosité. A part ces différences, et le degré relatif d'activité des organes, les fonctions s'exécutent dans le fœtus des oiseaux, à peu près de la même manière que dans l'animal adulte. L'embryon qui s'est développé sur le germe de l'enveloppe vitelline y reste attaché par le canal intestinal jusqu'à ce que le vitellus presque entièrement absorbé rentre avec son enveloppe dans ce même tube digestif. Du reste, nous reviendrons sur les fonctions embryonnaires des oiseaux, en parlant du développement des organes essentiels de la vie.

Procédant du connu à l'inconnu, nous avons exposé d'abord ce qu'on pourrait appeler le développement extérieur de l'embryon, puis étudié les différences que présente la manière dont les fonctions s'exécutent chez lui, avec les mêmes actes de l'animal adulte. Il nous reste à parler du mode de formation des organes essentiels chargés de ces fonctions elles-mêmes.

III. Pour cela, il nous faut revenir à la première période de la vie embryonnaire. Nous avons vu que « le premier acte de « la fécondation consistait à séparer en deux parties égales le « disque prolifère, à le diviser en deux sacs l'un à droite, l'autre « à gauche, à symétriser enfin les réceptacles des organismes. « Les sacs ou cellules germinatives se soulèvent d'abord en « dehors, puis en dedans. Ce dernier soulèvement produit sur « l'axe du disque prolifère un intervalle que l'on a nommé : « ligne primitive ; c'est tout simplement un espace vide entre « les deux sacs germinateurs. C'est là le symbole du grand fait « de la symétrie et de la dualité des organismes, symbole dont « les deux sacs donnent la réalisation matérielle dès le premier

« souffle de la vie embryonnaire. Les éléments des organismes
« sont ainsi séparés en deux parties égales : une des moitiés
« réside dans un des sacs germinateurs, l'autre moitié réside
« dans l'autre. L'effet des développements va donc consister à
« les en faire sortir pour amener ces deux moitiés l'une vers
« l'autre et en constituer un tout unique.

« Mais il convient d'entrer ici dans quelques notions anato-
« miques sur la structure des sacs germinateurs. Chacun d'eux
« est formé de trois lames ou feuillets d'une nature différente.
« Il y a d'abord un feuillet extérieur ou séreux, puis un second
« placé immédiatement au-dessous et nommé feuillet vascu-
« laire, puis un troisième subjacent au second, appelé feuillet
« muqueux. Si nous consultons les faits, tous les embryolo-
« gistes modernes, unanimes sur ce point, s'accordent à dire
« que le feuillet externe est le premier que l'observation fasse
« distinguer, puis le feuillet vasculaire, enfin le feuillet mu-
« queux. L'ordre centripète de l'apparition des feuillets ger-
« minateurs est donc constant.

« Or, la réalité est là en effet qui confirme par sa puissance
« irrésistible la succession centripète des organismes. La réa-
« lité nous montre que le feuillet le plus externe est celui qui
« constamment ouvre les développements ; de sorte qu'on en
« voit successivement sortir la moelle épinière et l'encéphale
« d'abord, puis les vertèbres, puis le crâne, les sens et leurs
« dépendances. Les faits sont là pour attester que lorsque le
« feuillet externe a esquissé les traits des organismes de rela-
« tion, le feuillet vasculaire se met en marche à son tour et
« esquisse de la même manière les vaisseaux périphériques, les
« veines caves, les aortes, le cœur. Jusqu'à ce moment, le
« feuillet muqueux est resté en repos ; mais à peine le feuillet
« vasculaire a-t-il terminé son mouvement, que le sien propre

« commence, et qu'on voit se dérouler successivement le ca-
« nal intestinal, les glandes, les poumons, le foie, le pan-
« créas, etc. Cet ordre est invariable. » (M. Serres. *Organogénie.*)

Voici donc trois plans de développement : 1° axe cérébro-
spinal ; 2° organes de la circulation et 3° organes de la nutrition. Dans cette phase primordiale de développement successif,
les organes de chaque appareil prennent, il faut le remarquer,
un développement en dehors de toute proportion : pendant la
première période, c'est le crâne, la tête, qui jusqu'au troisième
mois, égale à elle seule en volume tout le reste du corps ; puis
c'est le cœur d'abord et après lui le foie dont l'hypertrophie
successive arrête le développement de l'axe cérébro-spinal ; enfin les intestins à leur tour forment hernie en dehors de la cavité
abdominale et n'y rentrent qu'après avoir amené l'atrophie relative du foie. Cette loi d'équilibration se rencontre jusque dans
les détails. Ainsi dans l'encéphale, l'excès de développement du
cerveau et du cervelet réduit à leur dimension les lobes opti-
ques qui auparavant s'étaient hypertrophiés. Si encore nous
étudions l'estomac d'un ruminant embryonnaire, nous remar-
querons que l'ordre de développement successif des quatre
sacs est le suivant : 1° le bonnet, 2° la panse, 3° le feuillet, 4° la
caillette qui au moment de la naissance et jusqu'au sevrage,
dépasse à elle seule les quatre autres en volume.

Une troisième loi vient s'ajouter aux précédentes (formation
centripète-équilibration des organismes) ; c'est celle de la symétrie ou de la dualité des organismes, loi dont l'origine remonte, comme nous l'avons vu, aux sacs germinateurs, et pour
laquelle l'étude partielle du développement organique va nous
fourni de nouvelles preuves.

Le principe de l'analogie dans la composition organique

étant reconnu, il en résultait comme conséquence directe la loi des connexions et celle du balancement, dont Geoffroy-Saint-Hilaire, Charles Bell, **MM.** Dutrochet et Serres ont fait de si heureuses applications. Si nous prenons à part, en effet, la période première de développement, celle de l'axe cérébro-spinal, nous trouvons qu'il se fait aux dépens de la lame séreuse du sac germinateur. Or, toute membrane séreuse consiste primitivement dans une vésicule close de toutes parts, d'abord séparée de l'organe qui lui correspond, mais qui, dans la marche du développement, s'en rapproche, se met en contact avec elle, puis s'y enfonce graduellement jusqu'à ce que toutes ses parties en soient revêtues ou tapissées. Tel est le phénomène qui donne naissance d'abord à la moelle épinière, première ébauche du système nerveux, et qui prend un tel accroissement dès le début, que ses cordons doivent, afin d'occuper moins d'espace, se contourner en spirales. Composée primitivement de deux lames nerveuses dont les fibres paraissent brisées d'espace en espace, elle s'accroît en longueur par superposition, et en épaisseur par juxtaposition successives de nouvelles lames. Bientôt apparaît l'encéphale dont le cerveau prend un accroissement démesuré ; les tubercules quadrijumeaux, formés de deux lobes vésiculaires qui se touchent, forment une saillie très-élevée sur la face supérieure de l'encéphale dont ils constituent la partie la plus proéminente. Peu de temps ensuite, on voit naître à l'extrémité postérieure du cerveau une petite languette mince formant une petite voûte au-dessus du quatrième ventricule, et formée de deux lames transversales : c'est le cervelet. « Cet organe, dit M. Serres « auquel nous empruntons ces études d'organogénie, acquiert « des dimensions considérables ; sa superficie se sillonne de « rainures transversales plus ou moins nombreuses, plus ou

« moins profondes ; en même temps il fait sur les côtés et sur
« le haut de l'encéphale une saillie plus ou moins marquée. »
Cette sorte de hernie du cervelet comprime celle du cerveau,
tout comme nous allons voir le cervelet lui-même se réduire à
des dimensions convenables pour rentrer dans la boîte osseuse
de l'encéphale. En effet, à cette période, le canal vertébral s'est
organisé autour de la moelle épinière qu'il renferme et protège.
Il est constitué par l'association d'un certain nombre de vertèbres (24 chez l'homme, 31 chez le cheval, 26 chez les ruminants, 28 dans le porc, de 21 à un beaucoup plus grand
nombre chez les oiseaux) séparées l'une de l'autre par l'interposition d'un fibro-cartilage. Cette colonne osseuse se forme,
ainsi que tous les os, d'après des lois semblables à celles que
nous avons trouvées établies pour le tissu nerveux : une
couche de fibres en lamelles, sur lesquelles viennent s'ajouter
des couches nouvelles, tant par superposition que par juxtaposition ; des centres ou noyaux osseux reçoivent d'abord ces
dépôts, et il est remarquable que ces noyaux occupent plus
tard la place des apophyses, toujours plus dures et d'un tissu
plus dense que le corps même de l'os ; la sécrétion du tissu
osseux réunit successivement, d'après des formes fixées à
l'avance, tous ces noyaux distincts dans le principe.

Au tube vertébral succède promptement la boîte osseuse du
crâne ; la marche de son développement est la même. Tous deux
sont d'abord ouverts et écartés d'avant en arrière, jusqu'à ce
que la masse disproportionnée du cœur fasse rentrer la moelle
épinière et l'encéphale dans l'enveloppe osseuse qui leur est
propre. Le tissu osseux du crâne s'accroît également sur des
noyaux primitifs ; ainsi, l'occipital présente d'abord six points
d'ossification, le temporal quatre, etc. Disons enfin, et pour n'y
plus revenir, que ce mode d'organisation est le même pour

tous les os des membres, pour les côtes, le sternum, etc.
« L'os sacrum, qui termine la colonne inférieurement, est
« formé lui aussi par cinq vertèbres, associées d'abord par
« l'interposition d'un fibro-cartilage (de même que les os du
« crâne). Mais longtemps avant l'époque de la puberté, le
« fibro-cartilage s'ossifie, les cinq vertèbres se pénètrent et ne
« forment plus qu'un seul os qui conserve cependant les
« caractères génériques des éléments confondus. Ainsi, la
« colonne vertébrale est un organisme associé ; le sa-
« crum est un organisme réuni par pénétration. » (Serres.
Organogénie.) Le sternum se compose pareillement dans
le fœtus, du 2e au 5e mois, de noyaux primitifs parfaitement
distincts. Un fait assez curieux, c'est que de la 5e à la
7e semaine, le fœtus humain nous offre un prolongement caudal, analogue aux vertèbres coccygiennes des animaux, et qui disparaît complétement dans le cours du
3e mois.

Ce n'est pas que toutes les parties du système osseux se développent toutes successivement pendant cette première période
d'organisation ; on ne voit naître chacune d'elles qu'au fur et
à mesure que s'est formé l'organe ou le groupe d'appareils
qu'elle doit protéger ; la colonne vertébrale et le crâne d'abord,
puis le bassin, les membres, et la cavité thoracique qui reste
si longtemps ouverte.

Arrivons à la seconde période, celle du développement du
système vasculaire. « Pendant que s'élabore dans la membrane
« omphalo-mésentérique la circulation primitive de l'embryon,
« on voit les canaux capillaires, disséminés par petits plexus
« isolés, se joindre les uns aux autres, donner naissance
« d'abord aux rameaux, puis aux branches, puis aux troncs ;
« c'est comme une succession de fibres creuses qui se join-

« draient bout à bout. Et pendant que s'opère cet accroisse-
« ment en longueur, l'accroissement en épaisseur s'effectue
« par une juxtaposition de couches dont le nombre n'est pas
« encore bien fixé par les anatomistes. » (Serres.) Et de même
pour les muscles et le tissu musculaire dont le cœur fait partie.
« Qui ne sait que la force d'un muscle est proportionnelle au
« nombre des fibres qui le constituent? Qui ne sait que ces
« fibres forment des couches superposées les unes sur les
« autres? Qui ne sait enfin que dans sa longueur, la fibre
« musculaire est brisée, de distance en distance, par des inter-
« sections fibreuses dont les muscles droits de l'abdomen peu-
« vent nous donner le type? » (Serres.)

Dès le dix-neuvième jour après la fécondation, le cœur est
déjà perceptible; à cette époque, il présente l'apparence d'un
canal d'abord presque droit, qui bientôt après se courbe et
présente deux dilatations qui deviendront le ventricule et
l'oreillette gauche. Un peu plus tard, l'oreillette est divisée en
deux cavités par une cloison incomplète et le cœur se compose
alors d'un ventricule et de deux oreillettes. Enfin, un peu plus
tard encore, une seconde cloison s'élève du fond du ventricule
qu'elle sépare en deux, et le cœur se trouve constitué, comme
dans l'adulte, par quatre cavités. Le développement exagéré
du cœur pendant la première de ces trois évolutions a eu pour
effet de réduire l'axe cérébro-spinal et de refouler la moelle
épinière et l'encéphale dans leurs enveloppes osseuses; quand
le cœur aura atteint son complet développement, à sa troisième
évolution, il sera réduit à son tour par le volume exagéré du
foie, produit de la membrane muqueuse. Cet organe remplit
promptement à lui seul la cavité abdominale, refoulant les intestins jusque dans le cordon ombilical, et amenant une atrophie relative du cœur. Ce phénomène permet alors à la poitrine

jusque-là ouverte antérieurement de se clore définitivement par la réunion des sternums. Mais la cavité abdominale restera ouverte quelque temps encore.

Parmi les annexes de la circulation, nous rencontrons trois glandes dont toutes les fonctions ne sont pas encore parfaitement déterminées : la rate, la glande thyroïde et le thymus. Elles se développent d'après les mêmes lois que nous avons énoncées plus haut. Prenons pour exemple la glande thyroïde, située dans la région du cou ou de l'encolure et au devant de la trachée-artère. Simple chez l'adulte, on la rencontre toujours double dans l'embryon, c'est-à-dire formée de deux lobes parfaitement séparés et dont la réunion ne s'effectue que plus tard. Plus grosse chez l'enfant, elle diminue successivement de volume pendant l'adolescence. Le thymus, une autre glande située dans la cavité thoracique entre les deux lames du médiastin antérieur se constitue de semblable façon ; très-développée dans le fœtus, elle grossit encore dans les premiers temps de la vie extra-utérine, pendant laquelle on la trouve remplie d'un liquide lactescent, puis diminue ensuite successivement et s'atrophie vers le commencement de l'âge adulte. C'est cette glande qui chez le veau a reçu le nom de ris et fournit un aliment si recherché pour sa délicatesse.

Nous voici parvenu au développement du feuillet muqueux des sacs germinateurs, ou en d'autres termes, à l'origine des organes digestifs et respiratoires. Nous venons de voir de quelle manière s'organisent les glandes : le foie, les reins, le pancréas, les glandes salivaires obéissent aux mêmes lois. Le foie est représenté à son origine par trois ou quatre lobes qui plus tard se fondent en un seul organe. Les reins, organe également unique chez l'adulte, sont primitivement composés de quatre, six et quelquefois huit et jusqu'à dix lobes dont les conduits associés aboutissent chacun en particulier à un mamelon distinct où ils se concentrent; il en est de même pour le foie et toutes les autres glandes, pancréas, salivaires, prostate, testicule, etc. Le tube intestinal, dès le principe, n'est qu'un canal formé de deux canalicules juxtaposés et ouvert seulement à sa portion antéro-supérieure. Puis ce canal se fractionne en trois parties, une médiane et deux périphériques formant un double cœcum dont les deux anses se réunissent au bout d'un certain temps et à l'extrémité inféro-postérieure duquel s'ouvre un anus. Les poumons, nés pendant la première période de développement de l'intestin, et de chacun des canalicules qui le composent, présentent dans la vie embryonnaire des rapports immédiats avec les organes digestifs. Inertes et peu développés dans le principe, ils semblent n'être qu'une continuation de la muqueuse intestinale. C'est pendant la dernière période de la gestation qu'ils s'accroissent surtout, et leurs fonctions, dans les mammifères, ne commencent à s'établir qu'au moment du part. Les glandes salivaires, le foie, le pancréas, la rate, les organes génito-urinaires naissent également de la muqueuse digestive, chaque intestin apportant ainsi avec lui les rudiments des organes dont la réunion doit constituer le canal digestif et ses annexes. Les dents, elles, ne sont composées, chez les mammifères, du 3e au 5e mois, que de petits fragments épars et isolés, noyaux osseux qui par pénétration se résolvent plus tard en un seul os.

Les organes génito-urinaires n'échappent point non plus à la loi commune : ils proviennent, soit du feuillet muqueux isolé, soit des feuillets muqueux et vasculaire réunis. Formée d'abord de deux parties, d'une double vésicule, la vessie n'est dans l'origine qu'une prolongation de l'intestin; celui-ci, dit M. Serres, répète en bas pour l'allantoïde ce qu'il a produit en haut pour le poumon. Le canal de l'urètre lui-même est constitué par deux lames partant de la partie interne des branches du pubis ; d'abord réunies en haut, ces lames forment une petite voûte qui se convertit en canal par leur engrainure inférieure (Serres). La prostate, glande qui entoure la racine du canal de l'urètre, est originairement formée de deux, trois ou quatre lobes, de même que les autres glandes ; dans le fœtus humain, formée de quatre lobes, elle n'apparaît que vers la fin du 2e mois; vers le 4e et le 5e mois, les deux lobes internes se sont pénétrés et réunis; du 6e au 8e, tous s'agglomèrent et ne forment plus qu'un organe unique.

« L'utérus ou matrice apparaît du 2e au 3e mois, formé
« de deux petits intestins rapprochés mais non réunis. Dans
« le second temps, les deux extrémités vaginales de ces intes-
« tins sont accolées sans se confondre. Dans le troisième,
« elles sont pénétrées et réunies. Le col utérin qui était
« double dans le temps précédent, est maintenant unique;
« mais avec la réunion du col en avant, coïncide en arrière
« l'isolement du reste de chaque intestin que nous pourrions
« nommer cornes utérines. Au quatrième temps, la pénétration
« qui a réuni les deux cols se prolonge en arrière et commence
« la formation du corps de l'organe. Ce corps unique en avant
« est encore double en arrière par la persistance du reste des
« deux intestins qui concourent à la formation de l'utérus.
« Enfin au cinquième temps, ces vestiges intestinaires, réunis
« comme le reste du corps, donnent naissance par leur asso-
« ciation, à l'unité utérine. »

« On sait que l'homogénéité primitive des deux sexes est une
« des découvertes les plus curieuses de l'embryogénie. Il n'y a
« primitivement ni mâle ni femelle; à un second temps, en
« apparence, il n'y a que des femelles; puis les organes d'ap-

« parence femelle se transforment en organes mâles. Toutes
« les femelles, à une certaine époque de leur formation, ont
« donc l'air d'être hermaphrodites, et à une certaine époque
« aussi, on prendrait tous les mâles pour des femelles sans un
« examen attentif. Ces dernières apparences se manifestent
« chez l'embryon humain sur la fin du 2e, au commen-
« cement du 3e mois, et chez le bœuf, le mouton, le chat
« et le chien, vers le premier tiers de leur formation. »
(Serres, *Organogénie.*) Le sexe féminin qui dans le fœtus se
présente le premier, ne serait donc chez l'adulte que la conséquence d'un arrêt du développement embryonnaire. Nous avons
d'ailleurs signalé plus haut les nombreuses et profondes similitudes qu'offrent les organes génitaux des deux sexes. La science
n'admet plus aujourd'hui d'hermaphrodisme complet et fait
rentrer ce phénomène assez rare d'ailleurs, chez les animaux
d'un ordre un peu élevé, dans les lois que nous venons de
développer.

Ce même arrêt ou retardement de développement provoqué
par une cause intérieure ou extérieure, quelle qu'elle soit,
produit quelquefois des monstres, des êtres remarquables par
l'atrophie plus ou moins complète d'une ou de plusieurs parties du corps, ou par l'hypertrophie de quelques autres. Tantôt
c'est le cœur ou le tube intestinal qui manquent et l'animal
meurt en naissant; d'autres fois ce sont un ou plusieurs membres; quelquefois la tête ou le cœur. En sens inverse ce sont
des animaux chez lesquels certains organes sont doublés ou
hypertrophiés, les membres, la tête, etc. Mais ces questions
sont peu importantes pour nous.

C'est ici le lieu de faire remarquer l'analogie frappante que
nous retrouvons, sous presque tous les rapports, entre l'œuf des
mammifères et celui des oiseaux, entre le développement intra-

utérin de l'embryon et le développement du germe ou de la cicatricule de l'œuf. L'identité rapprochée du jaune ou vitellus avec la composition chimique du lait des mammifères n'est pas moins digne d'attention. Le docteur Natalis Guillot a remarqué (et nous parlons ici incidemment, plutôt que pour relier ce fait au précédent), que les enfants sécrètent par les seins, pendant les dix à douze jours qui suivent la naissance, un liquide blanchâtre à peu près semblable en composition chimique et physique au lait de la mère; la quantité sécrétée de ce liquide serait d'environ 2 grammes par jour.

Il nous reste à suivre les phénomènes physiologiques qu'entraîne pour la mère l'état de gestation, et les rapports qui s'établissent entre les deux organismes, étude importante en ce que les soins de l'homme peuvent agir déjà, dans de certaines limites, sur le développement du jeune animal.

L'arrivée de l'ovule dans l'utérus en excite la turgescence; cet organe s'accroît dès lors insensiblement et en suivant une progression régulière avec le développement qu'atteignent le fœtus et ses annexes. « L'utérus s'agrandit, disent les auteurs « du *Dictionnaire de chirurgie et de médecine vétérinaire* pu- « blié sous la direction de M. Beugnot, ses parois inférieure et « supérieure s'écartent; le col conserve seul son étroitesse et « devient plus cylindrique. Cet agrandissement entraîne des « relations nouvelles; le péritoine est non-seulement distendu, « mais encore attiré, emprunté aux parties voisines; le liga- « ment sous-lombaire de la corne qui contient le fœtus, se dé- « double et acquiert de la force ; l'utérus déplace les circonvo- « lutions intestinales qui étaient situées dans le bassin et les « repousse en avant; en outre, il comprime le rectum et la « vessie, et cause ainsi souvent la constipation et les envies « fréquentes d'uriner. Des changements non moins remar-

1.   6

« quables s'opèrent dans l'organisation de la matrice : ce vis-
« cère acquiert d'abord plus d'épaisseur dans ses parois qu'il
« n'en a dans l'état habituel, et son étendue s'accroît telle-
« ment, que sa masse arrive à une énorme augmentation. Cet
« accroissement tient à une véritable nutrition ; les artères, les
« veines, les vaisseaux lymphatiques, et les nerfs y participent ;
« les artères se déploient, leurs sinuosités sont moindres ; les
« veines s'amplifient énormément ; elles forment un vaste ré-
« seau caverneux qui constitue les sinus utérins : les fibres de
« la tunique propre de l'utérus, par l'effet de cette nouvelle
« activité nutritive, prennent une structure plus évidemment
« musculaire ; le ligament sous-lombaire lui-même s'épaissit,
« devient charnu et vasculaire. Cette structure nouvelle indique
« une contractibilité fort énergique. »

Ce développement de l'utérus a pour conséquence, nous
venons de le voir, le refoulement des intestins qui repoussent
à leur tour les autres organes abdominaux, l'estomac, le foie, etc. ;
ceux-ci obéissant à la pression s'appuient sur le diaphragme et
diminuant la cavité thoracique, gênent le mouvement des poumons et rendent la respiration plus difficile. Il n'est pas jusqu'aux vaisseaux circulatoires qui comprimés dans l'abdomen,
ne présentent souvent dans cette partie et dans les membres
postérieurs des dilatations veineuses, quelquefois des varices,
dues à la gêne éprouvée dans ces parties par la circulation.

Dans le part multiple accidentel des femelles unipares, de
même que dans celui des femelles naturellement multipares,
chaque fœtus est enveloppé dans des membranes qui lui sont
propres, et chacun d'eux se rattache à un placenta particulier.
Ce dernier organe présente chez nos diverses femelles domestiques des différences qui nous expliqueront les causes par suite
desquelles la délivrance, après le part, est plus ou moins prompte,

plus ou moins facile. Le placenta, dans la vache, a ses cotylédons enveloppés par le tissu filamenteux du chorion ; dans la brebis et la chèvre, dans la jument et l'ânesse, c'est au contraire le cotylédon qui embrasse l'enveloppe fœtale dont le détachement est alors beaucoup plus facile. Dans la truie, le placenta ne forme qu'une légère expansion embrassant à peine une partie du chorion.

Quant au fœtus lui-même, sa position normale dans la matrice, varie suivant les diverses périodes de la gestation, périodes qu'on peut réduire à deux. Dès l'époque où l'ovule greffé sur le placenta utérin se développe dans les eaux de l'amnios, le fœtus occupe la position suivante : la tête, portée en arrière, appuyée sur le col de la matrice, avec les membres antérieurs allongés dans la même direction ; le reste du corps incurvé de haut en bas dans une position verticale, de telle sorte que le dos correspond aux parois abdominales de la mère, et que les membres postérieurs légèrement fléchis occupent l'une des cornes utérines. Dans les femelles multipares, un seul des fœtus habite le corps utérin et occupe la position que nous venons d'indiquer ; les autres sont logés dans les cornes, la tête tournée vers le col de la matrice, et placés à la suite l'un de l'autre. Vers la fin de la gestation, la tête se relève un peu, les jambes antérieures s'allongent vers le col de l'utérus, les membres postérieurs s'allongent en arrière et la colonne vertébrale se redressant, tend à prendre une position presque horizontale ; enfin le corps entier est mis en mesure de franchir le col utérin avec le moins de difficultés que possible.

Les obstacles que rencontre le part naturel consistent dans le passage du fœtus à travers le col de la matrice, le vagin, et surtout la cavité formée par le pubis et l'ischbium. Nous allons voir quels moyens emploie la nature pour favoriser ce dernier acte de la vie intra-utérine.

Pendant les derniers jours qui précèdent le part, les mamelles commencent à se gonfler, deviennent dures et sensibles; chez la jument, vingt-quatre heures avant la parturition, on voit presque toujours apparaître une gouttelette d'un liquide jaunâtre et visqueux, suspendue aux trayons. Les lèvres de la vulve se tuméfient; elle laisse échapper des mucosités glaireuses. Le ventre s'abaisse, les flancs se creusent, la colonne vertébrale s'affaisse légèrement, les pointes des ischiums s'écartent un peu; les iliums s'éloignent également, au point par lequel ils se réunissent au rachis. Un peu plus tard, la mère, inquiète des douleurs intérieures qu'elle endure, se couche, se relève, trépigne, cesse de manger. Bientôt enfin, apparaît par la fente vulvaire une vessie remplie de liquide, appelée vulgairement la poche des eaux; c'est une partie de la masse formée par les enveloppes fœtales contenant du liquide amniotique. Les efforts, les contractions, les mouvements de la mère amènent la rupture de cette poche dont le contenu lubrifie les parois vaginales et vulvaires. Ainsi, la cavité sous-pubienne s'est élargie en tous sens, le col de l'utérus a été dilaté et lubrifié, le passage du fœtus a été autant que possible préparé par la nature.

Il apparaît bientôt en effet, présentant la tête et les membres antérieurs; ces parties forment une espèce de cône, ou si l'on veut, de coin, qui prépare la dilatation du passage pour des parties plus volumineuses encore, l'abdomen et les membres postérieurs, les épaules et la poitrine surtout. Cette expulsion successive est le résultat des contractions musculaires et simultanées de la matrice et des muscles abdominaux, d'une sorte de tension de tout l'organisme. Au moment de sa naissance, le fœtus tient encore à sa mère par le cordon ombilical qui se rompt quelquefois pendant l'acte même du part, surtout chez la jument, mais que la mère et à son défaut l'homme, tranchent à quelque distance de l'ombilic du jeune animal. Celui-ci, dès le moment où il a franchi la vulve, vit de sa vie propre ; les poumons ont commencé à respirer, la circulation s'est établie indépendante aussi bien que le système nerveux. La nutrition s'établira dès que ses forces lui permettront d'aller trouver le pis de sa mère. Le premier lait, ou colostrum, que sécrètent les mamelles, est, nous l'avons vu, assez énergiquement purgatif et a pour destination de faire évacuer le méconium, ou matières fécales contenues dans les intestins du nouveau-né.

Le part n'est toujours ni aussi prompt, ni aussi facile que nous venons de le décrire ; souvent il rencontre de dangereux obstacles dus, soit à la conformation ou à l'état de la mère, soit à la position et à la conformation du fœtus. D'autres fois, il se produit avant le terme de la gestation normale et il est alors plus dangereux par les suites. Cette durée de la gestation présente dans les diverses espèces domestiques une assez grande latitude, ainsi qu'on en pourra juger par les chiffres suivants :

	Minimum de jours.	Maximum de jours.	Moyenne de jours.
Jument.	322	419	353
Anesse.	325	402	341
Vache.	214	313	285
Brebis.	146	161	154
Truie.	109	123	115

Quant à l'incubation qu'on peut considérer comme une sorte de gestation extra-utérine, elle a pour termes moyens :

	Jours.	Moyenne de jours.
Poule couvant des œufs de poule.......	19 à 24	21
— — cane........	24 30	26
Dinde couvant des œufs de dinde.......	24 30	26
— — poule......	17 28	24
— — cane......	24 30	27
Cane couvant des œufs de cane........	28 32	30
Oie couvant des œufs d'oie............	27 33	30
Pigeonne couvant ses œufs.	16 . 20	18

Un préjugé répandu en Allemagne et que M. Villeroy a confirmé par deux faits empruntés à sa pratique est aujourd'hui généralement reconnu: à savoir que quand une femelle multipare donne naissance à deux animaux de sexe différent, la femelle qui en résultera sera stérile. Un troisième fait peut être réuni aux précédents, celui d'une génisse durham-cotentine jumelle avec un mâle, et qui resta inféconde; elle appartenait à M. Mériel, d'Angoville (Manche). Mais il n'en est pas de même quand les deux jumeaux sont femelles, témoins deux génisses jumelles de croisement durham-cotentin et appartenant à M. de Bellefonds, de Cavigny (Manche), qui d'après les renseignements donnés par M. de Sainte-Marie, produisirent plusieurs veaux. Ces faits sont nombreux dans les deux sexes.

La parturition n'est point complétement terminée par l'expulsion du fœtus; celle-ci doit être suivie de la délivrance ou sortie du délivre, encore appelé arrière-faix; on nomme ainsi les débris des enveloppes fœtales qui se détachent plus ou moins promptement du placenta utérin. Nous avons déjà dit que la délivrance était beaucoup plus prompte et plus facile dans la jument, la brebis et la truie, que dans la vache.

Lorsqu'une femelle met bas un temps notable avant le terme ordinaire de la gestation, on dit qu'elle avorte. L'avortement peut être l'effet d'une multitude de causes : les plus fréquentes sont des chocs reçus par les parois abdominales, des chutes dangereuses, des travaux excessifs, une nourriture trop parcimonieuse, etc. Dans ces cas, non-seulement le part, mais encore la délivrance sont plus longs et plus difficiles, mais encore, la santé de la mère s'en ressent presque toujours pendant longtemps. Le fœtus lui-même n'est viable qu'autant qu'il a dépassé les trois premiers quarts de la période moyenne de la gestation normale. Il est d'observation que les femelles qui ont été entretenues pendant la gestation dans un trop grand état d'embonpoint, ne mettent au monde que des animaux, maigres et chétifs en développement, mais capables, par la suite, de reprendre promptement de la vigueur. Ils semblent même hériter de leur mère l'activité plastique, de même que les bœufs du Morvan sont regardés comme d'autant plus aptes au trait, si leur mère a travaillé pendant la gestation. De même aussi, et c'est là une cause toute physiologique, les jeunes animaux les plus vigoureux sont accompagnés d'un placenta plus développé. En moyenne, leur poids comparé à celui de la mère est de 1 douzième pour l'agneau, 1 treizième pour le veau, et 1 dixième pour le poulain. Dans l'espèce bovine, ce rapport varie de 1 neuvième à 1 quinzième, plus élevé dans les races de laiterie et de travail, que dans celles qui présentent de l'aptitude à l'engraissement.

La zootechnie est en grande partie basée sur la science physiologique ; c'est la physiologie qui nous explique la conformation et les aptitudes du bétail, qui nous indique les principes de la nutrition suivant le but à obtenir, qui nous commente enfin divers phénomènes dont la pratique peut tirer des partis avantageux.

Pour bien faire comprendre la nécessité préalable de cette étude, nous nous bornerons aux quelques faits suivants :

1° Une respiration complète et puissante a pour conséquence les forces assimilatrices de l'organisme. Dans certaines races, l'ampleur thoracique est l'indice de la puissance respiratoire (exemple la race de Durham) ; dans d'autres la multiplicité des cellules pulmonaires et l'activité fonctionnelle des organes suppléent à son moindre développement extérieur (exemple : les races bretonne, bressane, etc.). Il est probable que malgré l'étroitesse relative de sa poitrine, la vache laitière respire presque autant que le bœuf d'engrais.

2° Une peau fine et souple, ou même épaisse (durham) et souple, correspond à la finesse de la muqueuse pulmonaire, de sorte que même dans les races laitières, la respiration n'est pas toujours aussi limitée qu'elle le paraît.

3° Les animaux à poitrine étroite engraissent mieux en hiver que pendant l'été, parce que dans la première saison, l'acte de la respiration brûle plus de principes gras; aussi, le beurre des femelles est-il alors moins abondant.

4° Les animaux à poitrine haute et large pèchent généralement par la conformation du train postérieur. Les races laitières, au contraire, offrent cette dernière région plus développée, proportionnellement, que le thorax. L'activité des organes de lactation déplace l'équilibre du développement, lequel n'a à dépenser qu'un budget fixe.

5° L'activité respiratoire s'accroît avec la gestation; il n'est donc pas surprenant que cet état, pendant sa première période fasse momentanément décroître ou même disparaître les symptômes de la pousse.

6° Les animaux jusque-là livrés au travail et médiocrement nourris, qu'on engraisse subitement, perdent leurs poils au moment où ils commencent décidément à prendre de la chair, parce que l'assimilation et la sécrétion sont antagonistes.

7° Moins on stimule les sécrétions, plus on favorise l'assimilation. Les animaux qu'on vient de tondre engraissent plus facilement, et peut-être ne faudrait-il étriller ni carder les bêtes à l'engrais.

8° La stabulation permanente fait épaissir la peau tout en la laissant souple ; la lactation l'amincit ; quand la lactation a cessé, la peau reprend son état antérieur. Cela tient à ce que les mamelles viennent en aide aux fonctions éliminatrices de la peau.

9° La gestation détourne l'activité vitale du train antérieur au profit du train postérieur ; si donc on voulait obtenir des animaux à large poitrine, il ne faudrait les faire saillir que tard ; c'est le contraire pour les races laitières.

Enfin, nous aurons occasion de revenir sur toutes ces questions et beaucoup d'autres en traitant du développement des formes, de l'alimentation, de l'engraissement, de la production du lait, de la castration, etc., et nous chercherons à nous appuyer sur les notions physiologiques que, à cause de cela même, nous avons cru devoir exposer succinctement et en premier lieu.

CHAPITRE II.

CLASSIFICATION ET DESCRIPTION SOMMAIRE DES PRINCIPALES RACES D'ANIMAUX DOMESTIQUES DE L'EUROPE.

Tout le monde sait que le genre homme présente plusieurs types de conformation de la tête, races caucasique, mongolique, éthiopique ; que le type caucasique, par exemple, se divise en rameaux : araméen, scythique, indo-européen ; que ce dernier encore, se subdivise en races andalouse, germanique ; etc. En France même, on ne saurait rapporter à une même variété les types normand, provençal, alsacien, etc. Des émigrations partielles ont introduit dans des contrées étrangères des peuples qui, tantôt se sont fondus dans la race indigène, tantôt en sont restés parfaitement distincts. Parmi ces derniers, nous pourrions citer la colonie moscovite de Roscof (Finistère); celle saxonne de Batz (Loire-Inférieure); celle moresque de Cuisery (Ain). C'est ainsi encore que la révocation de l'édit de Nantes conduisit en Prusse, en Allemagne (Dornhausen-Hesse-Hombourg), en Hollande et jusqu'au cap de Bonne-Espérance, des colonies françaises dont le sang vint à coup sûr modifier les races indigènes.

Bien plus, l'influence de l'éducation morale, du repos ou du travail, du luxe ou de la misère, d'une alimentation recherchée ou grossière peut produire, sur l'homme, d'immenses modifications. A Dieu ne plaise qu'on nous prête ce blasphème, qu'il existe, de nos jours, deux races humaines, les pauvres et les riches; mais tout le monde avoue que le genre de la beauté dans l'aristocratie du luxe est tout différent de celui des habitants de nos campagnes. Hé bien! voyez ces vierges folles qu'un goût inné pousse au luxe, à l'indolence et à la débauche, ces filles qui quittent sans regrets la chaumière de leurs parents pour les hôtels de nos villes ou les grands théâtres de nos cités, et admirez quel extraordinaire changement physique a subi leur beauté : délicatesse des traits, distinction des attaches et des membres, souplesse et grâce des mouvements!

Dans les animaux (qu'on nous pardonne ce triste et brusque rapprochement!) les causes modifiantes de la conformation sont bien plus nombreuses encore, et nous leur devons, par exemple, les races équestres sorties du type primitif de l'Orient; les races bovines dues à un type sauvage que nous possédons encore, le porc domestique issu, sans aucun doute, du sanglier de nos forêts; le mouton, descendu du mouflon, suivant les naturalistes; le coq domestique qui a pour ancêtre le coq de Bankiva, etc., etc. Aussi, croyons-nous que l'homme peut, pour ainsi dire à volonté, aidé pourtant des climats et du temps, reproduire toutes les variations de races, en plaçant, pendant un nombre suffisant de générations, et dans des circonstances données, des individus appartenant à un type quelconque.

Étudions donc ce que c'est que la race, et quelles circonstances la peuvent produire. On pourrait définir l'*espèce* une collection d'individus présentant une similitude de structure anatomique, et la *race*, une collection d'individus d'une même espèce, et qui, outre les caractères généraux de l'espèce, présentent encore des caractères distincts qui leur sont propres. La *sous-race* serait une variation plus ou moins fixe de ces caractères distinctifs, obtenue naturellement ou artificiellement, et cantonnée dans une certaine tribu de la race.

Quatre circonstances peuvent, isolées ou réunies, déterminer la production de certains caractères différents, dans les animaux appartenant à une certaine espèce, à une race, à une sous-race, qui ont jusqu'ici vécu dans des circonstances données. Ce sont : le climat, la nature physique et chimique du sol, sa richesse, et enfin, les soins de l'homme.

Le *climat* influe sur le tempérament, le pelage, les aptitudes. Les races du Nord ont le tempérament lymphatique, le pelage tendant, en général, à se rapprocher du blanc, le système musculaire saillant ; les races du Midi ont un pelage qui tend plutôt à se rapprocher du noir, le tempérament sanguin, l'aptitude au travail ; celles des climats tempérés ont toutes les robes intermédiaires, le tempérament nerveux, nervoso-lymphatique ou sanguin-nerveux, une plus grande aptitude que celles du Midi au lait et à la graisse. Tout ceci, en général ; car les races chevalines de l'Afrique et de la Perse portent surtout les robes blanches, et la race bovine de la Hollande est pie noire.

Quant à la *nature physique et chimique du sol*, il est impossible de ne pas remarquer les nombreuses similitudes de formes et d'aptitudes qui réunissent entre elles les races vivant sur des sols de nature identique : les races de Salers et limousine des terrains agalysiens; celles garonnaise et ho llanaise des terrains modernes; les mancelles et devons des terrains hémilisiens. Il est de notion élémentaire aussi, que les races de montagnes, de vallées et de plaines possèdent certains caractères généraux de conformation qui concordent avec les aptitudes et leur sont communs : les races auvergnate, morvandelle et tourrache, par exemple; celles charollaise et agenoise de Lourdes; celles cotentine, garonnaise et fémeline.

La taille du bétail et sa faculté d'engraisser ou bien son aptitude à donner du lait s'augmentent en raison directe de la *richesse du sol :* l'aptitude à la graisse quand les fourrages sont, à la fois, sapides et abondants; l'aptitude au lait, quand ils sont abondants et aqueux. Et cette cause peut être en partie réunie à la nature physique et chimique du sol. Dans les montagnes calcaires, races petites à os denses et fins, aptes au travail et à la production du beurre. Sur les collines granitiques, taille moyenne, squelette moyennement délié, aptitude au trait. Dans les plaines schisteuses ou de formation moyenne, haute stature, disposition à la graisse. Dans celles argileuses, haute taille encore, et aptitude au lait. Sol riche : grand bétail de graisse ou de trait pesant. Sol pauvre : bétail chétif de travail ou de lait, rustique à un travail de vitesse soutenue.

Il n'y a pas longtemps qu'on admet cette influence du sol sur les races et les individus. M. de Turbilly, l'auteur des premières études que nous possédions sur les défrichements, écrivait en 1761 ; parlant de la nécessité d'améliorer les races françaises, il dit et c'est peut-être la seule erreur que renferme son excellent mémoire : « Les bêtes aumailles (bœufs), dans quelques « endroits, sont grandes, tandis qu'ailleurs, elles sont petites. « Pourquoi cela? Le degré de bonté des herbages ne peut pro- « duire une différence aussi considérable; elle vient de ce que

« l'espèce est bonne dans des cantons, tandis que dans d'autres,
« elle ne vaut rien. »

Les *soins de l'homme* tendent, tantôt à soustraire plus ou
moins complétement l'animal ou la race aux influences précédentes, tantôt à modifier les circonstances elles-mêmes, à ré-
gler la reproduction par la sélection dans la race, à modifier
ses aptitudes et sa conformation par le régime ou le croisement. Backwell, Colling, un grand nombre d'éleveurs anglais
et français, ont montré, sous ce rapport, la puissance de
l'homme. Mais toute race abandonnée par lui revient bientôt à
des caractères fixes qu'il pourra de nouveau faire varier suivant
son gré et presque à l'infini. Les races de Durham, Devon, Hereford, Dishley, Hampshire, pur sang de course, bouledogues,
poules pattues, etc., sont autant d'exemples de la profondeur à
laquelle l'homme peut modeler les productions de la nature.
L'un des plus puissants moyens qu'il ait, dans ce but à sa disposition, c'est le régime.

On sait depuis longtemps déjà, que le simple changement
de nourriture suffit pour faire à volonté des abeilles neutres ou
des reines, et à ce point qu'une faible portion de cette autre
nourriture, sous forme de gelée tombant par mégarde dans une
cellule, suffit pour communiquer à la larve qui l'habite une
certaine fécondité, tandis que les larves soumises à la nourriture commune ne produisent que des neutres stériles. Tousse-
nel, un habile chasseur, assure que l'alimentation au chènevis
produit des cailles blanches. On a été plus loin, et un agriculteur de la Sologne, M. Berthereau de la Giraudière s'avance
jusqu'à ceci : « Si l'on plaçait dans une même écurie ou dans
« des écuries différentes, six jeunes chevaux du même âge, de
« deux ans, par exemple, ayant à peu près les mêmes formes
« et la même tournure, mais qu'on nourrirait de substances

« différentes, il sera facile au premier coup d'œil et dans peu
« de temps, de s'apercevoir des effets de cette différence. Ce-
« lui qui serait nourri avec du froment, prendrait des formes
« allongées, perdrait la grosseur de son ventre, offrirait une
« encolure arrondie en col de cygne et une croupe suffisam-
« ment grasse, et serait très-brillant dans ses allures. Celui qu'on
« nourrirait de seigle, aurait quelques-unes des qualités de ce-
« lui dont nous venons de parler, mais l'encolure serait moins
« arrondie, le ventre plus gros, et la croupe plus épaisse, et je
« ne crois pas qu'il deviendrait aussi grand. » (*Petit traité élémentaire d'agric.*, Orléans, 1841, p. 165.) Nous avons peine à
croire que la pratique vînt appuyer ces faits. Mais nous pensons cependant que l'alimentation au pâturage développe le
fanon, rend l'encolure et la tête lourdes; le ventre s'abaisse et
le garrot saille; le régime à l'étable produit des effets tout contraires; le sternum descend et remplit le fanon, l'encolure se
raccourcit; la tête devient courte et large, moins fine au mufle;
le ventre est soutenu, le garrot s'élargit. Le pâturage des montagnes élevées, maigre, sec, mais nourrissant, produit la tête
courte, large; les reins courts, concaves; le bassin étroit; la
queue attachée haut; les membres médiocrement fins. Les fourrages secs peu nutritifs, paille, trèfle, balles, etc., ne développent pas la poitrine; le système osseux prédomine alors; le
ventre tombe, le bassin reste étroit, et le train postérieur est
sensiblement encore plus développé que l'antérieur. Dans l'espèce chevaline, on admettra avec nous que le pâturage peut
déterminer l'encolure de cygne, et le râtelier, celle de cerf;
l'un les pieds larges et gras, l'autre les sabots maigres et res-
serrés; que le pâturage donne les reins et le dos droits, que le
râtelier les dispose à l'ensellement, etc.

Pour qui connaît la puissante influence de toutes ces causes, qu'y a-t-il de surprenant à ce que toutes nos races domestiques soient sorties d'un type unique, à des époques aujourd'hui ignorées, parce que l'histoire, au milieu du récit des invasions et des querelles des peuples, a négligé de suivre les mouvements à leur suite, des animaux leurs esclaves ou leurs auxiliaires? C'est pour le cheval surtout, compagnon ordinaire des expéditions lointaines, qu'il serait difficile de suivre la filiation des races, au milieu des obscurités historiques. Néanmoins il nous a semblé intéressant de dresser une sorte d'inventaire de nos richesses animales tout en recherchant leurs origines, autant qu'il nous sera possible.

A. Races chevalines.

Tout le monde s'accorde à regarder le cheval comme originaire de l'Asie occidentale, berceau de l'homme aussi, dont il fut sans doute l'une des premières conquêtes. L'Afrique cependant, est le premier pays où l'histoire nous révèle son existence, et c'est des Égyptiens que les Hébreux le reçurent (1019 av. J. C.). Il est probable que les Hicksos, pasteurs arabes, dans leur invasion (2082-1822), en avaient doté l'Égypte. Des Hébreux, il passa sans doute chez les Phéniciens, et de ceux-ci chez les Grecs, pour de là, se répandre dans toute l'Europe. Ces anciens chevaux égyptiens « étaient, dit le *Nácéri*, d'une « taille élevée; ils avaient le cou effilé, l'encolure rouée, les « paturons hauts, les jambes longues et minces, les pieds pe- « tits, la queue longue et bien fournie, la robe blanche. » (Perron, *le Nacéri*, t. Ier, p. 129.) Ce signalement est encore à bien peu de chose près celui de la race arabe de nos jours.

A mesure que l'empire de l'ambitieuse cité romaine s'éten-

I.   7

dait, elle nous fournit la preuve que le cheval était généralement répandu partout en Europe ; partout les légions ont à combattre une cavalerie plus ou moins nombreuse, plus ou moins exercée. Quand César tenta la conquête de la Gaule, il trouva devant lui la cavalerie des Éduens et celle des Trévères ; en Angleterre, celle des Bretons ; en Germanie, celle des Suèves. Mais les chevaux de la Gaule avaient reçu déjà, par croisement, du sang italien : en 171 av. J. C., les ambassadeurs d'un des principaux chefs gaulois, Cincibilis, avaient reçu du sénat deux chevaux, avec la faculté d'en acheter dix autres et de les emmener dans leur pays. Deux ans plus tard (169 av. J. C.) les envoyés de Balanos, un autre chef, reçurent aussi, du sénat, chacun un cheval. Ces animaux, d'après les figures qui nous en sont parvenues, sur les bas-reliefs, étaient comme ceux des Grecs, musclés, trapus et de taille très-moyenne.

Du v° au vii° siècle, les invasions des barbares à travers toute l'Europe durent singulièrement multiplier et mélanger les races chevalines ; puis en 711, surviennent les Maures Arabes qui conquièrent l'Espagne et tentent de conquérir la France ; ils s'emparent en effet de la Provence, de Bordeaux, de Poitiers, et s'avancent jusqu'à Tours. Leur nombreuse cavalerie versa sans doute dans les veines de nos races et de celles de l'Espagne, une première dose de sang arabe ; les croisades (1096-1270) renouvelèrent encore ce sang dont les traces sont visibles dans nos races limousine, bretonne, du Morbihan et navarrine. En Espagne, il en résulta la race andalouse qui à son tour (1588) forma en Angleterre la belle race du Couhamara, par suite du naufrage de la fameuse *Armada*. Du reste, nous aurons occasion, en parlant de chaque race, d'indiquer, chaque fois que nous le pourrons, son origine présumée. Mais la plupart de ces filiations sont trop obscures pour que nous

puissions tenter une classification générale des races chevalines
à ce point de vue ; nous devons nous borner à les diviser suivant leur taille et leur aptitude en cinq catégories de services :
1° chevaux de selle, de luxe, de manége et de course ; 2° chevaux de trait léger, de luxe ou de cavalerie légère ; 3° chevaux
de poste, de trait moyen, de train, d'artillerie ou de cavalerie
légère ; 4° carrossiers ou de grosse cavalerie ; 5° chevaux de
gros trait ou de roulage.

1. CHEVAUX DE SELLE, DE LUXE, DE MANÉGE ET DE COURSE.

1° *Race arabe.* — On reconnaît généralement dans la race
arabe quatre variétés basées sur la pureté d'origine. Ce sont
les koheils ou kocklanis issus des cinq juments du prophète,
et parmi lesquels on distingue encore les nedjds, ceux dont
l'origine est le plus authentiquement pure ; les kadischs,
moins purs, sans généalogie authentique, mais encore estimés ; les kuèdies ou berzauns, cheval sans race, issu de
l'étalon kocklan avec des juments hattichs ; le hattich enfin,
cheval de trait ou de selle commun, souvent employé à la production des mulets. La robe du cheval arabe pur est ou noir
zain ou noir bleuâtre ; ceux de robe blanche argentée sont
fort estimés ; le pelage bai et le châtain sont communs et
considérés comme de bonnes robes. Les chevaux blanc sale
sont mieux estimés comme coursiers. La taille varie de 1^m.40
à 1^m.45 ; la tête est carrée, les yeux sont grands et les oreilles
longues ; l'encolure de cerf ; le garrot bien sorti ; le dos droit ;
la queue attachée haut ; les membres assez longs, nerveux,
bien musclés à l'avant-bras et à la cuisse. La vitesse n'est pas

aussi grande que celle du cheval anglais, mais cet animal supporte incomparablement mieux les privations, les fatigues et les courses ; en un mot, il a plus de fond.

2° *Race barbe.* — « Ce n'est pas proprement un cheval « arabe, disent Youatt et Cécil, mais une race très-voisine. On « suppose qu'il descend d'un croisement du cheval algérien, « c'est-à-dire d'une race de l'Europe méridionale avec la race « arabe. » (*The horse, history, management and treatement,* London, 1858, p. 9.) Le général Lamoricière fait remonter ce croisement au vii° siècle ap. J. C., époque de la première invasion de l'Afrique par les Arabes. Les Romains déjà avaient appris à tenir en grande estime la cavalerie numide ; en **169** av. J. C., dans la guerre contre Persée, le consul Q. Martius écrivait au sénat de lui envoyer en Macédoine deux cents chevaux, numides surtout, parce qu'il lui était absolument impossible de s'en procurer dans ce pays. (*Tite-Live*, XLIV-XV). Le cheval barbe est souvent plus grand que le cheval arabe, avec la tête fine et une crinière soyeuse ; ses hanches sont plus arrondies ; son garrot plus saillant encore et placé très-près du rein ; la poitrine est plus ample et plus large ; la croupe plus horizontale ; les membres d'une beauté extraordinaire quoiqu'un peu longs des paturons. Taille de $1^m.40$ à $1^m.47$. La robe la plus commune est le blanc ou le gris pommelé. Ces chevaux sont doués d'une vitesse remarquable, très-sobres et infatigables.

3° *Race turcomane.* — Parmi les nombreuses races de chevaux que possède l'Asie, ceux des Turcomans paraissent pour les qualités, occuper le premier rang après les arabes. Ces chevaux sont plus grands que ceux arabes dont pourtant ils descendent. On leur reproche d'avoir la tête trop longue, les jambes hautes, la côte non suffisamment arrondie. Ils doivent leur taille élevée à la bonté des pâturages. (Villeroy, *Manuel de l'éleveur de chevaux*, t. I, p. 191.) Ils ont souvent jusqu'à 1^m.63 au garrot.

4° *Race persane*. — Plus grand que l'arabe (1^m.44 à 1^m.50) le cheval persan lui est inférieur en qualités. Il a les formes plus arrondies, la tête plus courte, les oreilles mieux plantées, l'encolure plus fine, la queue attachée moins haut, les membres plus déliés avec le canon plus mince; le sabot aussi petit. En somme, il est plus gracieux que l'arabe, mais il n'a ni sa vitesse, ni sa vigueur, ni son fond. Au IVe siècle av. J. C., du temps d'Alexandre, la cavalerie persane était la plus estimée parmi celles de l'Orient.

5° *Race turque*. — « Il est principalement descendu de « l'Arabie, de la Barbarie et de la Perse. Son corps est long « et sa croupe élevée; son front est étroit et sa tête carrée « comme celle de l'arabe; il a beaucoup de feu et d'intelli-« gence, est extrêmement vite et admirablement conformé « pour les opérations de la cavalerie turque. » (Youatt et Cécil, *ut supra*, p. 11.) Le cheval turc est plus grand que l'arabe (1^m.45 à 1^m.60); il a l'encolure plus grêle et le corps plus long, la crinière et la queue plus fournies, la croupe et les hanches plus arrondies et moins saillantes. Il est assez vite, a assez de fond et est très-rustique.

6° *Race andalouse*. — « De toute les contrées de l'Europe, « l'Espagne est celle où le cheval a été le plus mélangé avec « le sang africain. Au commencement du VIIIe siècle, les Maures « et les Arabes de l'Afrique septentrionale envahirent le pays « et y maintinrent longtemps leur domination. Pendant cette « longue période, de près de huit cents ans, les chevaux « d'Afrique furent introduits en grand nombre et contribuè-« rent puissamment à modifier les caractères des races indi-

« gènes. Ce mélange de sang eut principalement lieu dans l'An-
« dalousie, la Grenade et les autres royaumes du Sud, où se
« forma la haquenée dite genet d'Espagne, que l'on trouve
« encore avec ses caractères primitifs. Ces élégants petits che-
« vaux étaient fort estimés dans toute l'Europe. Ils sont plus
« courageux que les barbes, et ils ont beaucoup de leur grâce
« et de leur souplesse de mouvements. Ils sont jolis, pétulants
« et capables de faire de longs et rapides voyages. » (David Low,
*Histoire naturelle agricole des animaux domestiques.— Histori-
que*, p. 33.) La race andalouse fournissait des animaux de parade
et de manége, mais elle a presque complétement disparu depuis le commencement de ce siècle. La taille moyenne était de
1^m.45 à 1^m.50. La tête était un peu forte, longue et légèrement busquée; elle avait l'encolure du cygne, la poitrine large,
les reins doubles, les membres légers et assez courts, les pieds
étroits et les talons hauts.

7° *Race anglaise de pur sang.* — Cette race que nous appelons improprement de pur sang, et que les Anglais appellent
bien élevée, *thoroughbred*, est bien loin d'être formée d'éléments homogènes. Ainsi, au commencement de l'ère chré-
tienne, la race des Celtes indigènes reçut à coup sûr, pendant
la conquête romaine, du sang italien. Au Xe siècle, sous le
règne d'Athelstan (924-940) on introduisit plusieurs étalons
espagnols; au XIe, Guillaume le Conquérant (1066-1087) importa plusieurs étalons choisis parmi les plus fins de la Normandie, des Flandres et de l'Espagne. Au XIIe siècle, sous
Henri Ier, apparaît pour la première fois le cheval barbe (1100-
1135). Le roi d'Écosse Alexandre Ier (1107-1124) offrit à
l'église de Saint-André un étalon barbe qui avait été amené
dans ses États par des marchands juifs du Maroc. Les croisades
n'ont laissé aucune trace historique d'importation de chevaux

de l'Orient en Angleterre ; elle est cependant fort présumable.
Au XIVᵉ siècle, Édouard III (1327-1377) importa de nouveau un
grand nombre de chevaux espagnols ; dès cette époque les
chevaux anglais jouirent d'une grande valeur dans les autres
pays. Au XVIᵉ siècle, ce sont des étalons de Turquie, de Naples
et d'Espagne, que Henri VIII (1509-1547) fait acheter pour
l'amélioration des haras royaux. Ce n'est qu'au XVIIᵉ siècle que
fut introduit le premier cheval arabe authentiquement pur,
Markam, acheté par Jacques Iᵉʳ (1603-1625). Cromwell, Charles II, renouvelèrent encore les importations de chevaux turcs,
arabes et barbes. Ainsi ce que nous appelons la race pur sang,
n'est qu'une race obtenue par métissage, au moyen des sangs
divers de la Turquie, de Naples, d'Espagne, d'Arabie et de
Barbarie. Mais remarquons que par *thoroughbred*, les An -
glais n'entendent rien autre chose « qu'un cheval dont la
« généalogie peut être suivie pendant plusieurs générations,
« et dont les ascendants se sont signalés sur le turf, ou ont
« établi leur réputation en produisant des chevaux supé-
« rieurs. » (Youatt et Cécil, *ut supra*, p. 22.) Malgré tous les
soins possibles, ce n'est point encore, à proprement parler,
une race établie ; on l'accuse de dégénérescence ; ses défenseurs eux-mêmes, tout en niant qu'elle ait perdu de ses qualités, demandent qu'on verse de nouveau du sang oriental dans
la race, mais cette fois par les juments et non plus par les
mâles.

Depuis 1769, on a commencé en Angleterre, le *Stud-Book*,
livre où sont soigneusement enregistrées les généalogies des
chevaux de pur sang. Le cheval anglais est de taille plus élevée
que l'arabe (1ᵐ.50 à 1ᵐ.62). Il a le corps élancé, les membres
longs, la poitrine haute mais étroite, l'épaule oblique, le dos
et les reins longs, ainsi que la croupe ; les bras et les cuisses

sont musclés ; la tête un peu forte, l'encolure longue et un peu grêle. Les jambes sont sèches et nerveuses, les paturons longs et obliques et le sabot bien conformé. La robe la plus commune est le bai, mais il y en a beaucoup de noirs et d'alezans. Un célèbre cheval de cette race parcourut en **6 minutes 40 secondes**, portant un poids de **58 kilog.** une distance de **5,717 mètres**, ou **24^m,60** par seconde.

8° *Race du Couhamara.* — « La tradition rapporte que lors « du naufrage de quelques-uns des vaisseaux de la flotte espa- « gnole, *l'Armada,* sur la côte de l'Irlande, en **1588,** plusieurs « chevaux et juments gagnèrent le rivage, et se reproduisirent « dans le pays sauvage où ils avaient été ainsi transportés. « Mais il n'est pas besoin de cette tradition pour prouver leur « origine ; ils portent évidemment le type de la race espagnole. « Ils ont de **10** à **14** palmes de haut (**1 mètre** à **1^m.40**), sont « généralement de la couleur brune des chevaux andalous, et « ont les membres délicats et la forme de tête qui caractérise « la race espagnole. » (David Low, *ut supra,* p. 89.) Le district de Couhamara est situé dans le comté de Galloway.

9° *Race navarrine.* — Cette race française, aujourd'hui à peu près complétement éteinte, se rapprochait beaucoup de celle andalouse dont elle était évidemment descendue. Son origine remonte donc à la domination des Maures Arabes dans le sud de la France, au VIIIe siècle. David Low pencherait à faire remonter l'infusion du sang arabe au VIIIe siècle (**732**) à l'époque de la défaite des Sarrasins dans les plaines de Poitiers par Charles Martel (*Hist. nat. agric. des anim. domest. Cheval : historique,* p. 34). Les chevaux de cette race avaient la tête légèrement busquée, un peu longue ; l'encolure droite ; le garrot bas ; la croupe tranchante ; le dos un peu ensellé, et les jarrets un peu trop coudés. La race actuelle des environs de Tarbes, qui fournit à la cavalerie légère, a le corps et les membres plus allongés que l'ancienne ; elle a plus de vitesse, mais moins de grâce dans les allures.

2. CHEVAUX DE TRAIT LÉGER, DE SELLE OU DE CAVALERIE LÉGÈRE.

10° L'ancienne *race limousine*, qui fournissait des animaux d'une grande réputation pour le manége et la cavalerie légère, est à peu près complétement éteinte aujourd'hui. Elle était de taille plutôt petite que moyenne (1^m.38 à 1^m.42) ; elle avait la tête fine quoiqu'un peu longue, et légèrement busquée, l'encolure grêle, rouée, avec le coup de hache, la poitrine plus haute que large, les hanches arrondies, le corps un peu long, les membres fins, nets et assez près de terre ; elle avait plus de sûreté et de grâce dans les allures que de vitesse ; mais elle ne manquait pas de fond. On fait remonter son origine aux croisades (XIIe et XIIIe siècles). La race actuelle a pris plus de taille (1^m.45 à 1^m.50), les membres se sont allongés, le garrot est devenu plus saillant, les membres plus longs ; les hanches sont plus saillantes ; on a gagné en vitesse d'allures, mais perdu en harmonie des formes. La robe de l'ancienne race était le plus souvent noire ; celle de la race actuelle est baie ou alezane.

11° La *race auvergnate*, qui offre la même origine que la précédente, est cependant beaucoup moins pure ; sa taille est de 1^m.50 en moyenne. La tête est assez longue et un peu épaisse, le poitrail est resserré, le garrot bas, le dos et les reins droits avec la croupe de mulet ; les membres sont fins avec les jarrets souvent clos. Les allures de cette race sont très-sûres, douces et assez vites ; elle est intelligente, vigoureuse et sobre. Peut-être provient-elle de croisements de la race limousine avec une race indigène. Elle ne fournit guère qu'à la cavalerie légère.

12° La *race camargue* remonte probablement au VIII° siècle et à la domination des Maures ou Sarrasins sur les rivages de la Méditerranée française. On reconnaît encore, dans cette race qui vit à l'état demi-sauvage, tous les caractères d'une race orientale, bien peu modifiée par le régime auquel elle est depuis si longtemps soumise. Sa taille est de 1^m.48 à 1^m.52; sa robe est le blanc de diverses nuances et quelquefois le gris-fer; la plus commune est le blanc truité, robe assez commune dans la race arabe pure. La tête est carrée, sèche, avec l'œil saillant et grand; l'encolure est droite ou quelquefois rouée; le garrot saillant et la poitrine étroite; les hanches proéminentes; les membres longs, secs et nerveux. Cette race vivant en liberté est sobre et rustique, mais difficile à dompter; elle n'est pas douée d'une grande vitesse, mais possède un grand fond. Elle n'est soumise à aucun autre travail qu'au dépiquage des grains, en été, au trot, sur une aire découverte. Nous croyons que c'est à tort que David Low donne pour ancêtres à cette race, la race barbe, dont ses caractères la rapprochent beaucoup moins que de la race arabe.

13° La *race ardennaise* est encore une race française possédant du sang oriental, probablement tartare, due au passage des Huns qui envahirent la France septentrionale vers la moitié du V° siècle ap. J. C. « Les chevaux ardennais, dit Villeroy, « ont la tête carrée, de beaux yeux, les jambes sèches, quoique « les boulets soient garnis de longs poils, et de bons pieds. Ils « ont de la vivacité, ils sont pleins de nerf et de cœur, bons « travailleurs, faciles à nourrir, robustes, infatigables. » L'Ardenne élève et exporte une grande quantité de chevaux (*Manuel de l'éleveur de chevaux*, t. I, p. 207). Taille de 1^m.40 à 1^m.45.

Les croisements percherons et anglais l'ont désavantageusement
modifiée dans ces dernières années.

14° La *race lorraine*, paraît provenir de la même source
que la précédente, mais elle reçut en outre, vers le milieu du
XVIII° siècle, une nouvelle infusion de sang arabe par les étalons polonais amenés par le roi Stanislas. « Ils sont petits, laids,
« mais durs, infatigables et vivant de presque rien. » (Villeroy,
ut supra, p. 205.)

15° La *race bretonne* du Morbihan possède certainement
aussi du sang oriental, qui remonte soit aux croisades, soit
aux étalons tartares, turcs et barbes achetés et introduits par
les anciens États de Bretagne dans le dernier siècle (Éléouet).
Cette petite race (1^m.35 à 1^m.40) a la tête carrée et un peu forte,
mais sèche avec les yeux grands et proéminents ; l'encolure
droite et mince ; les épaules droites et maigres, le garrot assez
sorti ; le dos et les reins souvent ensellés, la croupe avalée ; les
membres fins et secs avec les genoux larges, les jarrets droits et
souvent clos. La robe est baie, noire, ou péchard, avec le poil
long et fourni. Elle jouit d'un grand fond et d'allures douces
et solides. Quatre autres races françaises présentent avec elle
de grandes similitudes, quoique possédant ces qualités à un
degré un peu inférieur ; ce sont celles des Landes, de la Gascogne, du Morvan, de la Sologne et de la Hague (Normandie).

16° La *race tartare* est une des races orientales pures, mais
variant en taille et en qualités suivant les contrées qu'elle habite,
dans la Tartarie et la Russie d'Asie. Elle forme en grande partie
la cavalerie irrégulière de la Russie et se distingue par sa vitesse
et sa rusticité, bien plus que par la beauté de ses formes. Sa taille
moyenne est de 1^m.45 à 1^m.50. Sa tête est forte et carrée, son
encolure longue et droite, son ventre levretté, sa croupe avalée,
son dos tranchant, ses hanches saillantes, sa queue attachée bas.

Sa robe est baie ou noire avec le poil long, fourni et grossier. Elle est infatigable, d'une rusticité et d'un fond extraordinaires. La race cosaque qui en est issue a un peu plus de taille, avec les mêmes qualités.

17° La *race suédoise* est de petite taille (1^m.30 environ). « Elle « ressemble presque aux galloways d'Écosse; de conformation « robuste, élégante, distinguée; intrépides et de petite taille, « parfaitement harmonieux dans leurs proportions, ils sont « plus propres à la course qu'au trait. Leur robe est grise ou « châtain foncé, le plus souvent accompagnée de belles pom- « melures. Les bruns ont toujours une crinière noire ainsi « que la queue, et une raie noire sur le dos. Outre celui-ci, il « y a encore le cheval de traîneau, de plus forte taille et de « conformation plus légère; la vitesse avec laquelle ils trottent « est remarquable; ils parcourent souvent en une heure un « trajet de 8 milles (10,500 mètres). Les plus vites de ces « trotteurs se vendent souvent 2,600 francs chaque. » (Youatt et Cécil, *ut supra*, p. 13.)

18° La *race du Galloway* est le poney anglais par excellence. Sa taille est de 1^m.40 environ; son poil est bai clair ou brun; la tête et l'encolure fines, les membres déliés et secs; ses qualités sont la vitesse, la vigueur et la sûreté des allures; l'un d'eux accomplit en 1,000 heures, l'étonnant trajet de 1,360 kilomètres. Cette précieuse race est presque complétement disparue aujourd'hui. Il existe en Angleterre plusieurs autres races de poneys, celles du Wales, du New-Forest, d'Exmor et de Dartmor, des Highlands et des Shetlands, mais généralement plus petits, plus lourds, moins bien conformés, moins vites et moins solides que le galloway.

3. CARROSSIERS OU CHEVAUX DE GROSSE CAVALERIE.

19° La *race mecklenbourgeoise* a longtemps seule fourni à la France ses chevaux de carrosse, et contribué dans une forte proportion à la remonte de la grosse cavalerie. Sa taille est en moyenne de 1^m.60 à 1^m.65 ; sa robe est presque toujours bai brun, quelquefois noire ; la tête est carrée avec le chanfrein droit, les yeux grands et les oreilles longues. Les avant-bras et les jambes sont courts et grêles, les canons longs, forts et larges ; les hanches saillantes, l'encolure droite ; la croupe horizontale ; les jarrets larges et coudés ; le sabot large mais bon. Depuis quelques années on croise cette race avec l'étalon anglais.

20° La *race danoise* a joui pendant longtemps en France d'une grande réputation ; sa taille est en moyenne de 1^m.60 ; sa robe est noir pommelé ou tigré, quelquefois pie noir ; sa tête carrée est fortement busquée ; son encolure est rouée et mince ; sa croupe est droite et un peu saillante aux hanches ; ses jambes fines et assez bonnes. Sa qualité la plus remarquable était le brillant de son allure au trot. La race du Holstein, qui descend de celle-ci, en diffère par sa croupe avalée, ses membres faibles et ses mauvais pieds.

21° La *race normande*, améliorée ou plutôt détériorée au XVIe siècle par les étalons danois, est devenue très-rare aujourd'hui, ou plutôt les animaux qui la composent n'offrent aucun caractère fixe. On distinguait la race du Merlerault qui avait été améliorée par le sang oriental, et la race du Cotentin que modifia le sang danois. Toutes deux ont disparu sous le croisement anglais employé depuis le commencement de ce siècle, et qui fournit aujourd'hui nos meilleurs chevaux de carrosse et de grosse cavalerie.

22° La *race cléveland* a été obtenue par métissage, au moyen de l'étalon de race noble avec la jument du pays; mais elle est aujourd'hui à peu près uniforme et fixée, et fournit des chevaux pour les attelages de luxe et pour la cavalerie pesante. Sa robe ordinaire est le bai, quelquefois le gris, et même le blanc. Sa taille est de 1^m.55 à 1^m.60. Sa tête est fine mais un peu longue; l'encolure courte et musclée est arrondie en cou de cygne; le garrot est suffisamment élevé; le dos un peu ensellé; les reins droits, la croupe assez horizontale; l'épaule est oblique, les membres un peu communs, mais solides et bien d'aplomb. Cette race fournit quelques bons hunters (chevaux de chasse).

4. CHEVAUX DE TRAIT MOYEN, DE TRAIN, D'ARTILLERIE, DE POSTE OU DE CAVALERIE DE LIGNE.

23° La *race percheronne* est une des meilleures du monde pour le trait moyen et les diligences. « Le vrai percheron, dit « Villeroy, n'est pas cheval de gros trait, il est cheval de trait « léger. Sa tête est légèrement busquée; il a l'encolure haute, « sans être trop forte. Sa croupe, quoiqu'un peu courte et « abaissée, n'est pas sans distinction, et son ensemble rap- « pelle le cheval espagnol. Je ne doute pas qu'il y ait dans « ces chevaux du sang oriental. J'en trouve les indices d'abord « dans leur robe grise, souvent truitée, qui devient blanche « avec l'âge, dans leur peau comparativement fine, leur poil « fin, leur belle crinière soyeuse, l'expression de leur physio- « nomie et tout l'ensemble de leurs formes. Le percheron est « doux de caractère, docile, franc du collier; il a une grande

Pl. I.

T. I, p. 110.

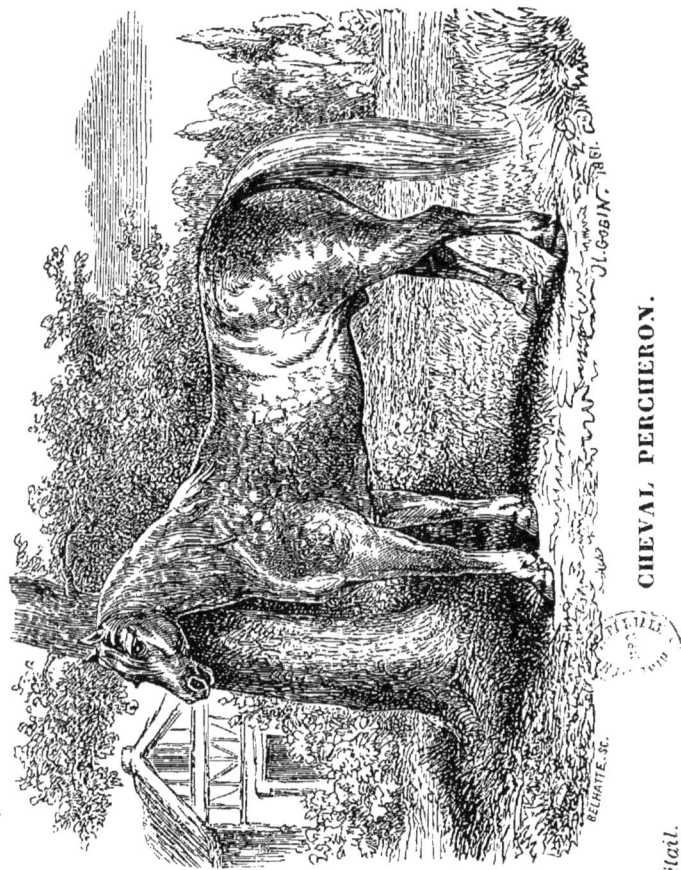

CHEVAL PERCHERON.

GOBIN, *Économie du bétail.*

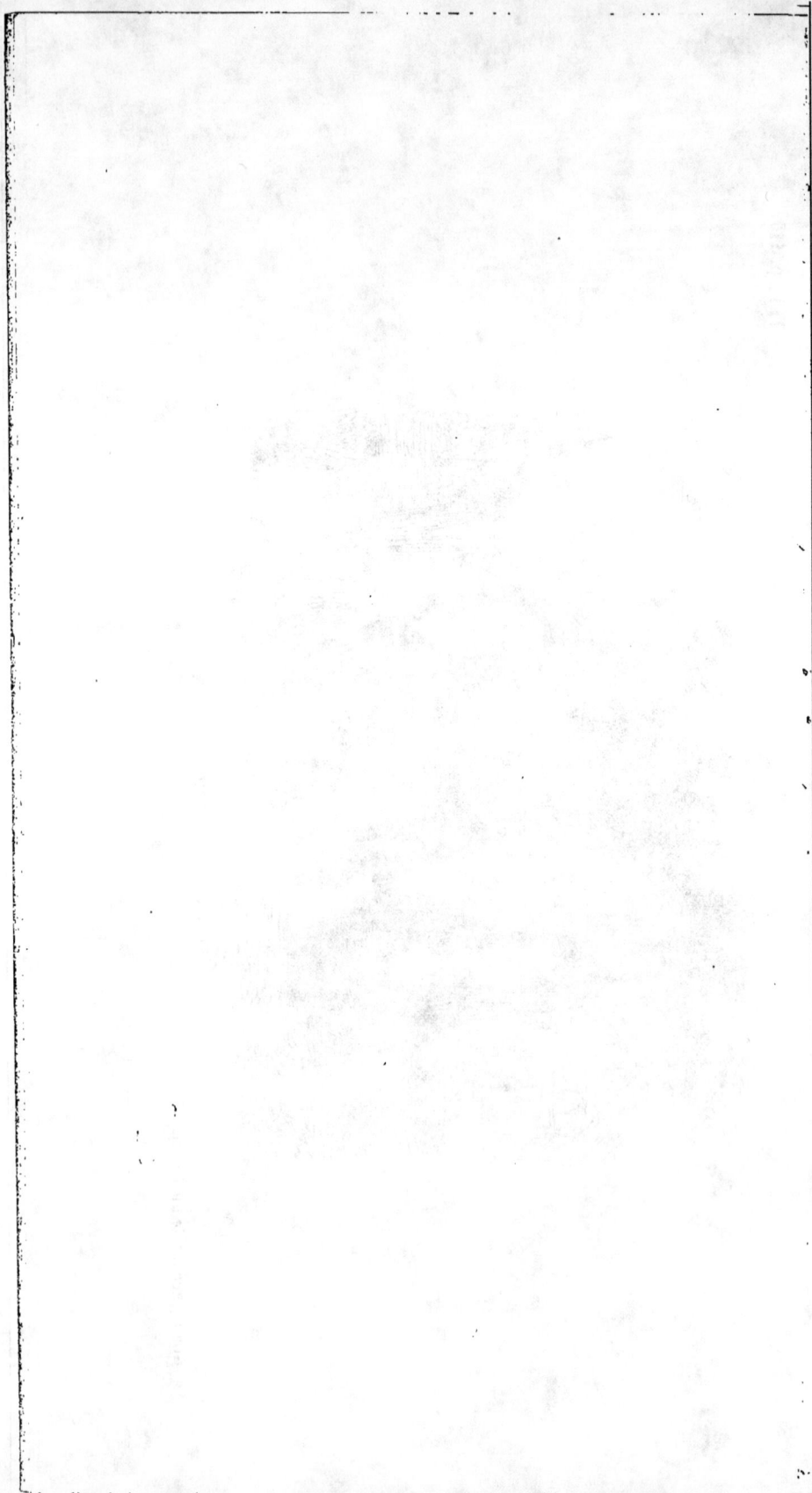

« force musculaire, beaucoup de fond, et ses allures sont
« aussi vites qu'on puisse les exiger d'un cheval de trait. On
« peut reprocher aux percherons des mouvements trop relevés
« qui les fatiguent en embrassant peu d'espace. » (*Manuel de
l'éleveur de chevaux*, t. Ier, p. 211-213.) La taille moyenne
dans cette race est de 1^m.55.

24° La *race, bretonne* du Finistère ou race léonnaise, présente avec la percheronne une certaine similitude de taille et
de conformation, mais elle a beaucoup moins de distinction ; la
tête est plus longue et plus lourde, l'encolure plus longue, les
reins moins droits, le ventre plus descendu, les membres moins
d'aplomb et moins solides; la croupe est plus avalée; les allures sont plus lourdes et moins soutenues, les crins plus abondants et plus grossiers. Une autre race de ce pays, celle du
Conquet, fournit quelques carrossiers, ou au moins quelques
bons chevaux de service moins lourds que les léonnais.

25° La *race boulonnaise* appartient pour sa masse corpulente
aux races de gros trait, mais à celles de trait moyen par ses services, beaucoup plus actifs qu'on ne l'attendrait de sa conformation. Sa taille est plus élevée que celle des percherons (1^m.60
en moyenne), ses formes sont plus massives, sa vitesse et son
fond ne sont pas moindres. Le cheval boulonnais a la tête
grosse et longue, le chanfrein droit, les yeux petits, l'encolure
courte et très-musclée ; le poitrail large, le garrot un peu bas,
la crinière double et grossière, la croupe double ; la côte bien
arrondie, mais le dos et les reins un peu ensellés; la peau
épaisse, les membres robustes et chargés de crins. Ceux de ces
animaux employés il y a quinze ans au service du transport de
la marée du Havre et de Dieppe à Paris, faisaient 25 à 30 lieues
par jour, à raison de 3 à 4 lieues à l'heure, lourdement chargés, et recommençaient le lendemain. Cette race fournissait

autrefois des chevaux de guerre à toute la noblesse ; elle portait alors le nom de race morine, et Henri IV l'estimait par-dessus toute autre. C'est à tort que M. Mariot-Didieux donne cette race pour ancêtre à celle du Perche.

26° La *race bourbourienne* ne paraît être qu'une variété de celle boulonnaise. Sa taille varie entre 1^m.55 et 1^m.65 ; ses formes sont un peu plus massives, et sa vitesse et son fond ont bien diminué. C'est presque exclusivement un cheval de roulage, d'artillerie et de train ; les plus forts sont destinés au gros trait.

5. CHEVAUX DE GROS TRAIT.

27° La *race flamande* ou *hollandaise*, la plus grosse et la plus grande des races chevalines connues, atteint jusqu'à 1^m.70 au garrot. Sa robe est généralement noire, rarement baie ou rouanne. Sa tête est volumineuse ; son encolure massive ; son poitrail très-large ; son dos, ses reins et sa croupe sont doubles ; les membres sont longs et assez fins, les pieds sont gros avec la corne tendre ; les jarrets sont un peu étroits. C'est le cheval du gros roulage ou des transports au camion. Il est mangeur insatiable, vigoureux pour des efforts non persistants, et lent dans son allure.

28. La *race clydesdale* n'est autre que le cheval flamand importé par le duc d'Hamilton, et croisé par lui avec les juments du Lanarck. La robe est restée noire ; la taille est de 1^m.62 ; les formes sont un peu plus légères que celles du flamand, mais il a plus d'énergie et un peu plus de vitesse dans l'allure.

29° L'ancienne *race noire d'Angleterre* appartenait comme la flamande à ce type originaire qui vivait dans les marais et forêts au nord du Pont-Euxin, qui passa en Italie, en Espagne,

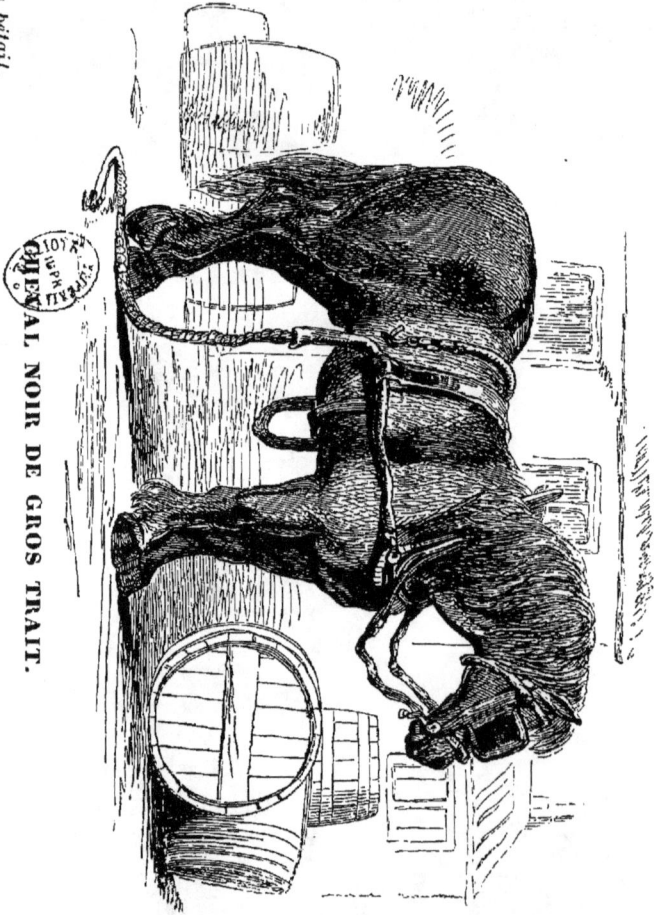

Pl. II.

GOBIN, *Économie du bétail.*

CHEVAL NOIR DE GROS TRAIT.

en Afrique et dans le Nord, où la Hollande nous l'a conservé presque pur. Cette race anglaise à robe noire a la tête grossière, les oreilles grandes et les lèvres épaisses, largement garnies de poils; l'épaule lourde, mal faite; les membres robustes et velus, les sabots larges et les paturons courts et droits. Ils sont forts, mais mous et sans ardeur. Cette race fut améliorée par Backwell (1760).

30° La *race suffolk-punch* appartient d'après David Low, à un type du nord de l'Europe et de l'Asie, de couleur brun clair avec une raie noire sur le dos, et qui fut importé en Angleterre et en Normandie où il aurait peut-être formé la race du Merlerault. La robe du suffolk-punch est le brun clair, presque alezan; sa taille est de $1^m.55$ environ; sa tête longue et grosse, son encolure assez longue et massive; ses épaules et ses cuisses bien musclées; le corps un peu court, la croupe avalée, les membres bas, solides et bien d'aplomb. Il est plus énergique que le cheval noir et que le clydesdale, et sert au roulage et au camionnage; c'est la meilleure race de gros trait de l'Angleterre.

31° La *race suisse noire* pourrait bien avoir la même origine que la grande race noire anglaise. Sa taille moyenne est de $1^m.55$ à $1^m.60$. Sa tête est grosse et un peu camuse; son encolure est courte et bien musclée; sa croupe plate, avalée; son ventre tombant; le garrot bas avec le dos ensellé; les membres grêles, avec des articulations étroites. Cette race est puissante mais peu énergique; son emploi est le roulage et les transports.

32° La *race comtoise* paraît descendre de la précédente; elle présente avec elle les plus frappantes similitudes de conformation. Ce sont de bons animaux de roulage, mais on leur reproche de ne pas savoir trotter, et de manquer de nerf et de vigueur.

I.   8

33° La *race poitevine*, dont on ignore l'origine, est de haute taille (1^m.60 en moyenne). Elle a la tête carrée, et grosse; les yeux petits; l'encolure épaisse; la poitrine large, les épaules charnues, le garrot bas; le ventre tombant; la croupe plate et courte; les flancs longs; la côte plate; les membres courts, forts, velus et les pieds plats et faibles. La peau est extraordinairement épaisse. La robe est tantôt blanche, tantôt baie, quelquefois noire. Ce sont de bons animaux de gros trait, mais plus recherchés encore pour leur aptitude spéciale à la production mulassière.

34° La *race bretonne* des Côtes-du-Nord est un peu moins grande que la précédente (1^m.50 à 1^m.55). Sa robe la plus ordinaire est le gris pommelé, quelquefois truité, ou encore le rouan vineux clair. Les meilleurs animaux sont élevés aux environs de Tréguier et surtout de Lannion. Ils ont la tête courte et carrée avec le chanfrein droit et quelquefois camus; l'encolure est droite, courte et épaisse; la crinière courte et grossière; le garrot est bas et gras; les épaules sont charnues; la poitrine large ainsi que les reins et la croupe qui est double et avalée. Les membres sont forts, chargés de crins avec les paturons courts et les sabots médiocrement larges. Ces animaux sont durs à la fatigue, assez rustiques et assez vites dans leur allure.

Nous n'avons point la prétention d'avoir cité ici toutes les races chevalines de l'Europe, mais seulement les principales ou celles qui offrent les caractères les mieux déterminés. Celles de la Russie, de l'Autriche, de l'Allemagne enfin, sont encore peu connues, sinon par leurs noms : polonais, hongrois, prussiens, wurtembergeois, bavarois, transylvains, moldaves, etc. D'autres ont disparu complétement, telle est celle des Deux-Ponts créée par métissage, au moyen de juments anglaises et d'étalons arabes et qui jouissait, au commencement de ce siècle, d'une réputation méritée. Il est bon de faire remarquer ici, que c'est à l'anglomanie, à l'introduction partout et toujours du pur sang anglais, que la France doit la perte de deux races fort estimées, celles navarrine et limousine. La première, qui n'était autre que celle andalouse, vit commencer sa détérioration en **1779** par l'introduction d'étalons arabes; le comble fut mis à sa ruine par le mélange du pur sang anglais en **1804**. La seconde, qui s'était améliorée de **1761** à **1791** par le sang barbe, reçut en **1803** le sang arabe, et disparut avec l'introduction du sang anglais vers **1825**. D'un autre côté, cette même race anglaise a sensiblement contribué à l'amélioration des races mecklenbourgeoise, holsteinoise et normande. On ne doit donc procéder qu'avec une grande prudence dans toute amélioration par croisement.

Le tableau officiel suivant nous fournira un intéressant sujet d'études sur l'application des diverses races françaises au service de l'armée. Il a trait à la mortalité des chevaux de troupes en France en **1845**.

Races et provenances.	Effectif.	Mortalité sur 1000.	Moyenne proportionnelle.
Bretonne...................	1,253	85.67	ou 1 sur 15
Limousine et auvergnate....	2,989	208.60	ou 1 — 14
Provenances diverses........	1,805	129.71	ou 1 — 13
Étrangères................	9,641	737.76	ou 1 — 13
Normande et anglo-normande.	8,123	613.75	ou 1 — 13
Poitevine et vendéenne......	5,513	431.80	ou 1 — 12
Ardennaise.	801	71.88	ou 1 — 11
Races du Midi.............	3,493	320.91	ou 1 — 11
	33,618	2.600.08 sur 8,000	ou 1 sur 13

Quoique la population chevaline de la France se soit très-sensiblement accrue depuis le commencement de ce siècle (1), la production ne suffit point encore à la consommation, et en 1851, d'après le compte rendu de l'administration des haras, on importait 13,985 chevaux dont la provenance suit, tandis qu'on n'en exportait que 9,014. En 1848, l'importation s'élevait à 16,594 têtes, et l'exportation à 5,836 seulement.

Provenance des importations de 1851.	Têtes.	Destination des exportations de 1851.	Têtes.
Association allemande..	2,325	Association allemande..	443
Belgique.............	9,742	Belgique.............	518
Angleterre...........	950	Angleterre...........	1,444
Espagne.............	46	Espagne.............	1,615
États sardes..........	171	États sardes..........	2,677
Suisse..............	567	Suisse..............	2,086
Algérie.............	170	Algérie et colonie.....	196
Autres pays..........	14	Autres pays..........	35
	13,985		9,014

On remarquera que si nous sommes tributaires des îles Britanniques pour nos chevaux de courses, elles sont obligées d'avoir recours à nous pour nos étalons flamands, bretons et surtout percherons, dont elles se servent pour améliorer leurs races de gros trait. Car les Anglais ont spécialisé chacune des aptitudes de leurs races d'animaux domestiques dans l'espèce chevaline comme dans celles bovine, ovine et porcine. C'est ainsi qu'ils ont le cheval de course (*thoroughbred*); le cheval de chasse (*hunter*); le cheval de dames (*hackney*); le cheval de voyage (*roadster*) ou le cheval d'amble (*pad*) ou le double poney (*cob.*); le cheval de voiture (*coach-horse*); le cheval de cavalerie (*military-charger*); le cheval de charrette (*cart-horse*); le cheval de haquet (*dray-horse*), et enfin, le cheval de culture

---

(1) Lavoisier l'estimait en 1791 à.................... 1,781,500 têtes.
La statistique officielle indiquait en 1822.......... 2,220,000 —
— — — en 1841.......... 2,818,496 —
Elle est aujourd'hui de plus de.................... 2,900,000 —

(*farmer's-horse*). En France nous ne distinguons guère que le
cheval de gros trait ou de roulage, le cheval de diligences, le
cheval de carrosse, et le cheval de selle. Parmi les animaux de
ces quatre catégories, le luxe, l'armée et l'agriculture doivent
trouver chacun ce qui leur convient, ou plutôt l'agriculture
fait son service avec les animaux qu'elle livrera de 4 à 6 ans
au luxe et à l'armée, conservant jusqu'à la fin ceux qui sont
impropres aux attelages de villes ou à la cavalerie nationale.
Aussi voyons-nous que les remontes doivent souvent s'appro-
visionner à l'étranger; or on comprend quelle importance
prend la question lorsqu'une guerre vient nous fermer les
marchés du dehors. Notre colonie d'Afrique va nous fournir
un précieux concours pour la remonte de nos troupes légères;
reste à savoir quelle sera l'influence du climat sur ces animaux,
comme énergie, vigueur, rusticité, et surtout longévité. C'est
ce que le temps seul et l'expérience pourront nous enseigner.

La population chevaline de l'Europe s'élève à près de
39 millions de têtes, et se divise ainsi :

Empire russe....................	17,000,000 têtes.
Monarchie autrichienne.................	3,106,000 —
France...............................	2,818,000 —
Angleterre............................	2,600,000 —
Confédération allemande................	2,277,000 —
Turquie d'Europe......................	1,950,000 —
Monarchie prussienne...................	1,800,000 —
Portugal..............................	1,613,000 —
Belgique.............	1,200,000 —
Suède, Norwége, Danemark.............	700,000 —
Italie................................	700,000 —
Espagne......	650,000 —
Suisse...............................	350,000 —
Hollande.............................	300,000 —
TOTAL......	38,536,000 têtes.

Les chemins de fer, en remplaçant une partie des voitures publiques, tendront à multiplier le nombre des chevaux, loin de le diminuer ; seulement ils changeront la nature des services qu'on leur demandera. C'est ainsi que l'espèce des chevaux de diligences lourdes, du transport de la marée, de voyage à selle, de roulage, a déjà à peu près disparu dans la plus grande partie de la France ; tandis qu'on demande davantage d'animaux pour les voitures légères, pour le cabriolet, pour le camionnage, et le factage des villes ; on exige moins de force, plus de vitesse et de fond. L'amélioration doit donc être dirigée dans un autre sens.

B. Races bovines.

David Low, avec son talent ordinaire, a savamment discuté, dans son *Histoire naturelle agricole des animaux domestiques de la Grande-Bretagne*, l'origine présumable du bœuf domestique. Après avoir examiné successivement les différents groupes du genre taurus, bison, yack, bœuf musqué, buffle, gyall, zébu, etc., Low pense que le bœuf domestique doit être rapporté à un type sauvage qui, sans doute, a cessé d'exister. « On peut diviser, ajoute-t-il, l'espèce bovine en deux types « distincts, celui du Caucase et celui des Indes, auquel nous « pourrions en ajouter un troisième, originaire d'Afrique, « probablement, si nous connaissions mieux les races de ce « pays. » L'histoire des peuples nous enseigne en effet, que les migrations se sont toujours effectuées de l'orient à l'occident et du nord au sud. Pour nous, nous inclinerions assez à considérer la race hongroise actuelle, comme le type de l'espèce bovine en Europe, et nous rencontrons de nouvelles présomptions dans les notes publiées à propos de l'exposition universelle agricole de 1856 par le gouvernement autrichien. « La race « blanche, de grosseur moyenne, et à longues cornes du « Highland écossais, dit dans ces notes le docteur Hlubek, la « race blanche, dont il ne reste par malheur que des ossements « fossiles et des spécimens empaillés que l'on peut voir au « musée britannique, à Londres, a une telle ressemblance avec « la race hongroise, qu'à la première vue, on est tout étonné « d'y rencontrer le type identique du bœuf hongrois ordinaire. « Une autre circonstance qui contribue à faire considérer la « race hongroise comme race mère de l'espèce bovine, c'est « que l'on rencontre dans la campagne de Rome, au centre de « l'ancien empire romain, des bestiaux qui, par la conforma- « tion de leur tête, offrent une grande similitude avec la race « hongroise. » Il serait puéril d'objecter que, suivant Hérodote et Hippocrate, les bœufs de la Scythie n'avaient point de cornes à cause de la rigueur du climat. Seulement le docteur Hlubeck se trompe en croyant l'ancien type perdu en Angleterre; David Low cite le troupeau d'environ 180 animaux de la race sauvage blanche des forêts, conservé dans le parc antique de Chillingham, propriété du comte de Tankerville. Ainsi, nous prendrons donc la race hongroise pour type primitif. Ce point, du reste, n'a pas une très-grande importance.

M. Villeroy rapporte à deux types les bêtes à cornes du continent européen, formant ainsi deux grandes divisions :

« 1° La *race hollandaise* qui a peuplé les riches pâturages « des bords de la mer jusqu'au Danemark, et qui est aussi la « souche de la race flamande, selon toute probabilité, et des « races normande et anglaise.

« 2° La *race suisse* qui, des Alpes comme point central, « s'étend tout autour dans un rayon plus ou moins étendu.

« C'est cette race qui peuple le Jura, une partie des Vosges,
« le bassin du Rhin jusqu'à Manheim, le duché de Bade, le
« Wurtemberg, la Bavière, l'Autriche, l'Italie, et toutes les
« provinces allemandes qui avoisinent la Suisse. » (*Manuel
de l'éleveur des bêtes à cornes*, p. 77.) Nous croyons que pour
la France, il est indispensable d'adjoindre à ces deux types un
troisième, celui de Salers, qui ne saurait rentrer dans aucun
des autres, qui se distingue par des caractères et des aptitudes
spéciales, et dont la descendance est nombreuse et facile à
suivre. Ainsi nous dédoublerons le type primitif en trois types
secondaires : hollandais, salers et suisse. Et comme dans l'espèce bovine les aptitudes sont multiples et quelquefois réunies
à certains degrés dans une race, nous prendrons dans cette
étude, la voie de classification par origines, à l'encontre de ce
que nous avons dû faire pour l'espèce chevaline.

I. TYPE PRIMITIF OU HONGROIS.

1° La *race hongroise* dont celles de la Podolie et de
l'Ukraine sont des variétés, ou des races peu distinctes, a
le pelage blanc; assez haute taille, cornage démesuré d'un
mètre au moins, tête massive, poitrine assez resserrée, membres longs, squelette développé, formes saillantes, voilà le
bœuf hongrois dont on ne tire parti qu'en le consacrant à la
boucherie au moment où l'abondance du pâturage l'a mis un
peu en chair; sa femelle est fort mauvaise laitière. Dans la race
de l'Ukraine ou des steppes, le pelage des animaux, rouge
dans la jeunesse, devient avec l'âge gris clair ou blanc, quelquefois avec raie de mulet, et les yeux cerclés de gris foncé. Cette
race est un peu plus petite que celle hongroise, mais un peu
plus disposée à prendre la graisse. La podolienne varie en taille

suivant la richesse du sol, ici plus grande que celle de Hongrie, là plus petite que celle des steppes, mais ses caractères de conformation conservent à peu près la même similitude. Cependant, elle est celle des trois qui montre peut-être le plus de dispositions à s'engraisser. Enfin la race sauvage blanche des forêts de l'Angleterre se rapporte encore bien évidemment à ce type. Elle n'est conservée qu'à titre de curiosité dans les parcs enclos de quelques riches lords. Sa conformation est à peu près la même que celle de la race hongroise, moins la taille et le cornage qui ont un peu diminué. Mais la robe est restée blanche, avec le mufle gris et l'intérieur des oreilles noir, le poil plus long et plus épais, et une sorte de crinière sur le garrot des mâles. Ces troupeaux vivent complétement à l'état sauvage, cependant, un ou deux seulement sont restés parfaitement purs. Un des caractères les plus distinctifs de cette pureté, c'est une peau souple, onctueuse et de couleur jaune foncé.

2° La race *west-highland* pure, est bien évidemment issue de l'ancienne race blanche des forêts d'Angleterre ; le pelage a changé : il est noir ou brun, ou encore mélangé de noir et de brun, mais il naît assez fréquemment des animaux blancs parfaitement semblables à la race sauvage, et qui présentent jusqu'aux déchirures des oreilles. Dans les Hébrides extérieures mêmes, la couleur du bétail, dit David Low, est assez généralement d'un brun blanchâtre analogue à celle du bétail du parc d'Hamilton. Les membres sont courts, bien musclés, la poitrine large et profonde, les côtes bien arrondies, le dos et les reins droits. Les bœufs sont rustiques et montrent une certaine disposition à l'engraissement ; les femelles sont mauvaises laitières. Cette race a été dans ces derniers temps améliorée pour la graisse.

3° La *race de Pembroke,* ne diffère d'après David Low, de la race blanche des forêts que par son pelage. Elle a les cornes distinctives de la race sauvage, ainsi que la peau jaune et onctueuse qui la caractérise. Les cornes sont fines, coniques, contournées et noires vers la pointe ; la peau souple et bien couverte de poils est d'un jaune foncé. Le pelage le plus ordinaire et le plus estimé est le noir. La taille est assez élevée, et les quartiers sont maigres. Les bœufs sont rustiques, bons mangeurs et engraissent assez promptement ; leur chair est excellente et ils font beaucoup de suif. Les femelles sont bonnes laitières. Cette race convient peu pour le travail. Elle a donné naissance aux sous-races de Caërnarvon, Mérioneth et Anglesea.

4° La *race de Glamorgan* (Angleterre) possède la même couleur orange qui distingue les pembrokes et les races voisines, et semble dit David Low, indiquer ainsi l'origine de toutes ces races. Le pelage des glamorgans est brun foncé, ordinairement mêlé de blanc, lequel est disposé généralement sous le ventre, et en ligne sur les reins, et nous retrouvons cette particularité dans la race de Hereford. La poitrine est moyennement développée. Les bœufs sont assez aptes à prendre la graisse et les femelles sont bonnes laitières. Quelques personnes prétendent que cette race reçut du sang étranger, sous Guillaume le Roux (1087-1100). Quoique David Low paraisse repousser cette opinion, il nous semble reconnaître dans la conformation et les aptitudes de cette race des traces du sang hollandais.

5° La *race de Hereford* (Angleterre) eut sans doute pour origine celle du Glamorgan croisée, suivant l'opinion de David Low, avec l'ancienne race grossière du Devon. La taille des herefords est élevée ; leur pelage est rouge sombre ou brun rougeâtre avec la tête, le ventre et les reins le plus ordinairement blancs, et la peau d'un jaune orangé. Les cornes sont de moyenne longueur comme celles des pembrokes et des gla-morgans; la poitrine est large et profonde. Les bœufs sont très-propres au travail, s'engraissent facilement et donnent d'assez bonne viande; les femelles sont beaucoup plus petites et sont médiocres laitières. Cette race a été améliorée par Benjamin Tomkins vers 1769.

6° La *race du Devon* (Angleterre) a également la peau jaune orangé; son pelage est le rouge brillant, avec les yeux entourés d'un cercle de même couleur que la peau, de même que le nez et l'intérieur des oreilles. Les devons sont inférieurs en taille aux herefords; les femelles, également plus petites que les mâles; le cornage de moyenne longueur; le cou est long et la poitrine médiocrement développée; les épaules obliques, les membres minces et longs; le corps long aussi. Les bœufs sont très-bons et très-vifs au travail, engraissent assez bien et donnent de très-bonne viande; les vaches sont médiocrement laitières; mais leur lait est très-riche. Elle a dans ces der-niers temps été bien améliorée pour la boucherie.

M. François Bella assigne à la race du Devon une origine allemande : « D'après les bêtes à cornes que j'ai vues en Saxe « et dans une partie de la Bohême, dit-il, je suis convaincu « que les devons sont venus en Angleterre avec l'invasion des « Saxons; c'est évidemment le même type. » (*Annales de Gri-gnon*, t. XII.)

7° La *race du Sussex* (Angleterre) ne présente pas toujours ce toucher onctueux et cette couleur jaune de la peau qui ca-ractérisent les précédentes; néanmoins, elle semble remonter au même type, croisé sans doute avec diverses races et parti-culièrement avec celle du Southdown, plus haute de taille que le northdown. Les sussex ont les cornes plus longues que les races précédentes, les épaules et les jambes grosses, et assez longues. Ils sont plus courts de corps que les devons, et moins rapides au travail quoique presque aussi résistants. Leur robe est rouge clair avec des taches blanches sur la face et le corps. Les vaches sont de très-médiocres laitières.

8° La *race du Kerry* (Angleterre) nous offre les lignes d'une descendance plus directe; son pelage est ordinairement noir avec un sillon blanc le long de l'échine, et souvent aussi, le ventre blanc. La peau est molle, onctueuse et de couleur jaune orange, visible autour des yeux, du mufle et dans les oreilles. Leur taille est moyenne ou même petite, leurs cornes fines et de longueur moyenne; leur conformation est assez bonne, et ils sont rustiques. Les bœufs engraissent bien et donnent de bonne viande, mais ils sont peu aptes au travail; les vaches sont excellentes laitières. Une sous-race a été créée par les soins améliorateurs de M. Dexter dont elle porte le nom. Elle a les formes plus cylindriques, les membres plus courts; elle présente plus d'aptitude à la graisse, sans avoir perdu de ses facultés laitières.

9° La *race de Canley-Dishley* ou à longues cornes, telle que nous la connaissons aujourd'hui, a été obtenue vers 1760 par les soins de Robert Backwell. Mais si nous nous rapportons à l'ancien type de la race, décrit par David Low, il sera facile de retrouver l'origine primitive de cette race. « La couleur dominante des animaux, dit-il, était le brun ou le noir, avec plus « ou moins de blanc sur le corps, une bande de cette couleur « s'étendant toujours sur l'épine dorsale. Ils avaient un cuir « brun, épais, et le poil abondant. Leurs cornes étaient longues et dirigées en bas. Leur corps était long, leur côte plate « et leurs épaules pesantes. Ils se mélangeaient difficilement « avec d'autres variétés, et conservaient leurs caractères distinctifs avec une ténacité plus grande qu'aucune autre

« race. » La race actuelle a conservé le même cornage et la même robe ; mais la taille s'est un peu abaissée, le squelette a diminué ; les formes se sont arrondies ; l'aptitude à la graisse s'est développée ; la viande a gagné en couleur et en qualités, mais les facultés laitières ont presque complétement disparu.

10° La *race de Mürzthall* (Autriche) nous ramène au type original, à la race hongroise. Son pelage est gris blaireau ; c'est une race mixte de lait et de graisse. Les bœufs rendent de 60 à 65 0/0 de poids vif en viande nette, et produisent 1 kilog. de viande par 30^k,240 de foin ou l'équivalent ; les vaches produisent en moyenne 2,000 litres de lait par an. Elle présente quelques similitudes de conformation avec la race de l'Allgaü.

11° La *race de Mariahoff* (Styrie-Autriche) a le pelage gris, quelquefois pie rouge, souvent blanc ; elle a les cornes plus courtes que les mürzthalls, est plus haute sur jambes, moins laitière et moins apte à l'engraissement.

12° La *race de l'Oberrinnthall* (Tyrol-Autriche) porte la robe grise ou jaunâtre ; elle est haute sur jambes et a la poitrine resserrée ; néanmoins son développement est précoce et son aptitude assez grande à la graisse, mais surtout au lait.

13° La *race styrienne* (Styrie-Autriche), est une race des montagnes, plus petite que la précédente ; de robe blanc jaunâtre ; elle est haute sur jambes, et malgré cela, de formes assez arrondies. Peu difficile sur la qualité des fourrages, elle donne à la fois de la viande et du lait ; elle est sobre et rustique.

14° La *race bohémienne* est de même taille que la styrienne ; c'est aussi une race de montagnes ; son pelage varie du blanc jaunâtre au rouge clair ; elle est rustique, mais peu laitière et médiocre à l'étable. Une autre race très-voisine, celle silésienne ou morave, a presque disparu sous les croisements.

15° Les *races romagnole et sicilienne* appartiennent bien évidemment encore au type podolien, ou mieux hongrois. La première est d'une taille élevée; la seconde, d'une stature moyenne. Toutes deux ont de longues cornes, étalées sur les côtés de la tête, et relevées au bout; leur robe varie du blanc au blanc sale et au gris; elles sont très-aptes au travail, mais nullement au lait ni à la graisse. Les veaux naissent avec la robe rousse et changent peu à peu de couleur. La race de Sicile surtout, présente fréquemment des cornes de 1 mètre de longueur chaque.

Telles sont les races qui nous ont paru pouvoir être plus directement rapportées au type primitif, soit par les caractères de conformation qu'elles ont conservés, soit par les distinctions de pelage, de peau et de cornage, qu'elles reproduisent avec une certaine constance. Il nous semble qu'on n'a point assez tenu compte de ces divers points en recherchant la filiation dans l'espèce bovine, et David Low nous a toujours semblé trop négliger les indices fournis par la robe, quoiqu'il ait remarqué la constance de l'ancienne race du Hereford, à ce point de vue. Il est bien vrai que l'homme peut changer la couleur d'une race, en éliminant de la reproduction tous les animaux qui n'offrent point les particularités qu'il désire; les races anglaises nous en fournissent de nombreux exemples. Mais il n'en est pas moins vrai que le croisement de deux animaux de races différentes et ayant chacuno un type de pelage, nous révélera presque à coup sûr le degré d'ancienneté de chacune de ces deux races. Ainsi, deux vaches croisées hollandais et flamand, présentées aux concours de Lille en 1849 et 1850, étaient pie noir, quoique cette robe soit fort rare dans la race flamande, descendue comme nous le verrons, de la race hollandaise. La race de Hall ou d'Anspach est rouge à face blanche; or, les croisements halls-hollandais tentés depuis **1775** à Triesdorf (Bavière), sont généralement de robe pie rouge et surtout pie noir. Dans les croisements herefords-hollandais de M. Mertens d'Ostin, près de Namur, les produits sont de robe pie noir. Un croisement durham-west-highland obtenu à Grand-Jouan, hérita de son père des Highlands, son pelage rude, grossier et fourni. Nous rapporterons du reste successivement des faits se rapportant à chaque type.

2. TYPE HOLLANDAIS.

16° La *race hollandaise*, une des plus anciennes de l'Europe dans toutes les contrées de laquelle nous la retrouverons, est une de celles dont la descendance a été aussi la plus nombreuse. Son pelage est plus ordinairement noir, quelquefois brun rouge taché de blanc, quelquefois enfin, entièrement blanc. Sa taille est assez élevée ($1^m.45$ à $1^m.50$ pour les bœufs); sa tête est fine, mais longue et légèrement busquée; les cornes petites, effilées et noires, dirigées en avant; le cou long et grêle; le garrot saillant, la poitrine étroite; le flanc long ainsi que le rein, le dos et les membres; le ventre descendu; la croupe large, osseuse et avalée, la queue attachée bas et très-mince; le pis très-avancé sous le ventre; les membres fins et nerveux; l'œil grand, doux et saillant; le poil court, fin et lisse. Le bœuf est médiocre au travail et à l'étable, mais la vache est une précieuse laitière. A Hohenheim, le produit moyen annuel était de **3,000** litres de lait ou **1** litre par $1^k.087$ de foin ou l'équivalent.

La sous-race d'Avesnes (France) n'est qu'une variété de la hollandaise; la taille est la même, mais les membres sont plus grossiers; plus apte au travail où son allure égale presque celle du cheval, elle est très-difficile à engraisser, et les femelles sont moins bonnes laitières.

Une autre sous-race qu'on rencontre en Hollande, sous le nom de *race drapée*, est remarquable par la singularité de sa robe noire, avec le dos, les reins et le ventre blancs. Cette sous-race paraît avoir perdu de ses qualités pour le lait, en en gagnant pour l'engraissement. Une variété présentant la même particularité, mais dont la robe est jaune clair avec le tronc blanc, se rencontre en Angleterre dans le comté de Sommerset; on l'appelle la *race à ceinture*. C'est une sous-race mixte de lait et de boucherie, assez estimée, mais qui tend à disparaître d'ici peu de temps (1).

17° La *race d'Holmogorsky* (Russie), dont l'origine remonte à 1700 environ, n'est autre que la race hollandaise pure, modifiée seulement par le climat et le régime. Pierre le Grand fit transporter près de l'embouchure de la Dwina, dans l'Arkhangel, des vaches et des taureaux hollandais qui, favorisés par la nature et la richesse du sol, se sont perpétués jusqu'ici, sans dégénérer quant à leurs qualités. La conformation, le pelage et les aptitudes n'ont point subi de transformation.

18° La *race frisonne* de même pelage, mais de taille plus petite que la hollandaise, est aussi moins constante. La char-

(1) Nous rencontrons encore en Suisse, dans la race d'Appenzell, la même particularité, le pelage noir avec le tronc blanc. Cette sous-race passe pour être assez bonne laitière et engraisser assez facilement. Ces diverses bizarreries de pelage tiennent-elles à une sélection parmi des individus qui présentèrent accidentellement ce caractère de robe, ou à des croisements divers? Cela est assez difficile à déterminer, parce que l'un n'est pas plus rare à se présenter, que l'autre n'est difficile à obtenir.

pente osseuse est plus développée, la croupe moins abaissée, les hanches moins saillantes, le cou plus garni de muscles. Elle a émigré dans le Danemark et le nord de l'Allemagne, et est assez rare aujourd'hui en Hollande. Elle a à peu près conservé les qualités laitières de la race mère.

19° La *race flamande* (Belgique-France) se distingue de la hollandaise par son pelage rouge vif avec quelques taches blanches en forme d'étoiles ; elle est moins grande et plus étroite du bassin ; aussi laitière et plus apte à l'engraissement. La tête est fine et légère, les cornes courtes et minces ; la côte est un peu trop plate et les hanches trop tombantes ; le produit moyen annuel est de 2.600 litres d'un lait généralement plus riche que celui des hollandaises. Cette race a fourni les variétés suivantes. Boulonnaise, plus petite, plus grêle, plus anguleuse que la flamande, mais meilleure laitière ; elle a le ventre très-tombant. Artésienne, de même taille mais de formes plus arrondies et moins riche en lait. Picarde, très-rapprochée de la précédente ; pelage plus clair que chez la flamande, rouge froment foncé ou rouge clair ; cornes plus relevées, tête plus grossière et moins conique, constitution plus sèche, lait moins abondant. Berguenarde, de poil rouge plus ou moins brun, plus près de terre et de formes plus arrondies que les précédentes ; moins laitière, mais engraissant plus facilement. Marécoise ou maroillaise, assez rapprochée de la berguenarde, mais de formes plus dégagées avec une tache blanche ou tigrée à la tête, et la robe bringée qu'elle partage seule avec la cotentine dont elle pourrait bien être la souche ; la marécoise est très-laitière, et son lait est très-riche. Bournisienne, de même pelage que la flamande dont elle se distingue difficilement. Enfin fumenoise et compenoise, variétés peu fixes. Suivant M. Lefour, la sous-race maroillaise provient du croisement de la race

I. 9

flamande avec celle du Hainaut. Quelques auteurs pensent que la race flamande fut introduite en France vers 1670. Nous croyons que cette introduction fut bien antérieure. Il est probable cependant qu'il y eut dans les Flandres françaises une nouvelle importation après les épizooties de 1771-1776, souche de cette superbe race de laitières dont parle M. de Dampierre et que les guerres de la révolution et de l'empire ont presque fait disparaître.

20° La *race de Dantzig* est peu distincte de la hollandaise; son pelage, ses formes, ses aptitudes sont les mêmes; rarement sa robe est rouge, mais sa taille est un peu plus petite. La race hollandaise a sans doute été importée aux bouches de la Vistule, comme nous l'avons rencontrée en Russie à celles de la Dwina.

21° La *race de Clèves* et *Berg* (Prusse) a le pelage pie noir; sa taille est moyenne; ses formes sont assez bonnes; son engraissement est assez facile, et les femelles sont moyennement laitières. Elle est parfaitement conformée dans les riches herbages des bords du Rhin, et plus haute sur jambes, à poitrine resserrée, à formes anguleuses sur les plateaux.

22° La *race westphalienne* varie du pie rouge au pie noir; sa taille et son poids sont déterminés par la nature et la richesse du sol qu'elle habite, de 120 à 130 kilog. de viande. C'est une race mixte de lait et de graisse et encore assez rustique au travail.

23° La *race holsteinoise* ou *des Polders* (Danemark), habite les marais situés au sud du duché de Holstein, sur les rivages de la mer du Nord. Elle est pie rouge ou pie noir; sa taille est moyenne; ses os assez développés concordent avec des formes amples. Le fanon est assez descendu, la poitrine assez haute et large. C'est une race mixte de travail et ensuite d'engraissement.

24° La *race d'Angeln* ou *de Geest* (Schleswig-Holstein-Dane-mark) a le pelage noir, brun enfumé ou fauve; sa taille est moyenne, ses os fins ainsi que la peau; les membres sont courts, la poitrine tranchante; les cornes sont relevées en arrière comme chez les chèvres; les hanches sont très-saillantes. Ce sont d'excellentes laitières.

25° La *race du Jutland* (Danemark) est de pelage noir, gris souris ou fauve avec des taches noires et blanches; la tête et l'encolure sont fixes, la poitrine étroite et le bassin assez large; le corps long, les membres courts et fins. Cette race très-sobre et rustique est bonne laitière, s'engraisse facilement et fournit une viande très-estimée. Elle offre de grandes similitudes avec notre petite race bretonne du Morbihan dont elle a sans doute été la souche.

26° La *race de Hall* (Wurtemberg) élevée dans les montagnes du Welsheimer, a la robe baie avec la face blanche. Sa taille est au moins moyenne, sinon élevée, quoique inférieure à celle de la hollandaise; sa poitrine est étroite, sans fanon, ses formes osseuses, ses membres forts et grossiers. Les bœufs atteignent souvent 400 kilogr. de viande, et ont une grande aptitude à l'engraissement, après avoir assez bien travaillé; les vaches sont de moyennes laitières.

27° La *race d'Anspach* (Bavière) élevée dans les montagnes du Steiger, se rapproche assez de la précédente, mais elle paraît avoir reçu du sang d'Eger ou de Voigtland. Elle est de robe pie rouge pâle ou blond, avec la tête blanche; de plus haute taille, de formes plus ramassées, moins rustique au travail, elle est plus disposée à la graisse. D'après M. Moll, cette race serait due à un triple croisement des races hollandaise, frisonne et indigène, remontant à 1775. A ces deux races de Hall et d'Anspach, se rapportent trois sous-races distinctes. Du Limbourg, de robe isabelle, apte au lait, avec les femelles plus petites, tandis que les bœufs présentent une grande taille; de Hohenlohe pie rouge ou noir et qui semble se rapprocher plus que les autres du type hollandais; enfin, du Neckar, de haute taille, de robe brune, et qui sans doute a reçu du sang suisse.

28° La *race wurtembergeoise*, petite, dont le pelage est brun avec la tête et les reins blancs, quelquefois blanc avec la peau souvent jaune, est bonne laitière et serait facile à améliorer pour la graisse. Elle attira l'admiration de Royer dans son voyage en Allemagne.

29° La *race du Glane* (Bavière Rhénane) est, au contraire, la race de prédilection de M. Villeroy; sa robe est d'un bai de diverses nuances, isabelle lavé ou mélangé de bai et d'isabelle, jamais noire ni pie; il ne leur reproche qu'un défaut de conformation : la croupe est courte et parfois avalée. Les bœufs travaillent bien, engraissent facilement, et leur viande est d'excellente qualité; les vaches sont, en outre, considérées comme bonnes laitières.

30° La *race de l'Eiffel* (duché du Bas-Rhin) est analogue à nos races bretonne du Morbihan, et des Vosges, à celle suisse du Hasli, à celle anglaise du Ayrshire. Petite, osseuse, chétive, elle est bonne laitière, s'engraisse bien, donne de bonne viande et beaucoup de suif. Sa robe est pie noir ou pie rouge.

31° La *race du Breitenburg* (archiduché d'Autriche) revêt un pelage gris blaireau ou jaune clair. Sa tête fine et courte est assez bien conformée et bien attachée. Le dos est droit, la queue bien plantée, les jambes basses, le pis fortement développé. Elle n'est pas sans ressemblance avec la race de l'Allgaù. Les vaches donnent de 14 à 19 et jusqu'à 25 litres de lait après vêlage.

32° La *race de Neulengbach* (archiduché d'Autriche) est une grande race de robe blanc jaunâtre, aux mamelles développées et à poil fin. Elle produit d'excellentes vaches laitières fournissant de 1.698 à 2.030 litres de lait par an.

33° La *race d'Angus* (Angleterre) nous semble devoir être rapportée au type hollandais ; il n'y a pas très-longtemps que la race actuelle est privée de ses cornes, et l'on sait que nulle race ne présente plus de facilité que celle de la Hollande à modifier ou même abandonner complétement ce caractère ; ce même fait d'avortement de l'étui corné se présente quelquefois dans la race cotentine. Du reste rien n'est plus aisé que de le provoquer. Ils ont la peau et le poil assez fins ; leur robe est le plus souvent noire, quelquefois avec des taches blanches, quelquefois encore, bigarrée de noir et de brun. Ils sont hauts sur jambes avec la poitrine courte et la côte plate, plus aptes à l'engraissement qu'au lait.

34° La *race galloway* qui provient de l'Angus, a le cuir épais et le poil long et doux ; sa robe prédominante est le noir ; la poitrine est large et haute ; la tête courte et large ; l'encolure trop volumineuse ; les membres courts et charnus en même temps que fins ; la côte parfaitement arrondie ; les bœufs sont robustes et engraissent assez facilement ; ils fournissent une viande et un suif très-estimés. Les vaches sont médiocres laitières et tarissent promptement. Martin et Raynbird regardent les galloways comme descendus de la race demi-sauvage du parc de Châtellerault dans le Lanarkshire, race fort ancienne et fort souvent, sinon toujours privée de cornes. (Cattle , *their breeds*, etc. London, Routledge, 1858, p. 27.)

35° La *race du Suffolk* est également sans cornes, aussi bien que celles d'Angus et de Galloway ; cette race a été depuis le commencement de ce siècle améliorée pour la laiterie. L'ancienne avait pour pelage caractéristique le brun de souris, ou quelque nuance approchant de cette couleur; la nouvelle est généralement brun rouge, ou brun mélangé de blanc. Cette race a le squelette développé; la poitrine étroite; le ventre tombant; les reins longs et saillants, mais assez larges ainsi que le bassin; le pis volumineux; les membres longs et assez fins. C'est une excellente race laitière.

36° La *race ardennaise* (Luxembourg, Liége-Belgique) habite les Ardennes belges et françaises; petite, chétive, sobre et rustique, elle se rapproche beaucoup de notre race des Vosges et du Jura par la taille, les formes, l'aptitude, et par son pelage pie rouge ou pie noir. C'est une race laitière des montagnes pauvres.

37° La *race du Fifeshire* (Angleterre) remonterait suivant David Low, à une importation de vaches de la Hollande, transportées vers 1490 d'Angleterre en Écosse, offertes par Henri VII à Jacques IV. Depuis lors, cette race a été mélangée par une foule de croisements. Anciennement, elle était noire, souvent tachetée de blanc, avec la peau d'une teinte jaune orangé; des cornes courtes et blanches contournées vers le haut. C'est une race éminemment laitière.

38° La *race ayrshire* (Angleterre) provient suivant David Low, du croisement d'une race indigène noire avec des taches blanches sur la face, le dos et les flancs, avec la race hollandaise, ou holsteinoise dite *teeswater*, qui fut introduite vers 1760 par le comte de Marchmont; selon lui toujours, la tradition rapporte les qualités acquises par les ayrshires à une importation postérieure de la race d'Alderney. Les ayrshires ont les cornes petites, les épaules légères, les reins larges et profonds; la peau assez épaisse mais moelleuse, d'une couleur jaune orangé; leur robe ordinaire est le rouge-brun plus ou moins mélangé de blanc, avec le mufle tantôt rose et tantôt noir. Cette race l'une des meilleures laitières donne un produit moyen annuel de 2,750 litres de lait, et jusqu'à 4,000 litres.

39° La *race d'Alderney* ou *d'Aurigny* (Angleterre) nous paraît être la petite race saxonne du Jutland apportée par les Norwégiens en 449 ap. J. C., selon toute probabilité, et modifiée dans ces derniers temps par un peu de sang normand, au moins dans l'île de Guernesey. La race d'Alderney est petite avec l'encolure mince, les épaules légères, la poitrine resserrée et le ventre très-développé ; les membres maigres, le bassin assez large et saillant, les reins déprimés, la croupe courte et avalée. Le mufle est étroit, les cornes courtes, fines et courbées en dedans. La robe est rouge clair ou fauve, mélangé de blanc, quelquefois noire, quelquefois blanc mat. La race de Guernesey a les formes plus étoffées ; la taille un peu plus élevée, la poitrine plus ample ; son pelage est d'un rouge plus foncé et quelquefois bringé comme la race cotentine dont elle a reçu le sang. Ces deux races sont très-laitières, et surtout leur lait est très-riche. La race de Jersey n'est qu'une troisième variété très-rapprochée de celle d'Alderney ; mais elle nous semble provenir de notre race bretonne du Morbihan dont le pelage seul la distingue ; au lieu d'être pie noir ou pie fauve, il est d'un bleu ardoisé avec des taches blanches, rarement pie froment. Elle fournit peut-être un lait plus riche encore que les deux précédentes.

40° La *race bretonne* du Morbihan nous paraît comme celles d'Alderney et de Jersey, descendre de la petite race pure du Jutland. Celle-ci peut avoir été amenée du Nord, soit par les Belges bretons qui venus vers la fin du IIIᵉ siècle av. J. C., s'établirent dans la presqu'île armoricaine et s'emparèrent vers 150 av. J. C., de la côte méridionale de l'Angleterre entre Suffolk et Devon, soit par l'invasion danoise de 449. On sait encore que chassés en 458 par les Saxons qui, d'auxiliaires se sont faits conquérants, les Belges-Bretons quittent l'île de la Grande-Bretagne et reviennent s'établir dans la presqu'île d'Armorique qui reçut alors le nom de Petite-Bretagne. Peut-être enfin, la race hollandaise ou celle du Jutland ne furent-elles introduites en Bretagne qu'à la suite d'une des épizooties de 570, 592, 850, 1096, 1223, c'est-à-dire du VIe au XIIIe siècle. En 1750, suivant M. Duchâtelier, M. de Lescoët, capitaine de vaisseau, ayant introduit en Bretagne un taureau de la race de Madagascar, la taille et l'aptitude des produits au travail, donnaient en 1752 de si belles espérances, que lui, M. de la Bourdonnaye et l'abbaye de Prières ne pouvaient répondre à toutes les demandes d'élèves qui leur étaient faites. C'est à tort, cependant, que Guénon attribue à cette race une origine indienne. La tête de cette race est assez longue, mais le mufle est fin, l'œil grand et sorti; le garrot saillant, la poitrine étroite, l'encolure longue et grêle, comparativement à la taille qui est très-petite. Le fanon est assez descendu, et le ventre volumineux; le pis avancé sous le ventre, mais non pendant; le bassin assez large et saillant, la croupe un peu avalée; la queue longue et fine; les membres très-secs et très-fins. Les bœufs de cette race sont comparativement beaucoup plus grands que les femelles et très-propres au travail, mais assez durs à prendre la graisse. Les vaches sont remarquablement laitières pour le régime sauvage auquel on les soumet. Le produit moyen est de 1,600 à 1,800 litres d'un lait riche, par an.

41° La *race cotentine* (Normandie-France), nous l'avons dit, nous semble remonter à la sous-race flamande dite *marécoise* ou *maroillaise* dont la robe est rouge bringé, la tête blanche ou tigrée, et qui est excellente laitière; pelage, aptitudes, conformation, se retrouvent dans notre cotentine dont la taille s'est un peu élevée, dont les formes se sont arrondies

Pl. III.

GOBIN, *Économie du bétail.*

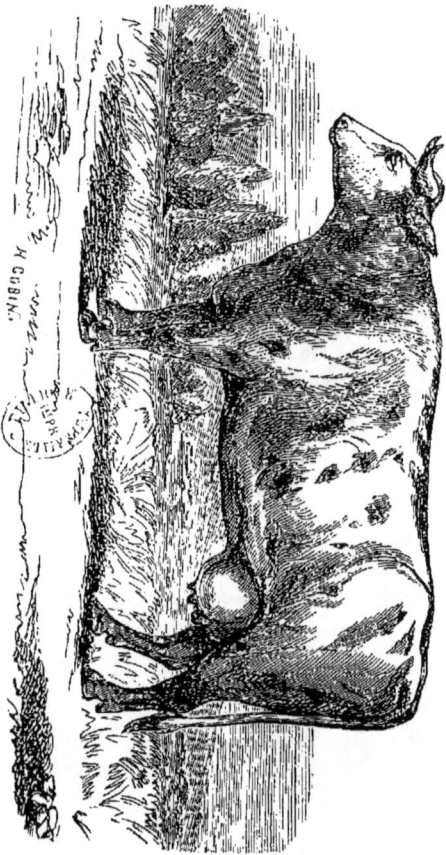

VACHE COTENTINE.

H. GOBIN.

dans les riches herbages normands. Ces deux races, peut-être seules au monde, offrent le pelage bringé qui est caractéristique de leur pureté et de leur proche parenté, bien qu'on ignore la date à laquelle peut remonter cette filiation. C'est une de nos meilleures races mixtes de lait et de graisse, une de celles dont le développement est le plus précoce, et qui nous fournit la meilleure viande; les mâles sont vifs mais assez peu résistants au travail; ils peuvent être livrés à la boucherie à l'âge de quatre à cinq ans.

42° La *race augeronne* (Normandie-France), peut-être l'ancienne race indigène de la Normandie, pourrait bien provenir de la race saxonne du Jutland mélangée à l'ancienne race des taureaux blancs que, selon Pline, les druides offraient à leurs divinités. Cette robe blanche reparaît encore fréquemment pure dans l'augeronne, et domine souvent dans les pelages mélangés. Nous savons qu'en 910, les Normands (North-mans, hommes du Nord), sous la conduite de Rollon, après avoir porté le ravage et la terreur en Angleterre, s'emparèrent de Rouen et menacèrent bientôt Paris. C'est alors que Charles le Simple effrayé, offre à Rollon sa fille Giselle en mariage, et lui abandonne en droit la Normandie qu'il a conquise en fait, pour s'y établir après avoir embrassé le christianisme. Une fois installés dans la Neustrie, les Normands quittèrent la vie agitée des pirates pour celle plus paisible des cultivateurs. Telle serait selon nous, l'époque probable de la fusion du sang saxon dans la race blanche indigène. Peut-être aussi, après que, en **1715**, le glossanthrax eut décimé sa population bovine, la Normandie eut-elle recours à la Hollande pour repeupler ses pâturages. Quoi qu'il puisse y avoir de fondé en tout cela, la race augeronne dont on a distrait une autre sous-race bien peu distincte, la cauchoise, est de plus petite taille que celle du Cotentin; elle a le pelage pie-rouge clair, pie froment, rarement pie noir et jamais bringé à moins de croisement; souvent elle est mouchetée de marron ou de jaune sur un fond blanc, robe appelée *caille* dans le pays. Sa tête est plus courte et son mufle est plus largement aplati que chez les cotentins; ses formes sont plus ramassées et son squelette plus fin; elle est moins disposée peut-être à prendre la graisse, mais la vache est, économiquement, meilleure laitière, peut-être. Cette race augeronne, transportée vers 1810 en Bretagne, aux environs de Rennes, par M. de Lorgeril, y a formé une sous-race appelée *rennoise*, et qui fournit le beurre renommé de la Prévalaye. Elle a un peu plus de taille et les formes plus élancées que la race mère; elle est moins grande laitière, mais son lait a gagné en richesse. Le pelage n'a pas varié, mais tend un peu plus franchement au blanc.

43° La *race mancelle* (Maine-France) nous paraît évidemment une race obtenue par métissage; et peut-être ce fait de la réunion de plusieurs sangs divers est-il la cause de l'extraordinaire réussite des croisements manceaux-durhams. Nous voyons d'abord qu'en 1748, un taureau normand (probablement augeron) et des vaches hollandaises furent introduits aux environs de Château-Gontier. Surviennent bientôt (1762-1776) deux désastreuses épizooties qui amenèrent sans doute de nouvelles importations. Enfin, en 1780, M. de la Lorie introduit dans le Maine plusieurs taureaux choisis de la race suisse de Berne, dont les descendants se reconnaissent encore, dit O. Leclerc-Thoüin, à leur couleur rouge noir ou rouge brun, à leur haute stature, aux membres plus osseux, plus gros, au cornage plus vigoureux. La race actuelle a pour type le pelage jaune-froment clair sur fond blanc, ou pie rouge; le poil et le cuir sont grossiers; la tête presque toujours pie jaune ou pie rouge avec le tour des yeux et des naseaux presque constamment bordé de blanc. La tête est grosse, courte, large au front, le mufle épais, les cornes courtes mais grosses à la base, avec la pointe noire ou verte. L'encolure est courte et chargée, la poitrine courte et sanglée, la croupe étroite et souvent avalée, le fanon très-descendu, la culotte trop grêle. Médiocres au travail, mauvais pour la laiterie, les animaux de cette race sont encore durs à la graisse, mais reçoivent du croisement durham une amélioration extraordinaire.

44° La *race gâtinelle* (Poitou-France) nous semble, contrairement à l'opinion de M. de Sourdeval, qui la regarde comme une race en quelque sorte indigène à la Vendée, n'être autre qu'une importation, ancienne, si l'on veut, de la race augeronne dont elle se rapproche encore assez par le pelage et la conformation. Sa robe est froment plus ou moins vif et perlée de blanc autour du mufle, des yeux et à la culotte. Le mufle et le bouquet de la queue, noirs, proviennent peut-être d'un peu de sang choletais, dont les mésalliances se reconnaissent encore par le pelage bai-marron assez fréquent. La tête est longue et assez grosse, l'encolure un peu musclée, la poitrine assez large, la côte arrondie, le ventre soutenu, les membres longs et un peu grossiers. La vache, beaucoup plus petite que le bœuf a les formes plus fines et plus potelées; elle est une laitière moyenne. Les bœufs sont assez bons travailleurs, et engraissent assez facilement de six à huit ans.

45° La *race de Durham* (Angleterre) est quelquefois considérée comme une race pure, obtenue par sélection; nous croyons que c'est une erreur. Nous admettrons bien que les Collings procédèrent par l'amélioration de la race, sans croisements, mais quelle était cette ancienne race? là est la question. Malgré l'opinion de M. Lefèvre de Sainte-Marie nous inclinons

fort à croire que l'ancienne race d'Holderness ou teeswater
provenait d'une importation hollandaise croisée par la suite
avec la race indigène. Cette importation est un fait historique
et difficile à nier; elle remonte à 1740, et se fit par les soins de
sir W. Saint-Quintin, de sir James Pennyman, etc. Seulement
on a prétendu que ce bétail hollandais provenait d'un troupeau
de race teeswater qu'en 1439, Jacques II d'Écosse avait offert
à son beau-père Guillaume, stathouder de Hollande. Or, il est
difficile de croire que ce troupeau, si même c'est à lui que
sir Saint-Quintin emprunta ses animaux, se soit pendant deux
siècles, conservé pur. M. Bella père, dans son voyage en 1829
en Allemagne, trouva à Weill, domaine royal du Wurtemberg,
six vaches de la race dite d'Holderness ou teeswater; « cette
espèce, pie-alezan clair, dit-il, est petite, pointue, laide, mais
elle donne beaucoup de lait pour la nourriture qu'elle consomme. » (*Ann. de Grignon*, IIIᵉ livraison, 1831.) Nous étions
bien loin alors de la race de Durham actuelle. Celle-ci a pour
type le pelage rouan vineux sur un fond blanc, et fréquemment
la robe blanc-zain avec le tour des yeux et du mufle presque toujours rose. Sa conformation est fine et arrondie en tous sens.
C'est le type de la conformation des animaux destinés à produire de la viande. Quelques familles de cette race sont restées
remarquablement aptes au lait.

3. TYPE SUISSE.

Le type suisse se subdivise en trois types secondaires assez
différents entre eux de structure, d'aptitudes et de pelage. Ce
sont les races de Schwitz, de Berne et de Fribourg, dont la généalogie ascendante vers le type primitif s'éloigne plus à pre-

mière vue que celle de la race hollandaise. Mais après avoir vu celle-ci se transformer en cotentine, en galloway, en bretonne, en durham, nous nous familiariserons plus facilement avec les modifications de climat, de sol, de régimes et de croisements occultes qui nous fournissent les races actuelles.

46° La *race schwitz* (Suisse) est de pelage brun-noir enfumé dans le devant; elle a la tête petite, le corps cylindrique, les jambes courtes, et assez fines; le plus souvent elle porte sur les reins une raie de poil froment, et cette nuance se retrouve aux cuisses, au ventre et à l'intérieur des oreilles. L'encolure est courte et le fanon tombant, la poitrine large, la croupe droite et la queue attachée haut longue et fine. Cette race est grande mangeuse, mais très-laitière. Sa taille est assez élevée. Les bœufs sont de très-médiocres travailleurs, tardifs dans leur développement et durs à engraisser.

47° La *race d'Einsiedeln* (Suisse) porte la robe gris-chocolat clair, avec le mufle, le ventre et les reins gris très-clair. La tête est petite, la queue maigre et enfoncée, les jambes sèches, les sabots hauts et courts, le ventre soutenu; les mamelles sont très-développées; les allures sont légères; les femelles sont bonnes laitières. Cette race n'a été conservée pure que par les moines du couvent d'Einsiedeln.

48° La *race du Hasli, de l'Oberhasli*, ou *de l'Unterwald,* ou *d'Aigle*, habite les plus hauts pacages des Alpes; aussi, est-elle de très-petite taille (225 kilogr. bruts environ). Sa robe est brun plus ou moins foncé. Ses formes sont fines, sèches et saillantes. Sobres et rustiques, les vaches sont très-estimées comme laitières et exportées en grand nombre en Italie.

49° La *race du Simmenthall* (Suisse-Bavière) descendue des schwitz à coup sûr, porte le pelage jaune-brun; la tête est un peu forte et l'encolure trop chargée; la poitrine est ample, la côte arrondie, les reins droits et les quartiers développés. Les cornes sont courtes et fines; la peau jaune souple et fine; le bassin assez large. Les vaches sont bonnes laitières, mais les bœufs mous et difficiles au travail, et durs à l'engraissement.

50° La *race de l'Allgaù* (Allemagne) est un peu moins grande que le schwitz; elle est noire avec le dessous du ventre, l'intérieur des cuisses et des oreilles, et parfois toute la partie postérieure du corps jaunes; la tête est petite mais large au front et au mufle; les cornes courtes et fines; le fanon descendu; le corps un peu long; la croupe basse avec la queue attachée haut. Le squelette est léger et la peau un peu épaisse. Peu propre au travail et à l'engraissement, elle est excellente laitière.

51° La *race du Vorarlberg* ou *tyrolienne* (Tyrol-Autriche) est de petite taille, avec la robe bai marron. Son corps est long et bien arrondi, sa croupe large, sa queue attachée haut; ses jambes fines, courtes et ouvertes. Peu distinguée comme race laitière, elle est des plus remarquables par sa disposition à prendre la graisse. La race de Montafon, qu'on rencontre dans le Tyrol, aux sources de l'Ill, dont le pelage est isabelle ou brun, et qu'on importe en grand nombre en Suisse et en Italie, semble être une sous-race qui se rapporte à celle du Vorarlberg.

52° La *race d'Eger* ou *du Voigtland* (Bavière-Allemagne-Autriche) a pour caractères : la robe rouge brun, tirant sur le brun foncé; la taille moyenne, presque petite, mais bien ramassée; le cou mince et médiocrement long avec un fanon développé; la poitrine large ainsi que les reins et le bassin; les membres fins et bien musclés. Les bœufs sont très-estimés comme travailleurs, et engraissent ensuite très-facilement. Les vaches quoique inférieures à celles de l'Allgaù sont cependant assez bonnes laitières. C'est une des meilleures races mixtes de l'Allemagne.

53° La *race tarentaise* (Italie) se distingue par sa robe noire ou gris ardoisé, rarement rouge ou blanche; sa taille moyenne; son encolure courte, son ventre assez gros, ses cornes bien ouvertes, ses mamelles peu descendues. Elle est sobre, rustique, peu laitière, mais son lait riche sert à la fabrication du fromage du mont Cenis. Elle a de grandes affinités avec la race suisse du Hasli.

54° La *race parmesane* (Italie) est plus grande que la race de Schwitz, mais de formes moins arrondies; ses membres sont longs, sa poitrine resserrée; son bassin étroit; sa tête petite et assez fine avec le mufle étroit; sa peau est fine, son oreille grande et bien plantée; ses cornes petites et irrégulièrement contournées. C'est une race peu laitière, mais dure au travail et elle fournit une viande délicate. Son pelage est gris blanc ou brun jaunâtre.

55° La *race de Gex* (France) dont le lait sert à la confection d'un fromage estimé, n'est autre que la race de Schwitz modifiée seulement dans son pelage qui est devenu blanc constellé de jaune. Sa taille, sa conformation et ses aptitudes sont restées celles de la race mère. Elle est fort peu répandue en France et seulement aux frontières suisses.

56° La *race comtoise femeline* (France) paraît devoir son origine à la race de Schwitz importée en Franche-Comté, après l'épizootie de 1776, et qui fut peut-être croisée avec la race indigène sur laquelle nous manquons de renseignements. Toutefois, la race actuelle a la robe châtain clair, froment, quelquefois blanche, ou alezan clair, avec le tour des yeux et du mufle rose comme le charollais. Sa taille est assez élevée; sa tête longue et étroite avec les yeux rapprochés des cornes; peu de fanon; poitrine étroite, encolure longue et grêle; reins souvent ensellés; membres courts et assez fins. Les bœufs un peu mous au travail sont précoces pour l'engraissement. Les vaches sont assez bonnes laitières.

57° La *race de Berne* (Suisse) forme le second type suisse; elle est caractérisée par un pelage pie rouge ou pie noir, un poil grossier et abondant; une tête grosse avec le front et le mufle larges, l'encolure épaisse; la côte plate; la queue est longue et attachée haut; le squelette est très-développé, et la taille très-élevée. Les vaches sont assez bonnes laitières; les bœufs sont assez bons travailleurs, mais n'engraissent que difficilement et donnent une viande et un suif peu estimés.

58° La *race de Lugano* (Tessin-Suisse) porte le pelage gris de fer plus foncé sur les reins et plus clair sous le ventre. Elle est plus petite que la race de Berne; les femelles sont exportées chaque année en grand nombre pour l'Italie où elles pourraient bien avoir formé la race toscane qui lui ressemble pour le pelage, les formes et l'aptitude laitière. Mais c'est la seule qualité de ces deux races inhabiles au travail et impropres à l'engraissement.

59° La *race de Pinzgaù* (Salzbourg-Autriche) est rouge brun avec une large raie blanche sur le dos, se prolongeant jusqu'au garrot, avec les yeux entourés d'un cercle blanchâtre et le mufle blanc. Il n'est pas inutile de faire remarquer que nous avons déjà trouvé cette robe dans deux races anglaises, celles de Glamorgan et de Hereford, et que nous la rencontrerons encore dans la race française du Morvan. La tête est un peu forte, le cou court, le garrot étroit chez la femelle et large chez le mâle, les parties antérieures beaucoup plus faibles que les postérieures, la croupe plus élevée que le garrot, la queue plantée très-haut. Sobre et rustique, cette race engraisse assez bien, mais est peu laitière.

60° La *race de Pongaù* ou *de Rauris* (Salzbourg-Autriche) descend de la précédente ; elle a le même pelage et les mêmes aptitudes ; mais sa taille est un peu moins élevée, son squelette plus fin ; les femelles sont plus laitières, et les bœufs prennent mieux la graisse.

61° La *race de Zillerthall* (Tyrol-Autriche) porte la robe rouge brun enfumé dans le devant et sans taches blanches. La taille est élevée et le corps volumineux. La queue est attachée un peu plus bas que chez les pinzgaùs ; le ventre est plus tombant, la poitrine plus resserrée. La peau est épaisse ; cette race est sobre, rustique, engraisse assez bien, mais sa viande est moins estimée que celle du Pinzgaù dont elle descend. Son lait peu abondant est en revanche très-riche.

62° La *race de Brüx* (Bohême-Autriche) provient du croisement de la race de Bohême avec la race tyrolienne du Zillerthall dont elle a pris les principales qualités, et entre autres, la disposition à l'engraissement. Elle fournit des animaux de trait d'une très-belle apparence et qui font un long usage.

63° La *race de Dux* (Tyrol) a la robe noire. Les animaux sont plus petits, plus ramassés et moins fortement constitués que ceux du Zillerthall. Leurs jambes sont plus courtes, et celles de derrière plus droites que dans les autres races du Tyrol. Elle passe pour bonne laitière.

64° La *race d'Immendorff* (basse Autriche) a été formée vers 1815 à 1820 par le comte Hermann Locatelli, au moyen du croisement de la race indigène avec des taureaux noirs de Berne. Elle a la tête plutôt mince que forte, les cornes fines et de longueur moyenne ; le cou assez fort et bien garni ; les épaules fortes et larges ; le dos droit, la queue bien plantée. Sa

I.   10

taille est assez élevée (1^m.45 à 1^m.50), son poil lisse est d'un noir brillant avec des raies un peu plus claires sur le dos et dans les oreilles.

65° La *race pie de Wels* (archiduché d'Autriche) est blanche avec des taches noires, mince et maigre de corps, et assez haute sur jambes ; elle se contente de peu de fourrages, mais engraisse assez difficilement, lors même qu'on la nourrit mieux. Les vaches sont assez bonnes laitières, par rapport à leur taille qui est moyenne, et à leur alimentation. Cette race a donné naissance à la sous-race de l'Innthalerschecken qui lui ressemble beaucoup, mais est plus grande, plus étoffée, qui lui est peut-être supérieure pour le travail, mais qui ne la vaut pas sous le rapport de la laiterie.

Il nous faut parler maintenant de quelques races obtenues par le métissage de races appartenant aux types que nous venons d'étudier. Ce sont :

66° La *race de Neulenbach* (Autriche) issue du croisement de la race indigène avec celle de Mürzthall. C'est une grande race aux mamelles développées, à poil fin, de couleur blanche tirant sur le jaunâtre. Elle produit des vaches très-bonnes laitières.

67° La *race de Stockerau* (Autriche) descend du croisement du mürzthall avec une race indigène de la basse Autriche ; mais elle est moins constante que la précédente, sans doute à cause d'un nouveau et récent mélange de sang suisse. La robe est blanche ou jaune clair; le cou est court et assez mince, les reins droits, les jambes assez hautes. La taille est assez élevée (1^m.47). Les vaches sont très-bonnes laitières.

68° La *race de Mondsee* (Autriche) provient du croisement de la race de Pinzgaù avec celle de Schwitz.

69° La *race d'Opotschna* (Bohême-Autriche) peut être considérée à la fois comme un résultat de la reproduction par elle-même de la race de Bohême, bien soignée, bien nourrie, depuis des années, au pâturage et à l'étable, ou comme un produit du croisement de cette race avec celles de la Suisse et du Mürzthall. Elle forme aujourd'hui une race bien caractérisée, que ses qualités laitières et son aptitude à l'engraissement font rechercher.

70° La *race de Fribourg* (Suisse) forme le troisième type suisse; elle est pie marron ou pie noir; sa taille est un peu moins élevée que dans le Berne, l'ossature moins développée; le corps plus allongé et mieux arrondi, les membres plus courts, la tête plus petite, le fanon moins tombant, et le poil plus fin. Elle est moins laitière, mais son lait est plus riche, et surtout, elle est beaucoup plus disposée à prendre la graisse.

71° La *race franconienne* ou *du Rhœne* est la vieille race rouge de l'Allemagne. Sa taille est moyenne, et elle est bien conformée. Son pelage est le bai foncé ou bai clair; ses cornes sont blanches, longues, pointues, fines et relevées. Ses cuisses sont minces; ses membres longs et grêles. Quelques animaux portent la robe rouge vif avec une marque au front et les quatre pieds blancs. Elle fournit de bons bœufs de travail et de boucherie.

72° La *race de Gfœhl* (Autriche) n'est qu'une variété de la précédente, c'est une petite race au corps grêle, à la tête fine et légère, surmontée de cornes minces, recourbées vers le haut et en arrière. Le cou est également mince, le dos et la croupe allongés, la queue haut plantée, les jambes courtes et grêles. La robe est couleur de rouille avec des nuances qui s'affaiblissent jusqu'au jaune le plus clair. Les vaches sont bonnes laitières; les bœufs très-bons travailleurs et fournissant une bonne viande.

73° La *race de Helm* (vallée de l'Ips, Autriche) a la robe rouge brun ou jaune clair avec la tête blanche, quelquefois le pelage gris blaireau, toujours le poil fin. Les vaches sont bonnes laitières et les bœufs employés avantageusement au trait. On lui doit la sous-race brune à tête blanche de Kampeten ou d'Helmer-Blassen, à la fois estimée comme laitière et comme race d'engraissement.

74° La *race de Kampeten* ou d'*Helmer-Blassen* (Autriche) a beaucoup d'analogie avec celle de Helm. Elle est de haute taille, mais bien faite. Son pelage ordinaire est brun avec la tête blanche. Les vaches donnent beaucoup de lait et sont très-estimées pour l'engraissement, mais les bœufs sont médiocres pour le travail.

75° La *race du Westerwald* (Allemagne) est de petite taille; sa tête est légère; son fanon peu développé, sa croupe un peu pointue; sa charpente osseuse est grossière; sa poitrine est profonde, ses côtes bien arrondies, son dos droit; ses membres courts. Le pelage est d'un rouge plus ou moins vif avec la face, le ventre et le bout de la queue blancs. Les bœufs travaillent jusqu'à cinq à six ans et s'engraissent bien ensuite. Les vaches sont en outre bonnes laitières.

76° La *race de l'Odenwald* (Hesse-Darmstadt-Allemagne) porte le pelage isabelle; sa taille est moyenne, ses cornes petites, son fanon flottant, son squelette assez fin, ses membres d'une bonne longueur. Elle convient à la fois pour le lait et le trait.

77° La *race du mont Tonnerre* (Hesse Rhénane, Bavière-Allemagne) est comme la précédente de robe isabelle; mais elle a l'ossature plus forte; la taille plus élevée; la poitrine plus courte, plus étroite et sanglée. Les vaches sont de médiocres laitières; les bœufs travaillent mal, sont difficiles à engraisser et ne donnent qu'une viande grossière. Elle est issue du croisement de la race indigène du Palatinat avec la race suisse.

78° La *race du Vogelsberg* (Haute-Hesse-Allemagne) a beaucoup d'analogie avec la race franconienne, mais elle est de taille plus petite, et moins bien construite; elle est dure et robuste au travail, mais d'un engraissement assez difficile. Sa robe est rouge ou rouge brun; ses cornes sont longues et grosses.

79° La *race du Jura* et *des Vosges* (France) pourrait bien provenir de souche hollandaise avec croisement de la race de Fribourg. Mais la taille des deux races mères s'est bien réduite au pâturage des collines calcaires; le squelette s'est bien aminci; elle a conservé la robe pie noir et les aptitudes laitières, mais elle est devenue sobre et rustique.

4. TYPE SALERS.

80° La *race de Salers* est à coup sûr l'une des races les plus anciennes de la France. Peut-être descend-elle comme la race de Devon, avec laquelle elle offre une grande analogie, de la race saxonne du nord de l'Allemagne, suivant l'opinion de M. F. Bella; peut-être est-elle une modification immédiate et directe du type primitif hongrois. C'est en tous cas celle de nos races françaises qui offre au plus haut degré la constance, par la transmission opiniâtre de sa robe et de sa conformation dans l'œuvre des croisements, même avec la race de Durham. Ainsi, le croisement durham-salers présenté en 1851 au concours de Lyon par M. Crétin, de Mably, était sous poil rouge vif, et la race française se trahissait par bien des points de sa conformation. M. Zielinsky, de la Corée, a dû renoncer au croisement salers-charollais, parce que les produits étaient presque toujours pie rouge. Les croisés salers-aubracs sont presque toujours rouge vif, et comme tels, refusés dans l'Aubrac pour la reproduction. Enfin, Lullin de Châteauvieux hasarde une fausse hypothèse, en assignant au salers et au charollais la race suisse de Fribourg pour origine. Tout au plus, cela pourrait-il être admis pour l'aubrac.

Le salers est la race mixte par excellence, le type des races de montagnes : son pelage est d'un rouge vif ; sa taille élevée ($1^m.40$ à $1^m.45$) sa peau fine et souple ; sa tête assez courte, large au front, avec le mufle effilé ; les cornes sont blanches ou verdâtres avec le bout noir, longues et bien ouvertes ; le cou musclé et court ; le garrot large et peu sorti ; le fanon très-descendu, la poitrine large et profonde ; l'épaule oblique ; le bassin assez large, les reins à peu près droits ; la queue attachée haut ; les membres courts et assez fins avec les jarrets larges et coudés. La culotte manque d'ampleur. Les mâles sont très-bons travailleurs et s'engraissent bien après six à huit ans ; leur viande est des plus estimées. Les vaches sont peu laitières, mais leur produit est d'excellente qualité. Cette race a donné naissance à la sous-race de Brioude, aux cornes assez fines, courtes et recourbées en arrière et en haut ; au pelage rouge froment plus ou moins vif ; à la taille moins élevée et aux formes plus grêles que la race mère. Son chanfrein est un peu busqué, et ses membres proportionnellement assez forts. C'est à cette sous-race qu'appartenait le bœuf de M. de Tardy, primé au concours de Lyon en 1847.

81° La *race de la Camargue* (France) n'est autre que la race de Salers qui fut transportée dans le delta du Rhône après le typhus de 1745-1756. L'ancienne grande race noire ayant été enlevée presque entière, on importa des vaches et des taureaux de Salers qui, grâce à quelques animaux de l'ancienne race échappés sans doute à l'épizootie, prirent tous les caractères de celle-ci, même la robe noire. Cette race vit à l'état demi-sauvage dans les marais ; sa tête a pris de l'accroissement ; son ventre est descendu ; ses membres ont grossi. On ne lui demande que de se multiplier.

82° La *race du Forez* et *des Cévennes* (France) provient sans doute d'un métissage du salers avec le charollais ; mais elle a plus du premier que du second ; sa robe est pie jaune ou pie-rouge clair, avec les reins et le dessous du ventre presque toujours blancs, la tête rouge ou jaune. La taille est plutôt petite que moyenne ($1^m.30$ à $1^m.35$) ; la tête est courte et large au front, les cornes bien contournées en arc, la poitrine plus haute que large et sanglée ; le fanon ample ; les reins souvent ensellés ; les membres longs et grêles. Les bœufs sont assez propres au travail, mais durs à la graisse ; les femelles, médiocres laitières.

83° La *race des Dombes* et *du Bugey* (France) appartient bien au type salers, mais modifié sans doute par l'aubrac ou par une race suisse ; son pelage est d'un rouge un peu fauve, terne, avec le devant enfumé, le tour des yeux noir et le mufle gris. Sa conformation est presque celle du salers, mais la taille est un peu plus petite et le squelette plus développé. C'est une race de travail qui engraisse bien après la réforme.

84° La *race limousine* nous semble pouvoir être également rapportée au type de Salers. Situé près de l'Auvergne et sur un sol presque identique, le Limousin adopta naturellement la précieuse race de Salers qui y a subi si peu de modifications de formes et d'aptitudes. Le pelage, il est vrai, est devenu jaune froment, mais ce sont toujours la même tête, le même cornage, le même fanon, les mêmes membres, le même ventre ; enfin c'est toujours la même race de travail et de graisse, mais peu laitière.

85° La *race périgourdine* (France), à son tour, est descendue de celle du Limousin. Les cultivateurs de ce dernier pays ne conservent que les femelles, et les mâles sont exportés en grande partie pour le Périgord. Dans cette contrée où l'herbe est plus abondante, où le sol est plus riche, le bœuf limousin prend plus de taille et d'ampleur qu'il n'en eût acquis sur le sol natal et prend le nom de race périgourdine que M. Montagne nous semble à tort rapporter à la race agénoise.

86° La *race saintongeoise* (France) se rapproche beaucoup encore de celle du Limousin par son pelage variant du rouge vif à l'alezan, la conformation de sa tête, son cornage, son fanon, l'attache de la queue et les membres. Elle a conservé du salers l'aptitude au travail, quoiqu'elle y soit moins résistante. En 1774, la Saintonge, la Guienne et la Gascogne furent ravagées par une épizootie, et le Limousin dut être appelé à réparer les pertes des éleveurs.

87° La *race quercinoise* (France) dut peut-être son origine aux mêmes causes; elle présente aussi de notables similitudes avec les races limousine et salers; sa robe est rouge sanguin ou pie rouge, quelquefois froment zain, mais le fanon a remonté; la côte s'est aplatie; les membres se sont allongés; l'épaule s'est redressée; en quittant les montagnes, sa conformation devait subir d'inévitables modifications. Les bœufs sont vifs, mais peu résistants au travail; les vaches sont devenues un peu plus laitières. Elle a fourni les sous-races d'Anglès (Tarn) au pelage gris blaireau, de petite taille, à tête longue et mince, à poitrail assez ample, mais aux reins ensellés, à ventre tombant, aux mêmes aptitudes. Celle de Saint-Gaudens (Ariége) à robe froment, de petite taille aussi, bien conformée pour le

travail et dont les vaches sont assez laitières. Enfin celle de Ca-
rolle ou de la Cerdagne (Pyrénées-Orientales) à la robe d'un
brun fauve, à encolure courte et musclée, à long fanon, à corps
court et cylindrique, à bassin large, aux membres forts, et à
la taille petite; robuste, agile, et bonne laitière.

88° La *race gasconne* (France) provient sans doute des races
limousine ou salers, mais sensiblement modifiées par le sang
de l'aubrac. Sa robe est le brun enfumé dans le devant et aux
extrémités, avec les yeux et le mufle bordés de blanc. Sa tête
est courte et carrée, ses cornes grosses et assez longues, son
encolure forte et courte, ses épaules musclées, son ventre descendu, sa croupe un peu resserrée; son corps court et cylindrique; sa taille moyenne (1^m.55 à 1^m.45). Les bœufs sont rustiques et résistent bien à la fatigue, mais leur engraissement est
long et assez difficile. Les femelles sont peu laitières. Elle a selon M. Rendu, produit la sous-race dite de la montagne Noire,
aux membres et aux cornes fins, à bassin large, à poitrine
haute et profonde, aux cuisses grêles, très-vive au travail et
mauvaise laitière. On doit lui rapporter encore la sous-race né-
racoise (Nérac, Lot-et-Garonne) dont la robe est froment ou
fauve clair avec les lèvres, la queue et le tour des pieds noirs,
et un cercle blanchâtre autour des yeux, et dont les formes se
rapprochent beaucoup ainsi que les aptitudes, de celles de la
sous-race précédente.

89° La *race bazadaise* (France) descend de la gasconne. Sa
robe est brune avec le front noir et le tour du mufle et des
yeux blanc, les cornes et la tête courtes ainsi que l'encolure;
le fanon descendu, les reins larges et droits, les hanches saillantes, la croupe ronde, le corps court, la poitrine large, les
membres courts et solides; la taille moyenne (1^m.35 à 1^m.40).
Excellents pour le travail, les bœufs ne sont pas moins estimés

pour la boucherie. Les vaches sont en même temps assez laitières.

90° La *race agénoise* (France) dont l'origine remontait probablement à celle du Limousin, fut d'après M. le docteur Durrut-Lassalle, améliorée vers 1804, par un taureau venu d'Auvergne (probablement du Salers) de l'établissement de l'abbé de Pradt. Le pelage de la race actuelle est le blond pâle souvent enfumé dans le devant. La tête est plus large et plus courte, les cornes sont plus petites, le fanon moins descendu que dans le salers. Les vaches sont médiocres laitières, mais les bœufs sont d'excellents animaux de travail et leur engraissement se fait bien de sept à neuf ans. Cette race a produit plusieurs sous-races : celle du Coteau dont le pelage est froment foncé, un peu plus clair sur les reins, un peu enfumé dans le devant; sa tête est moyenne, ses cornes grosses, moyennement longues et recourbées en bas; son corps long avec les reins creux ; le train antérieur très-développé, le bassin assez large, les membres forts, la taille élevée. Celle de Lourdes (Hautes-Pyrénées) à robe alezane ou froment, quelquefois grise ou pie noir ; à tête petite et carrée; à cornes courtes, minces et dirigées en avant; à encolure courte et grêle ; au corps arrondi ; aux membres courts et forts; à taille petite (1^m.25 à 1^m.30) ; bonne laitière mais pas assez forte pour le travail. Celle de Tarbes qui paraît provenir d'un croisement entre l'agénois et le quercinois, porte la robe froment; les cornes très-longues relevées en arrière et en haut; sa taille est élevée (1^m.40 à 1^m.45). Les vaches sont bonnes laitières et les bœufs sont durs et actifs au travail, mais un peu durs à engraisser.

91° La *race basque, béarnaise* ou *pyrénéenne* (France) serait selon M. J. Valserres, d'origine espagnole. Son importation remonterait à 1774, époque à laquelle le Béarn fut ravagé par une épizootie qui dépeupla les étables. Sans nier cette origine, nous pensons que la race actuelle provient du croisement de cette race espagnole avec une race indigène descendue de celle de l'Agénois, ou peut-être encore de l'Aubrac. Son pelage est gris souris ou gris blaireau clair, quelquefois froment ou fauve, souvent enfumé dans le devant; cornes longues, corps ramassé; taille petite plutôt que moyenne. Les vaches sont assez laitières et les bœufs infatigables au travail, et médiocres en revanche à l'engraissement.

92° La *race landaise* (France) porte la robe froment, enfumée, avec le tour des yeux et les extrémités plus claires ; sa taille est petite ($1^m.25$ à $1^m.30$); sa tête courte avec le front large et les cornes longues et minces relevées en haut; l'encolure est bien fournie, le fanon peu tombant, le corps allongé, les membres forts et larges. Les vaches sont peu laitières; les bœufs travaillent avec ardeur, mais n'engraissent qu'avec difficulté.

93° La *race garonnaise* ou *bordelaise* (France) est regardée par M. Laforc comme importée du Salers ; M. Collot la regarde comme venant du Limousin et modifiée par les races normande, augeronne ou hollandaise. Cette dernière opinion nous semble la moins probable. La race garonnaise est de très-haute taille ($1^m.50$ à $1^m.60$). Sa robe est le froment clair, souvent nuancé de brun à la tête, et enfumé dans tout le devant, avec la queue et les paturons noirs. La tête est légère, les cornes longues, les reins droits, la queue bien attachée, le squelette assez développé, les membres forts, le bassin large et musclé, la côte plate et les cuisses trop grêles. C'est une excellente race de travail, mais moyennement laitière. En revanche, elle engraisse avec assez de promptitude, et fournit de bonne viande.

94° La *race choletaise* (France) présente une certaine ressemblance de conformation avec le salers qui a dû en former la souche primitive, plus tard croisée avec la race de Schwitz. C'est probablement à la fin du XVIIIᵉ siècle, marquée pour le bétail par tant de désastreux fléaux, qu'il faut fixer l'importation dans le Poitou de la race auvergnate dont le mouvement d'immigration se continue encore de nos jours. Quant à l'époque du croisement suisse, elle a dû être un peu postérieure. En 1801, le gouvernement faisait encore introduire dans cette contrée dix vaches et treize taureaux de la race de Fribourg, qui ont sensiblement dû modifier la race indigène. Elle est d'assez haute taille ($1^m.45$ à $1^m.50$), son pelage est brun fauve enfumé avec le mufle gris, le tour des yeux, les oreilles et les poils de la queue noirs; sa tête est large et courte; son encolure courte et forte; sa poitrine assez large; l'épaule assez oblique, les membres courts et assez fins avec les jarrets droits et larges; les reins assez droits, le bassin long, les onglons durs. C'est une excellente race mixte de travail et de boucherie, mais très-médiocre laitière. Elle a produit la sous-race appelée *bocagère*, de robe alezane, de taille moyenne, à corps court et trapu, à formes assez arrondies, dont la tête et l'encolure sont courtes et qui a toutes les extrémités noires.

95° La *race nantaise* (France) a une parenté bien évidente avec le choletais; elle a perdu un peu de sa taille, mais le pelage, la conformation et les aptitudes n'ont point varié. Aussi n'en devrait-on faire qu'une sous-race à peine distincte.

96° La *race maraichine* (France) habite les anciens marais de la Charente desséchés par les soins de Napoléon Iᵉʳ, et convertis en prairies. Sa robe est brun noir avec les extrémités plus claires; sa tête est volumineuse, ses cornes grosses et recourbées en arrière; ses reins concaves; sa queue attachée bas sur une croupe avalée; ses membres sont longs et grossiers;

son ventre est volumineux. Les bœufs sont très-aptes au travail,
sobres et rustiques, et assez disposés à prendre la graisse ; les
vaches sont mauvaises laitières. Une sous-race provenant comme
elle du choletais plus ou moins modifié par la suisse de Schwitz
ou de Fribourg, porte le nom de *sous-race luçonnaise* ; elle habite les marais des environs de Luçon (Vendée), plus riches
que ceux de la Charente. Sa taille est très-élevée (1ᵐ.55 à 1ᵐ.60),
son pelage est marron zain ; la tête est longue et mince, les
cornes courtes et un peu arquées en haut ; le fanon pendant ;
le corps long ; le ventre volumineux ; la poitrine étroite et sanglée ; les membres forts avec les jarrets étroits. Les vaches sont
assez bonnes laitières ; les bœufs assez travailleurs, mais peu
résistants et d'un engraissement assez difficile.

97° La *race d'Aubrac* (France) est considérée par les uns
comme descendue du salers et sans doute croisée avec la race
suisse, par les autres comme une race indigène pure. Cette question d'origine est impossible à trancher, en l'absence de tous
documents historiques. Ce qu'il y a de certain c'est que l'aubrac
est une race bien constante et conséquemment ancienne. Elle a
pour caractères : la robe fauve clair (marruel) avec la joue et les
oreilles plus foncées, souvent encore blaireau foncé et c'est une
des plus estimées. Sa taille est inférieure à celle du salers (1ᵐ.35
à 1ᵐ.40), sa tête est plus courte et plus large au front, ses
épaules plus droites, ses hanches un peu moins larges ; ses
cornes plus minces et plus courtes ; ses membres plus près de
terre, et son fanon plus flottant. Moins solide au travail, elle
engraisse moins facilement, et cela sans avoir gagné sur les
qualités laitières du salers.

98° La *race du Morvan* (France) presque disparue aujour-
d'hui, nous semble descendre en ligne droite de l'aubrac. Son
pelage est roux fauve avec une raie blanche tout le long des

reins, et une tache blanche sur le chanfrein; son front est
garni d'un toupet frisé comme celui de l'aubrac; ses cornes
blanches, assez minces sont courbées en avant puis en haut;
l'encolure est courte et forte, le fanon flottant, les épaules obliques et musclées; les reins droits; les membres courts, grossiers et larges, avec le jarret crochu; le cuir à la fois épais et
souple. Ce sont d'excellents animaux de trait, mais c'est là leur
seule aptitude.

99° La *race comtoise-tourrache* (France) est aussi à peu près
complétement éteinte aujourd'hui; elle était de taille moyenne;
sa robe était d'un rouge foncé avec des taches noires ou blanches
et le poil hérissé sur le dos et frisé au toupet. Sa tête était longue
et épaisse, les cornes grosses, longues et très-ouvertes; le fanon
très-descendu; l'encolure courte et volumineuse; la croupe
étroite et un peu maigre, les cuisses petites, les membres courts
et nerveux. C'était exclusivement une race de travail, formée
sans doute de l'aubrac et d'une race suisse.

100° La *race du Mézenc* (France) encore appelée *du mont
Dore* ou *du Puy-de-Dôme*, est bien descendue de l'aubrac, mais
avec mélange de sang suisse. En 1822, suivant M. Bardonnet,
M. Soulhat importa la race de Fribourg dans la contrée; mais
ce n'était sans doute pas la première infusion de ce sang. Cette
race est de petite taille, de pelage pie noir, quelquefois pie
rouge, rarement froment zain. Elle a le corps trapu, les membres courts et forts; la tête étroite, l'encolure courte et bien
musclée; le fanon tombant, le ventre volumineux. Les vaches
sont assez laitières et les bœufs assez vifs au travail.

101° La *race du Ségalas* ou *de l'Aveyron* ou *du Causse* (France)
nous offre un troisième type auvergnat, mais dont l'analogie
avec le salers est bien plus facile à reconnaître que pour l'aubrac. Sa robe est d'un rouge brique vif; sa taille est petite

Pl. IV.

BOEUF CHAROLLAIS.

GOBIN, *Économie du bétail.*

(1ᵐ.20 à 1ᵐ.30), sa tête mince et un peu longue; ses cornes fines, allongées et relevées; sa poitrine courte et étroite; les reins un peu ensellés; les membres longs et assez fins; le fanon moyennement développé. Les femelles sont un peu plus laitières que les salers, mais les bœufs sont moins forts et moins rustiques au travail; ils sont sobres et engraissent assez rapidement, et leur viande est assez bonne.

102° La *race de la Limagne* (Auvergne-France) descend de celle du Ségalas, mais mélangée de sang suisse selon toute probabilité. Sa taille est élevée, surtout dans la contrée de la Limagne appelée le Marais. Sa robe est pie rouge ou pie noir avec les extrémités lavées; ses formes sont à la fois fines et arrondies; elle a perdu son aptitude au travail, pour devenir une race de laiterie, engraissant en même temps avec assez de facilité.

103° Il nous paraît difficile de rattacher avec quelque chance de vérité au type salers, la *race charollaise* (France), l'une de nos meilleures races et des plus répandues. Cependant, à tout bien considérer, la robe fait presque seule la différence entre ces deux races, dont la conformation est presque identique, dont les aptitudes sont à peu près les mêmes. Quelques personnes regardent la race charollaise comme importée du Piémont ou de la Savoie, où le bétail est de pelage blanc. Cela est possible, mais il n'en reste jusqu'ici aucune trace historique. Pourquoi n'admettrait-on pas qu'elle descend d'une race blanche indigène qui paraît avoir peuplé une grande partie de l'ancienne Gaule, et croisée avec le salers dont on aurait repoussé la robe rouge pour la reproduction? Cette opinion n'est pas moins probable que la première. Il serait même possible que ce croisement salers ne remontât qu'à 1731, époque où une épizootie meurtrière ravagea la Bourgogne. Grognier la regarde comme issue d'une race d'Auvergne; et Lullin de Châteauvieux lui donne pour origine un croisement suisse. Voilà bien des opinions dont la dernière nous semble la moins fondée. La race charollaise est de taille élevée (1^m.45 à 1^m.55); son pelage est blanc à peine teinté de jaune clair; sa tête est un peu longue et assez large; ses cornes moyennes en grosseur et en longueur; son encolure de moyenne longueur et assez maigre; son fanon pas trop développé; ses reins souvent ensellés; son ventre trop volumineux; ses côtes un peu trop tombantes; la queue attachée haut; les membres assez gros et avec les onglons tendres, et les jarrets très-larges. Assez apte au travail, elle est encore une de nos races les plus précoces à l'engraissement; mais les vaches sont mauvaises laitières.

104° La *race nivernaise* (France) ne date que de 1789, époque à laquelle suivant M. de Dampierre, M. Mathieu introduisit la race charollaise dans le Nivernais, où elle se croisa avec la petite race froment du pays. Son pelage est café au lait avec le ventre blanc et des taches blanches à la tête et au front; la conformation est à peu près celle du charollais; moins apte au travail et à l'engraissement, cette race n'est pas meilleure pour le lait.

105° La *race bourbonnaise* (France) peu dissemblable des deux précédentes, paraît aussi moins pure. Sa robe est le blanc, quelquefois pie fauve, pie rouge ou pie noir, suivant les croisements avec l'aubrac, le salers ou la race de la Limagne. Elle a les membres plus fins, la poitrine moins ample, le corps plus long, les formes moins arrondies que le charollais; elle est aussi moins apte au travail et à l'engraissement, mais un peu meilleure laitière.

106° La *race bressane* (France) est issue, sans doute, de la race nivernaise avec une race locale; son pelage est jaunâtre avec une raie blanche sur les reins, et quelques autres taches blanches sur le corps et particulièrement aux membres et à la ête ; quelquefois froment terne, ou encore, mais plus rarement gris de souris. Sa tête est longue et étroite ; ses cornes grêles moyennement longues et irrégulièrement contournées ; la poitrine courte et étroite, les membres longs mais remarquablement fins. C'est une excellente race laitière, dont les bœufs travaillent bien et ne présentent pas trop de difficulté à l'engraissement.

Cette nomenclature, nous n'avons pas, on le conçoit, la prétention de l'offrir comme complète ; en dehors des races étrangères sur lesquelles on ne possède aucun document, il est encore de nombreuses variétés françaises que nous avons dû négliger; celles bourguignonne, lorraine, ardennaise, percheronne, berrychonne, solognote, etc., par exemple, mélanges non déterminés d'une multitude de races entre elles. On sait, du reste, combien depuis quelques années, par suite de la manie irréfléchie des croisements, il règne de confusion dans le caractère de presque toutes les races chevalines, bovines et ovines. Au milieu d'une foire, bien habile celui qui saurait reconnaître à coup sûr le type de la plupart des animaux. Avant vingt ans, peut-être, il ne restera pas dix races pures en France, il n'y aura que des métis, et je doute fort que cette fusion s'opère pour le plus grand bien de l'agriculture et du pays.

Quoique la plupart des observations précédentes, sur l'origine de ces races, ne soient qu'hypothétiques, nous pensons que les races françaises, en tant que nous les voyons aujourd'hui, n'ont pas pour la plupart une origine bien ancienne. Le plus grand nombre pourrait bien ne pas remonter au delà de la première moitié du XVIIIᵉ siècle, alors qu'au milieu des guerres, des famines et des pestes, la France voyait encore son bétail décimé par de désastreuses contagions parties de la Hollande et de l'Allemagne, typhus contagieux, glossanthrax, esquinancie gangréneuse, etc. Tantôt il y eut mélange de races par le seul fait du voisinage ; tantôt on importa des colonies prises dans certaines races, pour remplacer la race détruite en totalité ou en partie ; d'autres fois, c'est un peuple conquérant ou voyageur qui traîne à sa suite le bétail des contrées qu'il abandonne ; enfin, quelques reproducteurs de races étrangères ont été versés à l'occasion ou comme expérience, dans le sang de quelques races indigènes qu'ils ont plus ou moins profondément modifiées.

L'espèce bovine, en France s'est multipliée, depuis le commencement de ce siècle, dans une proportion plus élevée encore que l'espèce chevaline, mais semble depuis quelques années, se restreindre un peu en faveur des moutons, dont on n'avait pas jusque-là, assez apprécié l'utilité dans certaines circonstances. Voici d'ailleurs les chiffres officiels :

Années.	Taureaux. Têtes.	Bœufs. Têtes.	Vaches. Têtes.	Total de l'espèce bovine. Têtes.	Espèce ovine. Têtes.
1812.....	214,131	1,701,740	3,909,959	5,825,830	35,189,116
1830.....	391,100	2,033,000	4,628,300	8,130,632	29,130,231
1841.....	399,026	1,968,838	5,501,825	7,569,689	32,151,430

Il est opportun de remarquer qu'après la période d'engouement excité par les mérinos récemment introduits, la réaction reporta la faveur sur le gros bétail à cornes ; mais depuis lors, l'économie rurale mieux comprise ramena les idées vers le bétail à laine, aux dépens de l'espèce bovine. La proportion fournie par la statistique officielle de 1841, offre à très-peu de chose près la même proportion qu'en Angleterre. Ainsi en France, le rapport est de 409 moutons pour 100 bêtes à cornes, et en Angleterre, de 437 moutons pour 100 animaux d'espèce bovine ; en France, le nombre des chèvres, qui tend à s'accroître, quoiqu'il soit déjà de plus d'un million, tandis qu'elles sont fort rares, en Angleterre, rétablit la proportion égale. Néanmoins, l'espèce bovine en France ne suffit point aux besoins de la consommation, ainsi que le prouve le tableau suivant qui nous donne comparativement les importations et les exportations.

	1837	1838	1839	1840	1844	1845	1846
Importations..	29,864	35,757	41,641	38,959	30,380	25,030	21,577
Exportations..	19,834	14,965	12,989	12,529	7,796	9,649	14,511
BALANCE..	10,030	20,792	28,652	26,430	22,584	15,381	7,066

Les animaux importés proviennent surtout de l'Allemagne, de la Hollande, de la Prusse et de la Suisse ; viennent au second rang la Belgique, le Piémont et la Savoie, et l'Espagne. Les exportations se font pour les États sardes, la Suisse, la Belgique, l'Allemagne et l'Angleterre.

Enfin l'espèce bovine, en Europe fournit une population plus que double de l'espèce chevaline ; elle s'élève à environ 84 millions de têtes, ainsi réparties :

	Têtes.
Russie...............................	21,000,000
Empire d'Autriche......................	14,616,000
Iles Britanniques......................	8,000,000
France................................	7,870,000
Confédération germanique...............	7,300,000
Monarchie prussienne...................	5,400,000
Portugal..............................	4,010,000
Italie................................	3,280,000
Turquie d'Europe......................	3,150,000
Espagne...............................	2,950,000
Suède et Norwége......................	1,825,000
Danemark..............................	1,100,000
Suisse................................	850,000
ENSEMBLE...	83,551,000

Les tendances de l'époque actuelle poussent à l'abandon du

bœuf pour le travail, où le cheval et la vapeur le remplacent; mais aussi les besoins en laitage et en viande s'accroissent chaque jour. Aussi l'Angleterre qui l'a compris la première, a-t-elle renoncé aux races de travail, et cherché à établir des races mixtes de lait et de graisse. En France, dans la plupart des contrées, le sol montueux ne permet pas de substituer le cheval au bœuf, et nous devrons longtemps encore conserver comme une nécessité absolue nos si précieuses races de travail du Salers, du Limousin, du Choletais, qui sont en même temps nos meilleurs producteurs de viande et de suif. Puisse la manie des croisements inconsidérés, ne pas les faire disparaître, sous prétexte de les améliorer! D'un autre côté, certaines races, pour répondre aux besoins de l'époque doivent subir d'inévitables transformations; celles charollaise, cotentine, par exemple qui réussissent si admirablement dans le croisement par le durham. Mais c'est là une œuvre de temps, de patience, de sagacité, et qui demande surtout une extrême prudence.

C. Races ovines.

Notre mouton domestique descend-il du mouflon ou de l'argali, ou de l'un et l'autre? C'est pour nous une question beaucoup moins importante que pour les naturalistes. David Low rapporte cette origine à l'argali pour les races asiatiques, au mouflon pour les races européennes, et il est, en cela, d'accord avec les plus savants naturalistes. Le mouflon que l'on trouve encore aujourd'hui à l'état sauvage dans les îles de Candie, de Chypre, de Corse et de Sardaigne, dans la Grèce et dans la Murcie espagnole, est un peu plus grand que nos races de moutons domestiques ; ses cornes , triangulaires à leur base et aplaties vers la pointe, sont longues de 0^m.60 environ, dans le mâle , et manquent complétement à la femelle ; elles sont , en outre, contournées en dedans vers la pointe. Sa toison laineuse et grisâtre est cachée sous des poils longs et soyeux, de couleur fauve ou noire. Il vit en troupes nombreuses dans les montagnes ; il est facilement domesticable et donne avec la brebis domestique des produits féconds , croisement dont les romains tiraient un fréquent parti. Une variété du mouflon (*ovis musimon* Pallas) porte plusieurs cornes, et jusqu'à huit. C'est l'*ovis strepsiceros* ou *ovis polycerates*. Il a fourni plusieurs races à la domestication , et paraît n'être qu'une variété du type sauvage. D'un autre côté, l'argali (*ovis ammon* Linné) est considéré comme la souche des races asiatiques ; il est de la taille d'un daim ; ses cornes sont longues de 0^m.90 à 1^m.20 , ayant à la base plus de 0^m.30 de circonférence ; elles sont triangulaires comme celles du mouflon , très-rapprochées à leur insertion sur le crâne , dirigées obliquement en haut et en dehors, recourbées en arrière, avec la pointe dirigée en dehors et en bas. Son poil est ras, recouvrant un duvet court et laineux de couleur blanche. Ce pelage épaissit en hiver et présente du blanc au museau , à la gorge et sous le ventre , tandis qu'en été il devient ras et de couleur gris fauve ; en toute saison il porte une raie jaunâtre sur les reins et à la base de la queue. La femelle est beaucoup plus petite que le mâle , porte des cornes moins développées , et se distingue par l'absence de jaune à l'attache de la queue qui est très-courte dans les deux sexes. Il est à remarquer que les races de moutons domestiques des contrées méridionales font souvent deux portées dans l'année, ou donnent deux agneaux à chaque portée. Ce caractère se remarquera dans la race hollandaise du **Texel** , originaire des

Indes orientales et qui l'a communiqué aux races qu'elle a produites.

1° *Race hongroise* (Hongrie-Transylvanie-Autriche). Cette race est de taille élevée; ses cornes sont longues, relevées en haut et en spirale; sa laine est grossière, longue et pend souvent jusqu'à terre. Elle est sobre, rustique, supporte bien le froid et l'humidité, s'engraisse facilement et produit de bonne viande. Les femelles sont bonnes laitières et produisent souvent deux agneaux. De leur lait, on fabrique un fromage estimé. Elle pourrait bien avoir comme la suivante, une origine orientale.

2° La *race valaque* (Valachie-Autriche) est peut-être issue de la précédente; sa taille est plus petite, et les femelles manquent souvent de cornes. Son lainage est plus court, plus épais et un peu moins grossier. Ses cornes sont contournées en spirale et dirigées en haut, comme celles de certaines antilopes.

3° La *race de Zakel* ou *des Carpathes* (Autriche) est de même taille que celle valaque; son lainage est plus long et plus grossier et se rapproche davantage de celle hongroise; elle est rustique et fournit de bonne viande.

4° La *race de Galicie* (Autriche) est de grande taille; sa toison est abondante, longue et grossière; depuis quelques années déjà, elle tend à disparaître sous les croisements mérinos auxquels elle paraît assez propre par les résultats obtenus.

5° La *race des bruyères* à tête noire (Angleterre) « ressemble « quelque peu, dit David Low, à la race de Valachie, et comme « cette dernière a des affinités avec la race persane, on peut

« lui supposer une origine orientale. » Elle est de petite taille, avec les cornes très-longues et contournées en spirale chez le mâle, mais manquant quelquefois chez la femelle. La tête et les pattes sont noires et la toison à laine longue et grossière a une tendance à prendre la même couleur. Cette race est très-rustique, et précieuse par cela même dans les pays de montagnes et de collines arides.

6° La *race pénistone* (Angleterre) est considérée par David Low, comme devant être rapportée à la précédente, malgré la différence de couleur de la tête et des pattes qui sont blanches. La toison est la même, mais la taille un peu plus élevée, et la conformation plus grossière ; les mâles entiers ont seuls des cornes très-grandes, rapprochées de la tête et dirigées en avant. Cette race produit une viande très-estimée pour les salaisons.

7° La *race du Kerry* (Angleterre) semble par sa conformation, la nature et la couleur de son lainage, se rapporter à la race des bruyères à tête noire. Cependant les cornes sont généralement courtes et crochues, et manquent quelquefois chez la femelle ; la couleur blanche des toisons est la plus commune, mais ne se conserve que grâce aux soins des éleveurs, et elle a une tendance marquée vers le brun ou le noir. Cette race est d'assez haute taille, d'humeur sauvage, rustique et d'un engraissement difficile et lent.

8° La *race du Norfolk* (Angleterre) se rattache plus directement encore à la race des bruyères dont elle a conservé la couleur typique de la tête et des pattes, le cornage et l'aspect général ; mais son lainage est plus court, plus fin et plus soyeux, son corps et ses membres sont plus longs ; ils sont un peu moins rustiques mais plus aptes à prendre la graisse et produisent une viande très-estimée. Leurs croisements avec les southdowns réussissent fort bien.

9° La *race des montagnes du Galles* (Angleterre) appartient encore au même type par son aspect, son lainage et son caractère. Sa taille est petite ; sa toison grossière et jarreuse est noire, grise ou brune ; ses cornes sont légèrement courbées en arrière comme celles des chèvres. Le jarre dépasse souvent la toison sur les reins, le cou et le fanon. Leur qualité la plus remarquable est la rusticité.

10° La *race du Wicklow* (Angleterre) doit être rapportée à la même origine ; elle a la tête et les pattes blanches, mais présente une tendance avérée à reproduire le noir sur ces parties. Elle est de petite taille, sans cornes, à laine longue et assez douce dans les vallées, jarreuse et grossière sur les montagnes élevées. Les brebis sont bonnes nourrices et employées à la production des agneaux pour la boucherie. Cette race fournit une viande estimée.

Ainsi, toutes les races précédentes devraient être rapportées à l'argali, type des races asiatiques ; la suivante appartient à l'*ovis polycerates*.

11° La *race d'Islande* présente depuis deux jusqu'à trois, quatre et quelquefois huit cornes ; elle est de petite taille, à lainage long, grossier et jarreux ; de couleur gris brunâtre ; très-rustique au froid et au régime, elle n'offre guère d'autre qualité ; dure à prendre la graisse, elle ne fournit qu'un poids presque dérisoire. On rencontre la même race dans la Norwége et jusqu'au Groënland.

12° La *race des Orcades et des Sethlands* (Angleterre) est un mélange de la race des bruyères à tête noire avec les races hollandaises ; sa taille est petite ; les cornes qui parfois manquent chez les deux sexes, sont courtes, droites à l'égal de celles des chèvres ; la couleur de la toison varie du blanc au noir, quelquefois brune, d'autres fois pie noir ou pie brun. La queue est courte et large, l'aspect et le caractère farouches Elle est très-rustique et vit à l'état presque sauvage.

2. TYPE DES LANDES OU DES COLLINES, A LAINE LONGUE ET GROSSIÈRE.

13° La *race bretonne* (France) est de petite taille ; les cornes manquent fréquemment chez les deux sexes ou bien n'existent qu'à l'état rudimentaire ; la tête est courte et large au front ; le lainage long, jarreux, grossier et blanc, rarement noir. C'est une race rustique et assez laitière, vivant en troupeaux sur les bruyères pendant toute l'année. Elle est lente à prendre la graisse, mais fournit une viande très-délicate.

14° La *race solognote* (France) appartient évidemment au type précédent dont elle ne se distingue que par la tête un peu plus longue, et recouverte comme les pattes d'un poil assez fin et de couleur jaunâtre. La toison est à peu près de même poids et de même qualité ; la taille, les aptitudes, le régime sont également semblables.

15° La *race des landes de l'Allemagne* (Landschaft) se rapproche considérablement des précédentes ; elle est de petite taille, et toujours armée de cornes grises, brunes, ou noires, et couverte d'une toison longue, grossière, de couleur blanche, et propre seulement à la fabrication des chapeaux grossiers. Sa viande est très-estimée pour sa saveur. Cette race est très-rustique.

16° La *race des ravats bourbonnais* (France) se rapproche également des races bretonne et solognote ; même taille, même toison longue et rude, peut-être plus jarreuse encore. Transportés dans un pays plus riche, ils engraissent assez promptement et produisent une excellente viande. On en engraisse beaucoup dans le Berry.

17° La *race landaise de la Gascogne* (France) forme un second démembrement de ce type que son chanfrein busqué semblerait indiquer comme ayant reçu quelque peu de sang mérinos ; néanmoins, son oreille est longue, large et tombante, la toison droite, longue et jarreuse, ses gigots grêles, et le fanon presque absent ; mais elle est sobre et parfaitement appropriée au triste régime auquel on la soumet.

18° La *race auvergnate* (France) a également le chanfrein busqué, la toison blanche, longue et méchue ; elle se subdivise en deux sous-races : celle d'Aubrac, de petite taille, à laine jarreuse et à toison fournie ; celle des Causses, un peu plus grande, à laine plus longue et toujours vrillée ; toutes deux rustiques et sobres, surtout la première. La sous-race dauphinoise paraît issue de la race précédente, ou peut-être du mélange des deux sous-races.

3. TYPE DES PLAINES ET COLLINES CALCAIRES OU GRANITIQUES, A LAINE MI-LONGUE ET MI-FINE.

19° *Race à laine douce du pays de Galles* (Angleterre). Cette race est de petite taille ; à cornes minces, légèrement courbées et renversées en arrière, manquant souvent chez le mouton et la brebis ; leur nez est jaune ou blanc, leur toison blanche d'ordinaire mais quelquefois brune ou noire ; la laine est mélangée de jarre, mais très-douce, mi-fine et particulièrement propre à la fabrication des flanelles. Ils portent comme la chèvre une sorte de barbe sous la gorge. Elle a donné naissance à la sous-race d'Anglesea qui n'en diffère que par sa taille

Pl. V.

BREBIS BERRYCHONNE.

GOBIN, *Économie du bétail.*

un peu plus élevée. Elle semble avoir également produit par son croisement avec la race des montagnes du Galles, la sous-race du Radnor, d'assez haut poids, à laine de peigne pour les flanelles et bien conformée pour prendre la graisse.

20° La *race ryeland* (Angleterre) se rapproche aussi de la précédente ; elle est de petite taille, de formes compactes, gracieuse et bien conformée. Les deux sexes sont privés de cornes ; leur toison est très-fine, très-tassée, et vient en Angleterre, au second rang sous ce rapport, c'est-à-dire après le mérinos. Cette race est en même temps robuste, rustique et assez propre à la boucherie. Il est probable que cette race reçut autrefois quelque peu de sang espagnol, quoique les seules traces restées soient dans le lainage.

21° La *race cheviot* (Angleterre) à laine mi-courte et assez fine, provient de la race sauvage des bruyères, croisée par quelque race à laine plus fine ; ils ont le plus ordinairement la tête et les pattes brunes ; ils sont de taille et de poids moyens ; leur toison est mi-courte et mi-fine, propre à la fabrication de certains draps. Ils engraissent assez bien et produisent une viande assez estimée. On la croise beaucoup avec le dishley ou newleicester.

22° La *race berrychonne* (France) ne se rapproche des précédentes que par les qualités de la toison mi-courte, mi-fine, et la plus estimée parmi celles françaises, jusqu'à l'introduction des mérinos. Cette race est de taille et de poids moyens ; elle a l'encolure longue et grêle ; la tête fine et allongée, rarement garnie de cornes, mais munie d'un toupet laineux ; pas de fanon ; le ventre bien garni de laine, les membres assez fins ; elle marche assez bien, engraisse avec assez de promptitude et fournit une bonne viande. Les toisons noires ne sont pas très-rares. On l'a divisée à tort, je crois, en deux sous-races : de

Crevant, qui est la race pure, encore appelée bocagère, et de
Brion, qui est la race plus ou moins mélangée de solognot ou
d'autre race.

23° La *race du Larzac* (France-Aveyron) nous semble appartenir à la race précédente, modifiée par un peu de sang
mérinos, dont on retrouve la trace dans le chanfrein busqué et
le lainage, et du croisement duquel on a des preuves certaines.
La taille est moyenne, le corps plus long, les gigots mieux garnis, la toison plus tassée et plus fine que dans la race berrychonne ; les femelles sont très-laitières, et leur produit est employé à la confection du fromage de Roquefort. Les mâles sont
très-aptes à l'engraissement, et leur viande est très-délicate.

24° La *race agénaise* (France) se rapproche assez du type
berrychon pur ; sa tête est cependant un peu plus courte et sa
toison moins fine et moins tassée ; mais elle est mieux culottée
et plus large du devant.

25° La *race des falaises de la Bretagne et de la Normandie*
(France) est de petite taille, de formes sveltes et fines ; elle a
souvent les pattes et le museau bruns ; sa toison est tassée
courte et assez fine ; elle vit sur les rochers qui bordent les côtes
et produit une viande très-estimée sous le nom de *prés salés*.
A part la taille, cette race ne manque pas de rapports avec les
southdowns ; mais mélangée sans cesse avec les races limi-
trophes, elle n'est pas très-constante ; c'est aux environs de
Granville qu'on la rencontre la plus pure.

4. TYPE MÉRINOS A LAINE COURTE, MI-FINE, FINE ET SURFINE.

26° La *race mérinos* (Espagne) est généralement regardée

Pl. V.

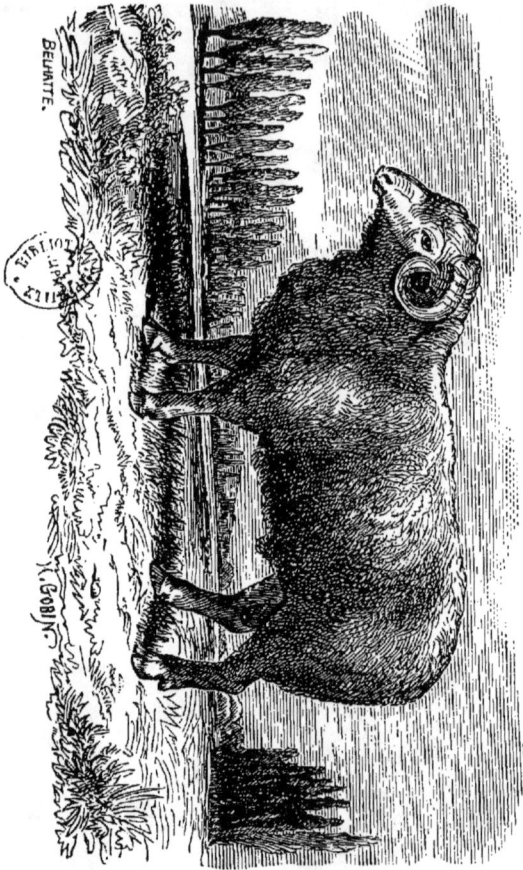

BÉLIER MÉRINOS.

BÉVATTE.

J. GOBIN

GOBIN, *Économie du bétail.*

comme originaire d'Afrique, soit qu'elle ait été introduite par les Sarrasins en 712, soit qu'au xive siècle, après la perte de 1350, elle ait été importée sur la demande de don Pedro IV à un roi maure, et par les soins de Ben-Zéragh. Mais évidemment, le mérinos n'est point resté la race pure de la Mauritanie. La souche indigène d'abord, avait reçu le sang des moutons à laine fine (molles oves) pendant la domination romaine. Plus tard (1345-1464) la race anglaise de Cotswoold fut introduite à son tour, et a laissé des traces de son passage. Du reste, sous la domination romaine déjà, la race des béliers de la Bétique, était si estimée qu'au dire de Strabon, ils se payaient jusqu'à un talent (5,300 fr.); mais à cette époque les laines de l'Espagne sont généralement dépeintes comme étant noires ou rouges. Somme toute et quelles que soient l'ancienneté et la pureté de son origine, cette race produit les laines les plus fines du monde, et cela sous tous les climats. Elle est de haute taille, a le chanfrein busqué, la tête assez grosse et surmontée chez le bélier de cornes triangulaires, roulées en spirale sur les côtés de la tête avec la pointe dirigée en dehors. Son fanon est flottant et garni de laine, comme le toupet, les membres et le ventre. Mais cette race est gourmande, grande mangeuse, difficile à engraisser et ne donne qu'une viande médiocre. Croisée avec une autre race indigène sans doute, elle a produit la sous-race appelée *chourra*, ou race commune, plus grande et plus haute sur jambes, à tête plus fine, à toison plus longue, plus grossière, mais plus rustique et d'un plus facile engraissement. Cette race a été depuis un demi-siècle, introduite dans toutes les contrées de l'Europe. En France, elle a formé deux branches, recommandables chacune par des qualités distinctes : celles de Naz et de Rambouillet ; la première plus petite de taille, à toison plus fine, plus courte et plus égale ; la seconde d'un poids plus considérable, à toison un peu moins fine, mais plus pesante; la première a été adoptée dans la Champagne, la seconde dans la Beauce et la Brie.

27° La *race mérinos soyeux de Mauchamp* (France) n'est à proprement dire qu'une variété du mérinos. Nous avons parlé de l'importation en Espagne du xiv⁰ au xvᵉ siècle de la race anglaise de Cotswoold, à laine longue et droite; c'est à un ressouvenir de cette introduction dans la race qu'il nous semble pouvoir rapporter la naissance, assez fréquente dans la race mérinos, d'animaux à laine longue droite et fine. C'est un phénomène de cette nature qui, observé et suivi par M. Graux, lui donna l'idée de former ainsi une race précieuse et aujourd'hui bien fixée. L'origine de cette race ne remonte qu'à 1828. Sa conformation est à peu près la même que celle du mérinos, mais les deux sexes n'ont de cornes qu'à l'état rudimentaire. Cette race précieuse par elle-même d'abord, pourra encore former avec le mérinos pur une sous-race appropriée à certaines circonstances particulières d'industrie et de culture, de même que le croisement dishley-mérinos si remarquable par des qualités différentes.

28° L'ancienne *race du Wiltshire* (Angleterre) aujourd'hui presque disparue sous le croisement southdown, ou remplacée par cette même race pure, présentait des traces évidentes du sang mérinos : sa tête était grossière et remarquablement busquée; ses cornes grosses, longues et contournées comme celles du mérinos; sa laine était courte, tassée et très-fine. De taille élevée, elle engraissait lentement et ne fournissait qu'une viande médiocre.

29° La *race du Dorsetshire* (Angleterre) paraît appartenir à un métissage fort ancien entre la race du Hampshire peut-être ou celle du Wiltshire, avec le mérinos. Les dorsets ont les cornes un peu moins développées que les wiltshires ; ils ont la face et les pattes blanches, avec les lèvres et les narines noires ; les membres un peu longs mais assez fins ; les épaules un peu maigres, mais les reins larges et profonds. Leur laine est de qualité un peu inférieure à celle des wiltshires, mais ils engraissent plus facilement et donnent une viande de bonne qualité.

30° La *race de Dartmoor* et *Exmoor* (Angleterre) appelée aussi race des forêts, paraît se rapporter à la race des bruyères, ou bien à celles du Hampshire ou du Wiltshire, modifiées par le mérinos. Sa taille est petite, sa tête et ses pattes blanches, mais quelquefois grises ou brunes ; sa toison est courte et à laine douce et assez fine. Les deux sexes portent des cornes. Ils sont assez sauvages et rustiques.

31° La *race provençale* (France) est de moyenne taille, à toison un peu longue, mais mi-fine et bien tassée, propre à la fabrication des draps de seconde finesse ; elle est souvent soumise au régime de la transhumance, et les troupeaux qu'elle constitue, voyagent de la Crau et de la Camargue aux montagnes de la Provence et du Dauphiné. Elle appartient au type des plaines et collines calcaires ou granitiques, sensiblement modifié par le sang espagnol.

32° La *race ariégeoise* ou *du Roussillon* (France) appartient au même type, mais avec une dose plus élevée de sang mérinos. Aussi la toison était-elle considérée comme la plus précieuse parmi celles de toutes les races françaises, jusqu'à la fin du dernier siècle. Elle est soumise comme celle de la Provence à des voyages entre la plaine et les montagnes. Sa conformation est celle du mérinos, mais avec la tête moins grossière, le cornage plus léger, le fanon moins pendant, les formes moins massives, et la taille plus petite.

5. TYPE HOLLANDAIS DU TEXEL (originaire de l'Asie) A LAINE LONGUE,
DROITE ET MI-FINE.

33° La *race du Texel* (Hollande) n'est autre qu'une race indienne importée en Hollande vers 1550. Elle est de grande
taille, à tête un peu longue mais assez fine, à membres solides
et un peu grossiers, à côte un peu plate, à queue courte et
large. Les deux sexes manquent de cornes. Leur lainage est
long, droit et médiocrement fin. Les femelles font et élèvent
jusqu'à quatre agneaux d'une seule portée. M. de Morogues
qui lui donne pour origine les Indes orientales nous paraît
plus dans le vrai que Tessier qui la fait venir des îles de Crète
et de Candie.

34° La *race flamande frisonne* ou *flandrine* (Belgique-Hol-
lande-France) est de très-haute taille, a le corps très-long et un
peu resserré; les membres hauts et dégarnis de laine. La toison
est longue, abondante, inégale, à brins droits et souvent
méchus, en somme de médiocre finesse; ce sont des laines de
peigne. Elle est grande mangeuse et d'un engraissement peu
économique. Les femelles donnent assez régulièrement deux
agneaux par portée, et sont bonnes laitières et bonnes nourrices. Cette race a produit en France les sous-races artésienne
et picarde qui n'en diffèrent guère que par la taille plus petite
et le lainage un peu plus court et plus fin.

35° La *race poitevine* (France) nous semble ne pas être autre
que la race flamande introduite dans le marais poitevin d'où
elle s'est aussi, et, peut-être par croisement, répandue dans la
plaine; elle est de haute taille, a le chanfrein légèrement
busqué, la toison longue, assez grossière et vrillée à la pointe,

exclusivement propre au peigne. Dans la contrée appelée plaine, elle a perdu un peu de taille et de longueur de laine, mais la toison est un peu plus fine. C'est une assez bonne race de boucherie. Elle produit souvent deux agneaux ; les brebis sont bonnes laitières.

36° La *race normande* (France) est de plus petite taille que la précédente, et est moins constante ; elle a reçu, dans ces dernières années, quelque peu de sang dishley et southdown dont les caractères se distinguent facilement dans un grand nombre. Sa toison est longue et assez grossière, mais elle engraisse assez rapidement et donne de bonne viande. Les brebis donnent le plus souvent deux agneaux par portée, et les allaitent bien.

37° La *race lorraine* (France) paraît descendre de la race flandrine ; mais elle a pris un peu plus de carrure dans les formes, en perdant de la taille ; sa toison est de même nature, mais moins abondante et moins longue. Elle est devenue plus sobre et plus apte à prendre la graisse. Sa tête est courte mais large aux yeux, ses membres courts, le bassin et les reins larges, le gigot bien fourni. Elle donne fréquemment aussi deux agneaux par an en une portée.

38° La *race du Hanovre* ou *des Marsches* (Hanovre-Allemagne) descend de celle du Texel ou de la Flandre dont elle ne diffère en rien par sa conformation ni son lainage ; elle habite les marsches du Hanovre et y porte le nom d'Eiderstœdt. Elle est bonne laitière, produit de deux à quatre agneaux par portée, est de grande taille, à laine longue et mi-fine, et produit une assez bonne viande.

39° La *race lomelline du Piémont* (Piémont) paraît être la race hollandaise ou flamande transportée dans ce pays, et nous ne pouvons admettre l'opinion de **Lullin** de Châteauvieux qui

I. 12

la fait venir d'Afrique, où il n'existe aucune trace de race tant
soit peu identique ; en effet, sa taille est très-élevée ; sa tête
est sensiblement busquée, ses oreilles larges et tombantes ; ses
reins larges et droits, ses hanches ouvertes. Elle produit toujours deux agneaux et est très-laitière, à ce point qu'on utilise
cette précieuse qualité pour le ménage. Sa toison est longue,
droite et grossière.

40° La *race d'Exmoor* (Angleterre-Sommerset) présente,
malgré sa petite taille, certaines affinités avec la race hollandaise, par sa laine longue et soyeuse. Seulement, du type primitif, elle a gardé la barbe au menton qui donne au mâle
l'aspect d'un bouc. Ils vivent à l'état presque sauvage, sont
agiles, sobres, et produisent une chair très-estimée.

41° La *race du Lincoln* (Angleterre), que nous inclinerions
à regarder comme la souche du newleicester ou dishley, est à
peu près complétement disparue aujourd'hui. Elle est de très-
grande taille, mais de conformation un peu trop étroite et à
squelette grossier. Sa toison extraordinairement longue et cependant assez fine tombait presque jusqu'à terre ; elle pèse de
$4^k.5$ à $5^k.5$; les animaux gras donnent de 30 à 40 kilogr. de
viande nette.

42° La *race cotswoold* (Angleterre) n'est pas sans rapports
avec la précédente ; elle est d'une taille très-élevée ; sa laine
est longue, droite, tassée et assez fine. Les femelles sont très-
prolifiques et bonnes laitières ; les mâles engraissent avec une
certaine difficulté, mais arrivent à un poids extraordinaire.
Elle est préférée aux dishleys dans certains riches comtés.

43° La *race newkent* ou *romney-marsh* (Angleterre) est devenue extrêmement rare ; elle a la tête grossière, avec un toupet
de laine sur le front, l'encolure courte et épaisse, les pattes
longues et fortes, les sabots larges, la poitrine étroite, le flanc

Pl. VII.

RACE MALINGIÉ OU DE LA CHARMOISE.

H. Gobin.

Gobin, *Économie du bétail.*

très-développé, ainsi que l'abdomen. Leur laine était longue, mais inégale, de douceur moyenne. La race actuelle, qui porte le nom de newkent, nous semble être l'ancien romney-marsh amélioré par le dishley ; c'est à sir Richard Goord qu'est due cette transformation. M. Malingié-Nouel introduisit l'un des premiers cette race en France, et s'en servit pour métisser sa race de la Charmoise. Quelques écrivains pensent que le new-kent est un mélange de trois sangs dorset-dishley-romney-marsh ou cotswoold.

44° La *race de la Charmoise* (France) a été obtenue par M. Malingié père, au moyen du métissage ; mélangeant d'abord le sang de son troupeau de solognot, tourrangeau, berrychon et mérinos, il donna alors le bélier newkent, et obtint des produits remarquables par leur lainage assez fin, long et doux, mais surtout par leur bonne conformation et leur précocité pour l'engraissement. Cette race est maintenant à peu près fixée et convient très-bien aux contrées de riche culture.

45° La *race newleicester* ou *dishley* (Angleterre) nous semble prendre son origine dans l'ancienne race du Lincoln améliorée par Backwell (1760). Elle a la tête courte et le front large, les oreilles longues et tombantes ; les formes cylindriques, la poitrine très-ample, les membres courts et cependant solides. Sa toison est à laine longue, presque droite et mi-fine, propre au peigne. Les brebis font souvent deux agneaux et sont bonnes nourrices. Cette race est très-apte et très-précoce à la boucherie et fournit une chair assez estimée.

46° La *race dishley-mérinos* (France) est depuis quelques années cherchée par les soins de quelques habiles éleveurs ; MM. Plu-chet, Yvart, Dailly ont les premiers compris l'importance que présenterait une race mixte de boucherie à laine mi-fine. Les caractères de ces métis commencent à se fixer et il n'est pas douteux qu'ils ne remplacent promptement les métis-mérinos de la Beauce et de la Brie dont le temps est passé. Peut-être du reste pourra-t-on mélanger encore au sang de cette sous-race le mauchamp soyeux qui ajouterait encore à la finesse et à l'abondance de la toison, sans nuire à la conformation pour la boucherie.

47° Enfin, il est une race, celle *de Southdown* (Angleterre) que nous n'avons point voulu classer, à cause de l'incertitude de son origine; par son lainage court, fin et tassé, elle se rapporte au mérinos; par la couleur brune de sa tête et de ses pattes, elle se rapproche de la race des bruyères, ou de celle des falaises de Bretagne et de Normandie. Peut-être n'est-elle que la race primitive des collines calcaires du Sud, sans cornes, à tête et face noires, à laine courte fine et frisée, améliorée par elle-même par les soins de John Ellmann (1785), et de nos jours encore par Jonas Webb. Plus petite que le dishley, de formes plus harmonieuses, elle exige des sols moins riches, tout en restant aussi précoce et aussi apte à l'engraissement et produisant une viande beaucoup plus estimée. Son lainage est assez fin, court, ondulé et bien tassé; les brebis sont assez bonnes laitières et produisent assez fréquemment deux agneaux par portée. Elle tend à se substituer en Angleterre à toutes les races de collines, comme le dishley à celles des plaines; en France elle semble destinée à l'amélioration de nos races à laine courte (berrychonne), et même à longue laine, bretonne, solognote, landaise, etc.

48° Enfin nous ne devons pas omettre de mentionner une race suisse à laine brune et courte introduite en France par M. Lequin de Lahayevaux (Vosges). Cette race est de grande taille, assez bien conformée, à toison tassée et de médiocre finesse, mais très-féconde et faisant deux portées par an, de

chacune deux ou trois agneaux. On a pu voir cette race au concours agricole universel de 1856, où elle obtint un 3ᵉ prix. Nous
en avons vu quelques animaux et divers croisements chez M. le
baron Maurice de Tascher à Tauvenay par Sancerre (Cher).
Cette race a sans doute pour origine une race indigène de la
Suisse ou de l'Allemagne, à laine brune, et qui a reçu une
certaine dose de sang mérinos.

En dehors de cette nomenclature et de cette description suc-
cinctes, il reste incontestablement en Europe et en France, des
races que nous avons dû négliger parce que leur nom seul est
connu, et leurs caractères aussi bien que leur origine sont loin
d'être avérés ; telles sont celles dauphinoise, de la Yole, ardennaise, champenoise, picarde, cauchoise, etc., etc. L'étude de
l'espèce ovine, même en France, a été beaucoup plus négligée
encore que celle de l'espèce bovine, et il n'en existe aucune
description un peu complète ; leur nomenclature même n'est
point fixée, et chaque éleveur applique un nom conventionnel
à la race qu'il décrit. En outre, les croisements produisent
chaque jour des modifications profondes en mélangeant des
races voisines ; quelques-unes disparaissent complétement,
d'autres changent entièrement de types ; le même fait du reste
s'est produit déjà en Angleterre où quatre ou cinq races modernes améliorées absorbent presque toutes les races anciennes.
Bien mieux que nous, les Anglais ont compris que les circonstances économiques actuelles devaient nous conduire à la production de la viande, même aux dépens de la toison ; les contrées arriérées ou peu peuplées de l'Europe (Russie, Suède,
Allemagne, etc.), celles désertes ou incultes du nouveau monde
(Australie, Californie, le cap de Bonne-Espérance, Nouvelle-
Galles du Sud, etc.) peuvent seules avec économie produire

les laines fines. Malingié n'exagérait que bien peu en disant que la question du mouton serait résolue le jour où on obtiendrait le mouton sans laine.

L'espèce ovine est précieuse en ce qu'elle utilise les productions naturelles que l'homme ni le bétail à cornes ne sauraient utiliser sans lui; mais c'est une question de savoir si sa nourriture à l'étable avec des fourrages cultivés est une spéculation économique. De nos calculs, il résulte qu'il faut en moyenne 63 kilogr. de foin ou l'équivalent, pour produire 1 kilogr. de laine mi-fine en suint, et que cette quantité de laine représenterait un accroissement, en poids de viande, de $4^k.200$ pour l'animal. D'un autre côté, voici ce que dit M. Malingié : « 14 kilogr. de foin haché suffisent non-seulement à un bœuf « au repos, bœuf susceptible de donner 300 kilogr. de viande « nette à la boucherie, mais ils lui procurent encore une aug- « mentation de poids très-sensible. Ces mêmes 14 kilogr. suf- « fisent à peine à huit moutons du poids chacun de 20 kilogr. « chair nette; d'où il est facile de conclure que la ration qui « suffit amplement à l'entretien de 300 kilogr. de viande de « bœuf, entretient à peine 160 kilogr. de viande de mouton. » (Journal *le Cultivateur*, année 1845, p. 470). M. Robert Stephenson de Withlaver (Est-Lothian) dit avoir remarqué que les moutons nourris aux turneps peuvent consommer presque dans la même proportion que le gros bétail à cornes, poids pour poids. Ainsi, dix moutons pesant ensemble 40 stones, consomment presque la même quantité qu'un bœuf de 40 stones. Mais si on met le bœuf à l'herbe, six moutons peuvent consommer autant que lui (*Stephen's the Book of the farm*, t. I). Peut-être donc est-ce une fausse économie qui nous fait engraisser l'hiver nos moutons à l'étable avec les résidus de nos fabriques, plutôt que de les consacrer à des bœufs ou des vaches. En un mot, la viande de mouton coûte plus cher à produire que celle du bœuf, et la laine coûte plus cher encore que la viande.

Nonobstant, l'espèce ovine s'accroît en nombre dans toutes les contrées de l'Europe, et quelquefois même aux dépens du bétail à cornes, suivant certaines circonstances plus ou moins appréciées. Il dépasse de nos jours 190,000,000 de têtes, soit l'équivalent de 19 millions de grosses bêtes à cornes.

	Têtes.
Russie.	35,000,000
Angleterre.	35,000,000
France.	32,000,000
Autriche.	24,000,000
Espagne.	19,000,000
Prusse.	18,000,000
Allemagne.	8,100,000
Italie.	8,000,000
Suède et Norwége.	4,200,000
Empire turc.	4,000,000
Portugal.	1,000,000
Hollande.	650,000
Belgique.	600,000
Suisse.	500,000
	190,450,000

La France importe encore un nombre assez notable de bêtes ovines, ainsi que le prouve le tableau suivant :

	Têtes. 1837.	Têtes. 1838.	Têtes. 1839.	Têtes. 1840.	Têtes. 1844.	Têtes. 1845.	Têtes. 1846.
Importations.	128,099	141,737	151,303	135,072	157,664	152,560	147,774
Exportations..	38,333	42,681	55,632	92,269	35,721	41,719	53,882
Différences.	89,766	99,056	95,671	42,803	121,943	110,841	93,892

Les besoins de l'industrie, nécessitent encore, outre la production nationale, l'importation d'une moyenne de 25 millions de kilog. de laine, en partie fournie par la Russie, l'Allemagne et le nouveau continent. Cette quantité va sans cesse en s'accroissant d'après une rapide progression :

		Kilogr.
1815 , importations	....	5,000,000
1820	—	6,000,000
1825	—	7,000,000
1830	—	7,635,928
1835	—	15,859,368
1840	—	13,697,089
1845	—	25,761,806
1850	—	26,364,105

Ce dernier chiffre n'est inférieur que d'un quart environ à l'importation des laines en Angleterre pour la même année, et dépasse celui de son importation en 1839, soit 25.990.430 kil. Notre colonie algérienne nous semble appelée dans un prochain avenir, à combler le déficit de la production nationale sous ce rapport, et ce sera là une des sources de sa richesse. Patrie originaire du mérinos, l'Algérie trouvera dans l'espèce ovine un moyen d'étendre les progrès de la culture ; elle renferme déjà près de 10 millions de bêtes à laine appartenant tant aux indigènes qu'aux colons, et le gouvernement s'occupe de l'introduction du bélier mérinos.

D. Races porcines.

Les naturalistes sont généralement d'accord pour rapporter nos races de cochons domestiques de l'Europe au sanglier (*sus-aper*), et attribuer les variétés de conformation qu'ils présentent, aux circonstances de climat et de régime auxquelles ils sont soumis. Il y a loin en effet, de notre sanglier sauvage ou de la race flamande à celle des Chinois ou du Newleicester. Disons du reste que de tous nos animaux domestiques, le porc est celui dont il est le plus prompt et le plus facile de modifier les formes; mais abandonné à lui-même, il revient promptement au type primitif.

On divise ordinairement nos races domestiques en deux classes, en prenant pour caractère la forme et la grandeur des oreilles, suivant qu'elles sont larges et tombantes, ou bien étroites et relevées. La première classe comprend nos races européennes; la seconde, celles asiatiques ou modifiées au moyen du sang oriental.

1. RACES A OREILLES LARGES ET TOMBANTES.

1° *Race mangalicza* (Hongrie-Autriche). Elle présente trois variétés que l'on rencontre ensemble dans la Hongrie. La grande, de couleur jaune, a les soies crépues, le corps allongé, et les jambes courtes; la petite a les oreilles courtes et dressées, le corps ramassé et s'engraisse plus facilement; elle paraît avoir été modifiée par la race westphalienne dont elle a gardé la robe rougeâtre. Enfin, la troisième ne diffère de la première que par la couleur qu'elle pourrait bien tenir de la race italienne. C'est la seconde qui améliorée par le prince de Serbie, Milosch, a fourni la sous-race qui porte son nom.

2° La *race de Szalonta* (Hongrie-Autriche) est de taille plus élevée que la race jaune précédente; elle est de même couleur, avec le corps allongé, les flancs creux, le ventre flasque et pendant; elle est dure à l'engraissement, mais produit une viande et un lard estimés.

3° La *race de Lemberg* (Galicie-Autriche) est de grande taille aussi, de couleur blanche avec les soies rudes et épaisses, le corps allongé et étroit. Elle est comme les précédentes d'un engraissement difficile.

4° La *race de Podolie* et de *Bohême* (Russie-Autriche) est de très-grande taille, de couleur blanc sale ou jaunâtre, très-haute sur jambes, longue et mince, peu féconde et dure à engraisser. On rencontre en Bohême une sous-race qui en descend, mais dont la taille est moins élevée, les membres plus courts, les formes plus larges, qui est assez précoce et plus prompte à engraisser que toutes celles qui précèdent.

5° La *race flamande* (Belgique-France) est de haute taille, avec le corps allongé, les membres un peu longs, la tête courte mais épaisse, le dos voûté mais assez large, la côte assez ronde. Elle est blanche avec le nez blanc, le groin court et les oreilles très-larges et recouvrant les yeux. Elle est grande mangeuse, tardive dans son développement, mais engraisse assez promptement quand elle a atteint l'âge adulte et fourni de bonne viande et un lard assez estimé.

6° La *race normande* (France) ressemble beaucoup à la flamande dont elle descend sans aucun doute; comme elle, elle est blanche, mais a le chanfrein un peu camus et plus allongé, le poil plus clair et moins rude; elle est aussi un peu moins féconde. Elle porte le nom de race de Nonant, pour la distinguer de celle du pays d'Auge à oreilles droites. Elle est très-vorace et d'un engraissement tardif et lent, mais peut avec le temps acquérir un poids considérable.

7° La *race poitevine* (France) paraît provenir de l'une des deux précédentes; elle est un peu plus petite que la race nor-

mande commune, mais à part cela elle présente les mêmes
caractères de couleur, de formes et d'aptitudes. Elle peut encore
atteindre, cependant, au poids vif de 250 kilogr. Son aspect
général est moins arrondi que dans la race normande, et elle
est un peu plus difficile à engraisser.

8° La *race craonnaise* (France) est l'une des meilleures races
indigènes de la France ; elle paraît être la race flamande ou
celle normande améliorées. Elle a le corps très-long, les jambes
assez courtes, le dos droit et large, est sobre et s'engraisse facilement, mais après l'âge d'un an seulement ; aussi lui reproche-
t-on d'être un peu tardive. Elle atteint communément au poids
vif de 250 à 300 kilogr. Elle a formé une sous-race qu'on
appelle race de la vallée et qui en diffère peu par les formes et
l'aptitude ; mais elle a la tête plus courte et plus large, est de
taille plus petite, et porte sous le menton deux espèces de
breloques semblables à celles de la chèvre (Magne).

9° La *race périgourdine* (France) n'appartient plus à la
famille flamande, ou du moins a été modifiée par une race italienne, sans doute. Elle est de taille moyenne, a le corps court,
ramassé, large et trapu ; sa peau et son poil sont noirs ; les soies
rudes et courtes ; sa tête est longue et pointue ; son col court,
et épais ; la poitrine est assez ample et la côte arrondie, les reins
un peu voûtés, les membres courts et bien musclés aux jambons.
Elle est assez précoce et engraisse assez facilement. Sa viande
est très-estimée pour les approvisionnements de la marine.

10° La *race bressane* ou *bourbonnaise* (France) n'est pas sans
similitude avec la périgourdine ; elle a comme elle une taille
moyenne, mais elle a le corps noir et ceint d'une bande blanche
au milieu du tronc. Ses formes sont un peu moins arrondies,
ses membres plus longs et sa tête plus volumineuse. Elle est
moins précoce et plus dure à engraisser.

2. RACES A OREILLES COURTES ET DROITES.

11° La *race normande d'Auge* (France) a la tête petite et pointue, les oreilles étroites, le corps allongé, les pattes courtes et assez fines, les reins presque droits, les jambons bien musclés. Elle est de couleur blanche et de taille moyenne. Elle est un peu plus précoce et plus facile à mettre en chair que la race normande commune ou de Nonant. Elle semble avoir été quelque peu améliorée par du sang anglais. Elle peut atteindre, grasse, au poids vif de 300 kilogr., tandis que celle de Nonant arrive fréquemment à celui de 350 à 400 kilogr.

12° La *race charollaise* (France) est de couleur pie noir et ressemble un peu à celle bressane, mais elle est plus petite, a le corps moins long, la côte plus plate et les membres plus courts. Elle est d'un engraissement assez prompt et donne une excellente viande. C'est une des bonnes races françaises, mais qu'il serait facile d'améliorer encore soit par elle-même, soit par le croisement.

13° La *race limousine* (France) est de taille moyenne, de couleur pie jaune et noir ou blanc et noir ; elle a la tête assez légère avec le museau pointu, la poitrine assez large ainsi que le dos et les reins qui sont presque droits ; la côte est bien tournée, et les membres courts quoique assez gros.

14° La *race du Quercy* (France) se rapproche beaucoup de celle du Limousin par sa couleur et sa conformation ; mais elle a la tête plus courte et plus large et porte comme la race craonnaise de la vallée, deux sortes de pendeloques sous la ganache. Son dos et ses reins sont un peu voûtés ; sa couleur est pie noir, quelquefois entièrement noire. Ces deux races paraissent avoir reçu du sang italien, ou chinois.

15° La *race westphalienne* (Allemagne) a les soies de couleur rougeâtre, le dos arqué, le ventre levretté, la tête grosse et longue. Elle est sobre, mais médiocrement féconde ; c'est une race de forêt, dure à engraisser, mais donnant une viande succulente et très-estimée, surtout pour les jambons. On la trouve dans l'est de la France, les Vosges et les Ardennes.

16° La *race turque* ou *de Mongolitz* (Turquie), a le corps court et arrondi, les membres courts et fins, les soies rares, frisées, noirâtres et d'un rouge brun (Magne). Elle est assez précoce et facile à mettre en chair. Elle présente une certaine similitude avec les races chinoises.

17° La *race napolitaine* (Italie) est de petite taille, noire et dépourvue de soies ; mais celles-ci reparaissent après quelques générations quand on l'importe dans des climats plus septentrionaux. Elle produit une viande très-savoureuse qui la fait employer par les Anglais à l'amélioration de quelques-unes de leurs races. Les sous-races de Parme et de Malte jouissent des mêmes qualités et en diffèrent à peine dans la conformation.

18° La *race chinoise* (Chine) présente une grande variété de taille et de couleur, tout en conservant à peu près la même conformation ; la race siamoise qu'on trouve dans le Birman et le Cambodge est de couleur noire, de petite taille avec le corps cylindrique, et les reins un peu ensellés ; les soies sont rares, fines et très-douces ; les femelles sont moins prolifiques et moins laitières que celles de nos races européennes, mais les jeunes animaux sont très-précoces et engraissent avec une merveilleuse facilité. La race de Canton présente à peu de chose près les mêmes caractères, mais elle est blanche. Toutes deux ont été employées en Angleterre à l'amélioration des races indigènes.

19° La *race du Berkshire* (Angleterre) est de taille et de poids moyens; sa couleur est brun rougeâtre avec des taches brunes ou noires, quelquefois pie blanc et noir, d'autres fois entièrement noire. Elle a la tête large, mais courte avec le groin effilé; les membres courts et fins, toutes les formes arrondies et les reins droits. David Low la regarde comme une race indigène améliorée tour à tour par le sanglier et la race chinoise de Siam, par les soins de sir Richard Astley, de Ordstone-Hall. Elle est assez précoce, d'un engraissement aisé et peut atteindre jusqu'à 600 kilog. vif.

20° La *race du Hampshire* (Angleterre) qui présente assez de rapports avec celle du Berkshire est comme elle de taille moyenne; elle est pie noir, quelquefois jaune roussâtre avec des taches noires. Elle a été comme celle du Berkshire obtenue par des croisements siamois et améliorée par le sang du sanglier sauvage. Elle est aussi estimée pour son aptitude à la graisse, sa précocité et la qualité de sa viande, que le berkshire.

21° La *race d'Essex* (Angleterre) a été obtenue par un croisement napolitain; elle est noire, de taille un peu au-dessous de la moyenne, de conformation un peu plus fine que le berkshire, et plus estimée pour la qualité de sa viande.

22° La *race du Yorkshire* (Angleterre) présente la même origine, les mêmes aptitudes et la même conformation. La seule particularité qui l'en distingue en quelque sorte, est la rareté des poils fins et noirs qui recouvrent sa peau noire.

23° La *race de Newleicester* (Angleterre) a été obtenue au moyen de la race chinoise blanche de Canton. Elle est de petite taille, avec la tête très-courte et le chanfrein fortement camus, les joues pendantes, le ventre bas et traînant par terre, les membres courts et fins, le dos et les reins presque droits, la queue courte, fine et contournée en tire-bouchon. Elle est extrêmement précoce et merveilleusement disposée à prendre la graisse.

24° La *race coleshill* (Angleterre) ressemble beaucoup au newleicester et paraît avoir avec lui une commune origine ; cependant elle est plus fixe, plus constante dans ses caractères, et un peu moins précoce. Elle est également blanche, mais a la tête plus courte et le chanfrein plus camus encore, les soies plus rares et plus fines, la peau plus rose. Sa viande est un peu moins estimée.

On peut évaluer à près de 38 millions de têtes la population des porcs domestiques de l'Europe, population précieuse par les services qu'elle rend surtout aux pauvres, et qui fournit aux marins une viande de conservation facile et assurée. Elle se répartit ainsi qu'il suit :

	Têtes.
Russie	9,000,000
Empire d'Autriche	9,000,000
Angleterre	8,000,000
France	5,000,000
Allemagne	2,312,000
Prusse	2,152,000
Italie	715,000
Espagne	506,000
Belgique	500,000
Hollande	380,000
Suède et Norwége	235,000
Portugal	85,000
Suisse	33,000
Empire turc	12,000
	37,930,000

La France importe un nombre de porcs assez important, de la Belgique et de l'Allemagne ; mais elle exporte aussi pour l'Angleterre qui préfère, pour les salaisons de sa marine, nos races tardives mais entrelardées, à ses races précoces mais tout en graisse. Dans l'amélioration de nos races françaises, on devrait se garder avec soin de la faute dans laquelle sont tombés les Anglais en diminuant trop le poids et la taille de leurs races, et en ne tenant pas assez compte de la qualité de la viande ; aussi nos maîtres ès bétail sont-ils maintenant fort disposés à recourir au sang sauvage ou à celui des races communes.

E. Races de la basse-cour.

Nous ne pouvons, dans cette étude succincte, négliger les races diverses qui peuplent nos basses-cours, et qui, par leurs produits, nous rendent de si précieux services. Seulement nous serons bref à leur égard, nous bornant à citer dans chaque espèce les races les plus connues.

I. LE COQ. — Ce serait une erreur que d'assigner à nos races domestiques un type primitif unique ; évidemment, elles proviennent du mélange.d'un grand nombre de races sauvages exotiques. Le coq indien de Bankiva est celui qui se rapproche le plus de nos espèces domestiques, il est vrai, mais il ne saurait avoir donné seul naissance à tant de races si diverses de plumage, de formes et de qualités. D'autres prennent pour type le coq de Java, quelques-uns, celui de Bentam, etc. On a été jusqu'à placer en Amérique l'origine de notre coq commun. Nous nous contenterons de le considérer comme issu de plusieurs types sauvages, sans doute provenant de l'Asie, berceau de toutes nos races animales, aussi bien que des races humaines.

1° *Race de Bantam ou Bentam ou Bankiva*. Elle se trouve à

l'état sauvage dans l'île de Java, d'où elle fut en 1602 introduite en Angleterre. M. Malézieux la regarde comme ayant un peu du sang hollandais, dû à un établissement formé en 1595 par des négociants de cette nation à Batavia. Elle est de très-petite taille, très-féconde, et bonne couveuse. Le pelage du coq est d'un rouge jaunâtre riche, vif et doré; le plumage de la poule est souvent blanc.

2° Le *coq frisé* est commun à Java et dans toute l'Inde; ses plumes, excepté aux ailes et à la queue, sont plantées à contre-sens. C'est un objet de curiosité et nullement d'utilité.

3° Le *coq soyeux* originaire du Japon et de la Chine a la peau rouge ou noirâtre, recouverte d'un duvet blanc et soyeux. La poule est bonne pondeuse, mais ses œufs sont très-petits.

4° La *race persane* n'est remarquable que par l'absence des vertèbres caudales, ce qui fait qu'elle n'a ni queue ni croupion.

5° La *race hollandaise* de *Breda* provient suivant M. Letronne du métissage d'une race indienne avec une race indigène. Elle est remarquable par l'absence de la crête, remplacée par des plumes noires et fines réunies en une mèche pointue, par ses pattes couvertes d'un duvet assez fourni. Le coq a le plumage noir à reflets brillants, de même que la poule, qui porte aussi sur la tête, une petite aigrette. Elle est bonne pondeuse, engraisse assez aisément, mais ne couve pas.

6° La *race hollandaise* de *Gueldre* descend de la précédente dont elle diffère peu par les caractères essentiels; elle possède comme le breda des pattes courtes et emplumées, et une aigrette sur la tête; le plumage du coq est gris foncé avec des taches roussâtres sur le cou, le dos et la queue; la poule présente les mêmes caractères; les mêmes qualités de poids, d'engraisse-ment et de chair réunissent cette race à la précédente.

I.   13

7° La *race russe, polonaise noire, race de Padoue,* ou *américaine,* est un peu plus forte que les deux précédentes; elle pourrait fort bien avoir son origine dans la race de Breda dont elle a le plumage noir et l'aigrette; seulement celle-ci est formée de plumes blanches, et ses pattes sont dégarnies de duvet. Les poules sont bonnes pondeuses. Cette race est d'un développement un peu lent et d'un engraissement un peu tardif.

8° La *race polonaise blanche* n'est autre que la précédente dont le plumage est bizarrement modifié; il est blanc avec l'aigrette noire; ses formes et ses qualités sont les mêmes que pour la race noire.

9° La *race polonaise mouchetée,* celle hollandaise mouchetée, et enfin la hambourgeoise mouchetée, ne sont à proprement dire que des sous-races obtenues par croisement de celles polonaise noire et blanche, pour la première; de Breda et Dorking, pour la seconde, et probablement aussi pour la troisième. Toutes trois sont de très-bonnes pondeuses, mais couvent mal et n'engraissent que lentement.

10° La *race belge de Bruges,* ou *race de combat du Nord* paraît prendre son origine dans celle russe ou polonaise noire. Elle a le corps rond et bien proportionné, les jambes longues, nerveuses et noirâtres, le bec long et recourbé en bas, vers le bout. Le coq a le plumage noir terne avec quelques taches de feu sur le corps et les ailes, et le cou jaune orangé avec des raies brunes. La poule a également le plumage noir marqué de feu sur les ailes, mais le cou est alterné par raies de noir et de jaune terreux. Cette race est de grande taille et pèse jusqu'à 3 kilogr. 500. Elle est excellente pondeuse, assez facile à engraisser et donne une chair estimée.

11° La *race belge* ardoisée de Bruges paraît n'être qu'une

variété de la précédente ; son pelage seul l'en distingue : il est gris bleu, pour le coq, avec le cou, le dos et le croupion jaune clair et quelques taches de feu sur les ailes ; pour la poule il est entremêlé de bleu et de roux fondus ensemble. Mêmes aptitudes que dans la race noire de Bruges.

12° La *race espagnole andalouse* ressemble, moins l'aigrette remplacée par une crête, à la race russe ou polonaise noire ; son plumage est d'un noir luisant avec la peau blanche ; sa crête est simple mais très-développée et très-rouge. Cette race atteint le poids de 3 kilogr., à l'âge adulte ; son engraissement est assez facile et sa chair assez estimée. La poule est bonne pondeuse, et ses œufs sont très-gros.

13° La *race anglaise de combat* descend suivant les uns, de celle de Padoue ; suivant les autres, de la grande race malaise. En tout cas, elle a bien perdu de sa taille, car à peine pèse-t-elle 1 kilogr. 600. Son pelage varie du blanc au rouge très-foncé ou même au noir. La plus estimée a le plumage rouge doré avec la poitrine d'un brun très-foncé. La chair de ces animaux est très-délicate ; la poule est assez bonne pondeuse, mais ses œufs sont très-petits, et elle couve mal.

14° La *race anglaise de Dorking*, obtenue sans doute de divers croisements, présente cette particularité exception- nelle, d'avoir cinq doigts dont deux en arrière. Il est à remar- quer que Columelle parlait déjà d'une race présentant la même bizarrerie, mais dont il n'indiquait point l'origine. M. Fisher- Hobbs a recommandé cette race et créé sa vogue, mais elle appartient évidemment à un type fort ancien. Elle a les pattes un peu courtes, le corps rond avec des pectoraux très-développés et la queue un peu inclinée comme le faisan ; sa taille est assez forte, elle pèse souvent jusqu'à 3 kilog. ; sa crête est simple, droite avec des dents profondes. Son plumage est noir aux

cuisses et à la poitrine, gris sombre à l'abdomen, jaune clair
rayé longitudinalement de noir au cou; blanc, vert et noir aux
ailes; enfin d'un noir verdâtre métallique aux plumes de la
queue qui sont longues et bien arquées. La poule est d'un roux
clair ou gris, moucheté de gris ou de roux. Elle est bonne
pondeuse, estimée pour la table, et assez bonne couveuse. Elle
est surtout précoce.

15° La *race française de Crèvecœur* est fort ancienne et on
ignore son origine. Son corps est très-long et placé sur des
pattes relativement courtes; sa tête est surmontée d'une forte
huppe de plumes retombantes; les joues et le dessous du bec
sont également accompagnés de plumes fines et longues. En
avant de la huppe, le bec est garni d'une crête épaisse et
bifurquée en forme de corne; le bec est gros et recourbé; les
yeux grands, ronds et ardents; le dessous du bec est accompagné de deux barbillons courts et contournés. Le coq a le
plumage noir avec la huppe et le dos d'un jaune sale et roussâtre; les plus estimés et les plus rares sont entièrement noirs.
La poule porte uniformément cette unique couleur. Bonne
pondeuse, bonne couveuse, précoce dans son développement et
son engraissement, fournissant enfin une chair délicate, cette
race est à juste titre une des plus estimées parmi nos races
indigènes.

16° La *race française de Houdan* provient suivant M. Letronne
du croisement de la race de Crèvecœur avec celle de Dorking.
Comme la dernière, elle a cinq doigts, et le plumage noir, vert,
jaune et blanc; seulement ces couleurs sont disposées par
taches et non plus par bandes longitudinales. L'abdomen est
d'un gris sale, le dos tacheté de plusieurs couleurs, la poitrine
noire avec des taches brunes et blanches, les ailes noires, vertes
et blanches; enfin, les plumes de la queue, noires et vertes et

tachetées de bordures blanches. La huppe ressemble à celle du crèvecœur et mélangée de toutes les nuances du plumage. La poule, un peu plus haute sur jambes que celle de Crèvecœur, lui ressemble à peu près complétement du reste sous le rapport de la coloration aussi bien que des formes. Bonne pondeuse, elle est en même temps bonne couveuse, mais moins apte à prendre la graisse.

17° La *race française de Caux* est un croisement de celles de Crèvecœur et de la Flèche; ses caractères sont assez variables, comme celui des races métisses. En général, elle porte une demi-huppe plus ou moins garnie de plumes et une crête plus ou moins double et développée. Le plumage du coq est noir à reflets verts et violets; celui de la poule est cailleté de noir, de jaune, de brun et de blanc. Tantôt, les pattes sont plus longues que dans la race de Crèvecœur, et tantôt plus courtes que dans celle de la Flèche. La poule n'est que médiocre pondeuse, mais ses œufs sont très-gros; elle couve mal et rarement, mais son développement est précoce, et la viande de ses produits est fine, délicate et savoureuse. Elle présente une grande aptitude à l'engraissement.

18° La *race française du Mans* ou *de la Flèche* descend de celle de Crèvecœur par un croisement quelconque, mais assez difficile à déterminer. Cette race offre une crête double composée de barbillons ou bourgeons assez développés; elle est montée sur d'assez hautes jambes, et a le bec moins recourbé que celle de Crèvecœur. Le plumage du coq est noir avec reflets verdâtres métalliques, quelquefois d'un rouge brun vif sur le cou, et vert doré à la poitrine; celui de la poule est cailleté de blanc et de noir. Cette race qui nous fournit les chapons et poulardes si estimés du Mans, est une de nos plus précieuses races indigènes, moins par le nombre de ses œufs cependant, que par sa grande facilité à prendre un excès d'embonpoint. Mélangée avec celle de Crèvecœur, elle paraît avoir produit les races de Biot, de Thorigny, de Caumont, de la Bresse, etc.

19° Il nous faut parler ici, hors rang, de la race ou plutôt des races cochinchinoises, dont l'importation en France remonte à une douzaine d'années et est due à l'amiral Cécille. Ces premiers animaux introduits appartenaient à la race brune ou rouge fauve. Nous distinguerons avec M. Letronne sept races dans le type cochinchinois, qui paraît remonter à la malaise divisée en deux races. La première dont la forme est la même que celle des races suivantes, leur ressemble également par son plumage qui cependant est formé de fils soyeux, longs et épais. Sa peau est d'un beau jaune citron dont la teinte se retrouve au bec, aux pattes et jusqu'à la crête. Sa taille et son poids sont moyens; la poule est bonne pondeuse en toutes saisons et ses œufs sont colorés de jaune ou même de rouge; elle couve avec une grande assiduité mais refuse d'élever ses poulets. Une autre race malaise, le type probable du cochinchinois, est de très-grande taille et pèse de 4 à 5 kilogr. Sa tête est petite et allongée, ses membres très-longs et très-musclés, sa crête double et médiocrement développée. Elle fournit des chapons d'un très-haut poids, mais coûteux à produire et d'une chair peu estimée. Son plumage le plus ordinaire est brun foncé rayé de jaune.

20° La *race cochinchinoise* proprement dite, se dédouble en trois sous-races : 1° la race brun fauve, la plus répandue en Europe, et celle que nous connaissons presque exclusivement. 2° La race noire, peut-être formée par croisement, depuis l'importation sur notre continent. 3° La race panachée ou perdrix, tachetée au plumage de fauve, de rouge et de noir ; elle provient de la première. 4° Enfin la race blanche qui remonte à une origine semblable. Obtenues par sélection ces quatre races ne diffèrent entre elles que par la coloration. Montées sur de très-hautes jambes, avec des cuisses volumineuses, un corps moins gros qu'on ne le penserait, et un plumage fin, serré et abondant, elles sont très-bonnes pondeuses, bien que leurs œufs soient de grosseur ordinaire; mais si elles sont bonnes conductrices elles ne forment en revanche que des couveuses maladroites; leur élevage est difficile à cause de leur peu de rusticité, leur développement lent et tardif, leur engraissement difficile et leur viande sèche, dure et peu savoureuse. Après avoir joui en France et surtout en Angleterre d'une vogue d'enthousiasme extraordinaire, cette race est bien déchue dans l'opinion générale.

21° La *race de Brahma-Pootra*, originaire du royaume indien d'Assam, a été importée en Angleterre, il y a une dizaine d'années seulement. **M.** Letronne la croit issue de la race malaise. Le plumage du coq est blanc, avec les plumes de la queue et du cou plus jaunâtres, celles du dos sont rayées de noir; celles des ailes, blanches, noires et vertes; celles de la queue très-courtes, blanches, grises et noires. La poule présente à peu de chose près les mêmes couleurs. Elle pond beaucoup d'œufs de moyenne grosseur et colorés en jaune nankin; elle couve bien et engraisse un peu plus facilement que les cochinchinoises. Mais elle est peu rustique comme elles, d'un développement lent et d'un engraissement coûteux.

II. CANARDS. — Notre canard domestique est considéré par tous les naturalistes, comme descendant du canard sauvage. Outre la race commune de nos basses-cours, il présente quelques variétés obtenues par sélection, puis par croisements. Nous n'en citerons que les quatre plus importantes.

1° Le *canard musqué* ou *canard de Barbarie*, ainsi nommé improprement, puisqu'il est originaire d'Amérique, est d'une

taille beaucoup plus forte que notre canard domestique. Il porte
aux joues et au bec des caroncules très-développées; son plumage est d'un noir cuivré avec quelques plumes verdâtres à
reflets métalliques et n'a point, dans le mâle, de plumes relevées à la queue. La cane est bonne pondeuse et bonne couveuse;
les œufs sont très-gros. Il engraisse bien et sa chair est assez
estimée lorsque pour le tuer on lui a tranché la tête et qu'on
a de suite séparé le croupion, sans quoi, la viande prend un
goût de musc désagréable. Cette race produit avec le canard
domestique des métis très-estimés pour leur disposition à la
graisse et la qualité de leur chair. En Provence, on rencontre
une sous-race appelée *muette*, intermédiaire pour la grosseur
entre le canard domestique et le précédent, et très-estimée.
Elle provient sans doute d'un métissage.

2° Le *canard barboteur* ou *canard ordinaire* a formé la sous-
race dite *de Rouen*, qui n'en diffère que par son plumage tirant davantage sur le blanc, sa taille un peu plus forte, et sa
plus grande disposition à prendre la graisse. Mais la femelle est
moins bonne pondeuse et les canetons sont un peu moins
rustiques.

3° Le *canard d'Aylesbury* est très-estimé en Angleterre; il a
les pattes jaunes, le bec couleur de chair et le plumage complétement blanc. La cane est très-féconde, bonne couveuse et
bonne mère. Cette race engraisse bien et donne une chair
estimée.

4° Le *canard noir* ou *de Buenos-Ayres* n'est remarquable que
par son plumage d'un beau noir; il est moins rustique que les
autres variétés et n'est guère estimé que comme oiseau d'agrément, pour les pièces d'eau.

III. Oies. — L'oie domestique, issue de l'oie sauvage, ne
nous présente guère qu'une variété importante, celle dite *de*

Toulouse. Un peu plus forte de taille que la variété commune, elle a aussi le plumage plus gris; elle est plus féconde aussi et d'un engraissement plus prompt. Mais son duvet moins fin est aussi moins recherché.

IV. — Introduit en France vers 1570, le *dindon* est originaire d'Amérique d'où il fut introduit en Espagne vers 1500, et de là en Angleterre en 1552. Les jésuites le transportèrent directement d'Amérique en France. Il n'y présente que deux variétés, l'une noire la plus commune; la seconde, blanche et ne différant qu'en ce point. En Angleterre, on distingue la variété irlandaise et celle du Norfolk; toutes deux proviennent de croisements de l'espèce domestique avec celle sauvage d'Amérique. Celle du Norfolk se distingue par son poids élevé et son aptitude à recevoir un grand fini de graisse; elle peut peser jusqu'à 15 kilog. et plus.

V. — La *pintade* nous est venue d'Afrique; elle n'occupe qu'un rang bien inférieur dans nos basses-cours, à cause de son humeur sauvage et de son cri déaagréable. On n'en connaît qu'une espèce.

VI. — Le *pigeon*, depuis la révolution française est revenu au rôle d'oiseau d'agrément bien plus que de produit. Descendu du pigeon sauvage ou ramier, il a formé un nombre immense de races et sous-races. Nous ne parlerons que du colombin et du pigeon de volière. Le second est plus fécond et plus rustique; le premier est plus gros, mais beaucoup plus délicat. Mais on distingue une foule de sous-races : biset, fuyard, mondain, nonnain, grosse gorge, polonais, romain, etc.

VII. — Il serait d'un intérêt peu général de nous arrêter longtemps aux races fournies par le *lapin domestique* : nous nous contenterons de citer quelques-unes des principales : le lapin angora à poil long et soyeux est aujourd'hui à peu près abandonné en France, à cause de son peu de rusticité et de l'importance qu'a perdue sa fourrure. Le lapin rouennais, de forte taille, est gris argenté, avec les oreilles longues et la tête effilée. Le lapin Nicard de la Provence pèse de 5 à 6 kilog.; il a la fourrure fauve et la tête longue. Le lapin domestique descend du lapin sauvage qu'on croit originaire d'Espagne. Du moins y était-il si nombreux à l'époque de la conquête romaine, que les habitants des îles Baléares durent s'adresser au sénat pour arriver à la destruction de ces animaux.

— On considère souvent à tort comme trop insignifiant le produit de nos basses-cours : Royer évalue à 218,892,300 francs la valeur des animaux qui les peuplent; M. de Gasparin estime que nos volailles produisent par année 1,920,000,000 œufs. Enfin l'importation seule pour l'Angleterre s'élève annuellement et en moyenne à 150,000,000 d'œufs représentant une valeur de plus de 6,000,000 de francs. Or, une forte partie de ce chiffre provient de la Normandie et aussi de la Bretagne. Enfin Paris seul consommait en 1845 :

20,000,000 d'œufs,
900,000 pigeons,
170,000 canards,
1,130,000 poulets,
250,000 chapons,
550,000 dindons,
328,000 oies,
177,000 lapins,

représentant ensemble une valeur de plus de 5,800,000 fr. Ces valeurs sont aujourd'hui presque doublées.

CHAPITRE III.

DE LA REPRODUCTION DANS LES RACES D'ANIMAUX DOMESTIQUES.

----

§ 1er. Influence des reproducteurs sur le produit.

Dans l'étude des mystères de la génération, qu'il ne sera sans doute jamais donné à l'homme d'expliquer, il lui est au moins permis de corroborer certains faits d'observation et d'en tirer des indications utiles. De toutes les questions zootechniques, il en est peu de plus importantes, puisqu'elle touche à l'amélioration des races, soit par elles-mêmes, soit par le croisement.

Il est d'observation générale que les produits ressemblent tantôt au père, tantôt à la mère, tantôt enfin, à des aïeux plus ou moins éloignés; ce sont les causes déterminantes de ces ressemblances diverses que nous étudierons d'abord.

Disons en commençant que la *race* a sur les formes générales la plus grande influence, et que c'est ordinairement la race la plus ancienne, celle qui a le plus de *constance*, qui détermine la *ressemblance générale*. Ce fait d'observation constante dans le croisement de deux races, devient une importante condition de succès ou de revers, et doit être pris en sérieuse considération dans l'œuvre du métissage : ce n'est qu'après avoir mélangé le sang des brebis solognotes, tourrangelles, berrychonnes et mérinos, après avoir par conséquent dégradé la constance de la souche, que M. Malingié y versa le sang du bélier newkent ; le résultat fut une race presque fixée aujourd'hui, et qui se rapproche très-sensiblement du type améliorateur. Dans l'union du cheval de pur sang anglais avec la jument de l'une de nos races communes, le produit hérite en grande partie des formes et des aptitudes, des qualités et des défauts du père ; de même encore dans le premier croisement du taureau durham avec nos vaches dégénérées par de nombreuses mésalliances, de même du verrat hampshire ou leicester avec nos truies de race commune. Il en est quelquefois autrement quand on pousse le croisement plus loin, et les métis de second sang apportent quelquefois des ressemblances remontant à des ancêtres plus ou moins éloignés dans la race commune, mais ceci tient à un autre phénomène. La reproduction dans la race pure n'est pas elle-même à l'abri de ces atavismes comme dit M. E. Baudement, de ces coups en arrière, suivant l'expression des Allemands, et l'espèce chevaline aussi bien que le gros bétail à cornes, nous en fourniraient de nombreux exemples.

D'une manière générale, on peut dire que le père communique sa ressemblance à la fille, et que la femelle imprime la sienne au fils ; mais l'influence du père sur la fille est plus générale, plus parfaite et plus constante que celle de la mère sur le fils. Ceci s'applique surtout aux traits du visage dans l'espèce humaine. La femelle donne le plus ordinairement au produit le système nerveux, la partie antérieure et supérieure de la tête, les organes des sens, la partie postérieure du corps, le système nutritif et les facultés plastiques. Le mâle donne le plus souvent la partie postérieure et inférieure de la tête, la partie antérieure du corps, le système locomoteur et l'énergie vitale. Expliquons et prouvons.

Pour cela, rappelons-nous d'abord que la femelle et le mâle influent surtout sur les produits du sexe opposé au leur; le tempérament des vaches bonnes laitières se distingue par le développement du système nerveux-lymphatique, et la faculté laitière se transmet par les mâles, à condition qu'ils soient fils eux-mêmes de bonnes laitières. C'est par la mère que le bon chien de chasse hérite de la protubérance occipitale indice de ses qualités, et de sa mère qu'il reçoit la finesse de l'odorat. C'est la femelle qui transmet le plus souvent la forme du cornage, sa longueur, sa couleur et sa direction. Enfin, dans une vacherie de reproduction pour la graisse, on estime la femelle en raison de l'ampleur de son train postérieur, laissant au mâle son influence sur la conformation du thorax.

Voyez le produit de l'union d'un étalon de pur sang avec une jument commune, mais appareillée quant à la taille : la poitrine s'est rétrécie pour prendre de la profondeur; le garrot a sailli; le ventre s'est relevé, mais la croupe est restée avalée. Le père a transmis la longueur et un peu de finesse aux membres; la mère a imprimé les formes plastiques et le système nutritif; le père a présidé au train antérieur, la mère au train postérieur, et presque toujours, les produits femelles tiendront plus de la distinction du père que les produits mâles.

La ressemblance générale se rapporte cependant davantage

au père, dans l'union du bouquetin avec la chèvre, du bouc avec la brebis mérinos, du chamois avec la chèvre ; davantage à la mère, dans l'union de l'âne avec la jument. S'il y a portée multiple, les femelles ressembleront ordinairement plus au mâle, et les mâles plus à la femelle, à condition cependant, que la mère n'aura été fécondée que par un seul et même mâle.

Si nous scrutons les *qualités morales*, nous verrons qu'elles passent d'ordinaire de la mère au fils, bien plutôt que de la mère à la fille, que du père à la fille, ou même du père au fils. Citons quelques exemples :

La mère des deux Chénier, deux poëtes qui appartiennent presque à ce siècle, dont l'un fit revivre parmi nous Virgile et Théocrite, dont l'autre fut un homme politique et un littérateur remarquable, la mère, dis-je, des deux Chénier, était Grecque et nous a laissé des lettres élégantes, ingénieuses, où le goût français, au jugement de M. Villemain, est animé par je ne sais quelle grâce asiatique. La mère de l'illustre romancier anglais, Walter Scott, avait la réputation d'une femme supérieure, instruite, aimant et peut-être cultivant la poésie. Croit-on que, à part sa providentielle prédestination, Napoléon Bonaparte n'ait pas hérité de sa mère Lætitia Ramolini, ses instincts courageux, alors que le portant depuis sept mois déjà dans son sein, elle fuyait sans crainte au milieu de nombreux dangers, de Corte à Ajaccio, partageant les périls de Charles Bonaparte son époux, et mettant enfin au monde parmi les agitations de la guerre, celui qui plus tard devait soumettre l'Europe. Cornélia Graccha, la mère des deux tribuns populaires, fut remarquable par ses vertus et ses talents ; elle transmit à ses deux fils la fierté, l'audace, l'ardeur patriotique qui formaient le fond de son caractère.

Mme de Staël avait pour père le baron de Necker dont le nom seul était célèbre. On ne dit pas que la fille de Mme de Sévigné ait hérité du gracieux talent de sa mère. Rivarol disait du fils de Buffon : « C'est le plus mauvais chapitre de l'histoire natu- « relle de son père; entre le père et le fils tout un monde pas- « serait. » L'héritier de cette gloire scientifique mourut triste- ment sur l'échafaud de la révolution et mourut parfaitement ignoré. Astrolabe, le fils d'Héloïse et d'Abélard, n'eût été très- probablement qu'un moine obscur. Au contraire, Delille né d'amours illégitimes, appartenait par sa mère à la classe la plus élevée et la plus instruite de la société. D'Alembert, enfant trouvé comme Delille, devait le jour à Mme de Tencin, célèbre par sa beauté, son esprit et ses talents, et à Destouches, un au- teur dramatique de très-second ordre. Le poëte anglais Savage était aussi le fils naturel d'une femme dont s'honorait la cour; et tant d'autres exemples que je pourrais citer.

En général, le père transmet à ses fils l'irritabilité, l'ambi- tion, l'avarice; et la mère la sensibilité, le courage, la délica- tesse de l'esprit et des sentiments, enfin les passions affec- tueuses. N'oublions point non plus qu'il est une cause sans doute bien influente sur les qualités morales du produit, c'est la continence des parents. Il est parfaitement historique que le père de Montaigne revenait vierge encore à trente-deux ans, des guerres d'Italie, et donnait le jour à l'auteur des *Essais*. Le père de Jean-Jacques Rousseau revenait après un séjour pro- longé à Constantinople et rapportait à son épouse le prix d'une longue fidélité. On a du reste je crois, prétendu sans fonde- ment, que les enfants de deux parents vierges étaient prédes- tinés à l'aliénation mentale ou à l'idiotisme.

Descendons de l'homme aux animaux; la distinction devien- dra plus frappante. Les vices de caractère d'un étalon se trans- mettent rarement à ses produits, et dans ce cas, seulement à ceux qui lui ressemblent le plus quant aux formes et à la robe. Une jument vicieuse, au contraire, celle qui mord ou qui frappe, transmettra presque à coup sûr, ces défauts à ses produits. Les qualités acquises par l'éducation, passent surtout par la mère aux produits, bien plus que par le père, et ce fait est bien connu dans les manéges et les écoles d'équitation.

La *robe* ou le *pelage* présentent de grandes variations dans leur transmission héréditaire, et on ne peut que rassembler, grouper et rapprocher les faits sans en tirer autre chose qu'une induction. La robe cependant, dans l'espèce chevaline semble tendre au bai plus ou moins terne; au blanc dans l'espèce bovine; au brun dans l'espèce porcine; il a fallu tous les soins intéressés des cultivateurs, pour faire dominer le lainage blanc dans nos troupeaux parmi lesquels la teinte brune ou noire se propage avec une extrême promptitude dès qu'on l'a laissée envahir la robe de quelques animaux :

Illum autem, quamvis aries sit candidus ipse,
Nigra subest udo tantùm cui lingua palato,
Rejice, ne maculis infuscet vellera pullis
Nascentûm.....

Qu'on vante du bélier la blancheur éclatante,
Et même eût-il l'éclat de la neige brillante,
Si sa langue à tes yeux offre quelque noirceur,
A l'époux du troupeau choisis un successeur :
Au lieu de rappeler la blancheur de sa mère,
L'enfant hériterait des taches de son père.

(VIRGILE, *Georg.*, lib. III; traduction de Delille.)

En général, les robes simples, blanche, noire, bai de diverses nuances, sont celles qui se transmettent le plus facilement;

mais l'atavisme, la différence de pelage des parents, apportent des modifications constantes, ainsi qu'on en pourra juger par les nombreux renseignements qui suivent.

ESPÈCE CHEVALINE. 1° 15 produits ont hérité de la robe de la mère ; 9 étaient croisés de la race commune de Normandie, de robes diverses, avec un étalon percheron gris pommelé. 6 appartenaient à la race de pur sang anglais.

2° 13 produits ont hérité de la robe du père ; 7 étaient issus de la race normande commune avec un étalon percheron, 4 appartenaient au pur sang anglais ; 2 au pur sang arabe.

3° 14 produits, le père et la mère étant de même robe, ont conservé cette robe ; 1 était de la race commune normande, par un père percheron ; 13 étaient de pur sang anglais.

4° 10 n'ont pris ni la robe du père ni celle de la mère ; 8 étaient croisés normand commun (1) et percheron, 2 étaient de pur sang anglais. Parmi ces deux derniers nous trouvons Justicier, bai brun, par the Baron, alezan et Bilbery noire ; mais un fait plus curieux encore, c'est qu'une jument qui transmet sa robe avec certains étalons, laisse sous ce rapport l'influence à d'autres. Ainsi la jument de pur sang Molockine du haras de Dampierre donna d'abord, avec Nuncio, étalon bai brun, la Ristori pouliche bai brun ; puis avec Hernandez étalon bai brun, Gonzalès, poulain bai brun ; et enfin avec Minotaure, étalon bai brun, un poulain alezan. La jument de même race et du

---

(1) Les exemples cités dans ce travail proviennent pour l'espèce chevaline des stud-books anglais et français ; pour l'espèce bovine, en ce qui concerne la race durham pure, de la vacherie de Dampierre et du herd-book anglais et français ; de la vacherie de Dampierre pour la race charollaise et les croisements durhams-charollais et durhams-normands. — Pour l'espèce chevaline et la race cotentine, des écuries et vacherie de Martinvast (Manche).

même haras, Hermoza, après avoir donné avec l'étalon alezan
Fitz-Gladiator, une pouliche bai brun comme sa mère, produisit avec Minotaure de robe bai brun, une pouliche de poil
alezan. Dans la race commune, ces exemples sont plus nombreux encore; en voici quelques-uns pris à Martinvast : Brebis
jument commune de poil rouan clair, donna avec Percheron,
étalon gris pommelé, Trim, rouan vineux; avec Désiré, étalon
percheron gris pommelé, Bellone, rouan vineux; avec Souris,
étalon de race commune et de poil gris de fer, Maigrette pouliche gris de fer. La Blonde jument normande commune de
robe alezan clair donna de Jack, étalon percheron gris pommelé,
Prosper, poulain rouan vineux; avec Percheron, gris pommelé,
Blondeau rouan clair; puis avec Borisow, demi-sang hunter
anglais, poil bai brun, un poulain bai clair. Enfin, Blanc-Pied,
jument normande commune, de robe bai marron, eut de Désiré,
percheron gris pommelé, Manon également gris pommelé; de
Percheron gris pommelé, Martine bai clair; une seconde fois,
du même étalon, Lubin, gris sale; et enfin, de Hunter, demi-
sang anglais, rouan, Jeannot rouan vineux. Il y a évidemment
dans ces faits l'influence de l'atavisme et d'un premier accouplement. C'est par un fait d'atavisme sans doute, que la jument
commune, la Bretonne, donna avec Désiré, percheron gris
pommelé, la pouliche Sarah de robe isabelle à raie de mulet.
Cette pouliche à son tour, avec son propre père, donna Isabelle
qui hérita de la robe de sa mère. Quant à l'exemple cité plus
haut, d'Hermoza, il peut tenir à l'influence de la première fécondation.

ESPÈCE BOVINE. 1° 17 produits ont pris la robe de la mère ;
4 appartenaient à la race de Durham, 1 était croisé durham-
cotentin, 7 de race cotentine pure, et 5 croisés durhams-charollais.

2° 3 produits de race durham pure, conservèrent la robe des deux parents qui étaient identiques sous ce rapport.

3° 7 produits ont mélangé la robe du père et de la mère; 1 était de race cotentine, 1 de croisement jersiais-cotentin, 4 croisés durhams-charollais, et 1 de race durham pure.

4° 18 produits n'ont pris ni la robe du père ni celle de la mère; 2 étaient de race durham, 3 durhams-charollais, 4 durhams-cotentins, 8 cotentins purs, 1 jersiais.

5° 11 produits ont pris la robe du père; 3 étaient croisés durhams-charollais, 2 croisés durhams-cotentins, 4 de race cotentine pure et 2 de race durham pure.

L'espèce bovine ne nous fournira pas de moins singulières bizarreries que celle chevaline, prenons d'abord la race de Durham pure : Amélie rouge et blanche donna avec Samson rouan, Melpomène rouge et blanche; avec Wait rouge et blanc, une première fois Junon rouge et blanc, une seconde fois Bedford de même pelage; avec Gaspard rouan léger, Varna rouge vif, et avec le même taureau, Pollux, rouge et blanc. Olive, blanc-zain donna avec Samson rouan, Gaspard rouan léger; avec Chevalier rouan, Vestale, rouge et blanche; avec Gaspard rouan léger, son fils, une première fois Sébastopol blanc-zain, et une seconde, Gasparine rouan léger.

Adda, une vache charollaise donna avec Stanley durham rouan, Young Stanley blanc-zain; avec Young Alfred durham, gris blanc, Hortensia, blanc-zain; avec Chevalier durham rouan, Clara rouan clair. Hortensia fille d'Adda et par conséquent durham-charollaise, donna avec Chevalier, Don Quichotte rouan et blanc.

Moyennette vache cotentine donna avec le taureau cotentin Robin, de pelage blanc caille, Silvie rouge bringe; avec Butor cotentin bringé très-foncé, Alauna rouge bringe; avec Black cotentin bringe très-foncé, Bellone pie bringe clair. Emma vache cotentine donna avec Butor, le même que ci-dessus, Fanchette bringe blond, au lieu du bringe foncé de la mère, et avec lord Jersey taureau de race jersiaise, rouge fauve, Beauty caille bringe roux.

Mais s'il était possible et utile de faire ce travail, on trouverait sans doute dans l'atavisme une partie des causes déterminantes de ces irrégularités; c'est ainsi que la vache durham blanc-zain, Olive, était fille de Reformer vache pie-rouge et de Zorab taureau rouan. Il n'est donc pas surprenant de voir la robe de la grand'mère passer à Vestale, sa petite-fille. A ceci vient en outre se joindre l'influence du premier mâle; à ce point que si vous faites féconder une première fois une génisse charollaise blanche par un taureau de Salers rouge, tous les produits subséquents de cette même génisse avec un taureau charollais parfaitement pur et blanc, rappelleront sinon en entier, du moins par taches la robe du premier père.

Sans prétendre attacher une importance absolue au pelage qu'il est si facile de modifier par la sélection seule des reproducteurs, nous pensons cependant que l'influence relative, à ce point de vue, de deux animaux appartenant à deux races différentes pourrait fournir de précieux indices sur le degré de leur ancienneté ou de leur constance. Ainsi, le charollais conserve avec beaucoup plus d'opiniâtreté sa robe blanc jaunâtre avec le mufle et le tour des yeux roses, dans le croisement durham, que le cotentin n'y conserve sa robe bringée. Aussi avons-nous vu que la race charollaise était plus ancienne que la normande. Croisez le salers avec le charollais, et la robe se mélangera, indice d'une ancienneté à peu près égale; mais croisez le durham avec le salers, et les produits auront presque infailliblement la robe rouge sanguin. Or, cette considération de pelage ne manque point d'importance dans l'œuvre des croisements, à cause des préjugés locaux qu'on ne doit blâmer que jusqu'à un certain point. Ce sont en effet ces préjugés qui nous ont jusqu'à ces derniers temps conservé à peu près pures un grand nombre de races précieuses à certains égards et qu'on mélange aujourd'hui sans scrupule comme sans prudence de divers sangs indigènes et étrangers. Mais enfin le cultivateur doit tenir compte de ce préjugé de pelage qui n'enlève par lui seul aucune qualité aux animaux, mais suffit pour empêcher leur vente. C'est par ce motif que M. Zielinsky de la Corée dut renoncer au croisement durham-salers pie rouge, dont il était d'ailleurs très-satisfait.

C'est la mère surtout qui communique la nature et la *finesse du poil ou de la laine;* aussi doit-on améliorer un troupeau sous ce rapport, avant d'y mettre un bélier mérinos, newkent, ou autre à laine fine, et serait-il plus prompt, si cela était moins coûteux, d'améliorer la laine par les brebis que par les béliers. Accouplez un bouc avec une brebis mérinos, le produit présentera la laine de la mère partout, excepté aux cuisses, au cou et à la queue, où elle sera mélangée des poils du père. Alliez au contraire un bélier et une chèvre et le produit aura la laine droite, longue, et presque en tout semblable au poil de la mère. Le mulet conserve le poil de la jument plutôt que celui du baudet; le bardot hérite au contraire du poil long et rude de l'ânesse.

La *couleur de la peau*, caractéristique dans quelques races, se transmet par celui des deux parents qui appartient à la race la plus constante; ainsi, c'est par le père dans l'union du taureau devon avec la race cotentine ou celle bretonne; les produits croisés présentent la peau jaune orangé du père. Elle se transmet encore par le père dans les pigeons, les lapins, les chiens; par la mère dans le mulet, le produit de l'étalon avec la femelle du zèbre, du chien avec la femelle du renard, du chamois avec la chèvre.

L'enfant d'un blanc et d'une négresse est un mulâtre, c'est-à-dire à peau cuivrée; s'il se marie à une femme blanche, ses fils seront cuivrés et ses filles plus blanches; enfin en progressant vers la race blanche, il ne restera, après un certain nombre de générations, d'autre indice de l'origine noire, qu'un cercle noir persistant à la base des ongles et qui dénotera de suite l'homme ou la femme de couleur. « Lislet Geoffroy, dit « M. d'Orbigny (*Dictionnaire d'Histoire naturelle*), ingénieur « français de beaucoup de mérite, né à l'île de France, avait la « peau aussi noire que la négresse sa mère, qui était très- « bornée d'ailleurs d'intelligence; il en reproduisit tous les « traits, tandis qu'il eut le bonheur d'hériter de son père, de « race blanche et né en France, une intelligence distinguée « que l'éducation avait pu facilement cultiver. »

La fille d'un homme à cheveux noirs avec une femme blonde sera fréquemment rousse, les fils seront presque toujours châtains. Les filles d'une femme rousse avec un homme châtain seront souvent rousses; les garçons, souvent bruns. Les fils d'un roux et d'une brune seront fréquemment roux, et les filles souvent brunes.

La *forme de la tête* est donnée par le père, au produit du cheval et de l'âne avec la femelle du zèbre, du chien avec la louve et la femelle du renard, du bouc avec la brebis, de l'âne avec la jument; elle est donnée par la mère au produit de l'étalon avec l'ânesse, du bélier avec la chèvre. Dans les oiseaux, le produit du mâle pintade avec la cane conserve le bec du père; le produit chardonneret avec la linotte conserve le bec de la mère. Les enfants d'un blanc européen avec une négresse ressemblent presque toujours par la forme de la tête, les fils à la mère, les filles au père. Les oreilles se transmettent du père au produit, dans l'accouplement de l'âne avec la jument, de l'âne avec la femelle du zèbre, du bouc avec la brebis, du chien avec la femelle du renard ; elles se transmettent par la mère au produit, dans l'union du zèbre avec l'ânesse, du bélier avec la chèvre. Le cornage est un des caractères les plus fugaces dans la reproduction ; rien n'est plus facile que de faire disparaître complétement en quelques générations le cornage des bêtes bovines ou ovines. Beaucoup de races anglaises, les angus, les galloways, les suffolks, etc., sont complétement privées de cornes. M. Dutrône dans ces derniers temps obtint au moyen du croisement suffolk-angus-cotentin, une sous-race à tête nue, à laquelle appartenait le fameux Sarlabot qui fit en 1857 plus de bruit qu'il n'en méritait. L'amputation des cornes, comme l'amputation des oreilles et celle de la queue permettent d'obtenir en cinq ou six générations des familles à tête nue, à oreilles droites ou rases et à queue courte. Les diverses races de chiens de chasse qui présentent ces caractères n'ont souvent point d'autre origine que ce caprice de l'homme.

La *queue* appartient au père dans le produit de l'âne avec la jument, du chien avec la louve, de l'ours avec la chienne ; elle appartient à la mère dans le produit du cheval avec l'ânesse, du bélier avec la chèvre, du bouc avec la brebis. Le produit d'un chien dogue avec une levrette conserve la queue de la mère. Le bélier de race barbarine à grosse queue, transmet ce caractère à ses métis de nos races indigènes avec une grande constance. Six ou sept générations pendant lesquelles on coupe constamment la queue aux mâles suffisent pour obtenir une race de chiens à courte queue.

La *taille*, en général, provient de la mère. Le mulet, produit de l'âne avec la jument est souvent de taille au moins égale à celle de sa mère; tandis que le bardot, né de l'étalon avec l'ânesse devient à peine plus grand que sa mère. M. Girou de Buzareingues attribue cette influence de la femelle à la transmission qu'elle exécute en même temps au produit, de son appareil nutritif. Il est bon de noter que le mâle influe davantage sur la taille des produits de même sexe, et *vice versâ*. Mais ce que dans l'amélioration des races, il faut bien prendre garde d'oublier, c'est que l'élévation de la taille par l'accouplement n'est rien moins qu'un caractère constant, et que la taille d'un animal dépend surtout du régime auquel on le soumettra. En accouplant un mâle de très-grande taille avec une femelle plus petite, proportion de sexe à part, on obtiendra un produit très-grand peut-être, mais grand par les membres qu'il tiendra du père, et décousu dans toutes les formes; les expériences de ce fait sont malheureusement trop nombreuses dans les tentatives irréfléchies de croisement du pur sang anglais avec nos races françaises communes. Pour obtenir un animal harmonieux de formes, il faut que son développement fœtal puisse largement et sans contrainte, se faire dans le flanc de la mère. Plus la femelle, en quelque sorte, sera petite par rapport au mâle, et plus on aura de chance d'obtenir un animal de formes harmonieuses et bien proportionnées. On aura toujours la ressource d'accroître la taille par le régime.

Pour le cheval, l'élément principal de la taille, c'est l'avoine donnée en proportion du but qu'on veut atteindre : en forte proportion pour le cheval de course auquel elle donne en même temps l'énergie vitale et un squelette léger; en quantité raisonnable et proportionnée pour le cheval de service, chez lequel elle corrige les effets débilitants des fourrages verts et des racines, donnant du ton aux muscles et de l'activité au sang.

Dans l'espèce bovine, un régime constamment nutritif à partir de la naissance arrondit les formes, développe le tempérament lymphatique, mais conduit à un abaissement de la taille. La castration produit un effet variable suivant l'âge auquel on l'effectue; faite peu après la naissance, elle efémine l'animal qui reste relativement petit; opérée de huit à quinze mois, elle produit des animaux plus grands que les mâles et que les femelles. La transition pour une race, d'un sol pauvre à un sol très-riche amène très-promptement un merveilleux changement dans la hauteur. On cite à ce sujet la race du Jutland, très-petite, et qui transportée en 1770 dans la Frise était parvenue sans aucun croisement, après la troisième génération, à une taille très-élevée.

C'est d'une économie erronée, du reste, croyons-nous, de chercher à élever la taille de nos races. Les animaux de taille moyenne, sont généralement, nous aimons à le répéter, mieux conformés, que les plus grands. En outre, les races moyennes ou petites sont généralement plus précoces dans leur développement et plus disposées à prendre la graisse. Les belles expériences de M. Allibert, professeur à Grignon ont bien prouvé que la ration d'entretien variait avec la taille et s'élevait en raison directe de l'abaissement de celle-ci : ainsi elle serait selon lui,

De 1.85 0/0 du poids vif pour une vache de 811 kilogr. et de 4 0/0 pour une vache de 190 kilogr. vif.
De 2.50 0/0   —   un cheval de 460 kilogr. et de 4 0/0 pour un poney de 200   —

Mais si ce fait s'explique par cet autre que : à âge égal, la circulation du sang est d'autant plus active que la taille est moins élevée, il ne prouve point que la ration de production doive être plus considérable pour les petits animaux que pour

les grands, ou que du moins, les premiers ne se l'assimilent
mieux que les grands. L'expérience journalière des cultivateurs
est en faveur des petites races, surtout pour l'engraissement. Si
l'on s'occupe du travail, le point de vue changera et les grandes
races reprennent faveur sous tous les rapports.

Nous avons dit que les petits animaux avaient une circulation
plus active ; les expériences de M. Allibert nous offrent les
renseignements suivants :

Une vache schwitz de 6 ans pesant 600ᵏ,	35 à 42 pulsations par minute.	
Une vache bretonne de 6 ans pesant 180ᵏ,	60 à 62 —	—
Un cheval de trait de 6 ans pesant 450ᵏ,	32 à 38 —	—
Un poney de........ 6 ans pesant 190ᵏ vif, 44 à 50	—	—

Il est bien connu que la circulation est d'autant plus active
que l'animal est plus jeune, et qu'elle se ralentit constamment
jusqu'à la dernière vieillesse ; cependant les animaux s'assimilent
d'autant mieux et d'autant plus économiquement la nourriture
qu'ils sont plus jeunes ; les animaux adultes et ceux de haute
taille sont donc à préférer tant qu'il ne s'agit que de travail ou
d'une ration d'entretien ; les jeunes et ceux de petite taille, s'il
est question d'accroissement en poids au moyen d'une ration
complète, d'engraissement en un mot, ou de production du
lait. Au point de vue de la vitesse dans le cheval, la taille ne
peut rien faire présager.

En effet, Sampson, un cheval de pur sang né en 1745 et
appartenant au marquis de Rockhingham, était de telle taille
que, à sa première apparition sur le turf, les jockeys le traitèrent
par dérision, de *cheval de cabriolet ;* Sampson n'en battit pas
moins la plupart des chevaux les plus estimés de son temps. Au
contraire, Gustave, cheval né à Hamptoncourt dans le haras du

régent, était de très-petite taille ; il n'en fut pas moins vainqueur du Derby et de nombre de courses et de paris. Il faisait partie de la famille de chevaux de pur sang à robe grise que le régent avait tenté de créer.

Dans les parts multiples, et s'il y a eu plusieurs accouplements avec différents mâles, les produits prendront la taille de celui des pères avec lequel ils auront le plus de ressemblance générale. En 1824, M. Geoffroy-Saint-Hilaire, accoupla au muséum, une chienne du mont St.-Bernard avec un chien de Terre-Neuve un peu moins grand qu'elle, puis avec un chien courant beaucoup plus petit ; elle mit bas onze petits, dont six étaient des femelles et ressemblaient au chien de chasse, et cinq, du double plus grands que ceux-ci, étaient des mâles et ressemblaient au terre-neuve.

Les *membres* sont ordinairement transmis par le père dans l'espèce chevaline, et avec les membres, les tares osseuses qui les déprécient : Ambo, un cheval assez estimé transmit à tous ses descendants les tares osseuses qui défiguraient ses membres antérieurs ; Liston presque seul fut préservé de cette triste hérédité et rappela par la finesse et la pureté de ses membres, les qualités de son grand-père, sir Oliver. Peut-être cependant faudrait-il ajouter que ces tares ne sont héréditaires qu'alors qu'elles proviennent non d'accident, mais d'un état particulier du système osseux, non d'usure ou de fatigue, mais d'une disposition en quelque sorte originelle.

C'est le père encore qui transmet les membres dans l'accouplement du bouc avec la brebis, du chien avec la femelle du renard, du chevreuil avec la femelle du cerf, du cerf avec la vache ; tandis qu'ils appartiennent à la mère dans l'accouplement de l'âne avec la femelle du zèbre, du bélier avec la femelle du chamois, de l'âne avec la jument et dans celui du coq avec la cane. Croisez la jument mulassière avec l'étalon de pur sang anglais, et vous reconnaîtrez de suite l'influence du père à la finesse et à la longueur des membres. Ceci revient à dire que le père transmet en général l'appareil locomoteur, en même temps que le système respiratoire et le squelette.

L'*aptitude à la vitesse* qui dépend surtout de la conformation, se transmet le plus ordinairement dans la ligne maternelle. Deux hommes parfaitement compétents, MM. Youatt et Cécil nous présentent plusieurs preuves à l'appui, dans la généalogie de deux chevaux célèbres, Liston et Indépendance, tous deux petits-fils d'Oliver. « Oliver, élevé par le comte de Stamford « et Warrington en **1800**, était un cheval très-musclé et d'une « grande puissance ; il fut père de plusieurs bonnes juments de « reproduction, mais ne donna naissance à aucun cheval de « tête sur le turf ; et ce n'est pas là un cas individuel, il est « important de le faire remarquer. » Liston était fils d'Olivia Jordan par Ambo ; Olivia Jordan était fille de sir Oliver. Ambo était un cheval très-médiocre soit dans les courses soit dans le haras, et affecté en outre de tares des membres qu'il transmit à la plupart de ses produits, mais non à Liston. Indépendance était fils de Stella par Filho-da-Puta ou Shervood. Stella était également fille de sir Oliver et eut neuf produits, y compris Indépendance ; deux seulement acquirent de la réputation, Peter Lely par Rubens et Indépendance par Filho-da-Puta, selon toute probabilité. Ce dernier hérita de sir Oliver par sa mère, de ses membres, de son allure et de certains défauts de caractère.

Pénélope jument célèbre du duc de Grafton et qui remonte par sa généalogie et sans interruption jusqu'aux juments royales de Charles II, et même jusqu'au White-Turc et à Byerley-Turck, donna avec Waxy, un étalon à peine célèbre aujourd'hui, Whalebone, Webb, Woful, Wire et Whisker, tous animaux supérieurs; puis Waterloo par Walton, Wildfire par Waxy, Windfall par Waxy, Whizgig par Rubens, Walty par Élection, et Wamba par Merlin. Whalebone et Whisker furent vainqueurs du Derby et pères de plusieurs chevaux célèbres; les produits de Pénélope avec Walton, Rubens, Élection et Merlin, étalons tous quatre estimés furent bien inférieurs à ceux qu'elle eut de Waxy. Plusieurs des chevaux les plus estimés du turf actuel, Camel, Défence, sir Hercule, Irish Birdcatcher, Flying-Dutchman, Touchstone descendent de Pénélope. La célèbre jument Catherina était sa petite-fille par Whisker. Partisan était fils de Walton et de Parasol sœur propre de Pénélope.

Ainsi, les qualités d'énergie physique et morale se transmettraient du père aux produits par la mère, et les performances de celle-ci sur le turf ne seraient point un indice des qualités de ses descendants. L'expérience prouve en outre qu'il est très-rare qu'une jument ayant couru quelque temps, donne naissance à des animaux d'une certaine valeur. Alecto, mère de Catherina est citée comme une exception. Aussi, la plupart des hippologues anglais réclament-ils non plus l'introduction d'étalons, mais celle de juments orientales.

Les *qualités laitières* descendent incontestablement aux filles par le père, s'il provient lui-même d'une vache bonne laitière. On en a chaque jour des exemples frappants; on sait que dans la race de Durham, il s'est créé quelques familles de laitières, celle de lady Maynard, par exemple, dont les mâles transportent cette qualité aux femelles, en dehors de la famille et jusque dans le croisement. On connaît aussi à Grignon les qualités de la descendance de Moustache, taureau de Schwitz, dont les produits femelles sont tous remarquables sous le rapport du lait.

La conséquence à tirer de ce fait, mis en évidence par Villeroy un des premiers, c'est que lorsqu'on veut améliorer une race au point de vue du lait, il faut agir par des mâles choisis dans la race la plus laitière, et non par les femelles. Ainsi, allier la vache de Salers à un taureau schwitz ou cotentin, la vache bretonne à un taureau ayrshire ou jersiais; ce serait tout le contraire, s'il s'agissait d'augmenter l'aptitude à prendre la graisse.

Les *facultés plastiques*, la précocité et l'aptitude à prendre la graisse paraissent dépendre du système nutritif et viennent par conséquent de la mère au produit, tandis que le père transmet le squelette. C'est au moyen des deux vaches Mottle et Pigeon, dont il avait remarqué la tendance extraordinaire à prendre la graisse et qu'il acheta à son maître, que Benjamin Tomkins commença l'amélioration de la race de Hereford. La mère de Hubback, le célèbre taureau de Ch. Colling, appartenait à un pauvre homme qui la nourrissait sur la berge des grands chemins. Colling acheta le veau et sa mère « mais il paraît, dit « David Low, que celle ci se trouvant dans de meilleurs pâtu- « rages, devint tellement grasse qu'elle mourut sans se repro- « duire. Le veau hérita de la même propriété, et lorsqu'il de- « vint gros, il était constamment plus gras qu'il ne convient à « un bon taureau. » On sait que Hubback est généralement considéré comme le père des courtes-cornes améliorées. Ces faits sont bien connus des éleveurs, et prouvés par l'expérience journalière. Aussi ne pouvons-nous admettre l'assertion sui- vante de M. Ponsard. « L'influence du mâle est toujours en « raison de son état présent, c'est-à-dire que le mâle transmet « toujours à ses produits, les qualités, les défauts, les formes « qu'il possède au moment de la génération. » Tout ce qui précède nous semble prouver la fausseté de cet axiome appliqué surtout d'une manière aussi absolue. Si on l'admettait pour vrai, rien ne serait plus aisé que d'obtenir des races de boucherie, puisqu'il suffirait de maintenir les taureaux en parfait état de graisse ; or nous savons que dans la race de Durham on est le plus souvent obligé de les tenir à la diète ; néanmoins, le même taureau donne avec diverses vaches des produits plus ou moins fins, suivant la conformation , la distinction et les aptitudes de la mère.

Aussi sommes-nous convaincu que, toutes autres circonstances égales, l'amélioration de la race charollaise pour la boucherie serait beaucoup plus prompte par l'importation des femelles de race durham, que par celle des mâles ; et de même, toutes les fois qu'on voudrait améliorer une race indigène dans ce but. Un produit d'un taureau charollais avec une vache courtes-cornes, sera bien autrement fin et précoce, croyons-nous, que celui d'une vache durham avec un taureau charollais. Mais la question d'argent est ici puissamment influente pour beaucoup de personnes qui ne craignent point cependant d'acheter en Angleterre au prix de 3 à 4.000 francs des taureaux dont les qualités reproductrices ne sont point toujours suffisamment prouvées ; la même somme pourrait payer trois ou quatre femelles de mérite. Mais même en tenant compte de la considération pécuniaire, nous pensons qu'on a souvent, à tort, négligé, dans le croisement, la considération de l'influence relative des sexes, suivant le défaut de conformation qu'on voulait faire disparaître, ou bien selon l'aptitude qu'on voulait développer.

Telles sont, en général, les relatives influences des parents, dans l'acte de la reproduction ; ces faits, on le voit, sont complexes et soumis à un grand nombre de circonstances, que nous n'avons pu toutes préciser ici. C'est ainsi que, quand l'un des reproducteurs l'emportera sensiblement sur l'autre en énergie

vitale ou morale, il déterminera comme nous le verrons plus loin, un sexe semblable au sien dans le produit, qui dès lors aura beaucoup de chances de se rapprocher de lui par la ressemblance générale. « Quand la femelle, dit M. Girou de Buza-
« reingues, semble n'éprouver aucune sensation dans l'accou-
« plement, son système nerveux ne prend aucune part à l'acte,
« et le produit dont les nerfs déterminent les formes, doit res-
« sembler presque totalement au père. »

L'*influence du premier mâle* modifie souvent encore et à un point complet, les ressemblances totales ou partielles des produits avec les parents. Schmalz l'un des premiers en Allemagne, et après lui, Villeroy (1832) en France, ont appelé l'attention sur ce fait important et trop négligé. Schmalz rapporte qu'en 1813, une jument anglaise ayant été saillie par un couagga, donna un métis zébré et à raie de mulet comme le père ; saillie ensuite en 1817, 1818 et 1823 par des étalons arabes, elle donna trois poulains bais, mais tigrés, zébrés et à raie de mulet comme le couagga. Si une jument est couverte par un baudet, elle produira un mulet, et si plus tard elle est livrée à un cheval, le poulain qui en naîtra sera encore un mulet.

Une vache de la race d'Aberdeen, dit M. Van der Weide, reçut comme mâle un taureau de la race de Teeswater : le veau était croisé ; puis elle fut saillie par un taureau de la race d'Aberdeen, et néanmoins, le veau était croisé comme le premier ; quoique son père et sa mère eussent de petites cornes, il en poussa de longues au bout de deux ans. Une autre vache appartenant à la même race (d'Angus sans cornes) fut saillie en 1845 par un taureau de la race croisée, provenu d'une vache croisée et d'un taureau de pure race de Teeswater ; le veau était croisé. On lui donna un taureau de sa propre race et le produit resta néanmoins croisé dans ses formes et dans sa robe. Une 'vache de la race anglaise sans cornes, dit M. Heck-meyer, appartenait à M. le baron Van der Capellen, ancien gouverneur général des Indes néerlandaises; elle donna des veaux sans cornes aussi. Elle était saillie, cependant, par des taureaux de race hollandaise pourvus de cornes. Quatre veaux dont deux jumeaux, tous femelles, provinrent de trois fécon-dations successives. Enfin, une quatrième fécondation par un taureau à cornes de race hollandaise, amena un veau à cornes très-fines (*Argus des haras*, numéro de mars 1855). Un fait bien plus curieux encore est le suivant : « Les essais de croisements « de la race hongroise avec celle de Mürzthall, ont appris que les « génisses, ou comme on dit, les nonnes, qui avaient été cou-« vertes sans succès par des taureaux indigènes de la Styrie, « deviennent fécondes, après avoir été saillies par des taureaux « hongrois. » (*Notes sur l'élevage du bétail dans l'empire d'Autriche*, 1855, page 5.)

Si une brebis blanche, dit Trautmann, cité par Schmalz, a été fécondée une fois par un bélier noir, et qu'elle soit ensuite couverte par un bélier blanc, il arrive souvent que de ces derniers accouplements, il provienne des agneaux mélangés de noir et de blanc. Il a été reconnu de même qu'une chienne de race pure, une fois qu'elle a été accouplée avec un chien d'une race croisée, donne encore dans les portées qui suivent, des chiens dont les caractères de races sont pervertis, alors même que le père était un chien de la même race pure que la femelle (Van der Weide).

Une truie pie noir, appartenant à la race dite warten-breed (race d'Orient), fut fécondée par un sanglier d'un brun très-foncé; les gorets, quoique la robe du père prédominât, étaient cependant de couleur mélangée. Plus tard, un verrat de la même race que la truie la couvrit, et parmi les gorets de cette progéniture, il y en eut de la même robe que le sanglier. Une troisième fécondation eut lieu avec un mâle de la race, et à cette troisième portée, les jeunes répétèrent encore le type du père de la première (Van der Weide, Schmalz, Giles).

Dans l'espèce humaine aussi, on remarque fréquemment que les enfants nés d'un second mariage ressemblent bien plus au mari du premier lit qu'à leur propre père. Ce fait est fréquent, et bien connu des physiologistes; il serait d'ailleurs facile de le vérifier, comme le propose Villeroy, dans les pays où il existe des réunions de blancs et de noirs qui doivent amener de fréquents mélanges des deux races.

Enfin, un savant vétérinaire anglais, M. Gilleway prétend avec raison, qu'une femelle, quelle que soit la pureté de son sang, fécondée pour la première fois par un étalon d'une autre race, perd comme souche maternelle et pour toute sa progéniture ultérieure, la pureté de sa race propre. Cette mère est croisée pour toujours : la pureté du sang est souillée dans tous les descendants (*Argus des haras*, numéro de mars 1855). « Un « gentilhomme qui possède, dit Youatt, une grande expérience « dans l'élevage des chevaux de course, et qui est reconnu pour « habile à pénétrer les secrets de la nature, avait coutume de « dire qu'on ne devait jamais changer d'étalon, à moins d'une « invincible nécessité, alléguant qu'une jument ayant des pro- « duits de différents chevaux leur communiquera en divers « points des ressemblances différentes avec ses premiers « époux. » (Youatt et Cécil, *the Horse*, p. 34.)

La conséquence pratique de ce phénomène aussi difficile à expliquer qu'à réfuter, est immense et facile à déduire. N'importer que des femelles encore vierges ou dont on connaît parfaitement les alliances. Apporter les plus scrupuleuses précautions au premier mariage des femelles qu'on destine à la reproduction, surtout dans les races précieuses. Si ces conditions ont été négligées, ne pas se prendre de l'insuccès à un reproducteur qui peut néanmoins avoir un grand mérite. Bien noter encore que, non-seulement les formes, le pelage, la ressemblance générale enfin, peuvent se transmettre ainsi aux générations suivantes, mais encore les tares des membres et jusqu'à un certain point la prédisposition à certaines maladies héréditaires.

Quant à l'explication physiologique, elle est loin d'être satisfaisante jusqu'ici. Celle fournie par M. Villeroy nous paraît peu fondée scientifiquement quelque suffisante qu'elle paraisse à l'esprit dès l'abord : la voici : « Le fœtus, dans le sein de sa
« mère, vit de sa vie propre ; il peut périr sans que sa mère
« périsse, tout comme il peut être conservé à la vie lorsque la
« mère meurt, mais il existe entre ce fœtus et la mère une
« union tellement intime, que le même sang circule dans les
« veines de tous deux. Or, ce fœtus, c'est le germe que le mâle
« a déposé dans le sein de la femelle ; c'est la substance du
« mâle, et l'on peut admettre que, après la séparation des
« deux êtres qui pendant un temps n'en ont fait qu'un, il reste
« chez la femelle, mélangée avec son sang, une partie du sang
« provenant du mâle qui l'a fécondée, et que ce sang agira sur
« les produits de nouvelles gestations amenées par l'accouple-
« ment avec d'autres mâles. » (*Manuel de l'éleveur de chevaux,*
t. II, p. 316.)

L'*atavisme* vient souvent encore profondément modifier l'influence relative des reproducteurs ; on appelle ainsi le retour dans une famille ou dans une race, de quelque ressemblance particulière venant d'un ancêtre plus ou moins éloigné. Les Allemands appellent ce phénomène un coup en arrière (*rus-*

schlag). Dans certaines familles humaines, l'atavisme est un signe de constance et de pureté de race : le nez fortement aquilin des Bourbons par exemple. Dans nos races d'animaux domestiques, il dénote presque toujours une introduction plus ou moins ancienne d'un sang étranger. La race mérinos espagnole, par exemple, n'a pas été sans subir quelques croisements avec les races anglaises importées, nous l'avons dit en 1345 et 1464, et surtout avec les cotswoolds à laine longue et fine. Aussi ne nous semble-t-il pas absurde d'assigner à cette influence, l'apparition assez fréquente, dans les troupeaux mérinos, d'animaux à laine longue, fine et droite, de l'un desquels s'est servi M. Graux de Mauchamp pour créer sa belle race à laine soyeuse. De même aussi, de l'apparition assez fréquente dans les troupeaux southdowns d'animaux à peau plissée, à fanon tombant, à laine plus courte et plus fine, ainsi que nous l'avons pu encore observer à Dampierre dans les naissances de 1858, on peut hardiment conclure, suivant nous, que le sang mérinos, quoi qu'on en ait pu dire, a été originairement versé dans cette race anglaise.

C'est pour éviter ces coups en arrière, que M. Malingié, avant de mettre le bélier newkent-goord, dans son troupeau, avait dénaturé le type de ses brebis par le mélange successif de quatre races indigènes. Nonobstant cette précaution, beaucoup de ces animaux conservent en naissant, l'un l'aspect du type solognot, l'autre du type berrychon, d'autres du newkent pur : ajoutons que les premiers étaient avec grand soin exclus de la reproduction.

§ 2. Détermination du sexe dans le produit.

Une question non moins importante dans la production économique du bétail, que la précédente sur l'amélioration des races, c'est celle de la détermination du sexe dans le produit. Selon les circonstances qui régissent la production, il peut être avantageux d'obtenir soit surtout des mâles, ou plutôt des femelles. Voyons les lois de la nature et le pouvoir de l'homme à cet égard.

Il faut distinguer d'abord la supériorité physique de la supériorité morale. La *supériorité physique* consiste dans l'état de bonne santé de l'animal : la continence, un régime excitant, l'absence de contact avec le sexe opposé, l'exercice modéré, l'augmentent : le repos, l'obscurité, des accouplements fréquents, un régime parcimonieux la diminuent. La *supériorité morale* consiste dans l'état d'intégrité et de tension du système nerveux; le repos, la solitude, l'âge trop jeune ou trop avancé la diminuent; la continence, la vue du sexe opposé l'augmentent; les passions vives, la volonté obstinée en sont l'indice.

Celui des deux reproducteurs qui l'emporte sur l'autre en vigueur physique et morale, déterminera le plus souvent la production d'un sexe semblable au sien, et auquel il communiquera plus sûrement sa ressemblance générale. Cette circonstance vient donc modifier encore ce que nous avons dit plus haut de l'influence relative des deux sexes. Le *climat* peut bien modifier le principe; mais il reste vrai, toutes circonstances égales d'ailleurs; il en est de même de la race. Ainsi en France il naît toujours à peu près **1/16** de garçons plus que de filles :

De 1807 à 1814, il est né en France..	13,975,037 garçons et	13,350,552 filles.
En 1844, il est né en France........	497,548 —	469,776 —
En 1845, — à Paris.........	16,765 —	16,140 —

Cette proportion constante d'environ **105** garçons pour

100 filles est à peu de chose près la même dans tous les pays monogames. Elle ne varie guère que de 104,62 à 108,06 pour 100. Ainsi nous la trouvons :

En Suède	De 104.62 pour 100.	
Dans les îles Britanniques	104.75	—
En France (moyenne)	105 »	—
Dans la Bohême	105.38	—
Dans la Westphalie et les provinces rhénanes...	105.86	—
Dans la Prusse	105.94	—
Dans la Saxe et la Silésie	106.05	—
Dans la monarchie autrichienne	106.10	—
En Sicile	106.18	—
Dans le Brandebourg et la Poméranie	106.27	—
Dans les Pays-Bas	106.44	—
Dans le Mecklenbourg	107.07	—
En Belgique (1833)	108.06	—

Ces différentes contrées se classent ici, on le voit, en dehors de toute influence de climat. Cependant, il naît, en général, un peu plus de filles dans les pays méridionaux que dans ceux du nord. Dans les pays polygames, ce sont les filles qui l'emportent un peu en nombre sur les garçons, et les raisons en seraient faciles à donner.

Nous avons parlé de l'influence de la *race*. En Prusse, parmi les israélites, la proportion est de 113 garçons pour 100 filles, tandis que parmi les chrétiens, elle n'est que de 106 à 100. A Livourne, parmi les juifs, les naissances masculines sont aux féminines : : 120 : 110; tandis que parmi les chrétiens, elles sont : : 104 : 100. La raison est peut-être aussi que la religion israélite est plus sévère sur la continence des hommes que la religion catholique, ou au moins, qu'elle est mieux observée. Dans nos animaux domestiques, la race peut présenter aussi des différences exceptionnelles dont la cause n'est pas toujours facile à saisir. Ainsi, M. Lefour a observé à Hohenheim que

La race bovine de Schwitz donnait.....	80 femelles pour	100 mâles.
La race bovine de l'Allgaù donnait.....	81 —	100 —
La race bovine de Souabe-Hall donnait.	48 —	100 —

S'il n'y a point erreur dans ce dernier chiffre, il nous semble inexplicable, ou bien il résulte de quelques faits isolés et très-peu nombreux. S'il était bien avéré, il serait curieux d'étudier les circonstances au milieu desquelles il a pu se produire; aucune des espèces, ni des races sur lesquelles nous possédons des renseignements, n'offre une aussi faible proportion dans les naissances féminines.

M. Ch. de la Teillais dans une note présentée à la Société impériale et centrale d'agriculture le 21 décembre 1859 conclut ainsi de ses observations : tant que l'état du taureau a été supérieur à celui des vaches, il a eu des femelles; mais quand l'état des vaches a été supérieur à celui du taureau, il n'a plus eu que des mâles. Il ajoute cependant qu'il ne pense pas pouvoir considérer comme définitive une solution qui résulte de deux années seulement d'observations sur un seul troupeau. Girou de Buzareingues qui avait expérimenté sur plusieurs troupeaux, sous la surveillance et le contrôle de la Société d'agriculture de Rodez, avait observé au contraire : que le bélier jeune et fort, pas trop gras, accouplé à des brebis vieilles ou trop jeunes, donnait naissance à plus de mâles que de femelles et *vice versâ*. Le résultat auquel est arrivé M. de la Teillais, résultat en désaccord avec toutes les observations de la pratique s'explique fort bien par la race et l'état du taureau employé et qu'il déclare lui même être en très-bon état, en état de concours, et de race durham, tandis que les vaches, de race indigène étaient soumises à un régime ordinaire. L'expérience nous semble donc fort peu concluante. (Voir *Annales de l'agriculture française,* t. XV, p. 379-380.)

Nous sommes parvenu à rassembler des chiffres assez nombreux appartenant aux diverses races de chevaux, bœufs et bêtes à laine, chiffres que nous résumerons dans les tableaux suivants en indiquant leurs provenances.

NOMBRE DES MÈRES.	TOTAL des NAISSANCES.	RACES DES PRODUITS.	MALES.	FEMELLES.	MALES pour 100.	FEMELLES pour 100.
14	26	Normand-percheron (Martinvast)............	15	11	58.00	42.00
16	26	Pur sang anglais (Dampierre).............	12	14	53.00	47.00
»	324	— (Youatt, 1853)............	173	151		
		Moyenne de l'espèce chevaline....			55.50	44.50
51	272	Race durham pure (Herd-Book français)......	115	157	47.36	52.64
7	22	— (vacherie de Dampierre)......	14	8		
48	122	Race cotentine (vacherie de Martinvast)......	58	64	47.96	52.04
5	30	Croisements durhams-cotentins (Dampierre)......	20	10	66.66	33.33
4	15	Croisements durhams²-cotentins (Dampierre)......	6	9	40.00	60.00
7	32	Croisements durhams-charollais (Dampierre)......	15	17	47.00	53.00
6	29	Croisements durhams'-charollais (Dampierre)......	16	13	55.10	44.90
		Moyenne de l'espèce bovine......			50.68	49.32
3	3	Parts doubles cotentine-martinvast......	3	3	50.00	50.00
14	32	— Herd-Book français......	11	21	34.35	65.65
ANNÉES.						
1856-57	14	Southdown pure (Dampierre)......	7	7	51.00	49.00
1857-58	21	—	11	10		
1858-59	20	—	10	10		
1856-57	245	Southdown berrychonne (Dampierre)......	121	124	45.46	54.54
1857-58	190	—	95	95		
1858-59	231	—	87	144		
1856-57	95	Southdown solognote (Dampierre)......	47	48	50.00	50.00
1857-58	95	—	48	47		
1858-59	94	Dishley-mauchamp-mérinos (le Blanc)......	47	47	51.88	48.12
1855-56	48	—	25	23		
		Moyenne de l'espèce ovine......			50.35	49.65

Ainsi, la proportion des sexes dans les naissances de nos animaux domestiques, est à bien peu de chose près, la même que dans l'espèce humaine; c'est-à-dire que les mâles sont plus nombreux que les femelles, de **2.17** pour **100** en moyenne, pour les animaux de races françaises, et de **2.50** pour l'homme, dans notre patrie.

D'après un mémoire de **M. Baillarger**, dans les grossesses multiples de la femme, la réunion de deux garçons est presque deux fois plus fréquente que celle de deux filles; la réunion d'un garçon avec une fille est presque aussi fréquente que celle de deux garçons. Les grossesses gemellaires sont héréditaires dans certaines familles soit par le père soit par la mère. Quelquefois elles sont héréditaires par des ascendants plus éloignés, après interruption dans la famille. Dans **19** parts doubles provenant de **17** vaches, nous avons trouvé : **4** fois le sexe mâle gemellaire, **9** fois le sexe femelle, et **6** fois les deux sexes réunis. La vache durham pure, Morning-star, donna trois portées doubles dont chacune se rapportait à chacune des divisions précédentes.

Mais après avoir indiqué les résultats généraux, il sera peut-être curieux d'étudier les détails particuliers qui nous présenteront certaines anomalies intéressantes. Certains taureaux comme certaines vaches sont doués à un plus ou moins haut degré de la puissance de transmission de leur sexe, et il n'est pas sans intérêt pour les éleveurs de tenir compte de ce renseignement. Nous résumerons encore les chiffres suivants empruntés au Herd-Book français, et appartenant par conséquent à la race pure de Durham.

NOM DES ANIMAUX.	NAISSANCES	
Taureaux.	Mâles.	Femelles.
Duchesne............................	40	38
Oméga............................	30	29
Dudoyer............................	16	9
Domino............................	11	6
Werther............................	5	12
Victor............................	11	6
Adonis............................	18	12
Butor (race cotentine, vacherie Martinvast).	30	21
Dunois............................	2	8
Welcome............................	5	1
Treize autres taureaux durhams, ensemble.	11	19
TOTAUX	179	161 ou 91 femelles pour 100 mâles.

Vaches.	NUMÉRO du Herd-Book français.	Mâles	Femelles
Pétronille...............	614	5	»
Fanny-Fisher............	515	7	2
Jane-Fisher.............	543	6	3
Follette...............	524	5	1
Flame..................	520	4	2
Thillon................	662	3	»
Tulip..................	1366	3	»
Hopefull...............	536	»	7
Magdeleine.............	569	2	7
Red-Rose...............	626	2	8
Thalie.................	1353	»	3
Verity.................	688	»	3
Mary..................	581	2	4
Fashion................	516	1	4
TOTAUX........		40	44 ou 110 femelles pour 100 mâles.

Il est à remarquer que dans les parts doubles, pour l'espèce bovine, sur 23 parts doubles, quatorze fois, les sexes des jumeaux étaient identiques. D'après Villeroy et M. Jamet, les génisses jumelles sont stériles. Il serait curieux de constater la fécondité de deux génisses jumelles provenant d'un même part. — Voir p. 86.

Dans les *unions illégitimes* (adultère, viol, libertinage), le nombre des garçons est moins élevé que dans les naissances légales, et ce sont les filles qui l'emportent dans la proportion. Ainsi nous trouvons :

	Naissances légitimes.		Naissances illégitimes.	
	Garçons.	Filles.	Garçons.	Filles.
A Paris, de 1815 à 1822...	104	: 100	100.5	: 100
En France (moyenne).....	105	: 100	104	: 100
En Prusse (moyenne).....	106	: 100	102	: 100
A Naples (moyenne)......	105	: 100	103	: 100
A Montpellier...........	101	: 100	100	: 100

Tout ceci revient à dire que la crainte, l'abus de l'acte de la génération enlèvent à l'homme une grande partie de la supériorité physique et morale qui pouvait déterminer son sexe dans le produit. « Or, il arriva qu'Adam s'étant livré à la dis- « solution, dans l'acte de multiplier sur la terre, des filles furent « abondamment engendrées à lui. » (*Genèse*, cap. VI, vers 1, version de P. Leroux.)

Tandis que nous sommes sur ce sujet, nous ferons remarquer qu'un assez grand nombre de bâtards se sont rendus célèbres; outre Delille, d'Alembert, Savage, dont nous avons déjà parlé, nous pourrions encore citer Thésée, Hercule, Castor et Pollux, Homère, Romulus, Wishnou, Confucius, Zoroastre, Mahomet, Galilée, Erasme, Cardon, Dunois, etc., et tant d'autres dans les temps anciens et modernes.

L'*âge des parents* n'est pas non plus sans influence, et l'on sait que les pucerons engendrent dans leur jeunesse des femelles, dans leur âge mûr des femelles et des mâles, et plus tard des femelles seulement. Huber s'est assuré aussi que la reine abeille pond d'abord des œufs femelles seulement, puis des œufs mâles. Tout le monde sait que la pigeonne donne à chaque ponte, à un ou deux jours d'intervalle, au plus, deux œufs qui produisent toujours un mâle et une femelle; en suivant le sexe du premier mâle pondu, on trouverait sans doute un ordre presque constant, et on peut, avec quelques chances, prédire que le plus souvent, le premier œuf pondu produira la femelle, et le second le mâle. Voici du reste, emprunté, comme plusieurs des précédents, à Burdach, un tableau qui démontrera clairement l'influence de l'âge dans l'espèce humaine :

	A Tubingen.		En Angleterre.	
	Filles.	Garçons.	Filles.	Garçons.
Père plus jeune que la mère...	100 :	90.6	100 :	86
Père et mère de même âge.....	100 :	93.3	100 :	94
Père plus âgé de 1 à 3 ans....	100 :	116.5	100 :	103
— — de 3 à 6 ans....	100 :	103.4		
— — de 6 à 9 ans....	100 :	124.7	100 :	146
— — de 9 à 12 ans....	100 :	143.7		

A Grignon, à Hohenheim, à Buzareingues, on a observé les mêmes faits dans l'espèce bovine, à savoir qu'une femelle très-jeune ou très-vieille produit plus de mâles que de femelles; qu'un mâle jeune ou très-vieux produit plus de femelles que de mâles, et que l'équilibre du sexe dans les naissances s'établit dans un âge égal des parents arrivés à l'état adulte, mais sans l'avoir dépassé. Ainsi :

				Mâles		Femelles.
A Grignon,	46 parts de jeunes vaches	donnèrent...	29	et	17
—	28 parts de vaches adultes	— ...	10	et	18
A Hohenheim,	140 parts de jeunes vaches	— ...	90	et	50
—	74 parts de vaches adultes	— ...	31	et	43
A Buzareingues,	167 parts de jeunes brebis	— ...	67	et	100
—	204 parts de brebis adultes	— ...	104	et	100

En 1853, dit M. Martegoute, à la bergerie du Blanc (Haute-Garonne) les naissances issues de jeunes antenaises saillies par un bélier dishley-mauchamp-mérinos d'une extrême vigueur et très-fortement nourri, fournirent 25 mâles et 9 femelles soit 71.73 mâles pour 100, et 28.27 femelles pour 100 seulement. Plus tard, le même bélier encore en pleine vigueur, ayant été donné à certaines brebis qui finissaient d'allaiter leurs agneaux, moment où la brebis se trouve fort épuisée, il en est résulté en 1853, 8 naissances mâles contre 4 femelles, et une autre fois, en 1854, 17 naissances mâles contre 9 naissances femelles; soit pour les deux années réunies 65.78 mâles pour 100, et 34.22 femelles pour 100. Le même auteur pense avoir remarqué que les brebis qui ont donné des femelles sont en moyenne d'un poids supérieur à celles qui ont donné des mâles, et qu'elles perdent sensiblement plus en poids que ces dernières pendant l'allaitement; que les brebis qui ont donné des mâles pèsent moins, et ne perdent pas autant, en allaitant. (*Journal d'agriculture pratique*, numéro du 5 janvier 1858.)

Le *régime*, abondant et nutritif, retarde les chaleurs, et quelquefois les empêche de se produire : ce n'est que dans les fermes où le jeune bétail est bien nourri, qu'on rencontre des vaches taurelières. La difficulté qu'on éprouve à faire reproduire les vaches de Durham pures, tient à la fois au régime nourrissant qu'on leur fait suivre pendant leur jeunesse et à leur tempérament si éminemment lymphatique qui les prédispose à un embonpoint précoce et excessif. La nourriture avare et peu nutritive, ou bien les aliments excitants déterminent de bonne heure les chaleurs chez la femelle et le rut chez le mâle ; aussi nos races indigènes, bretonne, solognote, landaise, sont-elles plus précoces sous ce rapport, que celles cotentine et surtout durham. Les femelles bien nourries, bien soignées, non soumises au travail, donnent surtout des femelles ; les mâles entretenus à un régime convenable et pouvant prendre un certain exercice, donneront surtout des mâles. Le régime débilitant chez la femelle et excitant chez le mâle donnera la supériorité physique à celui-ci, et le produit sera sans doute un mâle. On a également remarqué que les brebis qui entrent les premières en chaleur donnent plus de femelles, et les dernières, plus de mâles.

La *mulsion des vaches*, selon les Allemands, pourrait également influencer le sexe du produit. « Depuis une couple d'an- « nées, rapporte M. Conrad de Gourcy, MM. Durand avaient « remarqué que leurs vaches ne leur donnaient pas de veaux « mâles ; ils eurent l'idée d'essayer du procédé qu'emploie de- « puis une douzaine d'années, M. Peers, membre de la cham- « bre des représentants de Belgique, pour avoir à volonté des « veaux mâles ou femelles. Ce procédé consiste, pour avoir des « mâles, à traire la vache au moment de la faire saillir; à lui « laisser le pis aussi plein que possible, dans la même circon- « stance, si l'on préfère obtenir une génisse. Ces messieurs « n'ont pas fait faire cette expérience en leur présence, mais « ils ont recommandé à leurs vachers d'en agir ainsi qu'il vient « d'être dit, pour obtenir des veaux mâles. Cette recomman-

« dation aura sans doute été plus d'une fois oubliée ; néanmoins,
« depuis qu'ils l'ont faite, leurs vaches ont donné plus de deux
« tiers de veaux mâles, au lieu de produire toutes des génisses
« comme les années précédentes. Ce résultat, à moins d'être
« un jeu de hasard, semblerait confirmer l'efficacité du pro-
« cédé que M. Peers avait puisé dans la lecture d'un ouvrage
« d'agriculture hollandais.» (*Annales de l'agriculture française,*
V^e série, T. V, p. 67.) Nous regrettons que M. de Gourcy
n'ait point fourni les chiffres des naissances dans les deux cas,
et surtout n'ait donné aucun renseignement sur le taureau employé dans l'étable, ni dit même si ce taureau fut conservé pendant tout ou partie de l'expérience.

L'*état de santé* agit non-seulement en donnant à l'un des
reproducteurs la prédominance sur l'autre, mais encore d'une
manière directe. *Fortes creantur fortibus et bonis* (Horace). On
a remarqué, par exemple, que les vaches atteintes de phthisie
calcaire ou tuberculeuse, donnaient naissance surtout à des
femelles. M. Girou de Buzareingues assure que sous l'influence
d'une maladie du foie, les femelles produisent surtout des
mâles ; il ajoute que c'est le contraire chez les mâles, du moins
dans quelques espèces. Les médecins ont en effet remarqué
que les femmes atteintes d'affections latentes de la poitrine
donnent le plus souvent naissance à des filles, et celles atteintes
d'une maladie du foie, plus souvent naissance à des garçons.
Nous rappellerons encore ici l'observation faite par M. Martegoute sur l'influence de l'allaitement.

La *température* et la *saison* ne sont pas non plus sans influence sur le sexe du produit qui résultera de la conception.
C'est au printemps, mars, avril et mai, que la conception est le
plus assurée, d'après Delavergne et Messance, et c'est aux mois
d'octobre et de novembre qu'elle l'est le moins, à en juger par

l'époque des naissances humaines qui ont surtout lieu en décembre, janvier et février. Ce sont aussi les mois où les naissances masculines sont les plus nombreuses, tandis que celles féminines sont surtout considérables en mars, avril et mai, ce qui correspond à la conception en juin, juillet et août. Voici du reste le relevé des naissances dans la ville d'Orléans en 1848 :

Saisons.	Naissances.	Époque de la conception.	Naissances masculines.		féminines.		Totaux.
	Mars.	Juillet........	95		75		
Printemps.	Avril.	Août.........	70	221	82	228	449
	Mai.	Septembre.....	50		71		
	Juin.	Octobre.......	59		62		
Été........	Juillet.	Novembre.....	55	181	51	176	357
	Août.	Décembre.....	67		63		
	Septembre.	Janvier.......	66		62		
Automne...	Octobre.	Février.......	58	191	59	198	389
	Novembre.	Mars.........	67		77		
	Décembre.	Avril.........	67		84		
Hiver.....	Janvier.	Mai..........	90	223	74	216	439
	Février.	Juin..........	66		58		

C'est en été et en hiver que se produit surtout le sexe masculin ; au printemps et à l'automne, au contraire, c'est le sexe féminin qui domine. Le tableau des naissances dans le département d'Eure-et-Loir (en 1857) nous fournira quant aux totaux des résultats un peu différents, mais dus à l'augmentation de la population.

Mars, avril, mai...................	1681 naissances.
Juin, juillet, août.................	1739 —
Septembre, octobre, novembre.......	1815 —
Décembre, janvier, février..........	1856 —

1.

Soit en somme 7.091 naissances, dont 3.714 masculines, et 3.377 féminines, se subdivisant encore ainsi : naissances légitimes 3.528 garçons et 3.188 filles, ensemble : 6.716. Enfants naturels : 186 garçons et 189 filles, ensemble 375 ; total égal 7.091.

Sprengel prétend que le sexe féminin prédomine dans les plantes, au milieu de l'hiver.

Beaucoup de cultivateurs habiles, qui ont intérêt à obtenir des agneaux plutôt que des agnelles, ne mettent le bélier dans le troupeau que lorsque souffle le vent du nord, et presque toujours alors, le nombre des mâles, à la naissance, surpasse celui des femelles. Il est probable qu'un vent sec et un peu froid, en arrêtant la transpiration cutanée du bélier qui sécrète davantage à la peau que les femelles, excite davantage alors la sécrétion génitale, et accroît l'influence du mâle.

En parlant de *la taille*, M. Girou de Buzareingues dit : De l'accouplement d'une petite femelle avec un grand mâle, résultent probablement des mâles semblables au père ; et de celui d'une grande femelle avec un petit étalon, naissent probablement des femelles semblables à la mère. Nous rapportons son opinion sans l'appuyer ni la combattre faute d'observations.

L'état moral des reproducteurs au moment de l'acte de la génération, a la plus grande influence sur les qualités morales et la conformation physique, aussi bien que sur le sexe des produits. Sans rapporter ici la cause que Sterne attribue à la difformité de Tristam Shandy, nous dirons que la crainte diminue la supériorité morale de la femme, et nous en avons la preuve dans le nombre des naissances féminines naturelles, plus élevé que celles légitimes correspondantes, en 1814 ; l'armée alliée s'empare de Paris et l'occupe militairement. La capitale, abandonnée de ses défenseurs, est livrée à la crainte, à la terreur, au désordre : il naît en 1815, 10.814 garçons et 10.433 filles, soit une proportion des premiers aux secondes, de 103,5 à 100, tandis qu'en 1816, elle devient : : 104,3 : 100; et de 1816 à 1822 : : 105,9 : 100; enfin, en 1844, pour la France entière : : 106 : 100. On a pu remarquer à quelles nombreuses réformes donna lieu la classe appelée sous les drapeaux en 1853, c'est-à-dire, la levée des hommes conçus pendant le terrible choléra de 1832-33.

Nous avons déjà dit que quand la femelle n'éprouve aucune sensation dans l'acte de la génération, le produit ressemblera probablement au père, dont le plus souvent aussi il prendra le sexe. Si c'est par l'imagination plutôt que par le besoin physique que le mâle est porté à l'accouplement, le produit lui ressemblera par les formes et le sexe, à moins que la femelle n'y soit portée par la même cause. Tous les garde-étalon savent que, pendant la saillie, il faut éloigner soigneusement la foule, éviter tout bruit inquiétant ou étranger, et surtout le voisinage des femelles de même espèce.

L'obscurité favorise la conception, de même que le repos après la saillie, tandis qu'un exercice assez violent de la femelle avant cet acte, assure la fécondation. Un exercice régulier et modéré entretient la fécondité des mâles. Les étalons qui saillissent fréquemment font plus de femelles; ceux qu'on n'affaiblit ni par des saillies répétées, ni par un repos trop absolu, ni par un travail excessif, font plus de mâles. Les juments dont on a provoqué les chaleurs en dehors de leur époque naturelle, font plus de femelles, que celles qui sont saillies dans leur saison. A ce sujet, je dirai qu'un moyen très-simple d'arriver à changer l'époque de la lutte dans un troupeau, et par suite l'agnelage, c'est celui qui consiste à avancer, retarder ou répéter la tonte peu de temps avant le moment où on veut déterminer les chaleurs. On sait les étroites relations fonctionnelles qui unissent les sécrétions de la peau aux organes de la génération.

La *durée de la gestation* nous fournit un moyen de prévoir pendant la gestation et avant le part, le sexe du produit. Disons d'abord que les femelles adultes, bien portantes, vigoureuses et bien nourries, portent plus longtemps que les jeunes, les vieilles, les faibles ou celles qui sont nourries parcimonieusement. Plus la gestation se prolonge au delà du terme moyen, et plus il y a probabilité qu'il en résultera un mâle.

En Angleterre, lord Spencer a trouvé que sur 764 vaches, les 380 qui ont vêlé avant le 285e jour ont donné 152 mâles; et les 384 qui ont vêlé après le 286e jour ont donné 234 mâles, soit ensemble 386 mâles pour 378 femelles, proportion égale à celle que nous avons déjà rencontrée dans l'espèce bovine. Les mêmes faits s'observent, au reste, dans l'espèce humaine. A Martinvast parmi les gestations de 37 vaches, nous avons observé : avant le 285e jour, 6 mâles et 6 femelles; du 286e au 305e, 16 mâles et 9 femelles. Une seconde série de 24 vêlages nous a fourni les chiffres suivants : avant le 285e jour 5 mâles et 11 femelles; après le 285e jour 5 mâles et 3 femelles; soit en réunissant les deux séries : avant le 285e jour, 11 mâles, 17 femelles; au delà du 285e jour, 21 mâles et 12 femelles. Ajoutons ici que, s'il faut en croire Villeroy, les vaches bonnes laitières donnent beaucoup plus de veaux mâles que de femelles. Nous avons pu vérifier ce fait dans la vacherie de Martinvast; sur 43 vêlages produits par 12 vaches, dont les 6 meilleures et 6 des moins bonnes ont offert : les 6 premières 11 mâles et 6 femelles; les 6 secondes 9 mâles et 17 femelles, ou encore, ensemble, 20 mâles et 23 femelles.

Tels sont les faits plus ou moins constants d'observation auxquels a donné lieu l'étude de la reproduction. Les explications physiologiques, chimiques ou philosophiques n'ont point manqué sans qu'on soit pour cela beaucoup plus avancé. Ainsi :

Suivant Akerman, le mâle étant oxygéné, et la femelle hydrocarbonée, l'abondance de l'embryotrophe qui ne trouve plus assez d'oxygène pour se coaguler promptement, détermine le sexe féminin, et les sexes ne seraient établis que longtemps déjà après la fécondation. M. Girou de Buzareingues incline vers cette dernière partie de l'opinion d'Akerman, mais il dit que le mâle provient de ce que le fœtus est mieux pourvu de système nerveux, et la femelle, de ce qu'il est mieux pourvu de système nutritif.

Knox pensait que l'embryon contient les éléments des deux sexes dont la prédominance est déterminée par l'influence plus forte de l'un des deux parents. Kohl dit que les femmes chez lesquelles prédomine le système artériel procréent des garçons, et que celles à système veineux produisent des filles.

Un médecin instruit, enfin, m'a assuré avoir plusieurs fois remarqué que d'un nombre égal de graines de chènevis semées, les unes en terre calcaire (alcali) les autres en terre tourbeuse (acide), les premières donnaient plus de pieds femelles, et les secondes plus de pieds mâles. Peut-être cette observation simple et facile, répétée et étudiée, jetterait-elle quelque jour sur cette branche de l'arbre de la science que Dieu semble avoir en quelques points interdite à l'homme.

§ 3. Neutralisation des sexes, ou castration.

La castration, c'est-à-dire la neutralisation des sexes est employée par l'homme sur les animaux domestiques, tantôt pour adoucir leur caractère sauvage et indomptable qui ne permettrait pas de les employer sans danger à certains services ; tantôt pour leur donner plus d'aptitude à convertir les aliments en certains produits, en certaines sécrétions auxquelles l'homme attache un grand prix ; tantôt enfin, pour améliorer le goût et la saveur de leur chair. Ce sont ces modifications physiologiques que nous allons étudier au point de vue des conséquences pratiques qu'en peut tirer l'éleveur.

On castre les mâles et les femelles ; nous nous occuperons des premiers d'abord.

I. CASTRATION DES MALES.

On a l'habitude de castrer l'étalon pour le rendre plus docile à certains services qui n'exigent pas d'efforts excessifs ni un grand fond, pour le service des attelages de luxe ou de la selle, par exemple, ou celui de l'armée, mais non d'ordinaire pour les services du roulage, des postes et des diligences. On châtre le taureau pour changer son caractère farouche et dangereux, et permettre de l'employer au travail ; pour améliorer la qualité de sa viande et le rendre plus apte à prendre la graisse. On castre le bélier pour en obtenir une chair plus savoureuse et une toison plus abondante ; le verrat pour le rendre plus précoce et à la fois plus apte à l'engraissement, et en obtenir une viande d'un goût plus délicat ; le coq pour en obtenir ces chapons de haute graisse et de fine saveur qu'estiment tant les gourmets.

Mais si l'on est d'accord sur l'utilité de l'opération, on est loin de l'être sur l'âge auquel elle doit être exécutée sur certains animaux ; les Anglais la pratiquent sur le cheval pendant la pre-

mière année ; Villeroy conseille de la faire pendant la deuxième ;
les Normands l'opèrent pendant la quatrième, et Hurtrel conseille d'attendre jusqu'à la cinquième. Plus elle est faite de bonne
heure chez le cheval, moins elle présente de danger, mais plus
aussi sa constitution s'effémine et moins il est capable d'un service sérieux et durable. Pour le taureau, la question se com-
plique du but qu'on veut atteindre, travail ou engraissement ;
car il est des contrées en France, et des contrées nombreuses,
où le travail est le but principal et où l'engraissement n'est considéré que comme un moyen accessoire de réforme, l'Auvergne,
la Bretagne, par exemple. Dans ce cas, non-seulement on ne
castre les animaux que quand ils ont à peu près achevé leur
développement, mais encore on emploie les procédés qui les féminisent le moins, le bistournage ou le martelage. S'il s'agit au
contraire d'obtenir un animal de boucherie, dispensé de passer
par le travail, on l'opère dans les six premiers mois de son existence, et on emploie la castration complète, par ablation.

Le procédé donc, et l'âge peuvent diversement influencer les
résultats physiologiques de la castration ; elle apporte dans l'organisation un trouble plus ou moins profond, plus ou moins
durable ; détermine l'afflux de la vitalité vers telle ou telle région
du corps aux dépens de telle autre ; active ou diminue certaines
sécrétions. Pour étudier ces différentes modifications, nous
passerons en revue les régions du corps, les aptitudes et les
sécrétions susceptibles de recevoir l'influence de la castration.

La *taille*. Dans l'espèce chevaline la taille ne paraît dépendre
que de la reproduction et de la nourriture ; les étalons, à circonstances égales, ne sont en général ni plus petits ni plus grands
que les chevaux hongres de mêmes races. Dans cette espèce,
l'appareil respiratoire domine de beaucoup l'appareil nutritif,
même chez l'animal castré. Dans l'espèce bovine, au contraire,

la taille du bœuf est presque toujours supérieure à celle du taureau, tenant compte bien entendu des circonstances de race, de
reproduction et de régime, et supposant la castration opérée de
dix-huit mois à deux ans; si elle a été faite pendant la première
moitié de la première année, et si le sujet a été abondamment
nourri d'aliments nutritifs, si enfin, il appartient à une race de
boucherie améliorée, sa taille restera égale, sinon même inférieure à celle des mâles de sa race. Dans le bœuf, c'est l'appareil
nutritif qui l'emporte sur l'appareil respiratoire, ou au moins,
l'égale-t-il. Or la condition première de l'aptitude précoce à l'engraissement, c'est un équilibre parfait entre ces deux puissances
d'où peut seulement résulter une assimilation économique.

Ce qui paraît plus remarquable, c'est que la castration semble
changer la période de l'existence pendant laquelle s'opère surtout l'accroissement en taille. Si nous comparons ensemble sous
ce rapport deux taureaux durhams, Darling et Chevalier, et un
croisement schwitz-cotentin, Achille, le premier de Grand-Jouan,
le second de Dampierre, le dernier de la Saulsaie, avec les bœufs
croisés durhams-charollais et durhams-cotentins de la vacherie
de Dampierre, dont nous aurons occasion de reparler, nous retrouvons les chiffres suivants dans

	Les bœufs.	Les taureaux.
1re année...............	:: 180	:: 56
2e année...............	:: 192	:: 48
3e année...............	:: 72	:: 102
4e année...............	:: 132	:: 52

Nous ferons remarquer pour les bœufs, que la taille étant me-
surée au cordon, leur état précoce d'embonpoint à la quatrième
année est la seule cause de l'accroissement apparent, mais en

réalité fictif, de la taille, qui s'est accrue surtout pendant la première et la seconde année, tandis que chez les taureaux, c'est pendant la troisième qu'elle a pris son maximum de développement.

La *tête* subit par suite de l'opération, des modifications sensibles; celle de l'étalon est en général sèche et osseuse; celle du cheval hongre devient plus lourde et plus empâtée; elle s'allonge et grossit; l'œil est aussi plus gros et moins vif, dans les races communes; le cheval anglais conserve les mêmes caractères de tête que l'étalon. C'est dans le taureau que les changements apparaissent le plus sensibles; il a la tête courte, grosse, large à la nuque; chez le bœuf, elle s'allonge en se rétrécissant un peu, et devient d'autant plus féminine que l'opération a été pratiquée à un âge moins avancé. Il ne faut pas oublier que le volume de la tête coïncide toujours avec un développement proportionnel de tout le système osseux; que plus la tête est massive, plus le squelette est grossier, plus la poitrine est étroite. Cette observation s'applique également aux vaches dont les races laitières présentent une tête longue, assez large, massive en somme, témoin celles bretonne, bressane, augeronne, ayrshire, jersiaise, etc. Il est même ordinaire que les vaches de la race durham pure qui présentent cette qualité à un certain degré, offrent la même conformation de la tête, exemple Europa, Emmeline, Marquise, etc. La finesse et la brièveté de cette région, au contraire, correspondent à des membres fins et courts, à une poitrine ample et arrondie. La castration de l'agneau mâle rend sa tête plus fine, quoiqu'un peu plus longue que celle du bélier; celle du goret s'allonge mais se rétrécit comparativement à celle du verrat; les défenses du mâle apparaissent rarement chez le neutre.

Les *cornes* du taureau sont courtes, grosses et rugueuses;

celles du bœuf sont longues, fines et lisses. Le noyau osseux de la corne est toujours proportionné au volume même de la tête; comparez pour exemple les cornes et la tête du durham à celles de la race hongroise ou sicilienne. Le caprice de l'homme peut facilement et avec promptitude priver une race de ses cornes, mais ce qu'il y a de plus difficile à modifier dans une race ou une famille, c'est la forme de la tête. Le bœuf ayant la tête plus longue et plus développée que le taureau, devait avoir aussi, semble-t-il, les cornes plus longues. Quant à l'étui corné, produit très-animalisé de sécrétion, il paraissait devoir être moins développé dans le taureau qui sécrète déjà un produit bien rapproché par sa composition, le sperme. Le bœuf, par la castration, se rapproche, quant à la tête, de la vache dont il adopte les cornes longues, minces et irrégulièrement contournées. Les vaches très-bonnes laitières, lorsqu'elles deviennent très-âgées et que la sécrétion du lait diminue sensiblement chez elles, sécrètent souvent à la surface de la peau une substance en tout semblable à la corne et qui s'y dépose par plaques plus ou moins épaisses; Lemaire avait remarqué ce phénomène physiologique sur les vaches schwitz de Grignon; j'ai pu l'observer à mon tour en Normandie sur plusieurs des vaches les meilleures et les plus âgées de la vacherie de Martinvast. Il semble que ce soit un moyen employé comme émonctoire par l'organisme habitué à une grande activité sécrétrice.

L'*encolure* en général, et dans toutes les espèces, s'émacie et s'allonge, en exceptant pourtant la race de chevaux de pur sang anglais et les races porcines de Newleicester et analogues. Le cheval hongre a le cou moins chargé et un peu plus long que l'étalon de même race; tantôt elle gagne, tantôt elle perd en grâce, suivant l'ondulation que suit sa ligne, et qui ne paraît en rien influencer l'opération. L'encolure du taureau est courte et massive, chargée de muscles d'un développement démesuré ; celle du bœuf est plus longue et plus grêle, même à la dernière période de l'engraissement. Il est bon de faire remarquer que le développement musculeux de l'encolure coïncide presque toujours avec l'amplitude de la poitrine, et le bœuf durham n'est point exempt de ce défaut inhérent à ses qualités : comparez-lui au contraire les bœufs hollandais, bretons, limousins, par exemple, et en général, ceux de toutes nos races communes.

La *poitrine* est une des régions que la castration modifie le plus profondément. La castration a pour premier effet de faire cesser le fonctionnement de l'appareil génital. Or, le sperme est un produit de sécrétion très-animalisé, ce qui suppose une respiration puissante et active ; aussi les mâles ont-ils une poitrine plus large que les neutres et que les femelles. La castration opérée, l'activité organique se déplace : au lieu de se porter vers la poitrine, elle se fixe plutôt dans le train postérieur ; la poitrine gagne un peu en hauteur au garrot, mais elle perd sensiblement en largeur, laissant toujours en dehors, bien entendu, les races anglaises améliorées pour la boucherie. La tête seule, dans le train antérieur du bœuf a pris de l'accroissement, comme pour équilibrer celui de la croupe. Dans le cheval, ces effets sont beaucoup moins sensibles, mais on peut les suivre dans le mouton châtré comparé au bélier, et même dans le cochon de nos races communes mis en parallèle avec le verrat.

Reins. — Longueur du corps. — Dans le genre *bœuf*, on rencontre sept vertèbres cervicales, treize dorsales et six lombaires. Les dorsales donnent articulation aux côtes qui protègent la poitrine, tandis que ce sont surtout les lombaires qui supportent le poids de l'appareil digestif ; aussi, les proportions

de développement de ces différents chainons du rachis varient-
elles avec le développement relatif des deux appareils de la respiration et de la nutrition, le premier dominant chez le taureau, le second chez le bœuf. Chaque partie du squelette,
comme du reste de l'organisme, se développe en proportion
relative de l'importance des fonctions qu'elle doit exécuter.
Aussi les bœufs ont-ils le corps plus allongé que les taureaux,
ce qu'il serait facile, mais superflu, d'appuyer par des chiffres.

Bassin. — *Croupe.* — *Train postérieur.* — La castration,
chez les mâles de toutes nos espèces mammifères, a pour effet
de développer le train postérieur; de même que la taille des
branches, le retranchement des bourgeons dans le règne végétal, déterminent un afflux nouveau de la séve vers d'autres
régions; de même l'ablation des organes générateurs amène de
profonds changements dans la conformation osseuse et musculaire de certaines parties du corps, notamment vers le train
postérieur. Si nous prenons la moyenne de 10 taureaux de
race durham pure, de la vacherie du Pin, âgés de 30 à 48 mois,
et que nous la comparions à celle de 6 bœufs durhams primés
à Paris et âgés de 36 à 60 mois, nous aurons, comparativement
à la taille au garrot

	Taureaux.	Bœufs.	ou	Taureaux.			Bœufs.	
Taille au garrot......	1ᵐ.450	1ᵐ.540	ou ::	»	:	»	::	» : »
Circonférence thoraci-								
que oblique........	2ᵐ.070	2ᵐ.286	ou ::	1.523 : 1.00			:: 1.490 : 1.00
Largeur du bassin....	0ᵐ.605	0ᵐ.703	ou ::	0.415 : 1.00			:: 0.458 : 1.00
Longueur du bassin...	0ᵐ.588	0ᵐ.683	ou ::	0.404 : 1.00			:: 0.443 : 1.00

Le développement des muscles, par l'engraissement de concours
a bien pu outrer un peu la circonférence thoracique des bœufs

: et néanmoins, on voit que le train antérieur est chez eux sensiblement moins développé que chez les taureaux. En revanche, le train postérieur présente une ampleur bien plus considérable, par la largeur et la longueur du bassin.

Les *sécrétions* sont puissamment influencées par le sexe : le taureau sécrète surtout le sperme, qui doit le plus souvent, être résorbé, puis remodifié par la respiration et excrété par les reins et la peau. Le bœuf sécrète surtout les muscles (fibres) et la graisse (suif) ou bien encore le travail, se bornant alors et dans ce dernier cas, à la réparation plus ou moins complète des pertes éprouvées par les organes ; les sécrétions se font en grande partie au profit de l'organisme ; les glandes excrétrices ont moins d'activité ; la vache sécrète le lait ou le fœtus, ou bien aussi la viande et la graisse : c'est le système veineux sanguin qui domine chez elle, comme le veineux artériel chez le taureau. Mais ces deux appareils de sécrétion et d'excrétion sont doués d'une activité proportionnelle, afin de pouvoir s'aider et même se suppléer au besoin.

Chez le mâle, les fonctions génitales étant actives, les reins doivent jouir d'une activité correspondante, afin d'éliminer par les urines le produit d'une partie de la résorption du sperme non excrété. Aussi, peut-on prévoir, sans avoir besoin de recourir à l'analyse chimique, que l'urine du taureau, comme celle de tous les mâles, est plus riche que celle de la vache laitière surtout et en général, des femelles. Le cérumen est plus abondamment sécrété par le taureau que par le bœuf, non-seulement dans les races laitières, mais à divers degrés, dans toutes les races ; par le bélier que par la brebis, au repli inguinal, et par les races à laine fine, plus que par celles à laine longue et grossière. Cette sécrétion est moins active encore chez les neutres que chez les femelles.

La *peau*, dans l'épaisseur de son tissu, renferme des glandules muqueuses et sudorifères. Chez le taureau en particulier, la peau doit venir en aide aux reins comme organe excréteur, et en effet, les tanneurs savent fort bien que le développement considérable de ces glandules distend la peau et la rend poreuse même après le tannage, tandis que celle du bœuf est plus dense et plus homogène. Nous savons du reste, que le taureau a le poil plus épais et plus grossier que le bœuf, la peau moins souple et plus grasse. Le bœuf de nos races communes a la peau plus molle, le poil fin, court et lisse ; le bœuf des races améliorées a la peau encore souple, mais plus épaisse. La vache laitière à un haut degré, a le cuir très-mince, mais épaississant dès qu'elle cesse de donner du lait. Cela tient au rôle plus ou moins important que doivent jouer comme organes excréteurs les glandules de la peau. Voyez en effet les oiseaux, dont la peau n'offre point dans son tissu d'organes excréteurs : dès que vous leur fournissez en excès des aliments très-nutritifs, dès que par conséquent vous demandez aux poumons un travail excessif et auquel ils ne peuvent suffire, c'est un autre organe dépurateur du sang qui s'hypertrophiera, au point d'amener la mort de l'animal ; c'est ainsi qu'on obtient les foies gras d'oies et de canards.

Enfin, la castration agit même sur le *pelage* en le pâlissant, du moins dans l'espèce bovine ; témoin les races de Salers, parthenayse, cotentine, limousine, etc. Mais si elle affine le poil du bœuf, elle produit chez le mouton un effet presque opposé ; sa laine devient un peu plus longue, mais la toison est moins tassée, le brin moins fin et moins résistant, effet dû en grande partie à la différence du régime suivi par le bélier et les troupeaux ; l'un toujours à la bergerie, bien nourri, à la peau toujours grasse ; les autres envoyés au pâturage par tout temps et presque en toute saison, avec des alternatives d'abondance et de disette. Mais il n'en est pas moins vrai que dans les troupeaux maintenus en stabulation permanente, ceux de la Saxe, par exemple, la laine du neutre est sensiblement inférieure en finesse à celle du mâle, et souvent même, de la femelle.

Il est presque inutile de parler de l'influence qu'exerce l'ablation des organes génitaux sur la *voix* et le *caractère* des animaux. A l'irascibilité du taureau, succède la docilité du bœuf; au mugissement sonore de l'un, la voix plus claire et plus étendue de l'autre. Le chapon, on le sait, devient aussi habile que la poule à conduire une couvée de poussins.

Le taureau, comme les mâles de toutes les espèces en général, donne une *viande* à fibres serrées et non séparées par du tissu cellulaire. Il fait moins de suif intérieur que le bœuf, mais donne plus de viande proportionnellement à son poids vif; cette chair est plus dense, plus coriace, plus rougeâtre; son suif est plus blanc. Le bœuf donne plus de morceaux de première qualité, de la viande plus tendre, plus savoureuse, plus légère; du suif plus abondant et plus jaune, mais tout cela à des degrés variables suivant l'âge auquel a été opérée la castration.

L'animal châtré très-jeune, s'il est abondamment nourri, prend peu de taille, mais acquiert de la précocité et de l'aptitude pour l'engraissement; sa viande sera tendre, juteuse, et il fera surtout du suif extérieur. L'animal castré tard conserve plus ou moins l'extérieur et les défauts du mâle. C'est dans les six premiers mois de la seconde année qu'on doit castrer les bœufs destinés au travail, et dans les six premiers de la première, ceux exclusivement destinés à la boucherie. L'agneau sera castré à l'âge d'un à trois mois, le verrat de deux à trois; plus on attendra pour ce dernier et plus le lard sera ferme; mais si on ne l'opère qu'à six ou huit mois, la viande prendra une saveur particulière.

« En allemand, dit Tessier, on appelle mœnch (moine), wa« lach ou valaque, en français hongre, un cheval châtré. L'éty« mologie de ces noms n'est pas difficile à trouver. Les Alle« mands ont sans doute appelé moine et valaque, et les Fran« çais hongre, le cheval incapable de se reproduire, parce qu'il « est dans le cas d'un moine engagé par des vœux de chas« teté, et parce que les premiers chevaux ainsi mutilés sont « venus en Allemagne de la Valachie, et en France de la Hon« grie, ces pays sont féconds en chevaux. Mais rien ne prouve « que ce soit en Valachie et en Hongrie qu'on ait commencé à « châtrer ou hongrer les chevaux. » (*Dictionnaire* de Déterville, art. *Castration*, p. 198.)

En effet, la castration du bœuf était connue et usitée des Hébreux, et peut-être des Égyptiens ; les Grecs et les Romains la pratiquaient aussi, et probablement l'étendirent au bélier. Mais son usage à l'égard du cheval, beaucoup plus difficile et surtout plus dangereux, paraît n'avoir été adopté que beaucoup plus tard. Ammien Marcellin qui écrivait vers 380 après J. C., rapporte avec un certain étonnement que les Sarmates coupaient leurs chevaux afin de prévenir les accidents que pouvaient occasionner les passions bruyantes et invincibles des mâles (lib. XVII, c. 12).

2. CASTRATION DES FEMELLES.

On castre dans certains cas la jument pour faire disparaître

chez elle certains vices inhérents à son organisme ; la vache,
pour en obtenir sans intermittence la sécrétion lactée ; la
truie, pour la rendre plus apte à engraisser ; la brebis, dans le
même but, et aussi pour en obtenir une toison plus abondante,
plus fine et plus douce ; la poule, pour accroître sa disposition
à engraisser, et rendre sa chair plus délicate et plus savoureuse.
Les effets physiologiques de cette opération sont faciles à déterminer : devenue incapable de se reproduire, par l'ablation des
ovaires, la femelle n'est plus soumise au rut périodique ; l'afflux
du sang quitte la matrice, soit pour se porter vers les mamelles,
soit pour rayonner sur toutes les autres sécrétions ; le système
nerveux perd de son irritabilité ; les formes musculaires s'ar-
rondissent, se féminisent davantage encore, surtout si l'opération est pratiquée dans le jeune âge.

M. Winn, un propriétaire de l'Amérique du Nord, fit je crois
le premier, connaître vers 1820 des expériences qu'il avait
faites sur la castration des vaches ; ces essais furent repris en
France et en Suisse par MM. Regère et Levrat en 1835 et con-
firmèrent les résultats annoncés par M. Winn. Depuis lors, elle
était restée à peu près dans l'oubli, mais dans ces dernières
années, M. Charlier en a fait une question toute nouvelle, et
qui intéresse désormais la science, le métier et l'économie so-
ciale, la physiologie, l'agriculture et l'alimentation publique.
Les travaux publiés jusqu'à ce jour par M. Charlier ont jeté la
lumière sur les points théoriques ; ses heureuses opérations ont
permis de juger le côté pratique, et il suffit d'avoir observé de
bonne foi pour se ranger sous la bannière du savant et dévoué
vétérinaire.

Au procédé nouveau, on a fait et cela devait arriver, des
objections spécieuses qui toutes ont été réfutées par M. Charlier.
Nous ne nous arrêterons que sur l'une d'elles, qui se présente

I.   17

toujours la première à l'esprit, à savoir, que la castration diminuera la production des veaux et que la race bovine devra tendre à disparaître. A ceci, nous croyons utile de répondre avec quelques détails.

D'abord, on ne castre les vaches qu'après leur 4ᵉ ou 5ᵉ vêlage; ensuite, l'expérience même des faits, dans ces dernières années, nous prouve une fois de plus que la demande règle la production; si bien que le haut prix du bétail, en ce moment, provient sans aucun doute, de ce que durant les années d'avilissement que notre agriculture a dû traverser on a fait fort peu d'élèves de toute espèce. Aujourd'hui, la reproduction tend à s'équilibrer avec la demande; seulement, on ne produit ni un bœuf, ni un cheval en six mois, comme on produit un goret. Dès lors, il suffirait, pour entretenir le même nombre de têtes, de livrer en cas de besoin, moins de veaux à la boucherie, et nous n'y verrions pas un grand inconvénient. Il nous sera même facile de prouver que l'économie générale ne fera que gagner à l'adoption du procédé.

On sait combien, dans la consommation habituelle, la viande des veaux de boucherie (Paris excepté) laisse à désirer pour la maturité et l'état d'engraissement; on reconnaît aussi combien est inférieure en qualité celle des vieilles vaches laitières qui arrivent aux abattoirs des petites villes ou des campagnes, à douze ou quatorze ans. Supposez, au lieu de cela, des vaches castrées tuées de huit à neuf ans, en bon état, au moins égales au bœuf pour la qualité et la saveur des fibres musculaires, supérieures par l'abondance du poids net et surtout du suif. Vous livrerez ainsi à la consommation un bien plus grand nombre d'animaux, d'une qualité bien meilleure, au plus grand avantage à la fois du consommateur et du producteur. Enfin, répétons qu'on ne castre le plus souvent que des vaches auxquelles on n'aurait plus guère fait rapporter qu'un ou deux veaux, et qu'on ne s'est jamais plaint que la castration des taureaux ait fait diminuer le nombre de l'espèce bovine.

M. Noüel Lecomte, un habile cultivateur à la ferme de l'Ile, auprès d'Orléans, a reconnu comme tous les cultivateurs, que les vaches engraissent plus rapidement et plus économiquement que les bœufs; néanmoins il a dû renoncer aux femelles pour les mâles, parce qu'il arrive presque constamment que les vaches qu'il achète en foire sont plus ou moins avancées en gestation : la vente des vaches grasses, dans ce cas, est difficile et la spéculation se trouve souvent entravée. Les veaux n'en étaient pas moins livrés à la boucherie lorsqu'ils arrivaient à terme, et le nombre des existences fût évidemment resté le même, si le cultivateur eût fait castrer sa vache un an ou deux avant de la vendre. Mais dans ce cas on n'aurait pas nourri cette vache avec perte à l'engraissement, et perte encore sur les enveloppes fœtales. La castration d'ailleurs, ne dût-on la pratiquer que sur les vaches taurelières, déjà serait appelée à rendre d'éminents services à la production.

La question de la castration bien comprise nous semble offrir une telle importance, qu'il ne sera peut-être pas inutile d'apporter de nouvelles preuves à celles déjà nombreuses publiées par MM. Levrat, Regère, Morin, Charlier, Delamarre, Hamoir, etc. Les faits et les chiffres que nous rapportons ont été pris en Sologne, chez M. Ménard, sur l'exploitation duquel il faut donner d'abord les détails suivants : la vacherie de Huppemeau comprend de 50 à 55 têtes environ, appartenant à une race bâtarde mélangée de flamand, de cotentin et de choletais. Leur poids moyen est de 450 kilogr. vif; elles sont soumises au régime mixte du pâturage pendant trois ou quatre mois et de la stabulation permanente avec fourrages verts ou secs, racines, farine et tourteaux, pendant le reste de l'année. Leur lait est employé à la confection d'un fromage particulier, excepté pendant l'été où il est converti en beurre, ou vendu en nature à Paris.

Voici maintenant les points que nous cherchons à appuyer de faits et de chiffres :

1° L'opération ne présente, en quelque sorte maintenant, aucun danger, et elle a en outre l'avantage de soustraire l'animal à ceux provenant du vêlage et de ses suites.

2° Elle a pour effet de détruire les chaleurs et d'augmenter la qualité aussi bien que la quantité du lait, qu'elle régularise.

3° Elle favorise la disposition à prendre la graisse, donne de la finesse à la viande et procure de bons rendements en viande et surtout en suif.

Les mémoires publiés par M. Charlier répondent victorieusement sur le premier point; j'y joindrai le témoignage de M. Ménard qui a déjà fait opérer près de quatre-vingts vaches sans en avoir perdu une seule des suites directes de l'opération. Ajoutons que M. Charlier perfectionne encore chaque jour ses instruments et ses procédés, en vue de rendre leur emploi plus simple et d'un résultat plus assuré. Il y a mieux, il emploie même la castration comme moyen de guérison des métrites chroniques, suite assez fréquente d'un vêlage difficile ou d'un avortement; il castre même les juments chatouilleuses, difficiles, dont l'emploi est si dangereux, et les rend ainsi calmes et placides, d'irritables qu'elles étaient. Quant aux dangers du part évités, il est inutile d'insister, bien qu'ils soient nombreux et souvent graves, et entraînent la plupart du temps une dépréciation sensible dans les qualités et la valeur de la vache.

La physiologie indique la corrélation intime de l'appareil génital avec tous les autres organes de la vie : respiration, digestion, assimilation, sécrétion, tout est sous sa dépendance plus ou moins absolue. Elle indique que les chaleurs doivent disparaître après l'ablation complète des ovaires, et les faits le prouvent de reste. Or, dans l'état normal, le lait cesse d'être sécrété, en moyenne deux mois et demi à trois mois avant le part; après le vêlage, il ne redevient innocent pour la santé qu'au bout de dix à douze jours; mais les chaleurs, le rut reparaissent ensuite à des intervalles rapprochés et périodiques, et la quantité comme surtout la qualité du lait en sont sensiblement altérées, au détriment de l'intérêt et de la santé du consommateur. Après la castration, au contraire, la sécrétion reste constante en quantité comme en qualité. C'est là encore un moyen de tirer parti de certaines vaches devenues taurelières, qui ne se reproduiraient point, ne donneraient pas de lait, et qu'un rut permanent rend difficiles à engraisser.

M. Gustave Hamoir, dans un savant travail, constate chimiquement la différence qui existe entre le lait de vaches reproductrices et celui des vaches castrées. Voici le résultat auquel il est arrivé : l'analyse du lait de deux vaches de reproduction, par M. Boussingault, donnait en moyenne, 88.6 d'eau, 2.6 de beurre, 4.0 de caséine et d'albumine pour 100 parties. L'analyse par M. Pesier du lait d'une vache castrée fournit 86.7 d'eau, 3.3 de beurre et 5.2 de caséine et d'albumine. Voici encore une analyse plus tranchée; elle nous est fournie par M. Eugène Marchand.

	Vaches normandes.	Vache castrée de race normande.
Beurre.	36.44	61.06
Caséum, albumine, sels. . . .	39.73	56.88
Lactine.	52.85	49.86
Eau.	870.98	832.20
	1000.00	1000.00
Quantité de lait pour faire 1ᵏ de beurre..	28 litres.	17 litres.

(*Annales de l'agriculture française*, Vᵉ série, t. IX, p. 325.)

Un fait non moins curieux est celui indiqué dans des expériences faites à Grignon sur la vache Vesta, castrée le 6 août 1853, comparée sous le rapport de la qualité du lait, à la fameuse vache schwitz Kettly, du même établissement, dans les analyses suivantes :

	VESTA.		KETTLY.	
	Beurre, 0/0.	Caséine, 0/0.	Beurre, 0/0.	Caséine, 0/0.
De juillet à fin décembre 1853..	2.952	2.771	2.822	2.510
De janvier à juillet 1854......	3.849	3.420	3.319	3.103
D'août à fin décembre 1854....	4.940	3.703	3.856	3.228

(*Annales de l'agriculture française*, V^e série, t. VI, p. 543.)

Ainsi, tandis qu'il ne fallait que 22 litres du lait de Vesta pour faire 1 kilogr. de beurre, il en eût fallu 26^l.84 de celui de Kettly, soit une différence de 22 °/°.

MM. Grandval de Reims, Maumené et Mathis ont publié des analyses dont les chiffres ne sont pas moins concluants. Enfin, à Huppemeau, avant la castration, il fallait 32 litres de lait pour faire 1 kilogr. de beurre, tandis qu'avec les vaches castrées, on obtient le même poids aujourd'hui, de 24 litres de lait, voilà pour la qualité.

Si nous arrivons à la quantité, voici d'autres chiffres : avant la castration, le produit moyen annuel de la vacherie de Huppemeau était de 1,890 litres par tête; depuis la castration et avec le même régime, le produit moyen annuel s'est élevé à 3.300 litres par tête, c'est-à-dire qu'il a presque doublé. Disons que cette augmentation est due à la suppression de l'intervalle dans la lactation pendant la dernière période de la vie fœtale et les quelques jours qui suivent le part. En général, après l'opération, le produit en lait reste le même que le chiffre

moyen de la période antérieure de lactation, mais ce produit
devient alors constant et sans variation ni interruption; quelques vaches voient leur lait augmenter même, de 1 et quelquefois 2 litres par jour. Il en est ainsi pendant deux et quelquefois trois ans; après quoi la sécrétion graisseuse venant
à prédominer, arrive insensiblement une diminution du lait.
Une vache taurelière appartenant à M. Delalande, de Beaugency,
donnait dix-huit mois après la castration le même produit
qu'avant. Nous pourrions citer encore de nombreux chiffres
obtenus dans les diverses contrées de la France.

Depuis longtemps en Angleterre, d'après Bosc, Tessier, et
David Low, on castre par le flanc les génisses que l'on destine
à un engraissement précoce, afin d'augmenter la finesse de la
viande, et l'aptitude à prendre la graisse. Les femelles, dans
toutes les espèces domestiques ou sauvages, produisent une
fibre musculaire plus savoureuse et plus tendre que les mâles.
Demandez aux gourmets ce qu'ils pensent du dindon comparé
à la dinde, du chapon à la poularde, du cochon à la truie, du
homard à sa femelle. Jusqu'ici, la vache seule a fait exception,
et on lui a préféré le bœuf; mais c'est qu'on a usé les vaches
comme laitières et qu'on a peu soigné leur engraissement. La
castration les rend, comparativement aux bœufs, ce que sont
ceux-ci aux taureaux, et de même, les vaches castrées, comparativement à celles qui n'ont point subi cette opération. On
a même remarqué qu'elles prennent un aspect général plus
efféminé, surtout par la tête. M. de Saint-Aignan, habile
engraisseur du Charollais, dans une visite à Huppemeau, et
ignorant l'opération à laquelle les vaches avaient été soumises,
fut frappé de leur aspect extérieur complétement étranger à la
race.

Les tissus des vaches castrées sont plus délicats, leurs fibres musculaires plus tendres et mieux infiltrées de graisse ; leur viande, en un mot, est plus rosée, plus persillée et l'emporte en tendreté et en saveur sur celle même des bons bœufs. Quant aux rendements, nous pouvons citer encore quelques chiffres toujours empruntés à Huppemeau :

	N° 1.	N° 2.	N° 3.
Poids vif..........	470ᵏ.0	760ᵏ.0	645ᵏ.0
Viande (4 quartiers)..	227ᵏ.5 (48.0 •/°)	375ᵏ.5 (49.2 %)	337ᵏ.5 (52.5 %)
Suif (saus rognons)..	48ᵏ.5 (10.2 %)	62ᵏ.5 (8.2 %)	51ᵏ.0 (7.6 •/°)
Poids utile, viande et suif réunis........	276ᵏ.0 (56.6 %)	435ᵏ.0 (57.4 %)	388ᵏ.0 (60.1 %)

Ces renseignements sont à coup sûr satisfaisants pour des animaux amenés à l'état demi-gras par le régime suivant : au commencement de l'hiver, les vaches castrées depuis quinze à dix-huit mois reçoivent de la pulpe Champonnois, du son et du tourteau de colza, en sus de la ration de fourrages secs ordinaire ; quelques-unes convertissent en abondance de lait ce supplément de nourriture, et sont conservées comme laitières ; d'autres et c'est le plus grand nombre, diminuent de lait, engraissent rapidement et sont livrées à la boucherie ; ce sont en général celles qui sont opérées depuis le plus long temps. L'une de ces vaches donne en poids net 222 kilog. 5 de viande et 55 kilog. de suif d'une remarquable qualité.

M. Ménard, lauréat de la prime d'honneur de culture du Loir-et-Cher en 1858, a ainsi donné un puissant exemple qui entraînera sans doute à sa suite ceux des agriculteurs éclairés qui sont placés dans de convenables conditions économiques. Les cultivateurs de son voisinage commencent à comprendre quels avantages ils peuvent retirer du nouveau procédé de castration, et beaucoup déjà n'hésitent plus à confier leurs animaux à M. Charlier. Il y a là, plus qu'une question agricole ; la production de la viande, et comme succédané, du laitage, est une question vitale qui intéresse tous les peuples ; et si l'homme qui fera pousser deux épis là où il n'en végétait qu'un avant lui, a droit à la gratitude des sociétés, elles n'en doivent pas moins à celui qui pourrait doubler le produit en lait de nos vaches.

§ 4. Amélioration des races.

Améliorer une race, c'est la rendre plus propre à remplir le but auquel nous la destinons. Améliorer une race, c'est une œuvre grande, belle et noble, mais qui par le temps et l'argent qu'elle exige, appartient plutôt à un gouvernement qu'à un particulier. A l'un la tâche d'éclairer, d'aider et d'encourager par tous les moyens ; à l'autre, celle de faire des expériences, des études, de mettre en œuvre la science et la pratique, comme l'ont fait en Angleterre les Backwell, les Colling, les Tomkins, les Ellmann, etc., comme le font en France les Massé, les de Torcy, et tant d'autres. Mais répétons-le, c'est une entreprise qui exige un immense dévouement, beaucoup de savoir, de prudence et d'habileté.

On améliore les races soit par elles-mêmes, c'est ce qu'on appelle la *sélection*, soit en les mariant entre elles afin d'obtenir une race mixte ; c'est ce qu'on nomme le *métissage* ; soit enfin en greffant une race améliorée sur une race commune à laquelle la première se substitue progressivement, c'est le *croisement*. Nous allons étudier successivement ces trois modes.

1. SÉLECTION.

Toutes les races sont loin d'avoir la même aptitude, quelques-unes sont douées même de qualités simultanément réunies à divers degrés. Certaines races chevalines nous fournissent des chevaux de course ou de selle, de cavalerie ou d'agriculture, de carrosse ou de diligence; la race bovine de Salers nous est précieuse par son travail, par le fromage que nous fournissent ses vaches, et par la viande succulente qu'elle nous offre plus tard; la brebis du Larzac nous donne non-seulement sa laine et ses agneaux, mais encore son lait converti en fromage de Roquefort. D'autres races ne possèdent qu'une seule aptitude, mais c'est le cas le plus rare en France; il n'en est pas de même en Angleterre où l'aptitude à prendre la graisse a été rendue à peu près exclusive dans les races améliorées de Hereford, de Durham, de Devon, etc. Avant donc d'entreprendre l'amélioration d'une race il faut bien déterminer l'aptitude qui lui est propre et qui concorde le mieux avec les circonstances économiques de la contrée qu'elle habite.

Or, l'aptitude résulte de la conformation qui provient elle-même du régime auquel a été soumise la race depuis longues années; l'aptitude est donc héréditaire d'abord dans l'individu, mais peut être plus ou moins profondément modifiée par le régime, d'autant plus profondément que la race est moins ancienne, qu'elle est moins pure, et que l'individu est plus jeune.

Toutes les espèces non plus que toutes les races ne sont pas malléables aux mêmes degrés : l'espèce porcine par exemple l'est davantage que celle ovine, et celle-ci, plus que celle bovine et surtout, que celle chevaline. De même encore, toutes les proportions du corps sont loin d'être modifiables avec une égale facilité ; certains défauts de conformation disparaissent promptement sous l'influence combinée de l'alimentation et du choix soigneux des reproducteurs, d'autres persistent avec une opiniâtreté désespérante ; mais toujours, cette opération est longue, coûteuse, et exige l'entier dévouement d'une longue existence humaine. Aussi, malgré la plupart des auteurs anglais qui considèrent comme améliorées par elles-mêmes les races de Durham, de Canley à longues cornes, du North-Devon, celles de Dishley, Newkent, Southdown, etc., ne pouvons-nous considérer ces faits comme avérés! L'existence des Backwell, des Colling, des Ellmann, des Goord, n'eût pu suffire à transformer par la sélection seule des races indigènes en ces beaux types que nous admirons aujourd'hui ; ajoutons que pour la plupart de ces races, il existe des présomptions presque avérées de croisements divers, que la nature, dans les phénomènes de la reproduction, nous permet quelquefois encore de vérifier. En France, on a quelquefois objecté à la race charollaise améliorée de M. Massé un léger mélange de sang durham remontant à l'importation de M. Brière d'Azy en 1825. Enfin, les seuls exemples bien constatés que nous puissions citer de ce mode d'amélioration, c'est celui de la race ovine mérinos en France, en Allemagne, et jusqu'en Suède.

C'est que la sélection exige non-seulement du temps et des dépenses, mais encore une grande prudence, une profonde habileté et une persévérance à toute épreuve. Elle suppose la modification artificielle de toutes les circonstances naturelles au milieu desquelles une race a vécu depuis des siècles, peut-être, climat, nature du sol, alimentation, reproduction, quatre questions d'une immense importance et qui demanderaient une étude particulière.

Le climat détermine généralement les aptitudes naturelles aux races, parce que c'est de lui que dépend surtout la végétation soit spontanée, soit artificielle du sol. Mais il agit en outre, d'une manière directe sur l'organisme; c'est ce qu'a fait parfaitement ressortir un rapport adressé à l'empereur en 1859 par MM. Vallot et Bernis, sur la création d'une race de chevaux de trait en Algérie. « L'humidité du climat, disent les savants « vétérinaires, est plus favorable, en général, à l'augmenta- « tion des substances alimentaires, et par suite, à l'accroisse- « ment des animaux. Elle a aussi une action directe sur ces « derniers, en les pénétrant par la peau et par les bronches; « mais lorsqu'elle est trop forte, elle pousse au relâchement du « tissu des organes, à l'inertie de leurs mouvements, à la len- « teur dans l'exercice des fonctions de la vie. Cette grande hu- « midité agit encore par les aliments qu'elle rend aqueux, « fades et peu nutritifs. Sous son influence, les chevaux sont sur- « chargés d'embonpoint, les articulations, les saillies osseuses, « les muscles, les vaisseaux sous-cutanés, sont empâtés et noyés « dans un amas de tissu cellulaire. L'air sec exerce son action « sur les plantes et sur les animaux en sens inverse de la grande « humidité; il exerce une puissante activité lorsqu'il se trouve « en contact avec nos organes; il fait sur eux une impression « qui tient à son avidité pour l'eau. L'air sec est pour les sur- « faces extérieures sensibles des animaux, un corps qui tend à « les dépouiller de l'humidité qui leur est naturelle; son action « produit un resserrement qui fortifie la complexion de tout « le système vivant, au détriment de son ampleur.

« Dans les climats méridionaux, les rayons solaires répan-

« dent sur la terre une grande quantité de chaleur et de lu-
« mière. La chaleur est excitante ; elle augmente la sensibilité
« de tous les organes, stimule principalement la peau, et fa-
« vorise la transpiration. Sous l'influence de la chaleur et d'un
« air sec, les pâturages sont peu abondants, mais ils sont tou-
« jours toniques et nutritifs. Ces conditions poussent à la fibre
« serrée et forte, mais sont contraires à un prompt et grand
« développement. Le cours du sang plus accéléré, une respi-
« ration plus active, l'appareil gastrique moins énergique, des
« excrétions abondantes, une assimilation faible dans les fluides
« et dans les solides, sont encore des phénomènes physiolo-
« giques inhérents aux pays chauds. Le froid excessif produit à
« peu près les mêmes effets que la forte chaleur, au point de
« vue du volume et de la taille des animaux. Il y a en Russie
« des chevaux aussi petits que ceux de la Corse et des landes
« de Bordeaux. »

A coup sûr, l'homme sera toujours à peu près impuissant à
modifier les climats, mais il peut dans certains cas, soustraire
ses animaux aux influences atmosphériques, tout en restant
dans les conditions d'une saine économie. Ne voyons-nous pas
le cheval de pur sang anglais se répandre sans dégénérescence,
jusqu'ici du moins apparente, dans toutes les parties du globe?
Ne retrouvons-nous point le mérinos dans toute l'Europe, depuis l'Espagne, son ancienne patrie, jusqu'à la Russie et à la
Suède, et cela sans qu'il ait rien perdu de son aptitude à la
production de la laine extra-fine? Mais il faut rester dans les
limites de la raison et ne point chercher à brusquer la nature.

> Ne forçons point notre talent,
> Nous ne ferions rien avec grâce.
>
> LA FONTAINE.

Autant il est rationnel de faire en Algérie le cheval de cavalerie légère, autant il serait insensé de lui demander le cheval
de gros trait ; autant il pourra être utile d'y introduire la vache
bretonne, autant il serait absurde d'y importer le taureau de
Durham.

La nature du sol vient joindre encore son influence à celle
du climat qui lui-même la modifie ; un sol argileux placé dans
des conditions identiques de fertilité, de profondeur et d'exposition, produira en Angleterre et en Afrique des végétaux
divers quant à leur nature et à leurs qualités nutritives, et ces
végétaux à leur tour influenceront différemment l'organisme
des animaux qui les consommeront. Un sol calcaire ne produit
pas les mêmes conformations de corps qu'un sol argileux, c'est
un fait d'observation bien connu et que Buffon déjà avait constaté. Mais ici encore, l'homme interpose sa puissance, et parvient jusqu'à un certain point à modifier la constitution chimique du sol, de même qu'il modifie sa fécondité ; les sels
chimiques, les amendements calcaires, les engrais, l'irrigation,
lui fournissent d'énergiques moyens d'action. Il peut même influencer plus directement l'organisme en adjoignant à la nourriture certains principes minéraux qui lui manquent, et dont
l'animal tirera grand profit, les sels de chaux, les phosphates,
principalement ; de même aussi la médecine sait rendre, dans
certains cas, au sang la matière colorante, au moyen des oxydes
ferrés.

L'alimentation offre en outre le mode d'action le plus puissant de tous peut-être, quand elle est calculée avec habileté ; elle
permet de sculpter pour ainsi dire certaines formes dans certaines espèces ; d'imposer en quelque sorte certaines aptitudes
à une race ; l'alimentation résume à elle seule les influences
de climat et de sol et permet de les modifier à un point de vue

donné. C'est elle qui a permis de faire en Allemagne des chevaux de pur sang anglais, des moutons mérinos, au moins
égaux par leurs aptitudes distinctes aux produits de l'Angleterre et de l'Espagne. Telle est sa puissance que, abstraction
faite de la question économique, elle nous fournirait les moyens
de recomposer avec chaque type d'espèce, toutes les races issues
de ce type ; mais à la condition pourtant d'être secondée par
le choix des reproducteurs. Nous traiterons plus loin avec davantage de détails de l'alimentation ; quant à la question des
reproducteurs, nous l'avons longuement étudiée déjà, sauf la
consanguinité qui doit trouver ici sa place. En effet dans l'œuvre
de l'amélioration d'une race par elle-même, l'alliance consanguine, est au début, une nécessité ; au fur et à mesure que
l'œuvre progresse, le degré de consanguinité s'éloigne entre les
produits, mais reste à savoir jusqu'à quel point elle sera utile,
à quel autre elle deviendra dangereuse.

Ici, nous trouvons trois opinions en présence : Bürger nie
qu'elle puisse faire dégénérer les races ; Sinclair l'estime toujours nuisible ; M. Lefour dit qu'à Hohenheim, on ne la regarde comme dangereuse qu'autant que les parents qu'on ac-
couple, possèdent certains défauts héréditaires. A la première
de ces opinions se rallie M. Huzard ; à la seconde M. Levrat, le
docteur Bonin, et la plupart des physiologistes ; à la troisième,
se rallient la presque unanimité des agriculteurs. Nous devons
donc les étudier séparément et chercher dans chacune des té-
moignages à l'appui.

On rencontre en France, sur trois points différents du ter-
ritoire, des colonies d'étrangers qui paraissent s'être conservées
sans alliance avec les populations voisines, et qui ont dû conséquemment présenter des consanguinités fréquentes et à des
degrés rapprochés. Ce sont celles de Batz, colonie saxonne

formée à l'embouchure de la Loire ; de Roscof, colonie russe établie dans le Finistère, près de Saint-Pol-de-Léon ; enfin la colonie mauresque de Cuisery dans le département de l'Ain. Chacune de ces peuplades est restée parfaitement distincte de formes, de taille, de couleur, et loin d'offrir les signes de la dégénérescence, les habitants de Batz, de Roscof et de Cuisery sont solides, énergiques, bien bâtis, et d'assez haute taille. Les premiers font le commerce des sels, les seconds sont maraîchers, les derniers se sont faits cultivateurs et commerçants.

Dans l'espèce chevaline, dans la race même de pur sang anglais, les exemples de consanguinité rapprochée ne sont point rares, et elle ne paraît point avoir eu d'effets fâcheux ; nous serions presque tenté de croire le contraire. Le célèbre Flying-Childers avait pour GGM une fille de Spanker ; sa mère était une jument barbe, mère de Spanker. Ainsi, la race était perpétuée par cette union de la mère avec le fils. Rachel la mère de Highflyer était une fille de Blanck, et petite-fille de Régulus ; Blanck et Régulus étaient tous deux fils de Godolphin-Arabian. Fox, un célèbre coureur, de nos jours (1719), et souche d'une illustre famille, était né dans de semblables circonstances, mais en substituant le père à la fille, et la mère au fils. Goldfinder, un autre héros des derniers temps (1764), était fils de Snap ; sa M une fille de Blanck et petite-fille de Régulus dont nous avons plus haut établi le degré de parenté. Buckhunter, nommé plus tard le Carlisle-hongre, était fils de Bald-Galloway ; sa M par lord Carlisle-Turck, sa GM, aussi par Bald-Galloway ; il était né en 1713. Mais le plus frappant exemple de ces unions incestueuses, se rencontre, de nos jours, dans la généalogie d'un vainqueur du Saint-Léger, le chevalier de Saint-Georges. Il était par Irish-Birdcatcher, sa M par Hetman-Platoff, sa GM Waterwitch par sir Hercules ; Birdcatcher était fils de sir Hercules.

Ainsi, cet étalon célèbre à juste titre, était grand-père d'une part, et GGP de l'autre. M. Huzard va nous fournir des faits pris dans d'autres races : la formation du haras du comte Huniady, avec deux étalons arabes, Monachi et Taillard ; le haras de Kladrub (en Bohême) propriété de l'empereur d'Autriche, régénéré par la consanguinité.

L'espèce bovine de Durham, la seule dont la généalogie soit constatée régulièrement, nous offrirait des exemples non moins nombreux d'animaux remarquables issus d'unions incestueuses. Ainsi, le fameux taureau Comet était fils de Favourite et de la vache Phœnix, mère elle-même de Favourite ; sa naissance était donc entachée d'inceste au plus haut degré. On trouve dans la généalogie du bétail de Ch. Colling d'autres faits nombreux de consanguinité : Peeress, fille de Favourite fut donnée à Comet son frère, et produisit avec lui le taureau Cécil. Phœbé était petite-fille de Favourite et fille de Comet. Laura, fille de Favourite eut de Comet, son frère, la génisse Lucilla ; de même, Cora eut de son frère Comet la génisse Calista, et maints autres exemples. M. Huzard dans une *Note sur les accouplements consanguins*, cite un troupeau de vaches et taureau de race tyrolienne entretenu à Holitsch (Hongrie), ferme de l'empereur d'Autriche, et qui fut multiplié par consanguinité et sans dégénérescence ; le troupeau de race sans cornes et à robe blanche qui fut longtemps entretenu à Rambouillet ; ce troupeau provenait d'une importation écossaise d'un taureau et de quelques vaches seulement, et fut détruit par l'épizootie de 1815.

Les faits de même nature sont plus difficiles à constater dans l'espèce ovine, ou plutôt on en tient moins de compte. Les premiers troupeaux de mérinos cependant furent longtemps et par nécessité, reproduits par des accouplements consanguins ; Huzard cite entre autres ceux de Bazoches appartenant à Tessier,

I.   **18**

celui du baron de Silvestre, ceux enfin de MM. Perrault de Jotemps et Girod, dans l'Ain. La bergerie de Rambouillet, depuis son origine n'a reçu aucun animal étranger, et s'est reproduite sans aucune méfiance de la consanguinité. Aucun de ces troupeaux ne semble avoir dégénéré du type primitif, et ils ont bien plutôt marché vers une amélioration sensible sous divers rapports.

M. Huzard fut le premier importateur de la race de porcs chinois en France ; ces animaux servirent à des croisements anglo-chinois et furent répandus dans diverses parties de la France, sans qu'ils aient dégénéré là où on a voulu les conserver. « Je m'empresse cependant d'ajouter, dit-il, que dans « quelques cas exceptionnels, là où une nourriture trop abon- « dante, trop substantielle a été donnée, on a vu se produire « un embonpoint excessif qui est devenu nuisible à la fécon- « dité. » Enfin le même auteur rapporte avoir depuis long-temps élevé une race de lapins qui ne se perpétue que par père et filles, et frère et sœurs. Il cite encore les espèces qui vivent à l'état sauvage, et nos espèces domestiques de la basse-cour, coqs, pigeons, oies, canards, etc., parmi lesquelles la consanguinité à des degrés plus ou moins rapprochés est pour ainsi dire habituelle, et qui n'offrent cependant aucune trace de dégénérescence.

Passons maintenant à l'opinion opposée, à celle qui réprouve toute consanguinité. De curieuses observations faites, en Amérique, sur l'espèce humaine, par le docteur Bonnin, furent communiquées par lui en 1859 à la réunion médicale de Washington. Il en ressort que :

Sur 100 sourds-muets placés dans les hospices des États-Unis, 10 sont issus du mariage de cousins au premier degré.

Sur 100 aveugles, 5 sont issus de parents au même degré ; sur 100 idiots, 15 sont dans le même cas.

Sur 789 mariages entre cousins germains, 256 ont produit des aveugles des sourds-muets, des idiots, etc.

Sur 483 mariages entre cousins au premier degré, 332 ont été stériles ou ont produit des enfants sains, et 151 ont engendré une descendance maladive.

M. Meynell qui, dit Grognier, comme veneur est presque aussi célèbre que Backwell, a formé par la consanguinité des chiens excellents pour la chasse au renard.

Nous ne savons pas qu'on ait cité, dans l'espèce chevaline, de faits bien constatés d'une influence défavorable par la consanguinité ; les hippologues cependant, recommandent en général de l'éviter, entre autres, Buffon et Bourgelat.

« Dornshausen (Hesse-Hombourg) est un village où l'on ne « parle que le français, bien que l'allemand règne à 50 lieues « à la ronde, même en dépassant la frontière française. Ce « village est habité par les descendants des familles protestantes « exilées par Louis XIV. Dornshausen leur fut donné à cette « époque, m'a-t-on dit, par le prince électeur de Nassau, et ils « sont restés, eux et leur lignée, dans cet asile austère et calme « comme leur résignation et leur piété. Cette population est « toute française encore, car les habitants ne se sont jamais « mariés qu'entre eux... Je dois ajouter malheureusement, que « cette population française de Dornshausen n'est pas physi- « quement brillante..... Les Allemands que nous rencontrions « en nous y rendant, nous disaient : Vous allez entrer dans le « pays des bossus. Il est vrai que jamais nous ne vîmes plus de « bossus que dans ce canton ; cette race qui ne s'est jamais mé- « langée est grêle et rachitique comme la noblesse espagnole, « qui de même ne se marie qu'entre elle. » (Gérard de Nerval. *Souvenirs d'Allemagne*, éd. Levy, 1860, p. 49.)

M. Levrat rapporte, quant à l'espèce bovine, un fait assez remarquable qu'il put observer en Suisse, dans un troupeau assez nombreux. Dès la 3ᵉ génération consanguine, les produits devinrent chétifs à ce point que les veaux mouraient quinze jours au plus après leur naissance. Il ajoute qu'une vache de cette famille fit un assez grand nombre de veaux dont aucun ne put être élevé. M. Houdeville, propriétaire d'un troupeau mérinos dont il n'avait jamais renouvelé le sang, voyait constamment augmenter dans les naissances le nombre des agneaux infirmes ; il eut l'idée d'échanger son bélier avec l'un de ceux de ses voisins, et les agneaux vinrent désormais au monde bien conformés, tandis que le même bélier de M. Houdeville produisait à son tour chez l'autre propriétaire, des agneaux parfaitement sains. Sir John Sebright repousse complétement la consanguinité, se fondant sur de nombreuses expériences auxquelles il soumit des chiens, des poules et des pigeons, dont les caractères allaient dégénérant. Princep, Knisat, John Sinclair professent la même opinion. A Grignon, l'espèce porcine fournit des faits aussi marqués. Une truie et un verrat hampshires ne pouvaient se reproduire ensemble ; les gorets étaient mal conformés et si chétifs, qu'ils périssaient bientôt. Cependant, le père et la mère accouplés avec des truies ou des verrats d'autres races donnaient ainsi d'excellents produits. (*Annales de Grignon*, VIIᵉ livr.)

Nous n'entreprendrons point de décider entre ces deux opinions laquelle est la vraie, parce que les faits dont elles s'appuient chacune ont dû se produire au milieu de circonstances particulières que les auteurs n'ont point pris toujours soin de nous faire connaître. Il nous semble difficile cependant, d'admettre que de deux animaux irréprochables de type et de conformation, quelque rapprochés qu'ils soient par le sang, il puisse résulter un produit dégénéré. Ou du moins, faut-il faire cette distinction dans nos animaux domestiques, qu'il y a pour ainsi dire des races naturelles et des races artificielles. Les premières, qui sont nos races communes, à aptitudes mixtes, médiocrement soignées, sobres et rustiques, sur lesquelles la consanguinité ne semble produire aucun effet fâcheux, non plus que sur les animaux qui vivent à l'état sauvage. Les secondes, celles que l'homme a modifiées profondément par les soins, le régime, les mélanges de sang, etc., et sur lesquelles la consanguinité poussée trop loin peut produire de fâcheux effets. Parmi elles se trouvent les races anglaises améliorées pour la graisse, et surtout celles de ces races qui appartiennent à l'espèce porcine.

La consanguinité donc est souvent utile, et toujours indispensable au début de l'amélioration d'une race; seulement, il faut savoir s'arrêter à temps. Les défauts qu'on veut faire disparaître, les qualités qu'on veut fixer doivent être étudiés avec le plus grand soin dans l'acte de la reproduction; certains caractères sont fugitifs, d'autres d'une constance désespérante. Or dans le principe, les reproducteurs dotés des qualités qu'on veut fixer et privés des défauts qu'on veut faire disparaître, sont rares, et leurs descendants directs seront les seuls dont on puisse se servir pour reproducteurs avec leurs mères et leurs sœurs mêmes. Au fur et à mesure qu'on progresse cependant, il est prudent de croiser entre elles les diverses branches de cette famille, de telle façon que le degré de parenté s'éloigne de plus en plus. Une considération importante encore, c'est de ne pas s'attaquer à la fois à tous les défauts qu'on veut corriger, mais de les combattre successivement jusqu'à leur complète disparition. C'est alors seulement qu'on devra employer la consanguinité; c'est quand on aura obtenu des animaux parfaits suivant le but qu'on veut atteindre qu'on les alliera entre eux. Jusque-là, il faut choisir dans la race, comme reproducteurs, ceux qui possèdent moins développé le défaut qu'on combat, ou qui possèdent la qualité

tout opposée, en faisant un choix aussi sévère que possible. On
comprend combien ce système d'amélioration demande d'habileté, de prudence, de temps et d'argent; aussi quoique recommandé par presque tous les théoriciens, n'a-t-il peut-être jamais
été mis en pratique, pas même, selon toute probabilité par les
éleveurs anglais, Backwell, Colling, Ellmann, Richard Goord, et
tant d'autres. Ils ont eu le bonheur de rencontrer par hasard
des animaux exceptionnels comme aptitude ou comme conformation, et les ont pris dans quelque race qu'ils les rencon-
trassent pour en fixer par la consanguinité les caractères dans
une race qu'ils amélioraient ainsi. Backwell acheta son taureau
Two-Penny, Ch. Colling son taureau Hubback, Tomkins ses
vaches Mottle et Pigeon, d'où sont sorties les races canley-
dishley, durham et hereford. Quant à celles de Devon, des
Highlands améliorée, de Dishley, de Southdown, etc., etc., leur
prétendue amélioration par elles-mêmes nous semble singulièrement contestable.

2. MÉTISSAGE.

Nous définirons le métissage l'opération par laquelle on améliore une race quelconque, en y versant le sang d'une ou de
plusieurs races différentes, en vue de perfectionner la première,
et qui a pour but de créer une sous-race ayant des caractères
et des aptitudes particuliers et distincts, se reproduisant, à la
longue, avec des formes certaines. Le métissage peut, dans certains cas, précéder le croisement, servir à le préparer, pour le
rendre ensuite plus prompt, et assurer sa réussite.

Dans le métissage comme dans le croisement, il faut tenir

un compte sérieux de la constance des races qu'on emploie. M. de Weckerlin définit la constance : la persistance avec laquelle se sont montrés un caractère ou une qualité dans une suite plus ou moins longue de générations. La constance de la race à améliorer oppose d'autant plus de résistance à la race améliorante, qu'elle lui est sous ce rapport égale, ou supérieure. Telle est la cause de l'insuccès du croisement de la race durham avec plusieurs de nos races françaises, dès qu'on dépasse la seconde génération. Tel est l'obstacle aussi qu'aurait rencontré M. Malingié dans la création de sa race de la Charmoise, au moyen de celle de Newkent-Goord, s'il n'avait pris le soin de détruire toute constance dans sa souche, avant d'y verser le sang améliorateur.

L'agriculture française poussée par les besoins sociaux, guidée par la science et l'expérience, stimulée par l'exemple de l'Angleterre, de la Belgique et de l'Allemagne, favorisée par les chemins de fer et la prospérité générale, subira sans doute avant peu d'importantes modifications : là où les bœufs étaient en quelque sorte spécialement destinés au travail, peut-être recevront-ils comme dans le Maine-et-Loire et le Charollais, une double destination, c'est-à-dire l'élevage à un travail léger, suivi d'un engraissement précoce. Nos races françaises sont fort anciennes, pour la plupart, et généralement douées d'une conformation plus appropriée au travail ou au lait qu'à la graisse; telles qu'elles sont, elles recevraient sans succès, dans la majorité des cas, le sang de la race de Durham, moins constante qu'elles. Le plus prudent et le plus assuré serait donc d'agir par métissage, en détruisant d'abord la constance de la race à améliorer. Supposons, par exemple, qu'on veuille perfectionner la race hollandaise, au point de vue de la boucherie, et voyons comment on s'y prendrait :

1° A une vache hollandaise, je donne un taureau suisse;

le produit aura donc 50 de sang hollandais, et 50 de sang suisse. 2° A ce produit, femelle, je suppose, donnons un taureau cotentin; le produit aura dès lors : 25 de sang hollandais, 25 de sang suisse et 50 de sang cotentin. 3° Nous pouvons dès lors verser le sang de Durham et nous aurons par conséquent dans le produit, et en supposant qu'on pousse toujours vers le sang améliorateur :

	Sang hollandais.	Suisse.	Cotentin.	Durham.
A la 3ᵉ génération.........	12.50	12.50	25.00	50.00
A la 4ᵉ génération.........	6.25	6.25	12.50	75.00
A la 5ᵉ génération.........	3.12	3.12	6.25	87.50
A la 6ᵉ génération.........	1.55	1.55	3.12	93.50

C'est-à-dire qu'en dix-huit ou vingt ans, nous serons en quelque sorte arrivés au pur sang durham par substitution. Nous éliminerons sans cesse les produits entachés de *retours*, puis employant, pendant deux ou trois générations, la consanguinité, nous aurons obtenu une race distincte peut-être de celle anglaise par quelques caractères mais qui s'en rapprochera beaucoup, à coup sûr, par sa conformation générale et ses aptitudes ; généralement on arrête le métissage aux 1ʳᵉ ou 2ᵉ générations.

Mais le métissage n'est pas toujours une opération aussi compliquée. Dans le cas où il s'agirait, par exemple, de communiquer à la race de Salers un peu plus de précocité et d'aptitude à prendre la graisse, on se contenterait de verser un peu de sang durham dans la race auvergnate, et on emploierait ensuite les meilleurs métis comme reproducteurs. C'est ainsi qu'en Normandie, dans la Hague, à Flamanville (Manche), nous avons pu voir chez M. Beaumelle, une souche d'animaux cotentins ayant reçu il y a plus de vingt ans du sang durham, à une ou deux générations seulement, et dans laquelle une amélioration bien sensible se remarquait encore. Nous avons admiré en outre une vache de cette même souche, n'ayant que 1/16° de sang anglais, et qui, mise à l'engrais chez M. le comte de Blangy, à Saint-Pierre-Église, ne l'eût certainement cédé, en état de graisse, qu'à bien peu de nos meilleurs animaux de concours.

F. Villeroy indique pour le métissage une autre méthode : « Voici, dit-il, la marche à suivre, si l'on veut introduire dans « une race un peu de sang étranger. Je suppose qu'on veuille « tenter d'améliorer la race percheronne par le mélange du « sang arabe, mais qu'on ne veuille pas pousser le mélange « assez loin pour risquer de perdre les qualités que possède la « race percheronne comme cheval de travail. Pour cela, on « fait saillir une jument percheronne par un étalon arabe ; si « une jument naît de cet accouplement, on la fait saillir à son « tour par un étalon percheron, et un poulain entier provenant « de ce second accouplement sera le type qui servira à produire « des chevaux de race percheronne possédant un peu de sang « arabe. On peut par ce procédé, verser dans une race plus ou « moins de sang d'une autre race. Je n'ai pas besoin de dire « que ces mélanges ne se font pas avec précision et certitude « du résultat, comme ceux du chimiste dans son laboratoire ; « il faut pour réussir, la connaissance parfaite des races sur « lesquelles on travaille, et un choix judicieux des animaux « qu'on emploie ; il faut aussi beaucoup de patience et de per- « sévérance. » En somme, le métissage n'est qu'un croisement interrompu.

On possède un assez grand nombre d'exemples de races créées par métissage : la race bovine d'Anspach issue de celles hollandaise, frisonne, et indigène ; celle du Mont-Tonnerre née des races du Palatinat et Suisse; celles de Neulengbach et de Stockerau (Autriche) produites par la race de Mürzthall avec des races indigènes; de Mondsee et d'Opotschna formées de la race schwitz avec celles de Pinzgaù et de Mürzthall. La race chevaline de Denspont créée en Allemagne par les races allemande, anglaise et arabe; en France, la race de la Charmoise formée par M. Malingié avec les races solognote, tourrangelle, berrychonne et mérinos auxquelles on joignit ensuite le sang newkent.

Pour nous résumer, nous dirons que dans le métissage, la réussite dépend des conditions suivantes :

1° Détermination précise du but à atteindre; ce but doit être en harmonie avec l'aptitude ou les aptitudes dominantes de la race à améliorer, avec les circonstances économiques au milieu desquelles cette race devra se reproduire, avec la nature du climat et du sol. Ainsi, on ne devra point chercher à produire dans les climats méridionaux ou sur un sol granitique ou calcaire des chevaux de gros trait, pas plus que des chevaux fins sous un climat humide et dans des terrains marécageux; des moutons à laine fine sur les sols argileux, des bœufs d'engrais sur les sols siliceux. Si l'on force la nature, si l'on viole ces principes, ce ne sera qu'en soustrayant les animaux aux influences naturelles par la stabulation permanente et des soins multipliés, et par conséquent, au moyen de coûteux sacrifices. De ce que la Beauce et la Brie conservent encore aujourd'hui des troupeaux de métis mérinos, il n'est nullement prouvé que ce soit pour elles une production économique, et il est probable que dans un avenir assez prochain, les cultivateurs de ces contrées seront forcément amenés à adopter les croisements dishleys-mérinos dont MM. Yvart, Pluchet, Dailly leur offrent de si concluants spécimens.

2° Appropriation du régime. Nous avons insisté déjà sur l'immense influence du régime à l'égard de la conformation et des aptitudes; la race bovine de Bretagne nous en fournirait encore au besoin un frappant exemple; élevée misérablement sur des landes humides et presque stériles, elle n'en devient pas moins, de toutes nos races françaises, celle qui fournit la plus forte proportion de lait comparativement à la nourriture consommée; mais à la condition seulement que ce régime restera composé d'aliments aqueux, peu nutritifs, et consommés au pâturage : Transportez-la dans de riches embouches ou renfermez-la à l'étable avec des fourrages abondants et nutritifs, la sécrétion du lait s'arrêtera et elle sera remplacée par celle de la graisse. Si vous voulez produire des chevaux fins, n'épargnez ni l'avoine ni les bons fourrages secs, ayez des pâturages élevés et bien enclos; si vous voulez des chevaux de trait, ayez des fourrages naturels et artificiels venus sur des sols argileux, des pâturages frais, sinon humides, et nourrissez abondamment.

3° Choix des races. Il importe, on le conçoit, de n'allier que des races ayant une certaine similitude de taille, de formes et d'aptitudes; mélangez par exemple, pour le lait, les races suisse et hollandaise ou schwitz et cotentine, celles d'Ayr et bretonne; pour la graisse, celles normande, charollaise, mancelle ou choletaise avec le durham; pour le travail, celles de Salers et du Limousin, l'auvergnate avec le charollais. Dans l'espèce chevaline, on a croisé à peu près toutes nos races avec le pur sang anglais; qu'en est-il résulté? La réussite des croisements dishleys-mérinos est peut-être la seule exception à ce principe, exception sur laquelle il serait imprudent d'établir une règle contraire.

4° Sélection des reproducteurs. Tel est le point qui exige de l'éleveur la plus grande habileté; choisir les animaux destinés à corriger les défauts d'une autre race, ou à lui communiquer au plus haut degré les qualités qui lui manquent n'est pas chose facile. Dans toute race, les animaux parfaits sont fort rares; ceux dont on exige une conformation particulière en un certain point, ne le sont pas moins. Une fois les premiers métis obtenus, l'obstacle n'est pas levé pour cela, et le choix devenant plus borné devient plus délicat encore. Il faut que l'éleveur soit doué d'une grande justesse de coup d'œil pour ne pas éprouver de terribles déceptions.

5° La qualité du sang améliorateur sera naturellement réglée par le résultat de l'opération sur les produits obtenus, comparés au type qu'on veut atteindre. C'est là un point non moins important que le précédent; le but, une fois dépassé, il n'est pas toujours facile d'y revenir. Tantôt on a donné trop de finesse à la race, tantôt, au contraire, on l'a trop grossie; ou bien on lui a enlevé sa rusticité, on a affaibli la vigueur de son tempérament, on a diminué sa fécondité, ou encore on a totalement fait disparaître l'une de ses aptitudes qu'on tenait à conserver.

3. CROISEMENTS.

Nous définirons avec M. Baudement, le croisement : l'opération par laquelle on améliore une race quelconque, en y versant le sang d'une race différente, en vue de perfectionner la première, et qui a pour but de substituer plus ou moins rapidement la race amélioratrice à la race à améliorer, s'arrêtant au point où l'on a presque atteint le pur sang.

Pour mieux faire comprendre la distinction à faire entre le

métissage et le croisement, nous avons indiqué au § précédent la marche que l'on pouvait suivre pour substituer le plus promptement possible une race à une autre : savoir détruire la constance dans la souche, puis y verser alors le sang améliorateur toujours pur ; interrompue, cette opération devient le métissage qui produit une race ou si mieux on aime, une sous-race ayant des caractères particuliers ; poussée jusqu'à ces limites, c'est le croisement qui substitue la race amélioratrice à la race à améliorer.

Le croisement est donc une opération analogue à ce que l'horticulteur appelle la greffe. De même que les horticulteurs insèrent le bourgeon d'une plante faible et délicate sur une tige plus robuste ou mieux acclimatée, d'une végétation plus rapide ou plus vigoureuse, afin d'obtenir des produits plus assurés ou plus économiques, de même aussi pour acclimater certaines races d'animaux, ou pour les substituer sans de brusques changements de culture et de formes à d'autres races acclimatées depuis longtemps, mais dégénérées ou défectueuses, on greffe les premiers sur les seconds, on mélange la séve, le sang des races. C'est ainsi qu'on greffe le pin silvestre sur le pin maritime, le riz sur le panicum crus-galli, la race de Durham sur la charolaise, la schwitz sur la comtoise ; le cheval de pur sang anglais sur la jument normande, le mérinos sur le southdown, le verrat newleicester sur la truie chinoise, le faisan sur la poule commune, etc.

On est loin d'être d'accord, en France, sur l'opportunité du croisement ou du métissage ; cela tient à ce que la plupart de nos races possèdent des aptitudes multiples qui nous les rendent précieuses et que nous craignons de leur voir perdre. L'économie de notre sol, les circonstances de notre culture demandent jusqu'à un certain point cette simultanéité de produits dans une même race. Comment, par exemple, remplacer dans les montagnes de l'Auvergne, la race de Salers si utile par son travail, son laitage, et la qualité de sa viande ? Quelle race substituerez-vous à celle du Limousin ? Par quelle autre améliorerez-vous la flamande ? La spécialisation qu'on réclame et qu'on conseille, serait certes une œuvre économique, mais, pour y parvenir, il faudrait, dans la plupart des cas, bouleverser l'économie de la contrée ; remplacer partout et toujours le bœuf de travail par le cheval, et n'avoir plus qu'un type pour la boucherie et deux types différents de stature pour le lait. Aussi, la question, dans les circonstances actuelles, nous paraît-elle devoir être ainsi appréciée :

1° Dans les contrées riches, de bonne culture, où la race bovine se rapproche par ses formes et ses aptitudes du type amélioré pour la graisse, dans le Cotentin, le Maine, le Charollais, procéder par *croisement* au moyen des races anglaises de Durham, Devon ou Hereford ;

2° Dans les contrées médiocres, où l'on est contraint de demander des aptitudes mixtes à l'espèce bovine, procéder par *métissage*, pour obtenir une sous-race mixte ; dans l'Auvergne, le Limousin, le Poitou, la Franche-Comté, par exemple, en développant plus ou moins l'aptitude la plus essentielle aux dépens de l'autre ou des autres. Ajoutons que le métissage, au milieu des circonstances qui régissent en ce moment notre agriculture et nos races, nous semble être dans la majorité des cas, une transition forcée avant d'arriver au croisement dont il assurera les résultats économiques.

Les règles qui doivent présider au croisement nous paraissent devoir être ainsi posées :

1⁰ Bien déterminer à l'avance le but qu'on veut atteindre, combiné avec les moyens économiques et hygiéniques dont on dispose.

2° Choisir la race amélioratrice suivant ce but déterminé, en procédant par l'importation soit des mâles, soit des femelles.

3° Tenir compte de l'influence relative des reproducteurs dans l'acte de la génération; et les choisir avec les soins les plus rigoureux.

4° Adopter aussi complétement que possible le régime au but qu'on veut atteindre, et le seconder par les précautions hygiéniques.

Reprenons successivement, avec quelques commentaires, ces diverses considérations :

1° En thèse générale, le travail du bœuf est plus économique que celui du cheval, surtout dans les contrées montagneuses ; dans les pays à sols ingrats, la Bretagne, par exemple, le bœuf sera longtemps encore le seul animal de travail possible ; il n'en est plus de même dans les plaines riches où la culture doit être active; là, le cheval reprend la supériorité. Il est même certaines contrées dans lesquelles la vache peut-être économiquement attelée. Quelques-unes de ces races de travail, d'un développement tardif, d'un tempérament robuste, d'une conformation assez ample, ne sauraient être engraissées qu'alors qu'elles ont atteint leur maturité, c'est-à-dire qu'après avoir travaillé de 3 à 7, 8 ou 9 ans, et fournissent alors une chair savoureuse et recherchée. Leurs femelles rachètent en outre le défaut de quantité du laitage par la qualité, produisent des veaux pour l'élevage, et un fromage estimé pour la consommation. Le salers est dans ce cas de triple aptitude. Il s'agit donc de savoir jusqu'à quel point les diverses

aptitudes peuvent se concilier dans une même race, et de déterminer dans quelle proportion les circonstances culturales
demandent ou permettent leur développement relatif. On a fait
des croisements durhams-bretons, durhams-salers, durhams-
hollandais, que nous avons vus briller dans nos concours de
boucherie ; mais qui oserait conseiller à la Bretagne, à l'Auvergne, à la Flandre française d'améliorer leurs races par le
durham? On a pu comprendre le mérinos dans la Beauce et la
Brie, alors que son lainage atteignait une valeur d'enthousiasme ; on comprend que son aptitude spéciale pour le parcage, que sa placidité au pâturage au milieu de terres morce-
lées, richement cultivées, aient pu le faire conserver jusqu'ici ;
mais les cultivateurs les plus intelligents de ces contrées commencent à s'apercevoir que le temps du mérinos est passé, que
la laine doit céder le pas à la viande, et qu'il faut adopter des
croisements qui remplissent ce but. Nous ne répétons pas ici
ce que nous avons dit au § 1er de l'influence du sol par sa
nature et sa fertilité, influence qui règle l'aptitude qu'il sera
permis au cultivateur de développer.

2° Le but étant déterminé, il restera à choisir la race. Celle-
ci devra avoir avec celle à améliorer, certaines similitudes de
taille, de formes, d'aptitudes, de pelage même, dans certains
cas. Ce n'est pas le croisement, on le sait, qui doit servir à
élever la taille, mais bien le régime, et l'accouplement d'animaux disproportionnés ne donne que des produits décousus.
Les aptitudes, nous l'avons souvent répété déjà, sont, dans une
race, héréditaires à divers degrés, mais résultent de la conformation. On éprouverait bien des mécomptes à coup sûr, du croisement, j'entends du croisement poussé un peu loin, de la race de
Durham avec la hollandaise, du mérinos avec la race du Texel, du
cheval boulonnais avec le pur sang de course, etc. La couleur du

pelage, nous en avons cité quelques exemples, apporte souvent des obstacles à l'adoption d'un croisement parfaitement convenable par ailleurs ; à mesure que la connaissance du bétail s'étendra, espérons que ces absurdes préjugés disparaîtront.

Par motif d'économie, on améliore toujours au moyen de mâles choisis dans la race amélioratrice, et importés parmi la race à améliorer ; c'est souvent un calcul erroné, et une économie mal entendue. On le comprendra en se reportant à ce que nous avons dit de l'influence relative des reproducteurs. Des preuves nouvelles nous tombent sous la main : « On a constaté, dit le docteur Llubeck, dans les *Notes sur l'élevage du bétail de l'empire d'Autriche,* que les métis, provenant du croisement de vaches hongroises avec des taureaux de Mürzthall, formaient d'excellents sujets pour le travail et l'engraissement, mais leur rendement en lait n'a pas considérablement augmenté. Les bœufs travaillent du matin au soir, tandis qu'on est obligé de faire reposer les bœufs de Mürzthall pendant une partie de la journée : le croisement de taureaux hongrois avec des vaches de Mürzthall donne des résultats étonnants. Les métis atteignent une stature colossale ; le sang hongrois laisse des traces profondes dans la conformation de ces produits ; les cornes et les jambes sont cependant un peu plus courtes ; toute la structure du corps est bien symétrique ; la croupe est plus large ; le rendement en lait et la disposition à l'engraissement sont accrus, mais les bêtes sont moins aptes au travail que les métis dont il a été question en premier lieu. » Voici, ce nous semble, un exemple bien frappant de cette influence relative du père et de la mère ; dans le croisement de deux races diverses cependant par leur constance. En effet, la race hongroise, une des plus anciennes, est haute sur jambes, bonne travailleuse, mauvaise laitière, et si sa viande est bonne, elle est au moins fort coûteuse à produire.

Lullin de Châteauvieux rapporte que l'archevêque de Malines ayant introduit dans le Cantal vingt-sept vaches et trois taureaux de race suisse, du plus beau choix, sous poil rouge et sans aucune balzane, probablement celle de Berne, on a observé que les produits du croisement des vaches suisses avec les taureaux indigènes étaient très-supérieurs à ceux provenant des vaches indigènes avec les taureaux suisses, quoique ceux-ci fussent plus distingués par la taille et par les formes. (*Voyage agronomique*, t. II, p. 371.) L'expérience faite sur une petite échelle devrait donc prudemment précéder toute tentative de croisement nouveau, afin de décider si l'on agira par les mâles ou les femelles; les Anglais dans ce moment, et après avoir procédé jusqu'ici par l'importation des mâles, reviennent pour leur race de pur sang à l'achat de juments orientales. Depuis cinquante ans, en France on a tant usé et abusé du croisement, sans prudence, sans réflexion, qu'après avoir détruit plusieurs races recommandables, on a abâtardi la plupart des autres. Et cette manie aussi malheureuse qu'insensée remonte sans doute, plus haut encore, car au commencement de ce siècle, Bosc faisait déjà entendre des plaintes à ce sujet. (*Dictionnaire d'agriculture*, Déterville, t. IV, p. 392.)

3° La sélection des reproducteurs en vue de corriger les défauts de la race dégénérée, est une opération délicate, difficile et que par cela même, peut-être, on néglige en général complétement. On se contente d'importer quelques étalons, quelques taureaux ou quelques béliers, et on leur livre les femelles, se bornant à les appareiller au point de vue de la taille. Mais les hippologues pourraient nous dire avec quelle promptitude les étalons danois communiquèrent à la race normande la conformation busquée du chanfrein et la disposition au cornage, et quels soins, quel temps, quelles dépenses, il fallut au contraire aux éleveurs pour faire disparaître à peu près complétement ce défaut. Dans la race de pur sang anglais de course, il existe des étalons aussi amples, aussi étoffés que des carrossiers, et d'autres à formes et à membres fins et déliés ; les uns pouvant convenir aux croisements normands, percherons, boulonnais ; les autres à ceux ardennais, navarrins et auvergnats. Dans la race de Durham, on connaît des familles plus aptes au lait, d'autres plus précoces à la graisse. Dans la race mérinos, enfin, on peut choisir entre trois familles, l'une de haute taille, mal conformée pour l'engraissement, mais produisant une assez grande quantité de laine surfine, celle de Rambouillet ; l'autre très-petite de poids, plus rustique, et au moins égale en finesse de la toison, celle de Naz ; enfin celle à laine lisse et longue, aussi pesante que la première, mais mieux conformée pour la graisse, celle de Mauchamp. Il est donc important de savoir choisir dans la race amélioratrice, le type dont la conformation révèle les moyens de corriger tel ou tel défaut, de communiquer telles ou telles qualités.

4° Nous ne reviendrons ici qu'en passant, sur l'influence du régime, question que nous aurons occasion plus loin de développer plus longuement, et dont nous avons déjà parlé, ainsi que des soins hygiéniques, au § 1er ; nous y renvoyons donc pour l'étude de ce point important dont on ne tient pas toujours assez de compte.

Mais il est d'autres conditions accessoires qui doivent être développées et discutées ici, dans leurs rapports avec le croisement.

M. de Buffon soutenait l'indispensable nécessité du croisement des races du Nord par celles du Midi, pour empêcher leur dégénérescence, mais en prescrivant pour la France, d'importer des races du Nord. Bourgelat professa aussi cette opinion. M. Huzard père, à son tour, développa la thèse opposée, c'està-dire que les races du Nord, pour l'engraissement, doivent servir à l'amélioration des races méridionales. Ces deux opinions, dont la première a le tort d'être exclusive, sont à la fois parfaitement fondées, quoique contradictoires.

En effet, c'est par les races méridionales de l'Orient, que furent améliorées nos races de chevaux fins et légers; c'est par les races septentrionales qu'on améliore et qu'on doit améliorer nos races chevalines de gros trait, si l'on veut augmenter leur musculature. D'un côté, les mérinos espagnols ont accru la finesse de nos laines indigènes et se sont acclimatés désormais jusqu'en Suède et en Russie; de l'autre, les dishleys, les southdowns, les newkents de l'Angleterre communiquent à nos races communes une merveilleuse précocité et une remarquable aptitude à prendre la graisse. Quant à l'espèce bovine, chacun sait que les races méridionales sont rustiques au travail, énergiques, peu laitières, et dures à l'engraissement, tandis que celles des climats septentrionaux ont surtout en partage le lait et la viande. Or, nous ne voyons aucune race améliorée, dans cette espèce, par une importation du sud au nord, ce qui serait tout simplement un contre-sens; nous voyons au contraire les races hollandaise, flamande, cotentine, bretonne, et celles de Durham, de Devon, d'Ayrshire, descendre du nord vers le sud. Ceci cependant, ne doit pas être poussé jusqu'à l'extrême, et ce serait une folie que de prétendre acclimater économiquement par le croisement, la race de Durham en Provence. Mais ce qui manque au Midi, c'est le lait et la viande, produits auxquels les races du Nord sont plus aptes que celles de ces contrées. Nous rappellerons à l'égard des importations de reproducteurs, que pour les mâles il faut s'enquérir soigneusement de la généalogie, et qu'à cette considération, il faut, pour les femelles, joindre des renseignements exacts sur les fécondations qu'elles ont précédemment subies.

Dans l'œuvre de l'amélioration par croisement, il ne faudra pas se laisser tromper par la première génération, car il est aujourd'hui reconnu : 1° que le premier croisement d'une race améliorée avec une race abâtardie donne, en général, à la première génération, des animaux remarquables par la régularité et la finesse de leur conformation. 2° Que ces premiers croisements sont en général, doués d'une plus grande aptitude au lait que les deux races mères elles-mêmes. 3° Mais que la seconde génération est souvent inférieure en formes et en produits à la race abâtardie. Il semble y avoir un phénomène physiologique aussi curieux qu'important, qui régisse la reproduction des croisements, en dehors de celle des races, phénomène qui n'a encore été ni étudié, ni expliqué. La constance de la race abâtardie semble disparaître à la première génération, pour reprendre sa puissance à la seconde. Ces faits se présentent presque chaque jour dans les croisements par la race durham, qui ne date guère pourtant, que de 80 ans et est certainement inférieure en constance au plus grand nombre de nos races françaises. Lord Spencer a cherché à expliquer ces deux faits, mais son opinion ne nous semble pas heureuse. Après avoir expliqué la réussite du premier croisement par la constance dans le produit d'un animal bien né, de race pure et noble, avec un animal commun, et reconnu que ce produit ressemblera probablement plus au parent de la famille noble qu'à l'autre, il ajoute : « Ce résultat presque constant a donné « lieu à une opinion vulgaire que nous croyons fausse. On dit

« que le produit d'un premier croisement est meilleur que ce-
« lui des croisements subséquents; cette assertion dans un
« sens absolu est inadmissible. L'erreur en ce cas, provient de
« ce que l'on est plus frappé de l'amélioration qui se mani-
« feste dans le produit d'un premier croisement fait dans les
« conditions exposées plus haut, qu'on ne l'est du produit des
« croisements subséquents opérés entre des animaux déjà
« améliorés. » Les éleveurs seront sans doute peu disposés à
accepter cette explication par une erreur des sens.

Néanmoins il est maintenant passé en principe que les animaux métis doivent être rejetés comme reproducteurs, et on
ne peut qu'applaudir à la justesse de ce principe. En effet, ces
animaux manquent de constance et ne donneront que des produits incertains, dont les uns appartiendront bien à la race
amélioratrice, mais dont la plupart se rapprocheront de la race
abâtardie. Cependant l'emploi des métis qui doit être absolument condamné dans le croisement, fait nécessairement partie
intégrante de l'œuvre du métissage. Aussi, la discussion de ce
point nous semble-t-elle médiocrement importante.

Nous avons dit en parlant de la sélection, que les races anglaises améliorées, l'avaient toutes été, soit par croisement, soit
par métissage, avoués ou cachés sous le secret, depuis le pur
sang de course, jusqu'aux races de Durham, de Southdown, de
Leicester, etc. Les divers mélanges de sang versés dans la souche
du pur sang semblent difficiles à nier, en présence des faits historiques; David Low d'un autre côté avoue celui opéré au principe dans la race de Durham. Les Colling, selon lui, un autre
éleveur, d'après M. Lefèvre Sainte-Marie, auraient versé dans
la race le sang galloway et celui de la race des Highlands. Nous
rapporterons ici, d'après le Herd-Book anglais et M. Sainte-
Marie, la généalogie de Lady, une vache appartenant à Ch. Col-

ling, et qui fut vendue à 14 ans, la somme énorme de 5.150 fr.

S. P. Grand son of Bolingbroke.	S. M. Old Phœnix.
S. G. P. O'Callaghan son of Boling- broke.	S. G. M. Old Johanna par C. Colling's lame bull.
S. G. G. P. Bolingbroke.	S. G. G. M. Johanna (galloway rouge sans cornes).

Lady produisit à son tour, avec des taureaux de pur sang : Washington par Favourite ; Countess par Cupid , vendue à neuf ans **10,500** fr. à la vente de Ch. Colling ; Laura par Favourite, **5,512** fr. **50** c., à l'âge de quatre ans à la même vente ; Major par Comet, **5,250** fr. à trois ans ; George par Comet, **3,412** fr. **50** c. à un an ; et enfin, sir Charles par Comet. Cette famille qui par l'impureté de son sang mérita le surnom de mélangée (*the alloy*) n'en est pas moins très-estimée, encore de nos jours.

Old Phœnix, mère de Lady, fut mère aussi par Bolingbroke, du fameux taureau Favourite, qui donna lui-même naissance avec sa propre mère, à Comet, l'un des plus remarquables animaux de la race durham ; Comet fut vendu **26,250** fr. à la vente de Ch. Colling en **1810**. D'un autre côté, Grand son of Bolingbroke, le père de Lady, ne produisit aucun autre animal estimé ; il était de second croisement par son père seulement. M. Sainte-Marie nous paraît donc fondé à se demander si Lady n'a pas plus rappelé de ses ancêtres de race pure, Phœnix et Bolingbroke, que de la race de sa deuxième grand'mère, Johanna-Galloway. David Low conclut dans le même sens : « Ainsi, dit-il, il pa-« raît que par un simple croisement avec une autre race et le « retour immédiat à la race supérieure, on ne produisit aucune « détérioration de la souche reproductrice, et qu'on lui inocula

« vraisemblablement une vigueur nouvelle. De semblables ré-
« sultats sont communs dans l'éducation des chevaux, des
« chiens et d'autres animaux. » Peut-être cependant ce mélange de deux sangs étrangers dans la souche eut-il une plus
grande importance physiologique qu'on ne veut bien lui en
attribuer. Mais qu'importe après tout le degré de pureté dans
l'origine d'une race, si elle remplit complétement le but pour
lequel on l'a formée, et si on a la bonne foi de dévoiler les
moyens mis en œuvre pour sa création? Nous regrettons de le
dire, mais les éleveurs anglais ont pour la plupart cherché à
s'entourer d'un mystère que les écrivains de la même nation
ne semblent pas mettre une grande persévérance à pénétrer.

4. SPÉCIALISATION.

Plusieurs éleveurs, plusieurs écrivains ont, dans ces dernières années, conseillé aux agriculteurs français de suivre
l'exemple donné par l'Angleterre, c'est-à-dire de spécialiser les
aptitudes de chaque espèce et de chaque race de nos animaux
domestiques. Leurs conclusions peuvent se résumer ainsi :

1° Substituer le cheval au bœuf comme animal de travail;

2° Créer un type unique de race de boucherie, fournissant
en même temps du lait et de la viande, ou du moins améliorer
nos races à ce double point de vue;

3° Créer un type de race ovine fournissant en même temps
une viande précoce, et un lainage accessoire, sans trop s'attacher à la finesse, à l'abondance et au tassé de la toison;

4° Créer un type unique dans l'espèce porcine, pour l'engraissement précoce.

De ces conseils qu'on a faits trop exclusifs, les uns sont bons à suivre dès maintenant, à cause de leur justesse ; les autres doivent être ajournés jusqu'à l'accomplissement de certaines améliorations culturales trop dépendantes du climat, de la nature et de la configuration du sol, pour qu'on puisse risquer économiquement une brusque transition. Expliquons-nous :

La question du travail comparé des bœufs et des chevaux est loin d'être résolue encore, malgré tout ce qu'on en a dit et écrit ; chacune de ces espèces a ses partisans et ses adversaires, raisonnant tous au point de vue des circonstances qui les entourent, et tous ayant raison. Ainsi, le cheval convient surtout dans les plaines, le bœuf dans les contrées accidentées ; le cheval dans les pays riches et morcelés, le bœuf dans les sols de médiocre richesse où règne la grande culture ; le premier doit être réservé pour les travaux qui demandent une certaine vitesse, sans exiger des efforts énergiques et continus, les hersages, binages, fanages, et labours de semailles ; le second convient surtout aux travaux qui réclament une force soutenue et régulière, labours profonds, défrichements, défoncements, charrois dans les mauvais chemins ou sur les pentes. Enfin, le cheval doit recevoir de bons fourrages et des grains, tandis que le bœuf se contente de foin grossier, voire même de paille et se passe fort bien d'avoine. En général, l'un est l'animal de la culture intensive, l'autre le travailleur de la culture extensive. Il est cependant quelques exceptions économiques à cette distinction : dans le Nord, par exemple, les exploitations qui cultivent beaucoup de racines pour les convertir soit en sucre, soit en alcool, adoptent le bœuf comme animal de culture et de transport, afin d'utiliser par sa nourriture et son engraissement les résidus de la fabrication industrielle. D'un autre côté, M. de Béhague pratique et conseille le mode d'aménagement qui suit,

relativement au travail des bœufs : « Dans notre pratique, dit-
« il, nous avons reconnu qu'il y avait grand avantage à tou-
« jours avoir des bœufs frais et en bon état de chair, et que
« cinq heures de bon travail étaient tout ce qu'il est néces-
« saire de tirer d'un bœuf pour payer largement sa dépense;
« qu'à ce travail, son capital augmente, qu'il se fortifie, et
« que l'engraissement quand l'âge est venu, est plus écono-
« mique et plus facile. Chez moi, un bouvier a quatre bœufs
« dont il se sert alternativement le matin et le soir. » De ses
calculs, il ressort que l'heure de travail du cheval de culture
revient à $0^f.53^c.946$, et celle du bœuf à $0^f.09^c.270$ seulement.
Nous croyons ces chiffres sensiblement trop élevés pour le cheval, et trop bas pour le bœuf. A Roville, la moyenne de **1827**
à **1836**, fut pour les chevaux, de $0^f.23^c.7$ par heure, et pour
les bœufs, de $0^f.46^c.6$, dans une moyenne de **1824** à **1836**
Enfin, M. de Gasparin évalue le prix de revient du cheval, en
moyenne à $0^f.22$, et celui du bœuf à $0^f.14^c.4$ par heure; nous
considérons ces derniers chiffres comme une moyenne plus
exacte dans la majorité des cas, que les deux précédentes.

Quant au travail comparativement obtenu, il est dans les
rapports suivants, d'après divers auteurs : le travail effectué
par les chevaux étant supposé **100**, celui des bœufs sera **75**
d'après sir John Sinclair, **80** d'après M. de Dombasle, **75**
d'après M. de Gasparin, **66** d'après F. Villeroy. Nous pouvons
donc prendre la moyenne : : **75 : 100**; c'est-à-dire que le bœuf
ne fait que les trois quarts du travail d'un cheval. Si maintenant
nous adoptons les chiffres de M. de Gasparin, nous trouverons
qu'un même travail effectué coûtera **22 c.** par le cheval et **18 c.**
seulement par le bœuf. Nous ne pouvons cependant appliquer
ces chiffres qu'aux labours et non aux transports faits dans les
conditions normales. Rappelons-le d'ailleurs, le bœuf ne sau-

rait être partout substitué au cheval, pas plus que celui-ci partout au bœuf, témoin l'Auvergne, la Bretagne, le Limousin, le Béarn, etc. Si certaines contrées comme la Flandre, l'Ile-de-France, la Normandie, peuvent et doivent presque exclusivement employer le cheval, il en est d'autres qui comme la Brie et la Beauce, par exemple, trouveraient de grands avantages dans l'adoption du bœuf. « Il n'existe, dit F. Villeroy, de supé- « riorité absolue, ni pour les chevaux ni pour les bœufs, mais « les uns et les autres ont une supériorité relative, déterminée « par la position et les circonstances où se trouve chaque cul- « tivateur. » Longtemps encore, pour ne pas dire toujours, le bœuf sera le seul animal de travail possible dans une grande partie de la France, le centre, le sud et l'ouest, particulièrement.

La physiologie et l'expérience pratique n'ont point encore déterminé jusqu'à quel point la sécrétion du lait était, dans une même race, compatible avec celle de la graisse. Nous savons bien que ces deux sécrétions peuvent alterner dans un même animal, mais il nous semble difficile qu'une même race puisse suffire à la production du laitage et à celle de la viande. Ce n'est que par exception que la race de Durham nous fournit, dans certaines familles, des animaux qu'on puisse véritablement appeler laitiers. Encore, faut-il remarquer qu'alors, la conformation présente certains caractères particuliers, comme la plus grande longueur des membres, de la tête et du corps en général, une plus grande étroitesse relative de la poitrine, le cornage plus grêle et plus allongé. Celle de nos races françaises qui réunit au plus haut degré cette double aptitude, c'est la race cotentine, mais sous le rapport de l'aptitude et de la précocité à la graisse, elle est loin encore du durham.

La précocité, dans toutes les espèces et dans toutes les races, résulte de la conformation et du régime qui détermine à la fois, il ne faut pas l'oublier les formes et les aptitudes, rendant l'une et les autres héréditaires dans la race. Prenez n'importe quelle race commune, soustrayez-la au travail, soumettez-la, dès le moment de la naissance des individus, à une alimentation riche et abondante sous un petit volume, et vous augmenterez plus ou moins sa précocité, dès la première génération même. Les animaux de trente à trente-six mois présentés dans nos concours de boucherie, et pris à peu près dans toutes nos races, sont la preuve convaincante de ce fait.

Mais en somme, quelle race améliorée remplacera comme laitière la vache bretonne dans le Limousin, la Provence et la Bretagne même? Nous admettrons bien qu'on puisse améliorer pour la graisse les races normande, hollandaise, flamande, sans diminuer notablement leurs qualités laitières; mais quelle race substituerez-vous à celles auvergnate, charollaise, limousine, gasconne, etc.? Les aptitudes des races ne sont rien sans les aptitudes du climat et du sol, et la modification de ces deux derniers termes est loin d'être toujours facile et surtout écono- mique. Nous ne croyons pas que rien puisse, en Auvergne, remplacer la race auvergnate, en Bretagne la race bretonne, en Gascogne les races landaise, basque et agenaise. Autant vau- drait prétendre atteler le pur sang anglais au carrosse, à la diligence et à la charrue, indifféremment. Le bon sens nous indique qu'il faut améliorer pour la boucherie les races des pays dont le sol permet de fabriquer la viande, mais que partout ailleurs, il nous faut précieusement garder les races mixtes que la nature elle-même a pris soin de former.

Mais quant aux bêtes à laine, nous nous rangerons entière- rement au principe de la spécialisation. Disons d'abord que pour produire chez les mérinos et dishleys-mérinos 1 kilogr. de laine surfine en suint, il faut en moyenne 63 kilogr. de foin qui représentent chez les mêmes animaux un accroissement de poids de 4 kilogr. 200. On peut bien admettre qu'au commencement de ce siècle, le prix énorme offert aux laines fines par l'industrie, justifiait suffisamment l'enthousiasme avec lequel on propagea les mérinos et leurs croisements; mais on ne comprend plus qu'aujourd'hui, au prix maximum de 3 fr. 50 c. le kilogr. en suint, la Beauce, la Brie, la Bonrgogne, etc., s'obstinent à conserver leurs métis dont l'engraissement est si coûteux, et la viande si détestable.

La qualité de la toison ne dépend pas moins du régime que la conformation : un régime sec, nutritif, moyennement copieux, mais abondant en grains, produit si l'animal n'est pas exposé aux variations de la température, une laine fine, nerveuse et tassée. Un régime mixte, abondant et accompagné de farines, produira une toison plus longue, plus lourde, mais aussi plus grossière. La finesse du lainage est incompatible avec la conformation pour la boucherie, « car toutes les parties « de l'économie animale prennent de l'ampleur dans les animaux « fortement nourris; la peau et la laine grossissent comme les « autres parties. » (Yvart, *Rapport sur l'exposition universelle de* 1856). Les mérinos améliorés pour la boucherie ne produisent plus que des laines d'une finesse intermédiaire pour le peignage. Les southdowns, cette race destinée à l'amélioration de nos races du Centre et du Midi, ne donnent qu'une laine mi-fine, dure, sèche et sans nerf, et de même, toutes les races formées pour la graisse. La toison, à notre époque, ne peut et ne doit être considérée que comme un accessoire et une production anti-économique, en présence de la concurrence que nous font les contrées arriérées; c'est ce qu'ont si habilement compris les Anglais.

Ce qu'il nous faut, avant tout, c'est de la viande, et elle coûte moins cher à produire que la laine; les contrées où la population est rare, où le sol n'atteint qu'une faible valeur, l'Océanie, la Russie, l'Afrique peut-être même, nous fourniront des laines fines à un prix de revient inférieur; et le nec-plus-ultrà du progrès, disait avec raison M. Malingié, serait pour nous, de produire le mouton sans laine. « Partout, disait en 1856, « M. Yvart, partout où le cultivateur grâce aux conditions « naturelles de fertilité de son terrain, ou à l'avancement de « son agriculture, a été libre dans ses choix, la force des choses « l'a conduit à abandonner les laines superfines. Deux exem- « ples frappants donnés par le concours de 1856 peuvent être « recueillis à l'appui de ce qui vient d'être dit : Deux cultiva- « teurs de la Côte-d'Or, qui ont obtenu les prix de la 1re caté- « gorie, MM. Maître et Godin, sont connus pour avoir introduit « et maintenu longtemps, dans les environs de Châtillon-sur- « Seine, des troupeaux électoraux allemands. Ces cultivateurs « qui ont maintenant des terres fertiles, grâce à une culture « avancée, ont abandonné la production de ces laines que re- « cherchent toujours la manufacture de draps de Sedan et au- « tres manufactures semblables, pour adopter des races à laine « plus grosse et plus longue, s'écoulant davantage dans les « manufactures de Reims. M. Maître a le premier abandonné « les laines très-fines; M. Godin, autrefois marchand de laine, « parfait connaisseur en cette matière, a résisté plus longtemps. » (*Rapport du jury à l'exposition universelle de* 1856.)

Déjà, par les soins et les conseils de M. Yvart l'un de nos plus habiles connaisseurs en bêtes ovines, on avait tenté à Alfort le croisement dishley-mérinos, exemple bientôt suivi par MM. Pluchet, Dailly, Gareau, etc. Ces croisements qui sacri- fient à la finesse de la laine en faveur de sa longueur et de la conformation pour la graisse, ne tarderont pas à se substituer aux mérinos, quoique les troupeaux de cette race aient déjà, pour la plupart, été améliorés quant à la conformation de boucherie. Les races anglaises de Dishley, Southdown, Newkent, nous permettraient d'améliorer sur les divers sols et suivant les divers systèmes de culture, à peu près toutes nos races indigènes. Devant les besoins de l'époque, devant les prix du marché, les cultivateurs intelligents ne peuvent s'obstiner bien longtemps encore à conserver le mérinos, une race qui a fait son temps en France. Précieux par ses qualités pour le parcage et pour le pâturage des champs enchevêtrés, il disparaîtra devant le moindre prix de sa toison, et la valeur élevée de la viande de boucherie produite par les bonnes races.

S'il s'agit de l'espèce porcine, nous adopterons bien plus entièrement encore la spécialisation. Le porc n'a qu'une destinée : assimiler le plus complétement et le plus rapidement possible une nourriture donnée. Je sais bien qu'aux animaux précoces on pourrait faire quelques justes reproches sur la qualité de leur viande; mais d'ici longtemps, les Français ne seront point disposés à faire, à ce point de vue, de la délicatesse de goût. Faisons donc de la viande avant tout, mais en prenant soin d'éviter la faute dans laquelle sont tombés les Anglais, de trop diminuer la taille et le poids de leurs races de porcs améliorés, leicester, coleshill, hampshire, etc.

Rien, jusqu'ici, n'a davantage favorisé la spécialisation de nos races, que les concours de boucherie organisés dans chaque région par l'administration, concours auxquels se sont présentés des animaux appartenant à toutes nos races, même à celles qu'on eût le moins soupçonnées d'aptitude à l'engraissement, et de précocité. Ç'a été là un bien immense; les concours ont fait connaître aux cultivateurs français le type de la conformation pour la graisse, et fait ressortir la puissante influence de l'alimentation. Mais les concours de reproducteurs nous semblent marcher vers un but trop exclusif, la boucherie, tandis qu'il faudrait tenir un large compte aussi, des aptitudes au lait et au travail, incompatibles, nous l'avons déjà dit, avec celle à la graisse.

CHAPITRE IV.

ALIMENTATION.

---

§ 1er. Étude chimique des aliments.

La vie animale ne peut s'entretenir que par l'ingestion de certaines substances, particulières en quelque sorte à chaque espèce et à chaque genre d'animaux; ces substances ingérées prennent le nom d'aliments.

Considérés au point de vue chimique, les aliments se composent 1° de principes inorganiques, et 2° de principes organiques. Quant à la proportion de ces deux éléments, elle varie dans des limites assez étendues si l'on prend l'aliment à l'état normal, assez restreintes au contraire si on n'analysait que ses cendres, sans tenir compte de l'état de végétation; on en jugera par le tableau suivant:

ALIMENTS.	EAU DE VÉGÉTATION.	PRINCIPES ORGANIQUES.	PRINCIPES INORGANIQUES.	AUTEURS DES ANALYSES.
Grain de féveroles.........	12.5	82.50	3.00	Johnston.
— de fèves............	12.5	83.50	4.00	Einoff.
— d'orge.............	13.0	85.00	2.00	Johnston.
— d'avoine...........	14.0	84.25	1.75	Norton.
— de maïs............	17.0	81.00	2.00	Dumas.
Drèche d'orge...........	28.1	70.11	1.19	Johnston.
Son de froment...........	13.8	80.60	5.60	Kekulé.
Paille d'avoine...........	12.7	81.57	5.73	Sprengel.
— de froment.........	20.0	77.49	3.51	Id.
— d'orge............	14.2	80.56	5.24	Id.
— de seigle...........	18.6	78.61	2.79	Id.
— de sarrasin.........	24.6	72.20	3.20	Id.
Foin de luzerne...........	15.0	84.17	0.83	Brâme.
— de trèfle rouge.......	20.0	79.02	0.98	Id.
Racines de rutabagas.......	91.0	8.50	0.50	Stembardtedt.
— de carottes........	80.0	19.30	0.70	Johnston.
— de pommes de terre.	75.0	24.20	0.80	Id.
— de turneps........	89.4	10.11	0.49	Id.
— de topinambours....	79.2	20.02	0.78	Braconnot.
Tourteau de lin...........	12.3	84.60	3.10	Meyer.

Nous avons vu, en étudiant la nutrition, combien était variée la composition élémentaire des organes et des liquides de la vie animale; mais tous les sels organiques et inorganiques que nous trouvons dans les tissus et les liquides circulatoires ne se ren-

contrent point dans les aliments ingérés par l'animal ; le corps
est une sorte de laboratoire où s'opèrent de mystérieuses transformations que la chimie n'est point toujours encore parvenue
à expliquer ; certains sels se combinent par échange de base,
tout en donnant lieu à certains phénomènes ; mais il est tels
d'entre eux dont la science n'a point trouvé jusqu'ici l'origine.

Cependant, il est important de remarquer l'analogie qui existe
entre les aliments particuliers à chaque espèce, et le sang qui
circule dans ses vaisseaux : témoin l'identité frappante de composition entre les choux, les navets, les pommes de terre et le
sang du bœuf et de la brebis ; l'avoine et le sang du cheval ; la
chair du bœuf et le sang du chien. (Liebig. — *Lettres sur la
chimie*, II, p. 153-154.) Ce n'est point à dire, pour cela, que le
sang de tous les herbivores non plus que celui des carnivores
présentent dans la même espèce une parfaite ressemblance chimique, pas davantage que les végétaux entre eux ; la vie est
un échange constant entre les deux règnes, animal et végétal,
mais le principe vital ne fait rien de toutes pièces et ne peut que
mettre en œuvre les éléments qui lui sont fournis et qu'il com-
bine quelquefois sur des bases nouvelles. Organiques ou inorganiques, tous les principes contenus dans les aliments peuvent
être plus ou moins utiles à la vie, quoiqu'à des points de vue
divers.

A. PRINCIPES INORGANIQUES.

Personne que je sache, n'a eu l'idée jusqu'ici, de nourrir
exclusivement des animaux de principes inorganiques, personne, pas même certain propriétaire breton qui avait tenté cependant d'introduire la tourbe dans le régime de ses porcs à

l'engrais. On sait que les principes inorganiques sont essentiels pour rendre assimilables par la respiration et la nutrition les principes organiques, et qu'ils sont destinés à fournir à la réparation et à l'entretien des parties minérales du corps, tandis que les principes organisés entretiennent les parties organiques. Le surplus de cette nutrition est expulsé dans les excrétions et les sécrétions.

Les corps minéraux ne fournissent rien à la combustion respiratoire exclusivement entretenue par la partie carbonée des aliments; mais ils n'en sont pas moins indispensables à la vie, ainsi que l'ont démontré surabondamment les expériences de M. Chaussat sur les pigeons. D'entre eux, les uns, et c'est le plus grand nombre, sont alcalins, les autres sont acides; contenus d'abord dans les liquides circulatoires, ils se déposent au fur et à mesure des besoins ou des saturations de l'économie, soit dans les tissus, soit dans les excrétions et les sécrétions, ainsi que nous l'avons déjà dit, et démontré par les analyses. Nous étudierons surtout le rôle des acides carbonique et phosphorique, et celui des bases alcalines, chaux, magnésie, soude et potasse.

L'*acide carbonique*, partie intégrante et en proportion notable du sang, s'y rencontre dans les différentes espèces, en raison inverse de la proportion d'acide phosphorique qu'on y remarque; les analyses suivantes nous fourniront les limites de ce rapport.

	Acide carbonique.	Acide phosphorique.	Analyses de
Sang de bœuf.......	18.850	14.043	Stoelzel.
Sang de brebis......	19.470	14.800	Verdeil.
Sang de veau.......	9.848	20.145	*Id.*
Sang d'homme......	3.783	31.787	*Id.*

Ainsi ces deux acides, carbonique et phosphorique, peuvent

réciproquement se substituer dans le sang, sans en modifier les propriétés vitales, et suivant les besoins de l'économie. L'acide carbonique se rencontre dans les tissus, combiné avec la chaux, la magnésie, la soude et la potasse, formant ainsi des sels alcalins. Incessamment produit par la combustion pulmonaire, il est incessamment expiré aussi par la respiration ; mais le sang, qui en reste suffisamment saturé, fournit par la circulation à l'accroissement et à l'entretien des tissus organiques.

L'*acide phosphorique* libre se rencontre, nous venons de le voir, en proportions variables dans le sang des différentes espèces animales, et même aux divers âges de leur existence. On s'explique son rôle, si l'on considère qu'il entre dans la composition de toutes les parties organisées, fibres musculaires, tissus du poumon, des reins, du foie, du cerveau, etc. La chair du cheval en renferme à l'état libre 2.62 % d'après Weber, et la cervelle du bœuf 16.57 d'après Breed. Mais l'état de la science, avoue Liebig lui-même, ne permet pas d'émettre une opinion positive sur la manière dont il intervient dans les fonctions organiques. Tout ce qu'on sait c'est qu'il ne joue comme acide aucun rôle dans la formation ni les fonctions du sang, parce que ses caractères acides sont entièrement neutralisés dans ce liquide par l'excès d'alcali. (Liebig. — *Lettres sur la chimie*, II, p. 156-161.) On le rencontre donc dans les corps animaux sous forme de phosphates alcalins en tout semblables par leurs propriétés, aux carbonates alcalins formés aux dépens de l'acide carbonique ; aussi la substitution réciproque de ces carbonates et de ces phosphates peut-elle se faire sans apporter aucun préjudice aux propriétés chimiques du sang.

La *chaux* se présente à nous sous ces deux formes de carbonate et de phosphate ; elle concourt dans le règne animal, comme la silice dans le règne végétal, à former la charpente du corps, le squelette. Les os du bœuf, d'après Berzélius, contiennent 61.20 % de carbonate et phosphate de chaux ; les os des carnivores renferment une plus grande proportion de phosphates, ceux des herbivores une plus forte de carbonates ; chaque litre de lait contient 0^k.022.5 de phosphate de chaux (Johnson) ; la salive du cheval renferme 84 à 85.5 de carbonate de chaux pour 100 parties de sels inorganiques (Blondlot) ; enfin, le sperme contient 3 % de phosphate de chaux. En fixant ainsi la composition du lait, la nature nous indique l'urgence de fournir au jeune animal les éléments constitutifs des os. Quand la chaux n'est pas fournie en quantité suffisante, le tissu osseux s'accroît en grosseur, mais reste très-vasculaire ; afin d'économiser les ressources, la nature emploie la résistance de l'air contenu dans de nombreuses et relativement vastes cellules. Lorsque, au contraire, l'élément calcaire est fourni en abondance, le tissu osseux devient dense, homogène et peu développé en dimensions. L'observation convaincra facilement que les races qui vivent sur des sols calcaires, southdown, berrychonne, champenoise, etc., ont un squelette moins grossier que les races appartenant à des terrains d'autre nature.

Plus nécessaire dans le jeune âge pour les besoins du tissu osseux, la chaux ne devient pas inutile dans l'âge adulte ; à l'état de phosphate, elle semble agir surtout en entretenant l'irritabilité indispensable à la nutrition et à l'assimilation. Son insuffisance développe toute la série des affections lymphatiques ; sa privation complète pourrait amener la mort avec la plupart des symptômes de l'inanition. Dans les expériences de M. Boussingault, un veau de six mois, de race schwitz, pesant **168 kilog.** vif et nourri avec 8^k.666 de foin, fixa en deux jours 0^k.065.2 de chaux (*Économie rurale*, T. II, p. 448). D'après le même auteur, l'eau des abreuvoirs de Bechelbronn fournirait par jour à une vache, environ $0^k,050$ de sels inorganiques, parmi lesquels dominent ceux de chaux surtout. Selon lui encore, un veau de quelques semaines en absorbant 10 litres de lait consomme $0^k.052$ de matières inorganiques, dont $0^k.024$ de sous-phosphate de chaux. Dans un autre sens, le fumier de ferme contient, d'après Richardson, 16.79 °/₀ de carbonate et de phosphate de chaux, dont les deux tiers à peine sont fournis par la litière.

La chaux que nous retrouvons dans le corps des animaux provient de celle ingérée naturellement ou artificiellement avec les aliments, et de celle contenue dans les boissons. Nous disons artificiellement, parce que dans ces dernières années on a eu l'idée d'introduire la chaux dans la ration alimentaire des animaux, comme dans celle de l'homme pour certains cas particuliers. C'est ainsi que, d'après les conseils de M. Champonnois, M. Bella adjoignit, à Grignon, le phosphate de chaux aux pulpes de betteraves destinées à l'alimentation du bétail à cornes. « Les vaches alimentées de cette façon, dit M. Bella, ont donné « plus de lait et se sont mieux entretenues. » En Autriche, une expérience curieuse quoique incomplète, a été tentée sur les bêtes à laine de la bergerie de Budischaù (Moravie) appartenant à M. le chevalier Baratta ; en voici le résumé :

DIVISIONS.	PÉRIODES de 40 jours chaque.	SEIGLE concassé, par jour, en sus du pâturage.	POUDRE D'os par jour.	POIDS VIF		AUGMENTATION DU POIDS VIF	
				au commencement de la période.	à la fin de la période.	pendant la période.	par jour.
		Kil.	Kil.	Kil.	Kil.	Kil.	Kil.
1° 13 agneaux nourris au pâturage.	1re période.	0.250	0.014.5	182.500	216	34.500	2.700
	2e —	0.250	»	203.000	253	50.000	3.800
2° 13 agneaux nourris au pâturage.	1re période.	0.250	»	216.000	258	42.000	3.200
	2e —	0.250	0.014.5	253.000	283	30.000	2.300

(Koltz, *la France agricole*, 19 avril 1860. Emprunté à la feuille du *Cultivateur*.)

Les expériences, on le voit, n'ont point été concluantes ici, en faveur de la chaux; peut-être cela est-il dû à ce que l'organisme recevait, par le pâturage, cet élément en quantité suffisante; ou bien à ce que l'estomac du mouton n'aurait point besoin de ce stimulant, ou enfin à ce que la proportion ajoutée à la ration, était trop forte. Le même auteur rapporte une autre expérience moins complète encore, faite sur une truie, par M. Breunlin à la ferme expérimentale de Schlan. Une truie de race croisée suffolk-schlanstadt, âgée de trois mois fut mise en box séparé. Poids initial au 1er décembre, 15 kilog.; poids final au 25 avril, c'est-à-dire après cinq mois, 110 kilog.; accroissement total 95 kilog., soit par jour 0k.530. Poids à deux ans et trois mois, après avoir fait trois portées, 1,270 kilog. Pendant la première période de cinq mois, du 1er décembre au 25 avril, cet animal consomma au total

300 kilos de pommes de terre,
110 — de farine d'avoine concassée,
370 — de lait écrémé,
16 — de poudre d'os.

L'accroissement moyen de 0k.530 par jour qui en résulta, ne nous paraît point assez remarquable pour qu'on en puisse conclure une évidente opportunité des sels calcaires. Cette proportion de 0k.106 de poudre d'os en moyenne, par jour, nous semble d'ailleurs beaucoup trop élevée. En tous cas il manque au moins à cette expérience la contre-épreuve d'un animal de même âge et de même poids, de même race enfin, soumis à un même régime moins la poudre d'os.

La chimie nous enseigne que les farines de féveroles et d'orge, comme renfermant les plus fortes proportions de sels calcaires et se rapprochant le plus de la composition du lait de vache, sont les plus convenables à mêler ou à substituer au lait, après le sevrage des jeunes veaux. Pour les chevaux, ce serait le grain ou la farine de l'avoine dont la constitution se rapproche davantage de celle du lait de jument. On donne aux veaux d'engrais de la craie et des coquilles d'œufs dans le but de faciliter la digestion et l'assimilation, en même temps que pour affiner et blanchir la viande. Sans doute, ici, ce principe agit en saturant les acides butyrique et lactique que renferme l'estomac, et aussi en stimulant le système nerveux.

La *magnésie* ne paraît pas, quoique dans une proportion moins élevée, pouvoir être sans danger, retranchée de l'aliment des jeunes animaux surtout : des pigeons ayant été nourris exclusivement de blé pendant deux ans, par Liebig, tout le squelette disparut résorbé, sans doute à cause de la trop faible quantité de sels de chaux et de magnésie fournie à l'organisme par ce grain. Dans les expériences de M. Chaussat, des pigeons nourris aussi exclusivement de blé engraissèrent d'abord pendant les deux premiers mois, puis ils maigrirent et succombèrent le dixième, à la suite de diarrhées ; leurs os étaient devenus extrêmement minces. Ceci s'explique lorsqu'on sait que la magnésie entre pour 2.05 à 3 % dans la composition des os, suivant Berzélius et Johnston ; que la salive du cheval, d'après M. Blondlot, renferme 7.5 % de carbonate de magnésie. Dans les expériences de M. Boussingault citées plus haut, le veau fixa en deux jours $0^k.007.1$ de phosphate de magnésie, avec une ration de $8^k.666$ de foin. C'est à l'état de carbonate et de phosphate surtout, qu'on la rencontre, soit dans les tissus, soit dans les liquides circulatoires, soit enfin dans les excrétions et les sécrétions. Le rôle qu'elle joue dans les fonctions organiques paraît différer très-peu de celui qu'y remplit la chaux que, du reste, elle accompagne le plus souvent; aussi, pouvons-nous réunir les sels de magnésie à ceux de chaux dans le tableau suivant :

	Froment.	Seigle.	Orge.	Fèves.	Avoine.
Sels de chaux.......	1.76	2.05	3.23	5.83	7.86
Sels de magnésie....	0.39	1.21	4.30	7.99	8.53
Ensemble......	2.15	3.26	7.53	13.82	16.39

On s'expliquera mieux encore maintenant, la convenance de l'avoine pour les jeunes chevaux; celle de l'orge et des fèves pour le jeune bétail à cornes, lequel ne peut broyer assez complétement l'avoine pour la consommer sans perte et dont l'estomac n'est pas assez puissant pour en achever la digestion. Les bêtes à laine profitent bien mieux de ce grain, indispensable dans bien des cas à leur bonne santé, et toujours à la production des laines d'une grande finesse.

La *soude* est un des éléments le plus abondamment répandus dans les règnes animal et végétal. A l'état de chlorure, et de phosphate, elle entre dans la constitution des os, pour 3 à 3.45 %. On la trouve dans le sang, dans les fibres musculaires et dans tous les produits de sécrétion, salive, sueur, lait, suint, laine, etc., dans les divers états de chlorure, lactate, phosphate, carbonate, acétate, etc. Ainsi le lait renferme 0.62 % de chlorure de sodium, d'après Johnston, et le sperme 1 % d'après Vauquelin. Elle abonde dans les liquides circulatoires, sang, lymphe, chyle, dont elle semble avoir pour but principal d'entretenir la fluidité; son excès est éliminé par les sécrétions et les excrétions.

Le chlorure de sodium est un condiment souvent employé dans l'hygiène du bétail. Après de longues discussions et des expériences plus ou moins concluantes, on paraît avoir reconnu que le sel est un purgatif d'un effet à la fois efficace et bénin, lorsque le corps n'est point habitué à son usage, et qu'il joue à peu près le même rôle que le sulfate de soude ajouté par M. Demesmay à la ration de ses bœufs engraissés à la pulpe ($0^k.60$ par tête et par jour). Employé constamment dans la ration, il excite l'appétit et surtout la soif, sans augmenter les forces assimilatrices et sans activer sensiblement la production du lait. C'est néanmoins un excellent correctif des pâturages humides et des fourrages avariés ou de qualité inférieure. Les bêtes à laine, surtout, semblent avoir besoin de ce condiment.

Les sels de *potasse* sont fort abondants aussi dans la nature, où le plus souvent, ils accompagnent ceux de soude; ils semblent remplir un rôle à peu près identique. On les rencontre en proportion notable et à l'état de chlorure, de carbonate et d'acétate, dans le suint des moutons (Vauquelin). L'urine des vaches, d'après Baude, renferme 0.190 de sulfate, 0.120 de carbonate, et environ 0.240 de muriate de potasse p. 0/0. Le lait n'en renferme qu'une proportion un peu inférieure à ceux de sodium. Enfin, à l'état de phosphate, il remplace le chlorure de soude dans le sang de certains granivores.

Si nous rassemblons dans un même tableau les proportions de ces diverses terres alcalines contenues dans les principaux aliments, nous verrons que ces proportions sont extrêmement variables entre aliments même de semblable genre, grains, fourrages secs ou racines :

SUBSTANCES.	SELS DE CHAUX.	MAGNÉSIE.	SOUDE.	POTASSE.	AUTEURS.
Graine de lin.......	8.46	14.67	9.82	24.48	Johnston-Kane.
— de colza.....	12.91	11.39	»	25.18	Rammelsberg.
Grains de froment...	1.76	0.39	20.50	4.09	Boussingault - Girardin. Johnston.
— d'orge.......	3.23	4.30	10.43	16.00	Thomson.
— d'avoine.....	7.86	8.53	5.00	14.60	Norton. Porter. Johnston.
— de maïs.	1.89	0.23	5.10	9.21	Thomson. Sprengel.
— de fèves.....	5.83	7.99	10.60	33.56	Johnston.
Foin de prés naturels.	8.24	4.00	10.84	12.80	Porter.
— de trèfle rouge..	1.90	3.33	5.29	26.60	Boussy-Sprengel.
Racines de pommes de terre......	2.07	5.28	2.48	55.75	Moyenne de 4 analyses.
— de betteraves.	0.04	»	»	»	Boussingault.
— de navets....	1.52	4.68	10.86	41.96	Id.
Paille d'avoine......	0.37	»	»	»	Id.
— de froment...	0.59	0.68	»	»	Id.

Ce serait ici le cas de parler des boissons, mais nous préférons y revenir après avoir parlé des principes organiques et en traitant des qualités hygiéniques des liquides.

B. PRINCIPES ORGANIQUES.

Au point de vue de la chimie appliquée à la physiologie, on a divisé ces éléments en 1° Plastiques ou azotés, chargés de produire et entretenir les tissus et les organes proprement dits ; ce sont la fibrine, l'albumine et la caséine végétales et animales. 2° Respiratoires ou non azotés, chargés d'entretenir la respiration et de se convertir en graisse lorsqu'ils se trouvent en excès ; ce sont comme principes tertiaires ou amylacés, le sucre, l'amidon, la fécule, la glucose, la pectine, etc., et comme principes gras ou carbonés, la stéarine, la margarine et l'oléine, la butyrine, la graisse animale, les huiles, etc.

Aucun des principes plastiques pris isolément ne saurait suffire à l'entretien de la vie ; ils ne contiennent pas la proportion d'alcali nécessaire à la formation du sang. Les principes respiratoires donnés exclusivement ne sauraient pas davantage faire vivre un animal. Des chiens, des oies, des canards, nourris de sucre, de beurre, d'amidon, d'huile et d'eau distillée moururent tous après un temps de quinze à quarante-cinq jours, présentant tous les phénomènes du marasme et de l'inanition, et même d'importantes lésions organiques.

Mais d'après cela, quelle est la proportion la plus rationnelle à établir entre ces deux principes selon les divers animaux et les différents buts qu'on veut atteindre ? Elle n'est pas, dit M. Baudement, rigoureusement proportionnelle au poids vif des animaux, et est plus considérable pour les animaux d'un poids moindre. Voici comment ce même auteur l'établit pour les chevaux, par 100 kilogr. de poids vif et par jour :

	MATIÈRES	
	azotées.	respirables.
Chevaux du poids vif de 400 à 450 kilogr.......	0ᵏ.207	0ᵏ.670
— — de 500 à 550 —	0ᵏ.193	0ᵏ.631

Prenant une autre base d'évaluation, voici les calculs pratiques de quelques auteurs.

| | | MATIÈRES | |
		azotées.	respirables.
M. Boussingault.	Chevaux de 500 kilogr........	1ᵏ.000	2ᵏ.540
M. Baudement.	— de 525 —	1ᵏ.013	3ᵏ.313
Id.	— de 425 —	0ᵏ.880	2ᵏ.845
Ration réglementaire.	Cavalerie de ligne, 400 kilogr..	0ᵏ.757	2ᵏ.694
Id.	— de réserve, 500 kilog.	0ᵏ.909	3ᵏ.128
M. Baudement.	Bœufs de 600 à 650 kilogr...	1ᵏ.025	3ᵏ.912
Id.	— de 700 à 750 — ..	1ᵏ.015	3ᵏ.912
Id.	— de 750 à 800 — ..	0ᵏ.979	4ᵏ.495
M. Boussingault.	Porc à l'engrais.............	1ᵏ.000	5ᵏ.500
Knapp.	Homme, soldat de l'Allemagne.	1ᵏ.000	4ᵏ.700

Le rôle des principes azotés consiste, dit M. Bérard, dans son
excellent cours de physiologie, dans « la formation des prin-
« cipes immédiats du sang, la formation et la réparation des
« tissus. Enfin, ils donnent un certain contingent qui subit
« l'action de l'oxygène. » Ces principes azotés sont, nous
l'avons vu, l'albumine, la caséine et la fibrine végétales qui
jouissent des mêmes propriétés que l'albumine, la caséine et la
fibrine animales dont la composition est à peu de chose près
la même. L'albumine végétale qui prend dans certains cas le
nom de légumine est soluble dans l'eau et coagulable par la
chaleur. Elle se rencontre surtout dans les semences mûres des
plantes qui appartiennent à la famille des légumineuses. La caséine se distingue de l'albumine en ce qu'elle ne se coagule pas
par la chaleur, mais elle est comme elle, soluble dans l'eau. Elle
se rencontre surtout dans le péricarpe des semences, et plutôt
dans celles des légumineuses que des graminées. La fibrine qui
dans les semences des céréales porte le nom de gluten, est
très-nourrissante, et ne doit être donnée seule qu'avec de
grandes précautions. A Martinvast on s'est fort bien trouvé de
faire dessécher au four ces résidus d'amidonnerie et d'en former

des pains pulvérisés ensuite pour le bétail, et répandus sur le fourrage.

La valeur nutritive des aliments est, en théorie, considérée comme s'élevant en raison directe de la proportion de ces trois principes. Plus une substance est azotée, a dit la chimie moderne, et plus elle a de valeur nutritive : mais en cela, peut-être, la chimie a été trop loin. Elle ne pouvait tenir compte de la puissance relative de l'estomac de nos divers animaux domestiques, de leur aptitude, ni du but à atteindre. Ainsi l'avoine si nutritive et si excitante pour le cheval, doit être à peu près abandonnée pour le bœuf. Dans les climats chauds, c'est l'orge qui paraît avoir hérité des qualités de l'avoine. Les jeunes animaux assimileront plus complétement d'ailleurs que ceux âgés, les races à large poitrine plus que celles à poitrine resserrée. M. Bérard donne très-judicieusement encore l'explication de cette fréquente discordance entre la théorie et la pratique : « ce qu'on nomme pouvoir nutritif, dans un aliment, « dit-il, se résout en deux influences ou actions distinctes « 1° aptitude à être assimilé, 2° aptitude à subir l'action de « l'oxygène, par la respiration, dans le sang. Nous refusons le « premier mode d'influence aux aliments non azotés, mais « nous leur reconnaissons le second à un très-haut degré. Or, « comme cette dernière influence se lie à la chaleur animale, « à l'action nerveuse, à la puissance contractile des muscles, à « l'activité du mouvement de la vie, il n'est pas étonnant qu'on « ait dit que telle substance riche en fécule et peu riche en « azote était plus nutritive que telle autre substance non « azotée. » Nous nous réunirions, du reste, bien plus volontiers, à l'opinion exprimée par quelques chimistes, que ce n'est point l'azote pur qui serait nutritif, mais bien l'azote combiné d'une certaine manière et avec certains principes qui le rendent assimilable. On jugera mieux de ces différences pratiques, sur le tableau suivant :

ALIMENTS.	PRINCIPES respiratoires.	PRINCIPES azotés.	AZOTE.	ÉQUIVALENT NUTRITIF pratique.
Luzerne verte.........	10.40	2.80	0.45	400
Trèfle vert............	12.20	3.10	0.50	400
Feuilles de choux......	6.20	2.30	0 37	475
Betterave champêtre.....	11.80	1.60	0.21	285
Rutabaga............	7.05	1.10	0.17	550
Pommes de terre........	22.90	2.50	0.40	200
Foin de prés...........	48.20	7.20	1.15	100
Foin de trèfle..........	42.40	10.60	1.62	90
Foin de luzerne........	45.30	12.00	1.92	100
Paille de blé..........	38.10	1.90	0.30	275
— de seigle........	44.50	1.50	0.24	350
— d'orge.........	45.50	1.90	0.30	200
— d'avoine........	44.80	2.10	0.30	225
Grains de blé.........	69.10	12.30	1.97	40
— de seigle........	69.60	8.90	1.42	45
— d'orge.........	66.50	13.40	2.14	50
— d'avoine........	67.00	11.90	1.90	52
Tourteaux de lin........	39.20	32.70	5.20	45
— de colza......	42.50	30.70	4.42	52
— d'œillette.....	43.40	37.80	6.05	60

On remarquera aisément qu'il existe d'assez nombreuses et

importantes différences entre la pratique et les données de la science. Déjà M. Chevreul avait reconnu en 1855 que « l'égalité « de la quantité d'azote contenue dans des rations ne suffit pas « pour établir l'équivalence de la ration au point de vue « alimentaire, quand on ne s'est pas assuré qu'il existe les « plus grands rapports de propriétés entre les principes immé- « diats, azotés et non azotés, des rations comparées. » Jus- qu'à plus amples progrès de la chimie, c'est donc à l'expérience qu'il faudra surtout demander des conseils. Nous aurons d'ailleurs occasion de revenir sur ce sujet en comparant entre elles, à ce point de vue, un grand nombre de rations adoptées par d'habiles agriculteurs pour les différentes espèces d'ani- maux.

Mais d'une expérience incomplète et mal dirigée faite en Alle- magne, il résulte une conclusion que nous ne pouvons admettre et qu'il est temps de combattre ici. Le docteur Knop, directeur de la ferme expérimentale de Mœkern mit en expérience deux jeunes taurillons de la race de Montafone, âgés de sept mois et pesant ensemble le 8 mai 1857, jour où commença l'épreuve, 297 kilogr., soit par un heureux hasard, chacun 158^k.500; Le 15 avril suivant, jour où se termina l'essai, ils pesaient ensemble 1,000 kilogr. Ils furent successivement soumis aux rations suivantes par périodes de treize jours chaque fois :

PÉRIODES.	POIS MOULUS.	FARINE DE TOURTEAU DE COLZA.	FOIN.	POMMES DE TERRE.	POIDS VIF au commencement de la période.	AUGMENTATION TOTALE pendant la période.	AUGMENTATION, par jour, pendant la période.
	Kil.	Kil.	Kil.	Kil.	Kil.	Kil.	Kil.
1re Du 18 au 31 mai....	28.88	28.88	63.00	»	297.0	22.5	1.6
3e Du 15 au 28 juin....	30.68	30.68	63.00	»	374.5	23.0	1.6
5e Du 18 au 26 juillet..	28.80	28.88	115.50	x	427.0	30.0	2.1
7e Du 10 au 23 août....	31.50	31.50	126.00	»	478.5	17.0	1.6
10e Du 21 au 27 septemb.	15.75	15.75	63.08	»	557.0	1.5	3.19
11e Du 28 sept. au 11 oct.	31.94	31.94	126.00	42	595.5	38.5	2.9
12e Du 12 au 25 octobre.	31.94	31.94	147.00	84	712.0	39.5	2.0
15e Du 25 nov. au 6 déc.	15.97	15.97	73.50	42	730.0	18.0	2.55
16e Du 7 au 15 décemb.	21.00	21.00	147.00	210	878.0	52.0	3.7
20e Du 25 janv. au 7 fév.	38.16	38.16	178.00	299	938.0	42.0	3.0
22e Du 21 fév. au 7 mars.	56.90	56.90	189.00	112	965.5	27.5	2.0
23e Du 8 au 22 mars....	31.94	31.94	147.00	63	622.5	27.0	1.95

D'après cette expérience rapportée dans la *France agricole* du 19 avril 1860, et empruntée à la *Feuille du Cultivateur*, M. Koltz nous semble conclure prématurément et à tort, que la proportion des matières azotées peut être avantageusement diminuée avec l'âge des sujets. Fort mal conduite, à notre avis, cette expérience ne saurait être concluante. On ne fait point connaître le régime auquel les animaux étaient soumis dans l'intervalle des périodes; les rations subissent des changements trop brusques et mal calculés. Les quatre premières périodes indiquent un accroissement par jour et par tête, de 1 kilogr.; les quatre secondes, de 1k.305; les quatre dernières, de 1k.300;

cela est possible, mais ne suffit point pour prouver que ces faits résultent uniquement des rations données, ni surtout que celles-ci aient produit l'effet le plus économique. Pour le produire par exemple, il a pu suffire de mettre dans l'intervalle des expériences, les animaux à un régime grossier et parcimonieux. D'ailleurs les faits pratiques de chaque jour sont là pour démontrer la fausseté de cette opinion. Qu'attendre d'un animal bien nourri dans sa jeunesse, puis mis ensuite à un régime de simple entretien? C'est dans le jeune âge que les forces assimilatrices sont le plus développées, et prétendre restreindre avec profit dans l'âge adulte, la proportion des aliments très-nutritifs, est au moins un non-sens.

Le rôle des principes non azotés, ou respiratoires consiste à fournir les éléments de la combustion pulmonaire; ils servent à l'entretien de la chaleur vitale; soumis dans les vaisseaux capillaires à l'action de l'oxygène introduit par la respiration, ils fournissent en échange leur carbone comme élément de combustion. Quand ils se trouvent en excès dans l'organisme, cet excès se convertit en matière grasse qui se dépose dans les diverses parties du corps, surtout sur le trajet des divers ordres de vaisseaux. Seuls, ils sont impropres à entretenir la vie, aussi bien que les principes azotés qui seraient donnés exclusivement. Nous nous occuperons principalement des matières tertiaires ou amylacées (gomme, sucre, ligneux, tanin, amidon) et des matières carbonées (huiles, substances grasses, résines, etc.).

L'amidon contenu surtout en forte proportion dans la farine des céréales et dans le tissu de certaines racines, jouit comme on sait de la propriété de se convertir en sucre de raisin sous l'influence de la diastase ou sous l'action d'un acide; nous avons vu cette modification se produire pendant la déglutition et la digestion, au contact de la salive et des sucs gastriques. La fécule amylacée est d'une digestion facile et forme peu de matières excrémentitielles. Une oie nourrie exclusivement, par M. Magendie, d'amidon cru de froment et d'eau distillée, mourut au bout de vingt-huit jours; une seconde soumise au même régime, mais d'amidon cuit ne mourut que le quarante-cinquième jour, après avoir perdu 1ᵏ.500 de son poids. Les résidus de fabrication des amidonneries sont considérés comme très-convenables pour le bétail en général et les bœufs d'engrais en particulier, à condition de n'être administrés que dans des proportions raisonnables.

La gomme se trouve dans un grand nombre de végétaux, unie à de la matière mucilagineuse, tantôt dans les racines ou les tiges, tantôt dans les fruits ou les semences. Seule, ou unie à certains principes comme le tanin, ou à certaines huiles essentielles, la gomme a une action astringente. Unie au mucilage, comme dans la graine de lin, elle possède au contraire une action relâchante. C'est surtout avant la floraison qu'on rencontre en plus forte proportion ce corps uni au mucilage et à un principe résineux, dans le trèfle, la luzerne, la vesce, etc., qui à cette époque sont sensiblement laxatifs. Une oie nourrie exclusivement, par M. Magendie, de gomme arabique et d'eau distillée, mourut dès le quinzième jour, après avoir perdu 0ᵏ.500 de son poids.

Le sucre donné seul est astringent; uni à la cire et à des débris animaux, dans le gros miel, il devient purgatif. Le mucilage qui y est joint dans la betterave corrige aussi ses propriétés astringentes. Il se rencontre en diverses proportions dans le plus grand nombre des végétaux, aux différentes phases de leur existence. Ainsi, dans le maïs, c'est peu de temps après la germination que les jeunes tiges en renferment le plus; c'est au moment de l'épiaison pour le blé, l'orge et l'avoine. Dans les grains, le sucre apparaît avant l'amidon et le gluten. Dans la betterave c'est vers la fin de la végétation de la première année que le sucre se montre en plus grande abondance, pour disparaître successivement, à partir du repos de la végétation, jusqu'à la maturité des graines. Dans les sucreries de l'Allemagne et du nord de la France, on fait consommer les mélasses par des bœufs à l'engrais dont on en arrose les fourrages. Donné en certaine proportion, ce résidu produit d'excellents effets. Un chien nourri exclusivement, par M. Magendie, de sucre et d'eau distillée mourut le trente-deuxième jour, atteint d'ulcération à l'œil ; un second mourut le trente-quatrième jour ; enfin une oie nourrie de même façon succomba le trente-deuxième jour.

Le tanin, bien plus astringent encore que les gommes et les résines, jouit en outre de propriétés toniques. On le rencontre surtout dans les végétaux les plus ligneux. On ignore encore si c'est à lui ou à une résine volatile ou à une huile essentielle que l'avoine doit ses propriétés excitantes. La plupart des chimistes cependant l'attribuent à une huile essentielle. Le tanin convient surtout aux animaux qui pâturent sur des sols humides. On forme, en Bretagne et en Sologne, des pâturages d'ajoncs et de pins maritimes pour les moutons, et de genêts pour les bêtes à cornes. Pris à l'excès par le pâturage des jeunes pousses de bois et surtout de chênes, au printemps, il occasionne le mal de bois et le pissement de sang. Le tanin est souvent uni dans les plantes à un principe amer particulier.

Le ligneux ou la cellulose a toujours été considéré jusqu'ici, comme à peu près impropre à la nutrition. Les Allemands paraissent s'être préoccupés à plusieurs reprises du rôle de ce principe dans l'alimentation ; nous citerons deux expériences entreprises à ce sujet, l'une à Hohenheim en 1854, par le doc-

teur Émile Nolff ; la seconde en 1859 à l'école vétérinaire de
Dresde. La première porta sur un cheval nourri de son de
froment, de foin et de paille hachée, puis en second lieu,
d'avoine, de foin et de paille hachée ; sur une vache nourrie de
foin et de buvée de farine noire, puis des mêmes aliments
additionnés d'une petite quantité de paille hachée. Voici les
conclusions du docteur Nolff.

1° Tout le ligneux qui existait dans les aliments a été retrouvé
dans les excréments du cheval ; il n'avait donc point été digéré,
ou en d'autres termes, il avait traversé l'estomac comme un
corps inerte.

2° Dans les excréments de la bête bovine au contraire, il
n'existait plus que 0.40 de la substance ligneuse contenue dans
la nourriture : 0.60 avaient donc disparu pendant l'acte de la
digestion. L'estomac des ruminants tirerait donc un parti bien
plus avantageux des fourrages ligneux, foin, paille, son, que le
cheval, fait du reste admis dans la pratique.

La seconde expérience porta sur deux moutons, l'un de
cinq ans, l'autre de six, atteints d'une faible chlorose. Ils
furent mis en expérience de février à novembre 1859, le son
étant surtout donné pour faire accepter les aliments dont
l'analyse rigoureuse fut faite ainsi qu'il suit :

	Azote.	Cellulose.	Cendres de la cellulose.	Résine.
Foin	1.75	19.4	3.5	»
Paille	0.35	40.0	»	»
Sciure de peuplier	0.71	53.2	4.8	»
— de pin silvestre	0.53	56.6	1.02	3.0
— de pin-épicéa	0.67	53.2	0.6	2.5
Papier ordinaire en bouillie	0.15	29.1	5.6	»
Son de seigle	0.80	4.7	»	»

Voici les chiffres qui résument dans le rapport de M. Stock-
hardt, cette curieuse quoique incomplète expérience :

NATURE DES ALIMENTS DONNÉS ET ANALYSES.	1re EXPÉRIENCE.	2e EXPÉRIENCE.	3e EXPÉRIENCE.	4e EXPÉRIENCE.	5e EXPÉRIENCE.	6e EXPÉRIENCE.
	Kilog.	Kilog.	Kilog.	Kilog.	Kilog.	
Ration totale en foin...........	17.500	7.000	5.200	5.200	4.700	
— — en paille.........	»	3.500	»	»	»	
— — eu son de seigle...	»	»	3.500	5.200	7.000	
— — en sciure de peuplier...........	»	»	2.700	»	»	
— — en sciure de pin silvestre..........	»	»	»	2.500	»	
— — en papier (trempé en bouillie)....	»	»	»	»	3.500	
— — en sciure de pinépicéa..........	»	»	»	»	»	
Cellulose contenue dans la ration de foin.............	3.395	1.890	1.018	1.018	1.174	
— de paille............	»	1.400	»	»	»	
— de son de seigle......	»	»	0.161	0.246	0.330	
— de sciure de peuplier.	»	»	1.393	»	»	
— de sciure de pin silvestre............	»	»	»	1.981	»	
— de papier en bouillie.	»	»	»	»	1.018	
— de sciure d'épicéa....	»	»	»	»	»	
Cellulose du fumier provenant du foin.............	0.985	0.661	0.295	0.295	0.336	
— de la paille.........	»	0.768	»	»	»	
— du son de seigle.....	»	»	0.765	0.246	0.330	
— de sciure de peuplier.	»	»	0.765	»	»	
— de sciure de pin silvestre...........	»	»	»	1.190	»	
— de papier en bouillie.	»	»	»	»	0.197	
— de sciure d'épicéa....	»	»	»	»	»	
Cellulose totale dissoute peudant la digestion, et provenant de l'aliment expérimenté.......	2.410	0.631	0.631	0.791	0.821	
Cellulose dissoute pour 100 parties..................	71 %	45 %	45 %	40 %	80 %	
Augmentation ou perte en poids vivant.	+3.900	—6.300	+1.200	+8.900	+3.600	

Foin, sciure de sapin, épicéa et son, sans résultat. Expérience manquée.

A cette expérience, nous objecterons d'abord l'état de santé dans lequel se trouvaient les animaux; mais la chlorose qui a dû amener une certaine débilité de l'estomac ferait ressortir d'autant plus les résultats obtenus. Les périodes d'expérimentation de sept jours ayant été séparées par des intervalles assez longs pendant lesquels les animaux étaient remis à un régime normal, nous semblent mal calculées. Ainsi, après avoir été mis à une ration de 17 kilog. de foin, les animaux sont soumis à celle de 7 kilog. de foin et de 3ᵏ.500 de paille, qui est loin d'être équivalente à la première, aussi, perdent-ils 6ᵏ.300. Mais passant de la ration normale à celle des 3ᵉ, 4ᵉ et 5ᵉ expériences, ils ont augmenté en poids, surtout parce que les intestins se sont remplis outre mesure de ces substances peu assimilables et d'une digestion lente et difficile. Ce n'est donc là qu'un résultat fictif en grande partie. Il ne faut point nier pour cela qu'une partie de la cellulose ait été assimilée, quoique dans une proportion bien inférieure à celle indiquée ci-dessus. Et nous appliquerions volontiers à ce principe ce que présumait M. Chevreul, « qu'une matière introduite dans le corps d'un animal pour- « rait, sans s'y assimiler, en produisant de la chaleur, y main- « tenir la vie pendant un temps où elle se serait éteinte sans « la présence de cette matière. »

Les résines données seules sont, à la fois, astringentes et diurétiques. Elles sont, dans les végétaux, presque toujours réunies à un principe qui leur donne une odeur particulière. Communes surtout dans la famille des conifères, les résines sont plus rares dans les végétaux alimentaires; cependant, le trèfle, la vesce, la carotte, le panais, l'avoine en ren- ferment en doses appréciables. L'ajonc (*ulex europæus*) doit sans doute à une résine particulière ce principe excitant qui le rend si convenable pour l'alimentation des chevaux en hiver, et lui permet de remplacer l'avoine en grande partie.

Les huiles essentielles qui possèdent dans chaque végétal une odeur particulière, se rencontrent surtout dans les plantes appartenant aux familles des labiées et des ombellifères. Elles y sont ordinairement unies à un principe aromatique, et se montrent surtout dans l'épisperme des graines. Le grain des céréales, orge, maïs et surtout avoine, en renferme aussi en assez grande quantité. Elles sont excitantes à divers degrés ; mais dans l'avoine, elle paraît tellement volatile que la mouture la fait presque entièrement disparaître. Les huiles fixées ne se montrent dans les graines qu'après leur complète maturation et y sont tantôt jointes à un mucilage, comme dans le lin, tantôt à un principe âcre comme dans le colza et la moutarde. Les graines oléifères sont rarement données comme aliments, dans leur état normal ; ce n'est qu'après en avoir extrait l'huile, qu'on abandonne au bétail les tourteaux plus ou moins épuisés qui constituent le résidu de la fabrication. Ceux-ci ne renferment plus alors que le périsperme de la graine, une quantité variable d'huile et du mucilage ou le principe âcre. L'huile de lin est souvent employée en Angleterre pour l'engraissement des animaux selon le procédé de M. Curtis de Rougham (Norfolk) ; la paille et le foin hachés sont arrosés d'huile de lin et brassés complétement ; on les laisse ensuite, bien tassés, fermenter pendant dix-huit à vingt-quatre heures. L'huile est donnée à raison de $0^l.649$ par tête et par jour, soit une dépense de $0^f.50$ par jour. Les résultats économiques ont paru très-satisfaisants. M. Warnes emploie la graine de lin réduite en farine et cuite dans l'eau, de manière à former un mucilage auquel on ajoute des farines de pois ou de fèves et des racines même. Nous rapporterons, en parlant de l'engraissement, quelques-unes des expériences faites sur ce système. Enfin, le docteur

Pollock a expérimenté avec succès l'huile de foie de morue pour l'engraissement des veaux, moutons et porcs. Nous aurons également occasion d'en reparler.

Les substances grasses des végétaux ou des animaux, mucilage, huiles, etc., enfin tous les principes solubles dans l'éther, peuvent quand ils se trouvent introduits en excès dans l'économie, former dans divers endroits du corps des dépôts graisseux, sortes de réserves de l'avenir pour l'organisme. Les aliments en général, conviennent d'autant mieux pour l'engraissement, qu'ils en renferment une proportion plus élevée. Les expériences de MM. Dumas, Payen et Boussingault ont parfaitement élucidé ce point déjà bien connu de la pratique. Dans une expérience de ce dernier chimiste, une vache laitière qui reçut en trente jours dans le foin, les betteraves et la paille, $1^k.614$ de matières grasses, en rendit pendant le même temps dans le lait et les excréments $1^k.413$; elle en avait donc brûlé ou fixé $0^k.201$. Données seules, les substances grasses, sont aussi bien que les principes tertiaires, impropres à entretenir pendant longtemps l'existence; deux chiens nourris exclusivement d'huile d'olive et d'eau distillée ne vécurent que trente-six jours et l'un d'eux fut atteint d'ulcération de la cornée. (Magendie.)

§ 2. Étude physiologique des aliments.

Les divers aliments selon qu'ils sont verts ou secs, suivant qu'on les fait consommer par le cheval, le bœuf d'engrais, la vache laitière, le mouton à laine fine ou d'engrais, le porc ou la volaille, dans le but de les convertir en travail, en lait, en graisse ou en laine, possèdent des propriétés spéciales que tout agriculteur doit connaître. Aussi pour établir un tableau des équivalents nutritifs, faudrait-il tenir compte des facultés particulières à chaque espèce. Ajoutons que le sol même qui a produit ces végétaux influe sensiblement sur leurs qualités chimiques et par conséquent aussi sur leur valeur physiologique et nutritive. Ainsi, nous savons que l'estomac du cheval, du mouton et du porc est, comme on le dit vulgairement, plus chaud que celui du bœuf et de la vache ; que les plantes venues sur un terrain calcaire renferment une proportion d'eau moins élevée et sont plus nourrissantes que celles crues sur un sol argileux ; que les premières conviennent davantage pour l'engraissement et les secondes pour la production du lait. Enfin nous savons encore que le climat n'influe pas moins que le sol sur les qualités nutritives des végétaux. Aussi nous bornerons-nous ici, à parler en thèse générale et pour la France seulement, laissant à chaque cultivateur l'appréciation morale des conditions modificatrices sous l'influence desquelles il peut se trouver placé.

1. DES GRAINS ET ISSUES.

Les grains, pendant la mastication et la déglutition absorbent un peu plus que leur poids de salive et de mucus. (Lassaigne et Bernard.) Ils renferment en proportions variables de l'amidon, du sucre, des huiles essentielles, des principes gras, de la gomme, de la cellulose, enfin de l'albumine ou légumine, de la caséine et du gluten.

1° Le grain de froment, quoique doué d'une grande valeur nutritive, atteint le plus souvent une valeur trop élevée pour qu'on puisse le faire consommer au bétail. Lorsque les circonstances le permettent, cependant, c'est sous forme de pain qu'on doit le donner. Il produit une belle viande, et du suif ferme et d'une belle couleur; la volaille se trouve fort bien d'une pâtée faite avec sa farine et du lait ou de l'eau ; la plupart des chapons et poulardes qui nous viennent de la Normandie et de la Bresse ont été engraissés ainsi; dans le Maine, on préfère le maïs. La faible proportion de sels de chaux et de magnésie que renferme le froment le rend peu convenable pour l'élevage des jeunes animaux.

2° Le grain de l'avoine diffère en qualité suivant la variété d'hiver ou de printemps à laquelle il appartient, suivant la variété naturelle, grise, blanche ou noire; enfin, selon la nature du sol qui la produit, Brie, Beauce ou Bretagne. Les trois analyses suivantes permettront de se rendre compte de ces différences; les unes portent sur de l'avoine du Northumberland et du Ayrshire, l'autre sur celle de Bechelbronn; les deux premières sont dues à Norton, la troisième à M. Boussingault :

	AVOINE		
	du Ayrshire.	du Northumberland.	de Bechelbronn.
Gluten, albumine, caséine.......	15.01	19.91	13.70
Amidon......................	64.80	65.60	46.10
Gomme, mucilage.............	2.41	2.28	3.80
Sucre, glucose................	2.58	0.80	6.00
Huile essentielle, matières grasses.	6.97	7.38	6.70

Berzélius nous apprend que Vogel avait trouvé dans ce grain une huile grasse, jaune verdâtre, dans laquelle il pensait que résidaient les principes excitants de ce grain (*Traité de chimie*, VI, page 301). Enveloppée dans un périsperme assez dur, l'avoine passe souvent à travers les intestins sans avoir été digérée aucunement ; aussi pour les vieux chevaux , doit-on la concasser grossièrement. Par une semblable raison, elle convient peu au bétail à cornes ; mais les moutons en tirent un parti complet.. Quand ce grain a été crevé ou concassé, son assimilation est rendue plus facile, mais il est devenu beaucoup moins excitant et convient bien plutôt alors au cheval de gros trait ; au bœuf à l'engrais pendant la dernière période, qu'au cheval faisant un service de vitesse ou au bétail à laine. La viande obtenue de ce grain est d'excellente qualité et la graisse est très-ferme et d'une magnifique couleur. Il est précieux aussi pour les volailles dont il excite la ponte, et pour tous les reproducteurs mâles qu'il dispose à la reproduction.

3° Le grain de l'orge ou mieux encore sa farine, convient surtout aux jeunes animaux auxquels il fournit un aliment très-rapproché du lait par sa composition, et du lait de vache surtout. Nous avons vu qu'il était très-riche en sels de chaux et de magnésie. On en fait un fréquent emploi aussi pour l'engraissement des bœufs pendant sa première période, à cause de sa valeur vénale d'ordinaire peu élevée. Plus tard, on lui substitue les farines de maïs ou de féveroles. Ce grain a le défaut de produire de la graisse un peu molle, quoique la viande soit belle et de bonne qualité. Il est donné aussi aux porcs et produit un lard estimé. Rarement on le donne entier même après l'avoir fait crever ; le concassage ou la mouture sont les moyens les plus employés pour sa préparation. Cette farine est légèrement laxative et ne doit point être donnée en trop grande quantité. M. de Béhague, cependant, ne craint pas d'en donner de 8 à 11 litres à des bœufs de concours du poids de 800 à 850 kilogr. vif. M. de Torcy ne fait entrer l'orge que pour 1/6 dans les farines de ses animaux d'élevage ; les 5/6 restants se composent ainsi : avoine 50 %, seigle 16.5, sarrasin 16.5,

4° Le grain de seigle crevé ou réduit en farine est réservé plus spécialement pour les derniers jours de l'engraissement, à cause de la propriété qu'il possède de fleurir le poil et de faire sortir la graisse. Ce grain est plus laxatif encore que celui de l'orge. On lui reproche à tort de prédisposer les chevaux à la fourbure; ceci pourrait à peine être vrai pour ceux qui font un service de grande vitesse; mais nous avons vu en 1856-57, un grand nombre de chevaux de labour nourris de seigle crevé au lieu d'avoine, sans qu'il en résultât aucun inconvénient. Peut-être aussi, vaudrait-il mieux le donner aux chevaux sous forme de pain, et produirait-il ainsi un effet moins débilitant. Quand sa valeur vénale le permet, le seigle est souvent aussi consacré à l'engraissement des porcs; mais le mieux est de le mêler à d'autres grains, ceux d'orge et de sarrasin, par exemple.

5° La farine de sarrasin n'est guère employée que pour les porcs et la volaille; elle convient très-bien cependant pour remplacer celle d'orge dans l'engraissement des bœufs. On lui reproche de produire surtout du suif extérieur blanc et mou, mais alors c'est qu'on ne lui a point assez tôt substitué l'orge, le seigle et l'avoine. Le grain de sarrasin renferme moins de chaux, mais plus de magnésie que celui de froment, soit ensemble, 3.12 %. Aussi convient-il peu pour l'élevage. En revanche, il contient presque autant de matières grasses que le blé, et davantage que l'orge.

6° Le grain de la féverole est fréquemment employé en Normandie et surtout dans le Cotentin pour l'élevage et l'engraissement du bétail à cornes. C'est peut-être le plus nutritif des grains et celui qui produit la meilleure viande et le suif le plus estimé; malheureusement, sa valeur vénale est très-élevée. Concassée ou trempée, elle convient parfaitement aux chevaux, et peut remplacer l'avoine pour ceux de gros trait et de trait moyen.

7° Les sons, en général, sont rafraîchissants et de facile digestion, surtout celui de froment; celui d'orge est beaucoup moins nutritif et plus relâchant; pour les animaux de travail, ce n'est qu'à ce dernier point de vue qu'ils doivent être adjoints à la ration pendant les époques de grands travaux et des fortes chaleurs. Leur usage habituel rend ces animaux mous et lymphatiques. Le son de blé obtenu par la mouture perfectionnée ne renferme plus que 10 % de farine; les recoupettes, qui en contiennent 20 à 25 %, conviennent mieux aux jeunes animaux et aux vaches laitières; mais elles sont en général laxatives; les sons d'orge et de sarrasin sont de qualités très-inférieures.

2. DES FOURRAGES SECS.

Les fourrages secs absorbent, pendant la mastication et la déglutition, de quatre à cinq fois leur poids de salive et de mucus (Lassaigne et Bernard). Ils sont presque indispensables pour la nourriture d'hiver des bestiaux, mais unis aux grains, issues, farines, tourteaux, racines, résidus de fabriques, etc.; ils contiennent de 25 à 54 % de sels de chaux ou de magnésie dans leurs cendres, dont ils fournissent de 9 à 12 %.

1° Le foin de prés dont les qualités varient à l'infini selon la nature, la situation, l'exposition du sol qui l'a produit, peut être en général divisé en foin de prés hauts et foin de prés bas. Les premiers conviennent aux chevaux et aux moutons, les seconds aux bêtes à cornes. Les animaux de trait se trouvent bien de l'usage du foin, additionné de grains pour les chevaux et de racines pour les bœufs, pendant l'hiver. Les bêtes à l'engrais doivent n'en consommer qu'une certaine proportion qui diminue à mesure que l'engraissement avance. Le foin produit de la viande assez ferme, mais rouge, et du suif blanc et en petite quantité. Le regain est précieux surtout aux vaches et aux moutons.

2° Le foin de luzerne, l'un des meilleurs fourrages secs, convient à tous les animaux, mais plus spécialement pour les chevaux et les brebis portières; il doit être préféré au foin de prés pour les bêtes à l'engrais, comme plus appétissant et plus nutritif sous un moindre volume.

3° Le foin de sainfoin jouit à peu près des mêmes propriétés et des mêmes qualités que celui de luzerne; seulement, il convient, davantage encore que tout autre, aux jeunes animaux, à cause des sels de chaux qu'il renferme en bien plus forte proportion; les analyses suivantes en fourniront la preuve.

Principes inorganiques.	FOIN			
	de prés.	de luzerne.	de trèfle.	de sainfoin.
Sels de soude et de potasse...	17.3	14.03	19.95	29.26
Sels de chaux et de magnésie.	26.4	50.57	27.80	66.70
Sels d'alumine et de fer......	1.5	0.63	x	2.87
Silice.	33.7	3.46	3.61	1.10
	(Boussingault.)	(Sprengel.)	(Sprengel.)	(Buch.)

On le préfère généralement à la luzerne pour les chevaux de travail, mais on n'a pas toujours à choisir, cette plante ne réussissant exclusivement que dans les terrains calcaires; il produit autant de lait que la luzerne, mais moins bon peut-être; il est moins estimé qu'elle, aussi, pour la nourriture d'hiver des moutons, qu'il prédispose davantage au sang-de-rate.

4° Le foin de trèfle rouge est plus recherché des chevaux que le foin de prés, mais il les rend mous et prompts à suer. Aux vaches laitières, il donne moins de lait et moins qualiteux que la luzerne, et les altère davantage. Les moutons le mangent bien, mais il leur est moins hygiénique que le foin de prés. On peut pour les bêtes à l'engrais, le faire alterner avec celui-ci, pour varier l'alimentation et exciter l'appétit, mais en quantités modérées. Après le sainfoin et la luzerne, c'est le fourrage qui convient le mieux au jeune bétail; cependant on lui reproche de disposer les poulains à la fluxion périodique.

Les fourrages secs en général, quand ils sont de bonne qualité et surtout, qu'on y ajoute du grain et des farines, font développer le train antérieur des jeunes animaux. Le foin de prés peut sans inconvénient être donné constamment aux jeunes animaux; il n'en est pas de même des fourrages artificiels dont l'usage exclusif ou immodéré occasionne la pousse, une distension et quelquefois la rupture de l'estomac, chez le cheval.

3. DES PAILLES.

Les pailles ne sont guère employées comme fourrage que dans les exploitations en culture peu avancée, à moins que ce ne soit comme complément de ration, comme lest, ou en mélange avec des aliments ou trop nutritifs ou trop aqueux (gluten, résidus de féculerie, pulpes, etc.). Et cependant, on en tire certainement plus de parti après les avoir fait passer par le corps des animaux, qu'en se bornant à les employer en litière; le bétail à cornes les assimile, du reste, nous l'avons vu, beaucoup plus complétement que le cheval. Les meilleures et presque

I.   22

les seules employées à l'alimentation sont celles d'orge,
d'avoine, de froment et de seigle.

Pour les chevaux, les préférables sont celles de blé et
d'avoine; données en supplément à la ration pendant la nuit,
elles n'en doivent former que l'appoint; mais elles varient les
éléments de la digestion et en occupant les animaux, éloignent
le tic. Leur usage trop abondant peut amener la pousse, produit
des formes efflanquées et fait tomber le ventre. Les vaches
préfèrent à toutes autres les pailles d'orge et d'avoine; con-
sommées seules elles donnent peu de lait qui produit peu de
crème et un beurre blanc ayant un goût de suif. Villeroy rapporte qu'une moitié de la ration de regain d'une vache ayant
été retranchée, et remplacée par de la paille d'avoine, cette bête
qui donnait précédemment 24 litres de lait, en donna alors 27
et jusqu'à 30 litres. La variété dans la ration ne suffit point
pour nous expliquer ce fait singulier, à moins que l'animal ne
consommât en outre des résidus de distillerie ou un autre
aliment aqueux. Les pailles en effet, ne sont que médiocrement
nourrissantes, beaucoup moins que les fourrages secs et que le
regain; aussi ne les a-t-on jamais considérées dans les rations
normales, comme convenables aux femelles nourrices. Les
moutons consomment assez volontiers la paille et surtout les
siliques du colza, pendant l'hiver; celle de sarrasin n'est
propre qu'à servir de litière.

Le meilleur moyen de faire consommer les pailles est de les
donner au râtelier d'abord, sauf à employer pour litière ce que
les animaux ont laissé. Bien mieux encore, on peut, après
les avoir hachées, les mélanger au foin, également coupé; à la
pulpe, aux résidus d'usine, et donner le tout ensemble soit
frais, soit fermenté. Nous reparlerons plus loin de ces préparations.

4. DES FOURRAGES VERTS.

Le plus économique de tous les fourrages, le fourrage vert doit occuper aussi longtemps que possible la place, chaque année, dans la nourriture du bétail, pour toute ferme exploitée économiquement. Il ne coûte point de frais de fanage ni de bottelage, et si les frais de transport sont cependant plus élevés, on en est bien dédommagé par l'effet utile qu'ils produisent, hors de proportion avec la même quantité représentée proportionnellement par un semblable fourrage sec. Des expériences faites en Allemagne sur la production du lait vont nous permettre de mettre ce point en évidence et de comparer entre elles les diverses plantes fourragères :

M. Agricola mit en expériences douze vaches en bonne santé, de produit en lait égal aussi bien en qualité qu'en quantité ; choisies et divisées en six lots, elles reçurent par chaque tête 51 kilogr. 447 des divers fourrages :

	Lait produit. Litres.	Beurre produit. Kilogr.
1er lot. Nourri au maïs..............	313	13.096
2e — Nourri aux vesces............	307	12.926
3e — Nourri au sainfoin...........	290	10.757
4e — Nourri au trèfle rouge........	288	10.289
5e — Nourri à la spergule..........	268	8.419
6e — Nourri à la luzerne...........	264	7.951

(DE LENGERKE, *Mémoire pour la culture du maïs* trad. par M. Block.)

L'expérience ayant duré huit jours, il en résulte, si nous prenons la luzerne, seulement, que 100 kilogr. de ce fourrage vert ont produit 63 litres 30 de lait. La même quantité de luzerne fanée n'eût produit que 25 kilogr. de foin, lequel n'eût fourni que 12 litres de lait environ, c'est-à-dire que pour égaler ce produit en lait de 264 litres fourni par 411 kilogr. de luzerne verte, il eût fallu environ 550 kilogr. de foin.

La question n'est plus complétement la même si nous envisageons maintenant l'engraissement et l'avantage y reste aux fourrages secs, d'après les expériences de M. Boussingault. Il prit une génisse de dix mois et la soumit à une série d'expériences dont chacune dura dix jours; le fourrage séché représentait exactement dans la ration la quantité donnée en fourrage vert moins l'eau. Voici quels en furent les résultats :

			Poids vif initial.	Poids vif final.		
		Kilog.	Kilog.	Kilog.		Kilog.
Fourrages verts.	1° Trèfle vert....	236.00	270	267	Perte,	3
	2° Id.	257.50	306	301	—	5
	3° Regain de prés.	414.00	329	333	Profit,	4
Fourrages secs.	1° Trèfle sec.....	72.42	267	272	—	5
	2° Id.	74.63	301	308	—	7
	3° Regain de prés.	87.70	333	343	—	10

D'après ces chiffres, les fourrages secs produiraient plus de poids de viande que la même proportion de fourrages verts. Mais le difficile même, c'est d'établir cette proportion ; aussi croyons-nous que de semblables faits ont besoin d'être à plusieurs reprises contrôlés en dosant les aliments non pas par l'analyse chimique, mais tout simplement par le fanage pratique. Et d'ailleurs, l'expérience de M. Boussingault ne conclurait rien contre la question économique, chaque jour décidée en faveur de l'engraissement d'embouche contre celui à l'étable.

1° Le sainfoin est rarement consommé en vert; on préfère avec raison le conserver pour l'hiver. Cependant, les chevaux l'aiment beaucoup, et aussi les vaches; le lait qu'il produit est meilleur que celui du trèfle et celui de la luzerne sur lesquels il a en outre l'avantage de ne point météoriser, comme eux.

2° La luzerne convient mieux aux chevaux que le trèfle; elle les amollit moins et les expose moins aux indigestions. Contre l'expérience, rapportée plus haut, de M. Agricola, elle donne en général plus de lait aux vaches et non moins riche que le trèfle; cela ne veut point dire que l'un ni l'autre de ces fourrages jouissent, sous ce rapport, de qualités remarquables.

3° Le trèfle ordinaire dont les chevaux sont presque aussi friands que de la luzerne, leur convient peut-être moins pour le travail. Le lait des vaches qui en sont nourries est en général de couleur bleuâtre, et pauvre en crème. Il météorise très-énergiquement dans certaines circonstances qu'on n'a pu encore préciser d'un accord unanime.

4° Les vesces sont considérées comme un médiocre aliment pour les chevaux qui font un service de vitesse, mais elles conviennent bien aux animaux de travail. Le lait qu'elles produisent est pauvre, souvent d'aspect huileux et de mauvais goût. Elles ont l'avantage de ne pas météoriser, mais produisent souvent des indigestions.

5° L'avoine en vert est pour les chevaux un excellent fourrage, lorsque surtout on ne la fauche qu'alors que le grain est déjà un peu formé, et qu'on la donne hachée. Pour le bétail à cornes, elle doit être fauchée de meilleure heure. Elle donne un lait assez abondant, moyennement crémeux, mais d'un goût un peu âcre. Elle cause quelquefois la météorisation.

6° Le sarrasin offre souvent une ressource précieuse entre

la 1re et la 2e coupe de trèfle, la 2e et la 3e de luzerne. Les chevaux s'en lassent promptement et il est trop rafraîchissant pour eux. Le lait des vaches qui en sont nourries est bleu et pauvre en beurre. La meilleure manière de le cultiver est de le semer en mélange avec du millet, du moha, du maïs, etc. Cette plante si impressionnable par les météores pendant sa végétation donne lieu, dans l'alimentation, à deux phénomènes assez curieux : on peut, dans l'obscurité, tirer des étincelles électriques, des porcs de robe noire qu'on en nourrit ; en second lieu, il est constant que son usage, même très-restreint, fai enfler la tête des moutons et rend leurs yeux larmoyants. Tout le monde a pu être maintes fois témoin de ce fait.

7° Le maïs vert est rarement consacré aux chevaux, mais il est, avec la spergule, un des meilleurs fourrages qu'on puisse offrir aux vaches laitières. Il convient fort bien aussi aux bêtes à l'engrais. Il donne un lait abondant, très-riche en beurre et celui-ci possède un goût très-fin et une belle couleur.

8° Le sorgho doit être employé avec une certaine précaution ; coupé ou pâturé trop jeune, il produit de véritables empoisonnements qui cèdent du reste promptement, à l'administration soit de l'eau vinaigrée, soit du chlorure de potasse. Il se donne coupé au hache-paille, aux bêtes à cornes et à laine, non pour l'engraissement, mais pour le lait.

9° La moutarde qui ne convient qu'aux bœufs de travail et aux vaches, produit chez celles-ci beaucoup de lait d'une belle couleur, très-riche et d'excellent goût.

10° Les feuilles de choux qui conviennent au même bétail et aussi aux bêtes à l'engrais, donnent assez de lait, mais médiocrement riche en crème et d'un goût particulier qu'on peut faire disparaître à l'aide d'une dissolution salpêtrée. Voici comment opère M. Lefèvre, un cultivateur de l'île de Jersey, qui m'a indiqué ce procédé : il prend **15** grammes de salpêtre, et le fait dissoudre dans un demi-litre d'eau tiède, puis il verse une cuillerée de cette dissolution dans **12** litres de lait qu'il agite légèrement, et dont le goût désagréable disparaît.

11° L'ajonc marin haché ou pilé constitue le meilleur fourrage vert qu'on puisse donner aux chevaux en automne et en hiver. Il rend le poil lisse, brillant, donne de la vigueur et de l'embonpoint. La résine qu'il renferme le rend astringent, et il renferme sans doute, en outre, une huile essentielle ou tout autre principe excitant. Les vaches laitières qui en reçoivent donnent un lait riche et abondant. Les moutons en consomment aussi quelque peu au pâturage, tant que les jeunes pousses en sont tendres; il est pour eux très-hygiénique quand ils doivent se rendre ensuite dans des pâturages humides.

Les fourrages verts en général, donnés en abondance et exclusivement, produisent des animaux plus ou moins grands, plus ou moins musclés, mais de formes communes, empâtées et lourdes; encombrant les organes digestifs, ils font tomber le ventre et incurver la colonne vertébrale. Les animaux dont on veut conserver la finesse et l'harmonie de formes n'en doivent recevoir qu'en quantité raisonnable, et avec addition de grains ou de farine. Les fourrages verts font surtout développer le train postérieur; pris au râtelier, ils occasionnent chez les chevaux l'encolure droite ou même renversée, les reins droits, la croupe horizontale et la queue haute; pris au pâturage, ils produisent la tête volumineuse et empâtée, l'encolure de cygne, les reins ensellés et la queue basse avec une croupe avalée.

5. DES RACINES.

Elles ont, en général, la même influence plastique que les

fourrages verts sur la conformation de l'abdomen et du train
postérieur. Indispensables dans l'alimentation hivernale,
quand on veut produire du bon bétail, elles permettent de
continuer toute l'année aux animaux une nourriture rafraî-
chissante qu'on doit, en bonne pratique faire accompagner
d'aliments plus secs et plus nutritifs.

1° La pomme de terre qu'on ne doit jamais donner que
cuite, à cause de la forte proportion de tanin qu'elle renferme, rend les chevaux mous et les prédispose à la pousse.
Elle engraisse les vaches et leur donne peu de lait. Crue, elle
produit du lait bleu et cause la diarrhée. Ses cendres contiennent sur 100 parties :

	Johnston.	Boussingault.
Sels de magnésie............	4.53	6.28
Sels de chaux..............	0 81	2.09
Soit ensemble.......	5.34	8.37

La racine fraîche renferme d'après M. Boussingault, 0,02
de sels calcaires. Quant à la proportion d'amidon, elle varie
suivant les espèces, de 11 à 19 %.

2° Le panais convient à tous les bestiaux; il n'a pas besoin
de subir la cuisson. Les chevaux le mangent avec plaisir ; il leur
fait fleurir le poil, remplace l'avoine et les engraisse. Le lait
qui provient des vaches qui reçoivent cet aliment est abondant,
riche en beurre et parfumé. Il est préférable à la carotte même
pour l'engraissement et donne une viande ferme et rosée, du
suif dur et de belle couleur. M E. Honël dit dans son *Traité de
l'élève du cheval en Bretagne*, « qu'il est débilitant et porte
« au système lymphatique, qu'il appauvrit les muscles et le
« système osseux, qu'il développe outre mesure l'obésité et les

« formes lourdes et empâtées. » M. Houël a raison s'il parle
là des chevaux fins, mais l'expérience de tous les jours démontre
en Bretagne et en Normandie, les seules provinces, malheureusement, qui cultivent cette racine, que le panais est une excellente alimentation pour le cheval de ferme. Il ne convient pas
moins aux animaux qu'on veut engraisser, bœufs, moutons,
porcs et aussi aux jeunes élèves de toute espèce.

3° La betterave produit, il est vrai, plus de lait et meilleur
que la pomme de terre, mais ce n'est point la racine destinée
aux vaches. Le cheval consent rarement à l'accepter, soit crue,
soit cuite; le porc n'en est jamais friand, surtout dans ce premier état. Cuite, elle engraisse bien plutôt qu'elle ne favorise
la lactation. Donnée en trop forte proportion ou sans être accompagnée d'une ration suffisante de farineux, elle détermine
souvent des diarrhées et en tout cas, produit une viande molle,
des maniements flasques, un suif blanc et mou. Elle est précieuse pour la nourriture d'hiver du bétail, à défaut de carottes
et de panais. Dans la plante fraîche, on trouve de 6 à 10 % de
sucre, suivant la variété et seulement 0.02 de sels calcaires; les
cendres contiennent 2.88 % de sels de soude et de potasse, et
0.70 seulement de sels de magnésie et de chaux.

4° La carotte, moins généralement cultivée que la betterave,
quoiqu'à tort, est à peine plus difficile que celle-ci sur la nature et la richesse du sol, et nous avons vu la blanche à collet
vert et la jaune d'Achicourt, produire en Normandie tout autant
au moins que la racine sucrée. Chevaux de travail, vaches laitières, bœufs d'engrais, brebis, moutons et porcs, tous la consomment parfaitement sans autre préparation que son passage
au coupe-racine. Elle soutient bien les chevaux et les bœufs
de travail, produit un lait abondant, riche et d'excellent
goût; une viande ferme, succulente, et un beau suif. Suivant

Hembrstædt, elle renferme 5 à 8.12 % de sucre et 0.35 d'huile essentielle.

5° Le rutabaga, la racine des terres pauvres, neuves et acides, pourrait presque être comparé à la carotte pour les qualités ; seulement le cheval ne l'accepte point, et le lait qu'il produit est désagréable par son goût de chou. Il est précieux pour l'hiver et surtout le printemps, à une époque très-avancée duquel il peut se conserver facilement. Il contient d'après Hembrstædt 12.5 % de mucilage sucré et gommé.

6° Le topinambour qu'on ne cultive pas assez dans les mauvaises terres caillouteuses et calcaires, est la racine par excellence des brebis portières. Le bétail à cornes le consomme également bien. Ses tiges et ses feuilles peuvent dans certains cas fournir en août et septembre, comme je l'ai vu en 1851 à Dampierre, une bonne nourriture aux bœufs de travail. Il contient d'après Braconnot 14.80 % de sucre et on trouve dans la plante fraîche 1.52 % de sels calcaires, et presque quatre fois autant d'acide phosphorique dans ses cendres.

7° Les navets très-peu cultivés en France, le sont beaucoup plus en Angleterre, sous le nom de turneps ; on les consacre plus spécialement aux moutons et aux bêtes à cornes. Voici d'après MM. Boussingault et Musspratt, leur composition chimique :

	Boussingault.	Musspratt.
Sels de chaux et de magnésie...	18.94	15.93
Sels de soude et de potasse....	47.05	54.31
Acide phosphorique..........	7.58	5.80
Acide sulfurique............	13.60	12.70

La moyenne de trois analyses de la plante fraîche par Johnston donne de 5.61 à 6.54 % de sucre et 0.19 à 0.22 d'huile.

Aucune autre plante fourragère, peut-être, ne renferme une aussi forte proportion d'acides phosphorique et sulfurique, et c'est sans doute, une des causes qui le rendent si convenable à l'élevage des bêtes à laine, en Angleterre. Mais elle y est en outre donnée à discrétion aux brebis nourrices, aux moutons à l'engrais et aux bêtes à cornes à l'engraissement.

6. DES LIQUIDES.

C'est en général l'eau qui forme la base de la boisson de tous nos animaux domestiques, mais on la corrige souvent par d'autres liquides ou par l'addition d'aliments divisés, son, tourteaux, farines, etc., et plus ou moins nutritifs. L'eau donnée au bétail doit être aérée et pure, en rapport avec la température de l'air; elle ne doit point contenir de sélénite (sulfate de chaux) ni une trop notable proportion d'oxyde de fer.

L'eau a une influence bien différente sur la conformation du bétail, selon qu'elle contient ou non du calcaire; si oui, le tissu osseux est dense et mince; si non, il est grossier et poreux. Ce fait est facile à vérifier sur les animaux appartenant à une race des terrains calcaires et qu'on transporte jeunes dans une contrée argileuse et assez riche, et *vice versâ*. Toutes les eaux acides provenant de terrains tourbeux doivent même être modifiées au point de vue de la simple hygiène par l'addition de marne, chaux, etc., qu'on leur fait traverser avant le point où elles seront livrées aux animaux. Enfin pour le jeune bétail dont on veut faire des animaux fins, précoces et disposés à prendre la graisse, il est avantageux d'introduire artificiellement le principe calcaire dans leur régime, quand le sol ne le leur fournit pas naturellement en proportion suffisante. Un fait assez singulier, quoique non complétement éclairci, indiquerait une bizarre influence de certaines eaux sur la robe même des animaux ; M. Clerjeon, vice-président de la Société d'agriculture de Roanne, y rapportait en 1857, avoir vu en Espagne en 1824 un cheval « très-beau, mais plus extraordinaire encore par sa « robe que par sa conformation ; il était vert, de ce vert jau-« nâtre que l'on nomme réséda. C'était sur les confins de l'An-« dalousie, dans le district de Cordoue. Dix ans après, con-« tinue-t-il, un de mes amis, devenu intendant général des « salines et autres possessions de la reine Christine, rencontra « à Cordoue, non pas mon cheval vert, mais un frère à celui-ci, « fils de la même mère, laquelle vivait encore, et était depuis « vingt ans nourrie dans un pré qu'arrosait une source s'échap-« pant d'une montagne connue par ses gisements de cuivre. » A tort ou à raison, c'est à la nature de ces eaux, que M. Clerjeon attribue cette bizarrerie.

La première boisson des jeunes mammifères est le lait de la mère ou quelquefois d'une autre femelle de même espèce ou d'espèce différente. C'est ainsi qu'on peut élever de jeunes poulains avec du lait de vache ; mais alors il faut que ce liquide soit ramené autant que possible à une certaine identité de composition et de densité avec celui de la jument. Pour cela, on le coupe avec un peu d'eau, et on y ajoute un peu de farine d'avoine. Pour remplacer le colostrum ou premier lait de la mère, dans les premiers jours, on doit dans l'allaitement artificiel, ajouter au liquide un peu de manne qui remplace le principe purgatif. Le colostrum naturel sensiblement différent du lait normal, n'est pas susceptible de subir la fermentation acide ; il passe presque immédiatement à la fermentation putride et peut par conséquent se digérer sans production acide et les principes gras qu'il renferme déterminent l'expulsion du méconium.

On peut classer parmi les boissons les résidus liquides de féculeries, amidonneries, brasseries, distilleries, sucreries, etc. On les donne, en général, chauds, aux bêtes à cornes et à laine qu'on veut engraisser. Un bœuf de **800** kilogr. poids vif, peut absorber en moyenne, par jour, **150** litres de ces résidus. Mais ce régime trop aqueux doit être additionné de farines et de fourrages secs. « **M.** Coclin, distillateur près de Dunkerque, « ajoute à la ration de ses animaux à l'engrais, autant de résidus « qu'ils en veulent boire. Quelques animaux en consomment « jusqu'à **1** hectolitre par jour, d'autres **50** litres seulement. » (Rendu, *Agriculture du Nord*, page **330**.) **M.** Villeroy fait consommer en moyenne **100** litres de résidus de distillerie, par jour, à chacun de ses bœufs à l'engrais. Les résidus des distilleries produisent souvent des inflammations intestinales; ceux de féculeries amènent souvent des diarrhées opiniâtres, et ceux d'amidonneries prédisposent à la pléthore sanguine : il ne faut donc distribuer qu'avec prudence. Le meilleur mode d'emploi consiste, en général, à s'en servir en trempant les fourrages secs qu'on en arrose jusqu'à saturation. Voici d'après Johnston, la composition des résidus de distillerie :

	Clairs.	Épais.
Potasse et soude, avec traces d'acides muriatique et sulfurique	46.24	38.36
Acide phosphorique combiné avec la soude et la potasse	21.67	24.35
Phosphate de magnésie et chaux	28.88	15.90
Matières sableuses	2.56	20.95
Perte	0.65	0.44
	100.00	100.00

Les résidus de brasseries de grains sont composés ainsi qu'il suit, d'après Thomson :

Eau.........................	75.85	
Gomme......................	1.06	
Autres matières organiques, enveloppes.....	21.28	100.00
Matières organiques contenant de l'azote....	0.62	
Matières inorganiques, cendres...........	1.19	

Ces principes inorganiques se composent de chlorures et quelques sulfates (7.60 %); acide phosphorique combiné avec les alcalis (2.11 %), phosphates terreux (48 %), silice (41.51 %). D'après ces analyses, il est facile de présumer que ces liquides doivent être exclus de l'alimentation des jeunes animaux dont ils distendraient les intestins et l'abdomen, et pour lesquels ils sont trop pauvres en principes azotés et calcaires (carbonate et phosphate).

7. DES RÉSIDUS SOLIDES DE FABRICATIONS.

Dans certaines circonstances, on emploie à la nourriture du bétail les résidus solides de la fabrication des huiles, de la bière, du sucre, de l'amidon, de l'alcool, etc., tourteaux, drêche, gluten, pulpes, etc.

Les tourteaux des différentes graines oléagineuses possèdent des qualités bien différentes, selon l'espèce et aussi le mode de fabrication à chaud ou à froid, le pressage à main ou à la presse hydraulique. Les bêtes à cornes et à laine, quelquefois les chevaux, sont les seuls animaux auxquels on les fasse con-

sommer. Le tourteau de noix est, pour l'engraissement et
l'élevage, celui qu'on doit préférer à tous les autres. Le tourteau
de lin vient en second rang pour l'engraissement; les chevaux
et les porcs le reçoivent volontiers. Le tourteau de colza, par
la proportion de phosphate de chaux qu'il renferme, convient
assez au jeune bétail, mais moins que les précédents, aux bêtes
d'engrais. M. de Torcy l'employait mélangé par moitié avec
celui d'œillette dont la composition s'en rapproche sensiblement. On fait consommer encore, les tourteaux de cameline
dans le Nord, et ceux d'arachide dans le Midi; mais tous deux
sont bien inférieurs à ceux de noix, de lin, de colza et d'œillette.

Les tourteaux, en général, quoi que dise M. Payen de celui
de Sésame, produisent une viande molle, flasque, huileuse et
de mauvais goût, dès qu'ils sont donnés en proportion un peu
élevée ou quand on n'en a pas cessé l'usage assez longtemps
avant l'abatage de l'animal. Ils augmentent la quantité du lait,
en crème surtout, mais sans grand avantage pour la qualité du
beurre. Dans le Nord, on donne, d'après M. Rendu, 1 kilog. de
tourteau de colza par tête et par jour aux vaches laitières et la
qualité du lait s'en accroît; il n'en est pas de même si on donne
du tourteau de lin, mais celui-ci, à l'époque des premières
chaleurs du printemps, donne plus de consistance au beurre.
(*Agriculture du Nord*, p. 332.) M. Decrombecque fait entrer
dans la ration de ses chevaux de travail 0^k.380 de tourteau d'œillette, mélangé aux autres fourrages hachés et fermentés. Pour
les bœufs d'engrais, la plus forte proportion qu'on puisse donner
avec profit, pendant la première période, est de 4 kilog. de
tourteau de lin; pour les moutons, 0^k.350 de colza et 0^k.500 de
lin.

La drêche d'orge, produit des brasseries est beaucoup plus

commune en Angleterre qu'en France. C'est une bonne nourriture pour les vaches laitières et les animaux d'engrais; mais
elle doit être distribuée avant d'avoir atteint la fermentation
acide qui se développe très-rapidement; les chevaux la reçoivent
assez volontiers. Fraîche, elle renferme 92.75 % d'eau, et les
cendres donnent à l'analyse, d'après Johnston :

Potasse et soude.........................	36.78	
Chaux et magnésie.......................	8.55	
Oxyde de fer............................	1.09	95.00
Acide phosphorique......................	24.87	
Chlorures et silice......................	23.71	

100 kilog. de grains d'orge donnent environ 60 kilog. de
drêche humide ou 12 kilog. de drêche sèche. Le nord et l'est
de la France apprécient avec raison cet aliment dont le seul inconvénient est de n'être que difficilement transportable.

La pulpe de betterave, si on en excepte les chevaux, est recherchée par presque tous les animaux. 1.000 kilog. de betteraves renferment environ 870 kilog. d'eau de végétation et
80 kilog. de sucre; ils fournissent en moyenne 600 kilog. de
pulpe retenant 75 % d'eau, et dont l'hectolitre pèse 110 kilog.
Pour les vaches laitières et les jeunes élèves, la pulpe doit recevoir une addition de phosphate de chaux; pour les animaux
à l'engrais, on la mélange aux fourrages hachés et aux racines;
la ration doit comprendre dès lors une proportion de grains ou
de farines en rapport avec celle de la pulpe dont ils doivent
corriger l'humidité. Donnée exclusivement ou en trop forte
proportion, la pulpe exerce sur les intestins une action relâchante qui pourrait amener des inflammations dangereuses.
40 kilog. pour le bétail à cornes et 2k.500 pour les moutons,

forment une limite qu'on doit rarement dépasser. Suivant M. Mayeux de Capelle, près Dunkerque, elle fait périr les agneaux et les antenois. (Rendu, *Agriculture du Nord*, p. 344.) En tout cas, les moutons la consomment impunément. Quant aux qualités des pulpes il faut distinguer celles obtenues par les divers procédés, pressage, macération, etc. M. Pluchet fait absorber par ses bœufs de travail et d'engrais, jusqu'à 140 kilog. de pulpe par jour, mélangés de 7 kilog. de menues pailles, 5 kilog. de foin et 2 kilog. de tourteau de colza. Les moutons à l'engrais reçoivent 10 kilog. de pulpe, $0^k.500$ de menues pailles, et $0^k.500$ de foin de luzerne. A Grignon, les vaches laitières suivent la ration : 21 kilog. pulpe, $1^k.500$ menues pailles, 4 kilog. paille, 5 kilog. foin, $0^k.025$ sel. On trouvera du reste dans un remarquable rapport de M. Baudement (*Annales de l'agriculture française*, 5ᵉ série, t. IX, p. 412) le résumé d'un grand nombre de rations où la pulpe forme la base.

Le gluten des amidonneries peut être, ainsi que nous l'avons dit plus haut, utilisé en formant des pains qu'on fait sécher au four, qu'on conserve et qu'on pulvérise ensuite, pour en saupoudrer les fourrages. Mais pour cette nourriture, il faut user d'une grande prudence dans la crainte des pléthores et des congestions sanguines.

8. DES CONDIMENTS.

On fait usage des condiments dans le but de redonner de la vigueur à l'organisme, d'exciter les fonctions de l'estomac, de modifier la composition du sang, d'atténuer les effets d'une alimentation trop aqueuse, ou de fourrages de mauvaise qualité.

C'est ainsi que pour les troupeaux qui pâturent des terrains humides, on recommande le sel, l'oxyde de fer, l'iode, le genêt et les jeunes pins maritimes; le préservatif le plus efficace est l'avoine, et le tourteau de colza. M. Demesmay de Templeuve ajoute aux 22 kilog. de pulpe que consomment par jour ses vaches à l'engrais du poids vif de 400 kilog., 0ᵏ.060 de sulfate de soude, et aux 33 kilog. de pulpe distribués à ses bœufs de 600 kilog. vif, 0ᵏ.100 du même sel; ce n'est point, il est vrai, à proprement parler un condiment; mais nous croyons devoir parler ici de ce modifiant à la ration. En effet, les pulpes râpées et pressées sont fortement échauffantes, et justifient l'usage du sulfate de soude qui possède des propriétés légèrement purgatives et rafraîchissantes. Quelques engraisseurs emploient, vers la fin de l'engraissement, le sulfure d'antimoine pour réveiller l'appétit. Les Anglais, dans le même but, font un fréquent usage de gousses de caroubier, et d'une poudre composée surtout d'aloès et d'anis pulvérisés.

Quant au sel marin (chlorure de sodium), nous aurons occasion d'en parler avec quelques détails, lorsque nous traiterons de l'engraissement et de la production du lait. Des expériences de MM. Boussingault, Dailly, Daurier, Turck, et celles de MM. Royer et de Béhague, sérieusement contestées par M. Erambert, il résulte surtout : que le sel est légèrement purgatif lorsqu'il est donné en assez forte dose à la fois, aux animaux dont les intestins n'y sont point accoutumés; que son usage constant augmente la soif bien plus que l'appétit, que par conséquent, il ne convient pas plus aux bêtes à l'engrais qu'aux vaches laitières ni au jeune bétail. D'ailleurs il est depuis longtemps reconnu comme indispensable avec les fourrages avariés, et utile aux animaux qui habitent les contrées humides.

§ 3. Préparation des aliments.

On peut réduire à six les diverses préparations qu'on fait subir aux différents aliments avant de les employer à la nourriture du bétail. Ce sont 1° le mélange; 2° la division par coupage, concassage et mouture; 3° la macération; 4° la cuisson; 5° la fermentation; 6° la salaison.

1. MÉLANGE.

Il est des aliments qui, renfermant beaucoup d'eau, comme les racines en général, les pulpes, les résidus d'usine, doivent être mélangés à d'autres plus secs, comme le son, les farines, les tourteaux, les fourrages secs hachés. D'autres, trop nutritifs par eux-mêmes, doivent au contraire être unis à des aliments plus aqueux. Le plus souvent encore, on emploie le mélange afin de faire consommer des substances de moindre valeur, comme la paille, en la mêlant à d'autres plus appétissants, comme le foin; d'autres fois encore, pour ménager la transition du vert au sec, et réciproquement, on mêle ensemble les fourrages verts et secs après les avoir hachés, afin que le mélange soit plus intime. Ainsi réunis, les qualités de l'un des aliments peuvent corriger les défauts de l'autre, ou au moins faciliter sa consommation par le bétail qui le refuserait s'il était isolé. En Angleterre, on fait des mélanges de divers grains, pour le cheval, graine de lin, féveroles, orge, avoine, etc., tantôt en grains et tantôt en farine; ces aliments prennent alors le nom de mash; en voici un indiqué par M. Lefour : on met dans de l'eau bouillante et pour 8 litres, 2 litres d'avoine que l'on mélange à l'eau et l'on jette doucement à la surface de l'eau, 1 litre de son et 1 litre de farine d'orge, plus une pincée de nitrate de soude.

Plus dans la ration d'un animal, les aliments sont variés et plus complétement la ration sera assimilée. Peut-être même, dans certains cas, différents principes organiques renfermés dans différents aliments réagissent-ils favorablement les uns sur les autres. Le principe de la variété dans la ration s'applique surtout au bétail à l'engrais. Nous en reparlerons à cet endroit, et aurons occasion de citer de curieuses expériences faites en Angleterre.

2. DIVISION.

Elle s'exécute pour les fourrages, les farines et les grains, au moyen d'instruments différents. On divise les fourrages au moyen de hache-paille, dont les meilleurs sont ceux de Dombasle, de Cornes ou de Dyball. Les foins de qualités différentes, les fourrages verts et secs, le foin et la paille, sont par le hachage plus intimement mélangés, et l'animal en gaspille beaucoup moins, en été surtout, en dehors de sa consommation. D'après M. Lefour, on avait remarqué à Hohenheim que le foin et la paille hachés blessaient quelquefois le palais des jeunes animaux, nuisaient à la digestion en rendant inutile une des plus importantes fonctions, la mastication. (*Annales de l'agriculture française*, 1837, 3e série, t. XX, p. 87.) Nous n'avons pu remarquer qu'il en résultât rien de semblable, ni dans le

Nord, ni à la Saulsaie, ni à Dampierre. On divise encore au moyen du hache-paille, ou bien on pile dans une auge avec des maillets, l'ajonc dont on veut émousser les piquants avant de le donner aux chevaux qu'il entretient si bien. A Martinvast où **75** chevaux étaient chaque hiver mis à ce régime, on se contentait de le couper au hache-paille ordinaire, en tronçons de 0ᵐ.02 à 0ᵐ.04 de longueur.

On a observé dans les régiments qu'avec les fourrages hachés, la mastication était rendue bien plus facile, que l'animal prenait bien plus promptement son repas, mais que l'insalivation était beaucoup moins complète, et que pendant le trop long repos inoccupé, les chevaux prenaient différents tics. Villeroy a fait la même observation sur les vaches, et j'ai pu la faire moi-même sur un bœuf d'engrais à la Saulsaie. Le hachage du foin revient en moyenne à 0 fr. 20 par 100 kilogr. Certains auteurs prétendent que le foin et la paille hachés et mélangés augmentent d'un tiers en valeur nutritive.

Les racines se divisent au coupe-racine, soit en tranches plates au moyen du coupe-racine de Dombasle, soit en cubes avec ceux de Gardiner perfectionné à Grignon ou de Ransome. La forme cubique est préférable pour les moutons, qui consomment mieux les racines coupées ainsi qu'en disques plats. On a remarqué au concours général de Paris en 1854, le coupe-racine Rué Jacquet, très-simple, solide et portatif, du prix de **130 fr.** Il coupe les racines en morceaux cubiques et peut, avec deux hommes, débiter 60 hectolitres de betteraves par jour, ce qui porte la dépense à environ 1 fr. par 1.000 kilogr. L'hectolitre de betterave du poids de 60 kilogr. quand elles sont entières, pèse, en betteraves coupées, de 65 à 68 kilogr. Dans les petites exploitations on peut se servir de l'S en fer ou du coupe-racine horizontal de Durand.

La division des grains s'opère par la meule des moulins ordinaires, par des concasseurs spéciaux à main dont les meilleurs sont ceux de Garrett, ou par des aplatisseurs pour l'avoine. Le concasseur de Garrett du prix de 300 fr. rendu en France peut au moyen d'un homme préparer par jour 3ʰ.50 de tous grains, ce qui porte la dépense à 0 fr. 50 par hectolitre environ. M. Warmes recommande pour la graine de lin le concasseur de MM. Harwod et Turner. M. Jourdier, dans le *Journal d'agriculture pratique* du 20 septembre 1854, décrit un concasseur belge très-simple, peu coûteux, et employé dans la belle exploitation de Bresle, un homme seul y passe 600 kilogr. de tourteau par heure; pesant 80 kilog., il ne coûte en Belgique que 50 fr. L'aplatissage au moyen de rouleaux cannelés compresseurs est préférable pour l'avoine au concassage et à la mouture qui mettent en liberté la majeure partie de son principe excitant. C'est une préparation indispensable pour tous les grains destinés aux vieux chevaux.

Par le concassage, la valeur nutritive des grains est en général accrue de 1/12, c'est-à-dire que 10 kilogr. de grains concassés produisent autant d'effet utile que 12 kilog. entiers. Ceci tient à ce que, concassés, ils absorbent pendant la déglutition une plus grande quantité de salive, et sont plus complétement digérés dans l'estomac et les intestins. L'avoine, nous l'avons dit doit être seulement concassée pour les vieux chevaux; dans cet état, elle les entretient en meilleur état, mais donne moins de feu. « Il paraîtrait, dit M. Houël, que les propriétés de « l'avoine moulue diffèrent essentiellement de celle donnée en « grains, de même que le sucre râpé perd une partie des qualités du sucre en pain. Le principe amidonial développé dans « l'un comme dans l'autre cas par la pulvérisation, doit en « effet modifier sensiblement ces substances. C'est ainsi qu'en

« Orient, en Afrique et en Espagne où l'orge est employée
« comme nourriture fortifiante et tonique du cheval, l'orge
« moulue est regardée ainsi que chez nous comme rafraîchis-
« sante et adoucissante. Aussi, convaincu par l'analogie et
« l'expérience, je regarde l'avoine moulue comme un aliment
« rafraîchissant. L'avoine aliment nutritif et énergique, doit
« être longtemps triturée et imbibée de salive, avant d'être en
« état de s'assimiler complétement, et pour cela il est besoin du
« travail de mastication qu'exige déjà le bris de l'écorce. Si on
« la donne concassée, les animaux la mangent gloutonnement,
« et il peut s'ensuivre de grands désordres dans les intestins. »
(*Élève du cheval en Bretagne*, page 267.)

On moud souvent l'orge, le seigle, l'avoine, les féveroles, le
maïs, le sarrasin, pour la nourriture et surtout l'engraissement
des animaux domestiques. On écrase les tourteaux, ou bien on
les fait macérer dans la boisson.

3. MACÉRATION.

La macération consiste à faire tremper pendant un certain
temps les fourrages secs dans certains liquides, dans le but de
les attendrir, de faciliter leur mastication et de les rendre plus
facilement digestibles et assimilables. D'autres fois on leur fait
absorber ainsi des liquides plus ou moins nutritifs eux-mêmes,
comme les eaux ou les résidus des brasseries, féculeries, distilleries, etc. En Allemagne où suivant MM. Royer, Villeroy et
de Gourcy, on emploie fréquemment cette préparation, on
estime que les fourrages secs macérés, même dans l'eau simple
mais tiède, gagnent un tiers en valeur nutritive. M. Boussin-

gault, après expérience, n'admet pas cette opinion que l'expérience suivante faite à Versailles par M. Baudement, ne confirme pas par des preuves assez évidentes : quatre génisses de
dix-sept à dix-neuf mois furent divisées en deux lots : le premier, nourri au trèfle sec à 3 kilogr. % du poids vif, le second
au même régime, à la même ration, mais le trèfle ayant macéré
douze heures dans l'eau simple.

Le 1er lot gagna en 14 jours........... 20 kilogr.
Le 2e lot — — .... 23 —

Les lots ayant été intervertis, et l'expérience recommencée
pendant un même laps de temps,

Le 2e lot mis au trèfle sec gagna...... 22 kilogr.
Le 1er lot mis au trèfle macéré gagna... 23 —

Ces chiffres ne présentent pas, selon nous d'assez notables
différences, sur de jeunes animaux surtout, pour que, sans
tenir compte des aptitudes ou de l'état de santé individuels, on
puisse conclure aux chiffres allemands. L'expérience devra
donc être confirmée. D'un autre côté, Giolo, vétérinaire italien,
pense que du foin macéré, par son séjour dans l'eau perd beaucoup de ses principes aromatiques et de sa saveur; il devient
moins nutritif parce qu'il excite moins la réaction salivaire toujours en rapport avec l'impression plus ou moins savoureuse et
excitante des aliments. (Traduction par Prangé. *Moniteur agricole*, 17e livraison 1848.) A Sahlis, chez le docteur Crusius, et
dans toutes les exploitations qui se sont adjoint des usines
agricoles, en Allemagne, les vaches laitières reçoivent des fourrages secs hachés et macérés dans les résidus liquides à une

température de 45° C. En France, on ne fait que bien rarement usage de ce mode de préparation, si ce n'est pour les foins qui ont été envasés.

4. CUISSON OU COCTION.

La cuisson ou coction, est surtout employée dans les contrées où le combustible, houille ou bois, est à bas prix et pour les aliments desquels il importe de mettre en liberté les globules féculents, racines, grains, etc. La cuisson rend la plupart des aliments d'une digestion plus facile, et conséquemment, plus assimilables ; elle enlève aux pommes de terre le tanin qu'elles renferment en proportion notable et nuisible. On cuit les racines, les grains et les siliques de colza. En Angleterre, on fait pour l'élevage des jeunes veaux, du thé de foin. En général, les aliments qui ont subi la cuisson conviennent bien mieux pour les animaux à l'engrais que pour le lait et même pour le travail ; ils prédisposent au tempérament lymphatique. Cet acroissement de valeur par la cuisson est évalué en Allemagne à 1/4 pour les racines, et à 1/3 pour les fourrages secs ; nous croyons chacun de ces deux chiffres sensiblement exagéré.

Le mode de cuisson le plus ordinaire et le plus économique est celui à la vapeur. Voici comment J. W. Pain décrivait au meeting mensuel du club de Winchester en 1852 sous la présidence de sir Robert Piles, le mode de cuisson usité dans sa ferme. « J'ai un appareil pour faire cuire les pommes de terre « et les navets auxquels je mêle du grain, de la recoupe et un « peu de farine faite de débris de froment et d'avoine. Les « pommes de terre et navets sont promptement cuits, écrasés

« et mêlés dans une citerne en briques, puis donnés aux porcs
« étant encore chauds. » (*Farmer's Magazine*, février 1852.)
L'appareil à cuisson pour légumes de Stanley, fabriqué à Paris
par Charles, 16, quai de l'École, doit être recommandé sous le
rapport économique ; pouvant cuire à la fois 3 à 4 hectolitres
de racines, il coûte 250 fr. Dans la ferme vraiment modèle de
Bresle, tous les fourrages secs, les racines, la pulpe, les farines,
la viande pour les porcs, sont cuits par des retours de vapeur.
Enfin, voici comment s'exécute cette opération chez M. Sau-
vaige Frétin, à la ferme-école de Guizancourt (Aisne) où la base
de l'alimentation générale de tout le bétail est la pulpe. On a
plusieurs grands cuviers au fond desquels arrive un tuyau de
cuivre percé de petits trous et qui amène de la vapeur fournie
par la sucrerie. Au fond du cuvier, on met une couche de paille
hachée, mêlée parfois de balles de froment ; on la saupoudre
de farine de seigle ; on met une couche de pulpe, puis une
autre de paille hachée, et ainsi de suite, puis on ouvre le robi-
net de vapeur. On couvre le cuvier et on laisse un quart d'heure
environ la cuisson s'opérer, de manière à ce que la paille dont
la plus grande partie est au fond soit bien ramollie ; on brasse
alors le tout, on laisse refroidir un peu, et on porte au bétail
dans de petits tombereaux à trois roues. Les expériences faites en
France et en Angleterre sur la cuisson des racines, n'offrent
pas, au point de vue économique, des résultats semblables :

M. de Dombasle forma deux lots de moutons qui reçurent
en cinq semaines, chacun 133 kilog. de luzerne, plus,

Le 1er lot, 245 kilogr. de pommes de terre crues ; il gagna pendant ce temps
1 kilogr. 875 gr. de poids vif.
Le 2e lot, 245 kilogr. de pommes de terre cuites ; il gagna pendant ce temps
7 kilogr. 625 gr. de poids vif.

D'où M. de Dombasle conclut avec raison en faveur de la

cuisson de cette racine ; la pomme de terre, du reste, ne saurait être utilisée sans avoir subi cette préparation que les chiffres précédents font voir être économique. Quant aux navets, il ne paraît point en être de même. J'emprunte au *Livre de la ferme de Stephen*, l'expérience suivante de M. Walter de Ferrygate (Est-Lothian).

Voulant expérimenter les avantages, inconvénients et dépenses de la cuisson des aliments, il choisit en février 1833 six bêtes croisées courtes-cornes et race du pays. Il les nourrit aux turneps, pour les mettre en état, puis les divisa en deux lots de trois génisses chacun. Il mit un lot à la nourriture cuite donnée trois fois par jour ; la ration consistait en navets-turneps à discrétion, plus 1^k.362 de fèves concassées et 9^k.080 de pommes de terre, 4^k.675 de paille et 0^k.056 de sel, par tête. Ces trois principaux aliments étaient mélangés intimement dans une cuve placée sur une chaudière, et y cuisaient à la vapeur. Le lot soumis à la nourriture crue reçut aussi des navets à discrétion ; les fèves concassées leur étaient données à midi ; moitié de la ration de pommes de terre le matin, et le reste le soir. Constamment, le lot au régime cuit consomma plus de turneps que l'autre. Cette consommation fut de 1.886^k.125, tandis que le lot au régime cru ne dépensa que 1.288^k.051, différence 598^k.073 en trois mois, durée de l'expérience.

Des bœufs furent, comme les génisses, mis en essai et divisés en deux lots de deux têtes chacun. Ils reçurent de même des turneps de Suède à discrétion, et 13^k.620 de pommes de terre, plus 2^k.043 de fèves concassées. Voici le compte de nourriture de ces animaux :

LOTS.	NATURE DES ALIMENTS.	CONSOMMATION TOTALE.	PRIX par 12ᵏ.195 (quater).		VALEUR DES ALIMENTS.	
		Kilogr.	fr.	c.	fr.	c.
I. 3 génisses au régime cuit.	Turneps.......	1886.124	0	40	15	59
	Fèves concassées (1ʰᵉᶜᵗᵒˡ.,09)...	27.568	»	»	3	78
	Pommes de terre.	188.925	1	56	5	84
	Sel...........	»	»	»	0	08
	Charbon et soins de cuisson....	»	»	»	2	52
			Total..		27	81
II. 3 génisses au régime cru.	Turneps......	1288.051	0	40	10	70
	Pommes de terre, féveroles et sel, comme ci-dessus.........	»	»	»	12	92
			Total..		23	62
A. 2 bœufs au régime cuit.	Turneps......	1421.640	0	40	9	80
	Pommes de terre.	188.925	1	56	5	84
	Fèves.........	27.568	»	»	3	78
	Sel...........	»	»	»	0	05
	Charbon et soins de cuisson...	»	»	»	1	86
			Total..		21	33
B. 2 bœufs au régime cru.	Turneps.....	887.650	0	40	7	30
	Pommes de terre, fèves et sel, comme ci-dessus.........	»	»	»	9	67
			Total..		16	97

Le tableau suivant nous donne la marche et le résultat de l'engraissement de ces animaux :

LOTS.	ANIMAUX.	POIDS INITIAL VIF.	POIDS VIF FINAL.	ACCROISSEMENT EN POIDS VIF.	POIDS MORT EN VIANDE.	POIDS DU SUIF.	POIDS DU CUIR.
		Kilog.	Kilog.	Kilog.	Kilog.	Kilog.	Kilog.
I.	Génisses (cuit).	691.826	841.410	149.584	467.450	70.437	33.495
II.	Génisses (cru)..	691.826	833.423	141.597	467.904	76.608	38.298
A.	Bœufs (cuit)...	785.316	964.763	179.447	569.566	79.786	52.192
B.	Bœufs (cru)....	841.410	993.264	151.854	544.966	78.424	48.560

Enfin, le résultat économique résultera du troisième tableau :

LOTS.	POIDS VIF INITIAL.	POIDS VIF FINAL.	POIDS MORT, VIANDE.	PRODUIT EN VIANDE. Prix des 9ᵏ.349.	PRODUIT EN VIANDE.	DÉPENSES DE LA CONSOMMATION.	PROFIT DU RÉGIME	
							CUIT.	CRU.
	Kilog.	Kilog.	Kilog.	fr. c.	fr. c.	fr. c.	fr. c.	fr. c.
I. Cuit.	691.826	»	394.474	6 90	293 13	95 56	Perte, 3 15	» »
	»	841.410	471.536	8 16	414 82			
II. Cru.	691.826	»	394.474	6 90	293 13	99 36	fr. c. » »	30 25
	»	833.423	467.904	8 16	403 36			
A. Cuit.	785.316	»	469.266	6 90	332 77	136 53	4 60	» »
	»	972.296	528.084	8 16	464 61			
B. Cru.	841.410	»	479.523	6 90	355 58	108 50	» »	13 60
	»	994.172	544.966	8 16	478 64			

D'après Stéphen, on doit attribuer en partie l'avantage des racines crues sur celles cuites, à ce qu'elles perdent du poids par leur cuisson à la vapeur, environ 1/5 en février, et 1/6 en avril. Les pommes de terre ne perdent à la cuisson que 1/50 de leur poids selon lui. Les génisses ont mangé plus de turneps cuits qu'elles n'en auraient pu consommer de crus. Les animaux des quatre lots ont tous appété le sel.

M. de Dombasle n'a expérimenté que par la cuisson à la vapeur, les pommes de terre augmentent en poids de 1/8; c'est-à-dire que 100 kilog. de pommes de terre crues donneraient $114^k.256$ de pommes de terre cuites, ou 100 kilog. de pommes de terre cuites correspondraient à 87 kilog. de crues. Dans les expériences de M. Boussingault, les pommes de terre diminuaient au contraire de poids : 100 kilog. de pommes de terre ne pesaient plus après cuisson que 93 kilog., c'est-à-dire que 100 kilog. cuites correspondaient à $107^k.527$ crues.

En Angleterre cependant, M. Howden de Lawhead (Est-Lothian) se prononce de même que M. Boswell fermier à Kingcausie (Kincardineshire) pour la cuisson des racines. La méthode de M. Warnes, pour l'engraissement à la graine de lin, pratique sur laquelle nous reviendrons, est aussi basée sur la cuisson des aliments, lin, fèves, orge, seigle, etc.

5. FERMENTATION.

La fermentation est très-usitée en Allemagne dans l'alimentation des chevaux et du bétail à cornes. On emploie généralement la méthode de la fermentation spontanée, due, selon M. Moll, à M. E. André, agriculteur de la Bohême; c'est-à-dire

que, après avoir coupé les fourrages secs, foin et paille, on les
stratifie de racines également coupées en tranches; on tasse
bien le tout dans des caisses à peu près hermétiques et on
arrose d'eau pure, d'eau salée, ou d'eau contenant en suspension du tourteau; le plus souvent même, on élève cette eau à
la température de **70 à 80° C.** La fermentation s'établit dans la
caisse et elle est suffisamment développée après **36 à 60** heures,
suivant la température. On détasse avant que la fermentation
alcoolique soit survenue, et on sert au bétail. Cette pratique
augmente la valeur nutritive des aliments en ce qu'elle ramollit
les fibres végétales, prépare la dissolution de certains principes,
et par la chaleur, convertit le sucre, la fécule et l'amidon en
dextrine; elle permet de faire consommer la paille avec profit,
tout en économisant le foin, mais elle exige une certaine main-
d'œuvre. Les Allemands prétendent que **150 kilog.** de fourrages
fermentés égalent en valeur nutritive **200 kilog.** de fourrage
naturel, et en ceci nous ne pensons pas qu'ils exagèrent comme
pour la cuisson et la macération. Cependant la question économique est encore quelquefois controversée, et quelques expériences mal dirigées ou incomplètes ont conclu contre ce procédé.

A Sahlis, chez le docteur Crusius, dit M. de Gourcy, l'emploi
des aliments fermentés jusqu'à l'état vineux a été essayé sur
20 vaches choisies aussi semblables que possible; **20** autres
vaches recevaient en même temps une nourriture semblable
mais non fermentée. Le premier lot produisit **3.400** litres de lait,
et le second **4.200.** (*Journal d'agriculture pratique*, numéro
du **20** février **1854**, p. **137**.) Nous trouverons, du reste, un résultat semblable sur les vaches laitières à Martinvast, à Foassé,
colonie de Mettray, et à Bechelbronn. Ceci prouve simplement,
ce qui au reste était reconnu depuis longtemps, que les aliments

fermentés ne sont point favorables à la production du lait.

Pour les chevaux, M. Decrombecque, à Lens, se trouve très-bien des aliments fermentés et il compose leur ration de paille, foin, avoine concassée, tourteau d'œillette et farine de graine de lin. Il pense même que ce régime peut remédier (moins l'avoine qu'il supprime alors) à la pousse, pour un temps plus ou moins long ; du reste il a par-devers lui un grand nombre de faits qui semblent le prouver.

Pour les bœufs à l'engrais, les expériences faites chaque année à la Saulsaie par M. Nivière sont on ne peut plus concluantes, et quoique j'en aie été témoin, je suis encore profondément surpris de la qualité qu'acquièrent les fourrages par cette préparation. La dépense de main-d'œuvre ne s'élevait qu'à $0^f.06$ par tête et par jour, y compris les soins donnés aux animaux. La même ration a produit : donnée à l'état normal, $0^k.900$ de poids vif, et donnée après fermentation, $3^k.270$. J'ai vu au commencement de l'engraissement, ces bœufs de races salers, du Bugey, et bressane, avec une ration de 18 kilog. de paille hachée et fermentée avec $0^k.250$ de tourteau de colza, fournir un accroissement moyen par jour, sur 100 bœufs, de $0^k.950$ de poids vif par tête. Voici quelques-unes de ces expériences, après correction des nombreuses erreurs de chiffres qui défiguraient le compte rendu dans le *Journal d'agriculture pratique*, numéro du 20 août 1852 :

PÉRIODES.	FOIN.	PAILLE.	TRÈFLE et VESCES verts.	TOURTEAU de COLZA.	FARINE de SEIGLE.	RATION TOTALE en FOIN.	RATION EN FOIN par 100 kilogr. poids vif.	ACCROISSEMENT MOYEN par jour et par tête.	ACCROISSEMENT MOYEN par 100 kilogr. de foin.
	Kilogr.	Kilogr.	Kilogr.	Kilogr.	Kilogr.	Kilogr.	Kilogr.	Kilogr.	Kilogr.
1850-51.									
1° 86 jours. Régime non fermenté....	»	12.000	»	1.000	»	8.499	1.794	»	0.090
2° 93 jours. Régime fermenté. Début..	1.350	8.630	»	1.400	»	9.532	1.967	»	»
— — Fin....	6.890	4.590	»	1.250	»				3.270
3° 49 jours. Vert haché. Début......	3.630	»	43.500	1.200	»	17.135	3.335	»	»
Tourteaux et farine. Fin.......	»	»	29.000	2.000	2.000				3.270
4° 100 jours. Trèfle sec haché, non fermenté..............	14.950	»	»	3.250	2.000	28.736	5.211	»	1.960
1851-52.									
Janvier. Régime fermenté............	3.859	19.278	»	2.542	»	11.362	2.290	0.308	2.827
Février. —	3.210	9.650	»	1.830	»	12.610	2.444	0.484	2.838
Mars. —	3.711	9.800	»	1.617	»	12.653	2.387	0.460	3.641
Avril. —	7.090	5.656	»	2.369	»	15.840	2.910	0.520	3.286
Mai. —	8.224	6.000	»	2.765	0.282	16.500	2.946	0.442	2.582

Chacun de ces engraissements ayant porté sur plus de 80 bœufs, les chiffres donnés par M. Nivière peuvent être considérés comme dignes de toute confiance, et nous avons pu d'ailleurs en vérifier l'exactitude. Quant au résultat économique, nous y reviendrons en parlant de l'engraissement.

M. Moll ayant fait fermenter dans des tonneaux, des siliques de colza, des betteraves, des navets, du tourteau de colza, arrosés d'un peu d'eau salée, la chaleur s'élevait dans les tonneaux, après 72 heures, à 30 ou 35° C. Dans l'alimentation de ses bœufs de travail, il substitua sans préjudice une ration fermentée valant 1 fr. 15 c. à la ration normale valant 1 fr. 76 c. Enfin pour l'élevage du jeune bétail à cornes, M. Vannier, chef de la colonie de Foassé, succursale de Mettray, constate l'excellence du régime fermenté sur 15 génisses de divers âges et de différentes races; elles ont été maintenues dans un état de santé florissant et étaient surtout remarquables par le luisant de leur poil. On économisait en outre 0 fr. 02 c. net par jour et par tête.

Seul, M. Lebel, régisseur de M. Boussingault, à Bechelbronn, n'a pas obtenu de la fermentation un résultat sensiblement avantageux. Pour les moutons à l'engrais, les aliments ainsi préparés sont éminemment favorables; à Dampierre, en 1857 et 1858, nous avons suivi l'engraissement de southdowns-mérinos, southdowns-berrychons, berrychons et solognots, à la pulpe Champonnois, paille et foin hachés et fermentés avec addition de tourteaux de colza, avoine et farine d'orge. En 1856-57, 81 moutons southdowns-mérinos et 54 solognots et berrychons consommèrent du 1er décembre au 28 février :

Pulpe de betteraves en cossettes............	71.602 kilogr.
Foin fermenté avec la pulpe...............	9.995
Tourteau de colza......................	5.620
Avoine.................................	410

soit ensemble l'équivalent de 46.002 kilog. de foin consommés
en 90 jours par un poids vif moyen de 4.563 kilog. C'est 3^k.935
de foin ou l'équivalent par jour et par tête, à raison de
11.242 kilog. de foin par 100 kilog. de poids vif. L'accroissement total en poids fut de 99^k.750, plus 216 kilog. de laine
dont un cinquième environ était le produit de la période d'engraissement, ce qui porte le gain total en poids vif à 142^k.950,
ou 0^k.310 par 100 kilog. de foin consommés ou l'équivalent.
Certes, ce résultat n'a rien de remarquable, mais il faut se rappeler qu'il provient de moutons métis-mérinos, berrychons et
solognots, les premiers et les derniers durs et lents à la graisse,
et les derniers en outre, mauvais mangeurs à la bergerie.

6. SALAISON.

La salaison des fourrages a pour but soit d'assurer leur conservation, soit de modifier leurs qualités nuisibles; c'est une
pratique recommandable que de saler les foins des prés humides
en les engrangeant. Dans le Nord, on conserve les feuilles de
betteraves en silos après les avoir tassées et salées par couches.
En Allemagne on conserve dans des citernes, pour l'hiver, des
fourrages verts bien tassés et arrosés d'eau salée. Quand il ne
s'agit que de conservation, on sale les fourrages en les rentrant;
quand il importe de relever leur qualité, on les arrose d'eau
salée quelque temps avant de les distribuer; les foins qui ont
été vasés, qui ont pris le moisi ou la poussière, doivent d'abord
être passés à la machine à battre dont on a relevé le contre-
batteur.

§ 4. Divers modes d'alimentation.

On distingue deux modes principaux d'alimentation du bétail : la nourriture au pâturage constant qui suppose un climat à la fois chaud et humide; la nourriture à l'étable ou stabulation permanente qui indique un sol riche et une culture avancée. La condition la plus ordinaire de l'entretien des animaux domestiques en France est le système mixte, c'est-à-dire pâturage pendant la belle saison, et stabulation en hiver. Cependant le système du pâturage pour les animaux d'élève et d'engraissement se rencontre dans la Normandie, tandis que la stabulation permanente est à peu près générale dans le département du Nord.

En général, le pâturage convient mieux au mouton et à la vache laitière, aux jeunes animaux de toute espèce, et la stabulation aux bêtes de travail et d'engraissement. Dans certaines contrées allemandes pourtant, on soumet les bêtes ovines à la stabulation permanente afin d'en obtenir des laines fines; aux environs de Paris, les vaches laitières ne sortent point de l'étable non plus, mais c'est aux dépens de leur santé. Ce n'est point, au reste, sans inconvénient qu'on change le mode d'alimentation d'une race d'animaux; les vaches normandes donnent beaucoup moins de lait dès qu'on les retient au râtelier, même avec abondance de fourrages verts; les moutons solognots et berrychons s'engraissent difficilement à l'étable, accoutumés qu'ils sont au parcours.

Dans le Perche, les poulains sont élevés presque exclusivement au râtelier, et dans l'Auvergne ils ne sortent point des pâturages tant que dure la belle saison ; en Normandie, ils ne rentrent presque jamais à l'écurie. Il n'y a rien d'absolu par rapport au choix de l'un ou de l'autre de ces systèmes ; il faut tenir compte avant tout des habitudes héréditaires de la race, du but vers lequel on veut la faire marcher, et surtout des aptitudes, de la nature et de la richesse du sol. En Angleterre on a cherché à fixer d'une manière certaine quel était par rapport au climat et aux races le système d'alimentation le plus favorable à l'engraissement des moutons ; on a toujours été conduit à la stabulation. Nous empruntons à Stéphen, dans le *Livre de la Ferme*, trop peu connu en France quelques-unes de ces expériences assez curieuses :

M. Childer de Malton choisit 40 moutons dont 20 pesant 1712^k.276, étaient destinés à être nourris à la bergerie, et 20 autres, pesant 1722^k.078 destinés à être engraissés aux champs. Chaque lot reçut des turneps à discrétion, ce qui s'éleva à 252^k.423 par jour, 93^k.490 de tourteau de lin, ou 4^k.674 par tête, 0^l.25 d'orge par tête et un peu de foin avec une ration constante de sel. Ils furent ainsi nourris du 1er janvier au 1er avril et dans le premier mois, ceux nourris à la bergerie consommaient par jour 28^k.047 de turneps ; dans la neuvième semaine, 13^k.608 encore, et 1^k.360 de tourteau de lin par jour. Voici le résumé :

DATES.	20 MOUTONS A LA BERGERIE.		20 MOUTONS AUX CHAMPS.	
	Poids vif.	Accroissement en poids.	Poids vif.	Accroissement en poids.
1er janvier.........	1.712^k.276	»	1.722^k.078	»
1er février.........	1.916^k.545	204^k.269	1.856^k.451	134^k.373
1er mars...........	2.014^k.565	98^k.020	1.945^k.498	89^k.047
1er avril..........	2.238^k.488	223^k.923	2.062^k.216	116^k.718
TOTAUX......		526^k.212		340^k.138

Conséquemment, dit M. Childer, les moutons nourris à la bergerie ont consommé presque un cinquième de moins et ont augmenté un tiers de plus. Ainsi, en trois mois, le lot à la bergerie a gagné 11^k.304 par tête de plus que celui au pâturage et valait 3 fr. 75 c. de plus par tête.

De semblables expériences faites en Écosse ont donné les mêmes résultats : M. Wilkin, des dunes de Tinwald (Dumfrie-shire) nourrit 20 moutons croisés cheviots-leicesters dans des cours et à la bergerie, aux turneps, aux fourrages et aux tour-teaux ; l'accroissement de 10 moutons à la bergerie fut estimé supérieur de 27 fr. 50 c. à 30 fr. à celui des 10 nourris au pâturage.

M. John Bryde, de Belker nourrit 2 cheviots-leicesters dans des stalles avec des turneps, du riz, du sagou, du tourteau de lin, et réalisa 8 fr. 80 c. de plus qu'avec d'autres animaux engraissés aux champs. Mais ajoute-t-il, en estimant les avan-tages attachés à la nourriture à la bergerie, si on tient compte du dérangement occasionné par le transport des turneps, et celui des fumiers sur les champs, on ne sera pas toujours dis-posé à lui donner la préférence.

M. Paulett, de Burton (Bedfordshire) mit 8 agneaux dans un straw-yard, et 8 aux champs. Les premiers ont gagné en poids, pendant neuf semaines et trois jours, du 7 décembre au 11 fé-vrier, 8^k.607, et les seconds 9^k.286 chaque. Dans une autre expérience, l'année suivante, 8 agneaux dans le parc ont gagné 14^k.496 en douze semaines, et 8 agneaux en liberté n'ont acquis que 12^k.685, soit une différence de 1^k.812 en faveur de ceux conservés à l'étable.

En France on est d'accord que l'engraissement à l'herbe, et en général, l'alimentation de toute espèce de bétail au pâtu-rage est plus économique que la nourriture à l'étable. Mais on doit faire entrer en ligne de compte la question des engrais ; perdus en grande partie dans le système du parcours, ils sont dans la stabulation recueillis en entier, liquides et solides, et augmentés d'une litière qui s'animalise à leur contact. Avec la stabulation encore, il faut prévoir une augmentation de main-d'œuvre pour le fauchage des fourrages, leur préparation à l'étable et les soins aux animaux ; et surtout pour le transport des fourrages d'un côté et des engrais de l'autre.

M. Durand, professeur de chimie à Caen, a démontré dans un excellent mémoire, qu'une vache laitière épuisait un pâturage autant que deux vaches de graisse. Je crois pouvoir ajouter que 700 kilogr. de poids vif de moutons épuise autant un herbage que 1,000 kilogr. de bétail à cornes. M. Robert Stephenson de Withelaw (Est-Lothian) a reconnu que nourris à l'herbe, 6 moutons de 374 kilogr. ensemble consomment plus qu'un bœuf du même poids de 374 kilogr., dans la proportion de deux huitièmes. M. Malingié avait expérimenté aussi qu'il en coûtait autant de fourrage pour produire 160 kilogr. de viande de mouton que 300 kilogr. de viande de bœuf. Il faut cependant tenir compte aussi de la laine. D'après l'opinion anglaise, après le porc, ce serait le mouton qui d'un poids donné de fourrage, tirerait le plus fort accroissemement en poids ; l'opinion en France donne jusqu'ici la prépondérance au bœuf, toutes circonstances égales. L'expérience nous aidera, dans le chapitre qui traitera de l'engraissement, à résoudre cette importante question.

1. DU PATURAGE.

Les avantages que présente ce système sont : 1° l'économie

de fauchage, rentrée, conservation des foins, de logement des animaux, de paille litière. 2° L'économie de main-d'œuvre et de surveillance pour le bétail. 3° L'économie de transport des fourrages et des engrais, ceux-ci se trouvant naturellement transportés sur le sol, qui n'a besoin d'en recevoir du dehors qu'une quantité relativement beaucoup plus faible. Mais il exige un climat plus doux, des enclos naturels ou artificiels ou un gardiennage assez coûteux, des qualités et connaissances spéciales. On distingue, en général, les pâturages, en pâturages de vallées, de montagnes et de plaines. Les premiers destinés par la nature à la vache laitière, au bœuf d'engrais, au cheval de gros trait, sont représentés en France par la Normandie ; ceux de montagnes propres surtout à l'élevage des animaux, aux chevaux légers, et aux moutons, se rencontrent en France dans l'Auvergne. Enfin les pâturages de plaines conviennent suivant la nature du sol aux divers animaux domestiques : au mouton dans la Champagne et le Berry, au cheval dans une partie du Poitou, à l'élevage du bœuf, du cheval ou du mouton dans d'autres contrées plus restreintes et selon la nature du sol.

Dans les vallées on joint souvent à la production du lait et de la graisse l'élevage des poulains et l'engraissement des moutons à longue laine pour utiliser les refus des autres animaux ; la Normandie et le Charollais tirent leur richesse de leurs embouches. Sur les pâturages de montagnes, on rencontre surtout le mouton d'élève pour sa laine, l'élève du cheval de cavalerie légère et de trait moyen, du bœuf pour le travail, et quand les vallées sont un peu fertiles, la vache laitière ; exemples l'Auvergne, la Bretagne, le Limousin, le Jura et les Vosges.

Dans les pâturages où l'herbe est très-abondante et surtout, lorsqu'on veut faire consommer sans frais et sans perte des

fourrages naturels ou artificiels, on emploie pour le gros bétail
à cornes et les chevaux, le pâturage au piquet. Les Normands
entendent admirablement cette pratique qui demande assez de
soins. Un piquet avec une douille mobile donne attache à une
corde articulée à son milieu par un anneau de fer à attaches
tournantes ; la corde se relie au licol du cheval ou au pied du
bœuf, par un autre anneau tournant. L'animal ne peut ainsi
s'empêtrer dans sa corde et il suffit de changer le piquet de
place deux ou trois fois par jour, pour que l'herbe soit consommée sans danger comme sans perte. M. Durand de Caen,
dans le mémoire cité plus haut, a longuement et savamment
établi les avantages de cette pratique ; il constate surtout
« qu'une vache ou un bœuf en liberté dans une prairie couvre,
« en vingt-quatre heures, au minimum, par ses bouses, une
« surface de 1 mètre carré, ce qui représente 200 mètres carrés
« pour deux cents jours, temps pendant lequel, à proprement
« parler, il y a de l'herbe dans la prairie. » L'épandage de ces
engrais est souvent négligé alors parce qu'il est assez long et
que la nécessité en est moins visible. Il faut ajouter que les animaux gâtent au moins autant de fourrage par leurs mouvements
sans but, qu'avec leurs pieds et leur bouche.

La condition économique essentielle du pâturage libre, c'est
que les champs soient parfaitement enclos de haies mortes ou
vives, afin d'épargner les frais de gardiennage. En Normandie,
on met dans chaque herbage en même temps que les bœufs ou
vaches, ou derrière eux, un certain nombre de moutons qu'on
empâture deux par deux, pour les empêcher de franchir les
clôtures : une corde de jonc ou de mauvais foin réunit deux ou
quelquefois trois bêtes par les paturons des membres opposés ;
ou bien chaque animal est ainsi empêtré d'un ou des deux
bipèdes latéraux. Grâce à cette précaution, on les laisse vaguer

le long des chemins ou dans les herbages dont ils ne peuvent franchir ni les haies ni même les fossés profonds. Un reproche à faire au système du pâturage, c'est que, base unique de la culture, il communique à la population des habitudes d'indolence et de paresse profondément invétérées. Mais quand il est suivi avec discernement et que les embouches sont convenablement soignés, que le bétail auquel on les livre est habilement choisi et bien proportionné, que la terre reçoit du dehors les engrais nécessaires à son entretien, le pâturage est à coup sûr, de tous les systèmes de production le plus économique.

L'alimentation au pâturage influe puissamment sur la conformation des animaux, surtout des chevaux et du bétail à cornes. Le cheval élevé aux champs et dans les herbages offre de la tendance à prendre l'encolure de cygne, par suite de la position que doit prendre cette région pendant l'action de manger; la tête est souvent massive et longue par l'afflux continuel du sang dans cette partie toujours portée vers le sol; dans les pâturages humides, il a la croupe avalée, la queue attachée bas, les membres grossiers, les jarrets droits et empâtés, tant à cause de la nature aqueuse de l'herbe qu'à cause des efforts incessants qu'il doit faire pour retirer à chaque pas ses membres d'un sol mobile sous lui. Sur les pâturages des montagnes, il a bien encore la tête longue, mais beaucoup moins grossière; la croupe est plus droite, les reins plus horizontaux, la queue plantée plus haut, les jarrets plus coudés, les membres plus fins et plus secs, le ventre plus relevé; les herbes en effet, sont plus nutritives sous un moindre volume, et les efforts exigés des membres et de la colonne vertébrale sont tout différents; courant tantôt selon la pente, d'autres fois contre elle, ou en travers, il prend des aplombs solides; ses membres exercés dans des allures rapides deviennent secs et nerveux, la colonne vertébrale n'est plus chargée d'un abdomen volumineux et se relève; la croupe n'étant plus sollicitée par de pesants efforts des membres est ramenée en haut avec tout le rachis pendant l'action de pâturer. Le bétail à cornes subit des modifications à peu près semblables. Le pâturage des vallées selon qu'elles sont plus ou moins fraîches, plus ou moins riches exerce une action plus ou moins identique de celle des marécages ou des montagnes; la taille est plus ou moins élevée, la laine plus ou moins longue, le lait plus ou moins abondant et riche, il favorise plus ou moins l'engraissement. En général, le pâturage des montagnes développe le tempérament sanguin-nerveux; celui des plaines et des vallées, le tempérament nerveux-lymphatique; celui enfin des marécages, le tempérament lymphatique.

2. STABULATION.

La stabulation a sur le pâturage cet immense avantage qu'elle procure une plus grande masse d'engrais; mais aussi, elle exige un climat favorable à la culture des fourrages soit naturels, soit artificiels, un sol riche, des capitaux abondants, une population nombreuse, plus de soins et de surveillance. Autant le pâturage économise la main-d'œuvre, autant la stabulation est exigeante sous ce rapport. C'est pour remédier au manque de densité de population causé par l'émigration, que les Anglais qui adoptent de plus en plus la stabulation, recourent avec tant d'ardeur aux instruments perfectionnés mus par le bétail ou la vapeur, machines à battre, à faucher, à faner, à moissonner, à labourer, à drainer, à houer, à semer, etc., etc.

Disons encore que si la stabulation est à peu près indispensable au bétail de trait, elle est souvent nuisible à la santé et au produit des vaches laitières, et surtout au développement des jeunes animaux, dans les races qui depuis un long temps sont entretenues au pâturage. A cet inconvénient, les Anglais remédient dans l'engraissement et l'élève, et dans l'entretien des vaches laitières, par l'emploi de straw-yard (cours à litière) et de paddocks (petits enclos), où les animaux trouvent de l'air et peuvent prendre de l'exercice tout en améliorant la qualité des fumiers dont par le tassement, ils rendent la fermentation plus égale. La vacherie d'élevage de l'école impériale d'agriculture de Grand-Jouan, celle de Dampierre chez M. de Béhague, offrent en France de bons modèles de ce genre de disposition; les propriétaires éclairés du nord de la France, MM. Bazin, Decrombecque, entre autres l'ont également adopté; Stephen dans son *Livre de la Ferme*, donne de nombreux modèles d'étables disposées d'après ces principes.

Un des grands reproches faits à la stabulation, c'est d'exiger l'emploi des pailles en litière, au lieu de permettre leur animalisation avec profit par la nourriture du bétail, et d'exiger de vastes logements pour abriter les animaux et leurs provisions fourragères. Au premier reproche, M. Huxtable, de Sulton-Waldren (Dorsetshire), fermier de deux exploitations importantes, répondit en construisant des box avec planchers mobiles à claire-voie. Les tringles sont écartées, pour les moutons, de 0ᵐ.015 les unes des autres; pour le bétail à cornes, le plancher en pente est formé de madriers écartés de 0ᵐ.025, de manière à laisser passer les excréments solides et liquides qui sont reçus en dessous par du sable ou de la terre, tandis que les animaux sont toujours sainement et proprement. D'autres cultivateurs que M. Decrombecque a imités, construisent leurs box à un mètre en contre-bas du sol; on ajoute successivement et chaque jour, dans cette fosse où l'on a descendu l'animal, de la terre argileuse et un peu de paille, qui absorbent toutes les urines et ne laissent dégager aucun gaz ni aucune odeur (1).

Au second reproche, tous les fermiers anglais répondent par des constructions économiques en sapin couvert de bruyères, et à claire-voie, ou fermées de branchages ou de planches brutes; par la mise en meule du fourrage et en silo des racines. Voilà donc bien des objections dont l'importance diminue beaucoup dans la pratique; la Bretagne tout entière peut servir de modèle sous le double rapport de l'économie des constructions pour le bétail, et d'emmagasinage des fourrages et racines. Un reproche plus fondé, peut-être c'est que la nourriture d'hiver du bétail à l'étable nécessite la culture des plantes-racines, le plus coûteux de tous les fourrages; mais outre que les racines sont la condition indispensable de l'entretien de tout bon bétail, elles font partie intégrante et presque nécessaire de toute bonne culture, dans les terres argileuses surtout. Ce n'est donc point à la stabulation qu'il faut s'en prendre, et il n'est point prouvé en somme et tout bien considéré, que la culture des racines soit onéreuse pour une exploitation.

La stabulation a pour effet de rendre les animaux plus doux et plus dociles; elle fait épaissir la peau tout en la conservant souple; le poil devient plus gros et quelquefois frisé, tout en restant doux. Les chevaux élevés au râtelier ont le plus souvent l'encolure longue, droite, souvent même renversée; la tête, en général est courte, fine et carrée; les reins sont quelquefois ensellés et la croupe horizontale avec la queue attachée haut, par suite de la position que prend l'encolure pendant le repas. Les

(1) Des dessins représentant ces diverses dispositions pour les étables, les bergeries et les porcheries sont insérés dans le *Traité des constructions rurales*, par *L. Bouchard*. 3 volumes grand in-8°, avec 150 planches.

membres présentent souvent des aplombs défectueux ou une
conformation vicieuse, par le défaut de soin apporté aux sols
d'écurie, et le manque d'exercice dont les jeunes chevaux auraient tant besoin ; aussi rencontre-t-on souvent chez les sujets
élevés ainsi les jarrets clos et étroits, les pieds plats ou encas-
telés, panards ou cagneux. Les inconvénients sont beaucoup
moindres pour le bétail à cornes, et ne portent guère que sur
l'ensemble de la constitution interne. Certaines races, celle
flamande par exemple, se reproduisent cependant sous ces
influences depuis un long temps, sans qu'on ait observé de sensibles inconvénients. C'est le régime qui règle les aptitudes bien
plus que le système d'alimentation, et le séjour permanent à
l'étable n'est pas plus nuisible à la production du lait qu'à celle
de la graisse. Les vaches laitières fortement nourries seules,
sont disposées à la phthisie quand elles ont atteint l'âge de six
à huit ans.

Un des sérieux avantages de la stabulation, et que nous
avons omis de noter plus haut, c'est qu'elle permet de surveiller l'acte de la reproduction bien plus facilement que le
pâturage. Dans ce dernier système, en effet, ou les mâles sont
mis en liberté avec les femelles, et alors l'accouplement est
livré au hasard ; ou ils sont conservés à la ferme, et alors beaucoup de chaleurs passent sans être remarquées et les femelles
deviennent ensuite stériles ; joignez-y les embarras que présente le retour des femelles du pâturage à la ferme, retour
impossible quand les pâturages sont éloignés dans les montagnes, ainsi qu'en Auvergne. La stabulation est donc à peu
près inséparable de toute œuvre d'amélioration dans le bétail.
Nous ne parlerons point ici de la stabulation mixte, quoique ce
soit la pratique, de beaucoup, la plus commune en France ; ses
effets physiologiques sont moins marqués que ceux des deux

systèmes purs, et se résolvent dans la question du régime dont nous allons nous occuper.

Quant à la question économique, elle a été résolue à un point de vue par les expériences tentées par MM. de Dombasle, de la Tour et un boucher de Metz et desquelles il résulte que, si on fait exception des embouches de première qualité, le fauchage donne un produit plus abondant que le pâturage, c'est-à-dire que la même superficie nourrira un poids plus considérable de viande, étant fauchée, que pâturée. Cette conclusion est confirmée encore par le mémoire précité de M. Durand de Caen.

§ 5. Fixation et distribution des rations.

Les aliments qui doivent entrer dans la composition des rations sont de trois sortes :

1° Aliments nutritifs à un haut degré (principes plastiques et respiratoires, — grains, tourteaux, farines, etc.).

2° Lest solide (paille, balles de céréales, foin, siliques de colza, son, résidus demi-solides d'usines).

3° Lest dissolvant (eau, résidus fluides de distilleries, sucreries, féculeries, amidonneries).

La plupart des aliments remplissent en partie les deux premiers de ces rôles, mais à divers degrés ainsi que nous allons le voir. Nous avons examiné plus haut quelle devait être la proportion entre les principes plastiques ou azotés, et les principes respiratoires ou ternaires et carbonés. Cette portion de la ration doit subvenir aux exigences de la vie sécrétrice et à l'entretien des organes et appareils fonctionnels ; accroissement et réparation des muscles, des os ; sécrétions de la graisse, du lait, de la laine, du veau, etc. Mais pour que la digestion puisse

s'exécuter régulièrement, pour que l'assimilation, par conséquent, puisse être aussi complète que possible, il ne suffit pas
de fournir les principes nutritifs à l'état d'extrait, il faut qu'ils
soient renfermés dans des aliments assez volumineux, d'une
mastication et d'une digestion faciles, ou bien qu'ils soient
accompagnés d'aliments ayant ces propriétés, et formant ce
qu'on nomme lest. Le foin, la paille, la balle des céréales, le
son, etc., remplissent en partie ce rôle, et ont surtout pour
effet de remplir suffisamment l'estomac, de tendre les organes,
quelquefois d'absorber une partie de l'humidité surabondante
d'autres aliments composant avec eux la ration, en un mot, de
rendre la digestion possible et efficace. C'est ce même rôle que
remplissent en partie le pain et la soupe dans l'alimentation de
l'homme. De même que chez lui, la digestion serait difficile ou
incomplète avec l'ingestion exclusive de la viande, de même
aussi pour un cheval qui ne recevrait que de l'avoine en ration,
quelle qu'en fût la quantité; aussi ajoute-t-on à ce grain, du
foin et de la paille ou tout autre fourrage naturel ou artificiel
vert ou sec.

Le lest contient bien une certaine proportion de principes
azotés, mais surtout des principes respiratoires et de la fibre
ligneuse dont la plus grande partie ressort intacte du corps
après la digestion. Les racines, les fourrages verts et secs
peuvent seuls et sans inconvénient pour la plupart des animaux
composer à eux seuls une ration d'entretien. Mais dès qu'on
veut obtenir un produit quel qu'il soit, travail, vitesse ou sécrétions, il faut leur adjoindre d'autres aliments plus riches en azote.

La relation entre les aliments nutritifs et le lest doit être
calculée avec le volume à ingérer dans l'estomac et suivant le
but qu'on veut atteindre. Un animal qu'on veut simplement
entretenir sans lui demander de produits, pourra recevoir plus

de lest et moins d'éléments nutritifs, mais les intestins et l'estomac seront distendus, et le ventre retombera volumineux. Un cheval qui doit faire un service de grande vitesse recevra sa ration presque exclusivement en aliments très-nutritifs avec fort peu de lest, aussi aura-t-il le ventre relevé et souvent levretté. Pour ceux dont on veut tirer des produits réguliers et économiques, le lest n'arrive qu'en supplément après la ration d'aliments nutritifs et le mieux est de le laisser, comme les Anglais, à la discrétion instinctive de l'animal.

Le lest liquide ou dissolvant n'est pas moins indispensable à l'accomplissement fructueux de la digestion ; il ramollit les fibres ligneuses, mélange dans l'estomac les divers aliments grossièrement broyés, les prépare à l'action des sucs gastriques, etc. La proportion du liquide à ingérer varie avec le régime vert ou sec, et les aliments qui le composent. Les moutons boivent proportionnellement moins que le cheval, et celui-ci moins que le bœuf. M. Riedesel, cité par Villeroy, fixe la proportion du liquide absorbé à 4/30 du poids vif, pour la vache, en y comprenant l'humidité contenue dans la ration. M. Villeroy pense que pour les bêtes à cornes à l'engrais, cette ration doit être composée d'un tiers d'aliments solides, et deux tiers d'aliments délayés ; mais il parle de résidus d'usines, et nullement, ce qui est le cas le plus ordinaire, de l'eau simple. Il ajoute cependant qu'une vache de taille moyenne doit consommer 80 litres de liquide en trois repas, et cela sans doute, au régime sec. M. Collot (*Manuel de la vache laitière*, p. 89) dit qu'une petite vache doit absorber par jour 50 litres d'eau, une moyenne 70, une grande de 90 à 100 ; un bœuf de travail 120, un bœuf à l'engrais 150. Nous pensons que l'eau à introduire dans l'estomac, en dehors de la ration doit être laissée à la volonté de l'animal, en invitant pourtant, par certains mé-

I.   25

langes, les vaches laitières à en absorber la plus grande quantité possible, quand on spécule sur la vente du lait en nature. Mais si l'on voulait établir à cet égard quelques chiffres positifs il serait indispensable de tenir compte, comme M. Riedesel, de l'humidité renfermée dans les aliments. M. Lefour est plus explicite que MM. Villeroy et Collot : « Les individus de l'es-« pèce bovine, dit-il, paraissent absorber 4 à 5 parties d'eau « pour une partie sèche. J'ai reconnu qu'en hiver, une vache « buvait 30 à 35 kilogr. d'eau. C'est également la proportion « observée par Tessier. En été, quoique la nourriture verte « contienne souvent les quatre cinquièmes d'humidité, l'animal « absorbe quelquefois une masse de liquide aussi considérable « qu'en hiver, mais sa transpiration est plus abondante. La « proportion de la partie sèche et humide, indépendamment « de la boisson, pourrait être fixée dans le rapport de 4 : 1 en « hiver, et de 3 : 1 en été. » (*Annales de l'agriculture française*, 3e série, t. XX, 1837, p. 86.)

Afin de pouvoir plus facilement calculer les rations, on a cherché à établir, tantôt d'après la composition chimique, et tantôt d'après les expériences pratiques, le rapport nutritif qui existait entre les divers aliments, en prenant pour type le bon foin de prairies naturelles. Mais d'abord quel sera l'étalon de ce fourrage typique, dont les qualités sont bien loin d'être identiques sur les différents sols et sous les divers climats de la France même. Et puis les mêmes aliments ne possèdent pas les mêmes qualités relatives à l'égard des animaux de nos différentes espèces domestiques. Il faudrait, pour arriver à une certaine exactitude, une foule d'expériences longues et coûteuses autant que difficiles. Tels qu'ils sont cependant, ces tableaux d'équivalents nutritifs, formés de la moyenne donnée par un grand nombre de cultivateurs ou de savants habiles, peuvent rendre de grands services au praticien. Nous ne les recopierons point ici, par la raison toute simple qu'on les trouvera partout.

Dans le calcul des rations donc, on a pris pour base, d'un côté la conversion des aliments en leur équivalent nutritif de foin, de l'autre, le poids vivant de l'animal ; les auteurs sont généralement d'accord aujourd'hui :

1° Que pour entretenir un animal adulte dans un état moyen d'embonpoint et de santé, sans lui demander aucun produit, il fallait lui accorder par jour 1^k.500 de foin par chaque 100 kilogr. de son poids vivant. C'est la ration d'entretien.

2° Que pour obtenir un produit quelconque d'un animal (travail, viande, lait, veau, etc.) il fallait lui donner une ration au moins double de la précédente, soit 3 kilogr. de foin par 100 kilogr. de son poids vif. C'est ce qu'on appelle la ration d'accroissement ou de production.

Nous croyons qu'en France on se resserre trop parcimonieusement dans ces limites, et cela, aux dépens de la production économique ; aussi, verrons-nous plus loin un nourrisseur de Paris, M. Damoiseau, donner à ses vaches laitières une ration de 4.37 pour 100 ; M. Demesmay accorde à ses bœufs à l'engrais 5.40 pour 100 ; M. de Dombasle, 4.45 ; M. Hette, 5.39. Les animaux habitués à être bien nourris peuvent sans inconvénient être rationnés à discrétion ; or il n'y a que la ration poussée jusqu'au superflu qui donne la production économique ; qu'on relise plutôt l'histoire de ce qui arriva à M. Riedesel avec les Suisses acheteurs du lait de sa vacherie. (Villeroy, *Manuel de l'éleveur de bêtes à cornes*, 1re édit., p. 179.)

Dans un remarquable mémoire sur l'*alimentation et la respiration des animaux*, M. Allibert, professeur de zootechnie à Grignon, a établi et appuyé de chiffres et d'expériences cette loi que « la ration complète, exprimée en foin, d'un animal, est

« au poids de cet animal dans un rapport d'autant plus grand
« que ce poids est plus petit. » Nous sommes loin de contester
cette loi, mais nous pensons que le professeur l'a mal appuyée
en se servant de chiffres donnés par les auteurs, MM. Boussingault, Weckerlin, etc. En effet de ce que nous voyons la vache
de Simmenthall du poids de 811 kilogr. rationnée par M. Boussingault à 1.85 pour 100 tandis que la bretonne de 190 kilogr.
est rationnée à 4 pour 100, s'ensuit-il que la grande vache
allemande est plus économique ; qu'avec la ration de 1.85 elle
donnera autant de lait que la bretonne avec celle de 4, ou en
d'autres termes qu'on atteindra le même produit avec 185 kil.
de foin donnés à la vache de Simmenthall qu'avec 400 kilogr.
donnés à la bretonne ? Non évidemment ; mais évidemment
aussi, la ration de 1.85 était mal combinée ou bien ce n'était
qu'une ration d'entretien qn'on ne saurait comparer avec celle
de production indiquée pour la vache bretonne. La vraie question à décider, selon nous, est celle-ci : deux vaches de
400 kilogr. poids vivant, chacune, et une vache de 800 kilogr.
vif, toutes trois donnant le même produit relativement à leur
poids, arrivées à la même époque de vêlage, également nourries jusque-là, toutes proportions gardées, étant nourries à
discrétion des mêmes aliments, quels seront en fin de compte la
consommation des deux petites et leur produit, comparés à la
dépense et aux produits de la grande ? Nous croyons pouvoir
affirmer que les deux vaches de 400 kilogr. consommeront plus
que celle de 800 kilogr., mais que les 100 kilogr. de foin consommés par elle fourniront aussi un nombre de litres de lait
beaucoup plus élevé ; il en serait de même aussi de trois bœufs
à l'engrais placés dans les mêmes circonstances relatives. Ainsi
les petits animaux consomment davantage que les grands proportionnellement à leur taille, mais ils s'assimilent plus complé-

tement la nourriture. C'est bien là la loi de M. Allibert, mais elle ne ressort point du tout de son tableau des rations.

En somme, avec des animaux bien choisis, et habilemen dirigés, plus on augmente la consommation et plus on élève le produit, plus aussi la production devient économique; or, nous avouons ne rien comprendre à ce qu'on appelle ration d'entretien; que peut faire le cultivateur d'un animal auquel il ne demande rien que du fumier? Les demi-rations comme les demi-fumures sont ce qu'il y a de plus ruineux, et de même qu'il vaut mieux restreindre l'étendue cultivée afin de la mieux fumer, de même il vaut mieux diminuer le nombre de son bétail pour le mieux nourrir. Un sot amour-propre a pu seul jusqu'ici entraîner les cultivateurs français dans cette voie ruineuse. Pour nous, voici comment nous croirions devoir établir les rations de nos animaux :

Chevaux de labour..................	200 kilog. poidsr vif.	4.00 °/.
—	450	—	3.50
—	600	—	3.00
Vaches laitières..................	200	—	6.00
—	300	—	5.50
—	400	—	5.00
—	500	—	4.50
—	600	—	4.00
Bœufs de travail et d'engrais........	400	—	6.00
—	500	—	5.50
—	600	—	5.00
—	700ᵏ poids vif et au-dessus.	4.50
Porcs à l'engrais..................	40 kilogr. poids vif.	7.00
—	80	—	6.70
—	100	—	6.50
—	150	—	6.00
Moutons à l'engrais et brebis portières..	30	—	6.25
—	40	—	6.00
—	50	—	5.50
—	60	—	5.00

Ainsi que l'a fort bien établi M. de Béhague dans une note sur l'emploi comparé du cheval et du bœuf, ce dernier ne doit point être traité par un cultivateur qui comprend son intérêt, comme un animal exclusivement destiné au trait; relayé au travail, bien nourri, il doit être maintenu en bon état de chair, ne jamais être forcé, et usé au travail; il faut prévoir les accidents qui le livreront à la boucherie à laquelle il doit toujours revenir en fin de compte, mais avec d'autant plus de profit pour l'agriculteur, que son engraissement aura été préparé, ou du moins n'aura pas été rendu impossible par un abus mal entendu de ses forces. Quant aux élèves, on ne saurait fixer en chiffres leur ration; le mieux est de nourrir dans une complète abondance ceux que l'on destine à produire de la viande. C'est pendant la première période de leur existence que les jeunes animaux ont besoin d'une nourriture nutritive et abondante, si l'on veut qu'ils se développent promptement et avec de belles formes; c'est pendant ce temps aussi que d'une quantité donnée d'aliments ils tirent un meilleur parti; l'assimilation est alors plus complète, pour diminuer successivement d'activité avec l'âge. Il y a donc tout profit à avoir des races précoces et à nourrir abondamment les jeunes animaux. Il en est autrement des races de travail et de lait, comme nous le dirons plus tard.

Dans la race de Durham, pour obtenir un accroissement moyen par jour, en poids vif de $0^k.800$, il faudrait d'après les expériences faites au haras du Pin et par M. de Torcy, rationner ainsi qu'il suit :

Du sevrage à un an...................... 5.00 °/₀
D'un à deux ans......................... 4.25
De deux à trois ans..................... 3.75
De trois à quatre ans................... 3.25

On obtient ainsi **1** kilogr. de poids vif par **15** kilogr. de foin ou l'équivalent; en d'autres termes **100** kilogr. de foin produisent 6ᵏ.666 de poids vivant.

Il n'y a peut-être que pour la vache laitière que l'abondance dans la ration doive être maintenue dans certaines limites au delà desquelles la lactation diminue et l'engraissement commence. Ce résultat cause de nombreux mécomptes et ne se présente point sur toutes les races : ainsi vous pouvez à peu près impunément forcer de nourriture une laitière hollandaise et flamande; elle augmentera en lait, mais n'engraissera pas; il n'en est pas de même de la bretonne ni de la normande et c'est un reproche qu'on leur a souvent fait, à tort ou à raison. M. Collot dit avoir expérimenté que si une vache laitière

Recevant 10 kilogr. de foin.......   produit 4 litres 40 de lait,
    avec 12   —   .... elle en donnera 5 — 50 —
      — 14   —   ....   —   6 — 42 —
      — 16   —   ....   —   7 — 06 —
      — 18   —   ....   —   7 — 06 —

C'est-il dire qu'à ce point, il n'y aura plus d'augmentation dans le lait et que l'animal commencera à engraisser, puis le lait diminuera successivement.

Ce dont il importe de bien se persuader encore, c'est que la même ration ne donnera pas les mêmes produits sur des animaux de races ni d'espèces différentes; dans la même race, il faut tenir compte de l'aptitude et de la conformation spéciales aux individus, de l'habileté et des soins de ceux qui administrent la ration. Pour donner une idée de ces différences, il nous suffira de rassembler les chiffres suivants qui ne sont pas sans avoir leur utilité. Pour produire un kilogr. de poids vivant,

Dans le mouton, il faut d'après M. R. Stephenson. 90^k.000 de turneps,
—   —   —   ou   40^k.000 de pommes de terre.
—   —   —   ou   8^k.695 de grains (seig. ou orge).
—   —   —   ou   21^k.794 de tourteau de colza.
—   —   M. Caffin d'Orsigny   25^k.000 de foin.
Sur les bœufs, vaches et moutons   —   ou   13^k.000 d'avoine.
—   —   —   ou   10^k.000 d'orge.
Sur les vaches, d'après   M. Boussingault..   11^k.620 de foin.
Sur les bœufs à Hohenheim d'après le d^r Rueff.   18^k.338 de foin.
—   sur la race de Mürzthall d^r Llubeck   29^k.940 de foin.
Sur le porc, d'après M. Caffin d'Orsigny.......   10^k.000 d'avoine.
—   —   —   ou   7^k.300 d'orge.

Ces données cependant ont encore besoin de vérification ; c'est ainsi qu'il est hors de doute pour nous qu'il ne faudra pas à un mouton de race dishley ou southdown 25 kilogr. de foin pour faire 1 kilogr. de poids vivant, ni surtout 21^k.794 de tourteaux ; mais on sait combien ces expériences sont difficiles à faire et il serait presque impossible de les tenter sur chaque race. Ce qu'il importe de mettre ici en lumière, c'est que le porc est celui de nos mammifères qui assimile le plus complétement, puis vient l'espèce bovine, et enfin le mouton.

Connaissant à peu près la quotité des aliments nutritifs à faire entrer dans la ration, il est important encore de choisir les divers fourrages qui devront en faire partie. Le but proposé, l'espèce et la race auxquelles appartiennent les animaux, la nature et l'abondance des aliments qu'on possède à sa disposition, leur valeur vénale actuelle, etc., déterminent surtout ce choix. Ainsi, pour les chevaux, on peut avoir à choisir entre le sarrasin, l'avoine, le seigle, les féveroles, le son, etc.; pour les animaux à l'engrais, entre les différents grains et les divers tourteaux. Dès lors, c'est l'habileté et le tact de l'éleveur qui sont en jeu et doivent chercher la solution économique sans dépens pour la santé des animaux et la quantité ni la qualité des produits qu'on leur demande. On ne saurait rien établir de positif à cet égard et nous nous bornerons à citer quelques exemples pris dans les exploitations les plus remarquables de la France, ou du moins les plus connues :

ESPÈCES d'animaux.	EXPLOITATIONS ET CULTIVATEURS.	FOINS et autres fourrages secs.	AVOINE, orge ou autres grains.	COLZA en tourteaux.	PAILLE
		Kilogr.	Kilogr.	Kilogr.	Kilogr.
Chevaux de trait.	M. de Dombasle (Roville).........	10.000	3.000	»	»
	M. Boussingault (Bechelbronn).....	10.000	3.300	»	2.500
	M. Dumoncel (Martinvast).........	10.000	2.898	»	»
	M. Pabst (Hohenheim).............	4.570	7.000	»	1.000
	M. Hette (Bresle)..............	5.000	5.700	»	1.000
	M. Decrombecque (Lens).........	5.000	7.000	0.880	4.000
	M. Turck (Nancy)...............	10.000	7.000	»	»
	M. Bella (Grignon)..............	7.500	8.400	»	»
	M. Sauvaige (Guizancourt).......	11.000	7.000	»	»
Bœufs de travail.	M. Hette (Bresle)..............	3.700	1.000	2.000	4.000
	M. de Béhague (Dampierre).......	5.000	»	»	5.000
	M. Sauvaige (Guizancourt)........	»	»	2.000	6.000
	M. Dumoncel (Martinvast)........	12.000	»	»	4.000
Vaches laitières.	M. Sauvaige (Guizancourt)........	»	»	1.000	4.000
	M. Bodin (Trois-Croix)..........	3.000	0.750	»	»
	M. Pabst (Hohenheim)............	7.500	»	»	1.400
	M. Hette (Bresle)...............	3.700	1.000	2.000	4.000
	M. Desgraviers (gd Milbrugge-Nord).	3.000	»	»	»
	M. Damoiseau (Paris)............	4.000	5.000	»	6.000
Bœufs à l'engrais.	M. Hette (Bresle)...............	0.500	1.500	2.500	2.500
	M. Sauvaige (Guizancourt)........	»	1.500	2.500	4.000
	M. Villeroy (Rittershoff)..........	8.000	»	2.500	»
	M. de Dombasle (Roville)..........	2.500	»	2.500	»
	M. Demesmay (Templeuve).......	»	»	6.000	12.000
	M. Pabst (Hohenheim)............	7.500	3.000	»	2.500
Moutons et brebis.	M. Nivière (la Saulsaie), moutons mérinos.	0.340	0.065	»	»
	— — brebis portières.	1.020	0.100	»	»
	M. Pabst (Hohenheim), béliers mérinos.	0.700	ε	»	0.327
	Rambouillet, 1851, mouts et brebis mérinos.	0.615	2.497	»	»
Moutons à l'engrais.	M. Hette (Bresle).	0.040	0.134	0.176	0.300
	M. Sauvaige (Guizancourt).	»	»	0.275	0.300
	M. de Dombasle (Roville).........	1.000	0.500	0.500	»
Porcs à l'engrais.	M. Hette (Bresle)...............	»	0.266	0.406	»
	M. Boussingault (Bechelbronn).....	»	1.110	»	»
	M. Bardonnet (Montberneaume)....	»	10.000	»	»
	M. Dumoncel (Martinvast).........	»	»	»	»
	— —	»	»	»	»
	— —	»	»	»	»

VES, aves, tes.	PULPE de betteraves.	FOIN (équivalent en).	POIDS VIF.	RATION en foin pour 100 kil. du poids vif.	AZOTE dans la ration en foin.	AZOTE dans la ration réelle.	OBSERVATIONS.
gr.	Kilogr.	Kilogr.	Kilogr.	Kilogr.	Kilogr.	Kilogr.	
»	»	15.850	»	»	0.18.22	0.17.20	
»	»	17.700	»	»	0.20.13	0.18.58	
»	»	17.900	»	»	0.20.70	0.20.21	Plus 1 kil. 715 gr. de son (juments).
»	»	18.570	»	»	0.21.37	0.18.83	
)00	»	21.600	»	»	0.25.40	0.21.18	Carottes.
»	»	21.750	»	»	0.25.62	0.20.25	
»	»	23.500	»	»	0.27.02	0.25.00	
800	»	24.380	»	»	0.28.04	0.26.18	Carottes.
»	»	24.700	»	»	0.28.40	0.25.95	
»	20.000	17.416	»	»	0.19.73	0.23.79	
»	»	20.000	»	»	0.23.00	0.23.35	Compris 14 kilogr. marcs de fécule.
,	50.000	23.566	»	»	0.27.20	0.29.22	
)00	»	23.800	600	3.963	0.27.37	0.22.62	Betteraves.
)00	8.000	9.870	»	»	0.11.25	0.12.26	Betteraves.
)00	»	10.966	»	»	0.13.74	0.11.00	Betteraves, paille à discrétion.
)00	»	15.632	»	»	0.26.57	0.25.94	Betteraves.
,	20.000	17.366	»	»	0.19.92	0.23.89	
,	50.000	19.666	»	»	0.22.55	0.22.45	
)00	»	26.216	600	4.37	0.30.13	0.27.99	
'	20.500	16.166	300	5.39	0.18.51	0.20.20	
,	25.000	17.666	400	4.41	0.20.30	0.24.96	
,	»	21.330	500	4.26	0.24.53	0.23.80	Plus 25 kil. résidus de distillerie.
, ·	»	20.000	450	4.45	0.23.00	0.28.29	Plus 50 kil. — —
,	33.000	27.000	500	5.40	0.31.05	0.45.66	
)00	»	27.658	800	3.45	0.31.29	0.27.79	Betteraves.
500	»	0.595	»	»	0.00.69	0.00.63	
)	»	1.220	»	»	0.01.39	0.01.36	
935	»	1.094	»	»	0.01.25	0.01.17	
)	»	5.465	»	»	0.06.22	0.04.75	
)	»	0.635	»	»	0.00.73	0.01.13	
)	2.000	1.291	»	»	0.01.48	0.02.06	
)	»	3.000	»	»	0.03.45	0.04.31	Résidus de distillerie à discrétion.
580	0.697	»	»	»	»	0.06.05	Plus 1 kil. 412 gr. de viande cuite.
370	»	»	»	»	»	0.03.95	Plus 460 gr. lait et petit-lait.
)00	»	»	»	»	»	0.24.70	Pommes de terre cuites.
)00	»	»	»	»	»	0.12.56	Carottes crues.
500	»	»	109.500	»	»	0.08.25	4 kilogr. recoupettes.
,	»	»	143	»	»	0.10.99	7 kilogr. recoupettes.

On voit dans quelles larges limites peut varier la ration, suivant les circonstances économiques qui régissent la culture. Par malheur nous n'avons pu le plus souvent indiquer le poids vif des animaux, ce renseignement ayant été négligé par les auteurs.

Une nourriture trop abondante, car il existe aussi parmi les animaux des grands mangeurs et des gourmands, développe le ventre, distend les organes, et une grande partie des aliments traversent le corps sans avoir été digérés. Aussi, dans une écurie comme dans une étable, les animaux doivent-ils être séparés deux à deux, sinon seul à seul, afin qu'on puisse proportionner la ration à la taille et à l'appétit de chacun, sans quoi l'un engraisse tandis que souvent l'autre dépérit. Pour que l'assimilation soit complète, il faut que la digestion s'accomplisse sans trouble et avec régularité, et pour cela, il est indispensable que l'animal soit rassasié sans être cependant rempli à l'excès.

On sait quel avantage retirent les animaux, en général, de la continuation, en hiver, d'une nourriture verte, ajoncs, racines, etc.; on doit donc faire entrer autant que possible ces aliments dans le régime. M. de Béhague conseille d'établir la proportion suivante pour les bêtes à cornes à l'engrais : 2/5 foin ou autres fourrages secs ; 1/5 en farines ou tourteaux ; 2/5 en racines. Dans ce cas, on commence par donner le foin, puis on abreuve les animaux ; on donne les racines qu'on saupoudre avec les farines ou le tourteau en poudre, puis on abreuve une seconde fois. Mais on doit toujours commencer le repas par les aliments les moins appétissants. La propreté la plus scrupuleuse doit être observée dans tout ce qui touche à l'alimentation : les râteliers, les auges doivent être parfaitement nettoyés avant d'y jeter les fourrages, les racines ou les grains; la distribution ne doit se faire que par petites portions à la fois, pour les fourrages verts ou secs et les racines. Les animaux se dégoûtent d'un fourrage sur lequel leur haleine s'est longtemps promenée ; les racines qui resteraient dans l'auge fermenteraient avec le tourteau et les farines et répandraient une odeur repoussante. Lorsque le râtelier est rempli de fourrages, les bêtes choisissent le meilleur et laissent tomber le moins bon sous leurs pieds, tandis qu'elles consomment la ration entière donnée par poignées seulement. On évite ainsi toute perte et on excite l'appétit du bétail. Quant aux farines elles doivent être toujours données avec des aliments aqueux, jamais seules.

Pour les chevaux, on doit distribuer le fourrage vert ou sec d'abord et par petites portions, puis on abreuve et ensuite on donne l'avoine. M. Marlot, vétérinaire dans l'Yonne a fait quelques expériences sur des chevaux destinés à être sacrifiés, abreuvant les uns avant de leur donner l'avoine, donnant aux autres l'avoine d'abord, puis l'eau blanche ; dans les premiers, il retrouvait par l'autopsie, peu après, l'estomac rempli d'avoine en commencement de digestion ; dans les seconds, il ne retrouvait plus qu'une portion des grains, le reste ayant été entraîné par l'eau dans les intestins. Sur les animaux conservés, il a toujours observé le même fait, c'est-à-dire que les crottins des chevaux abreuvés après l'avoine renfermaient toujours beaucoup plus de grains non digérés que ceux des animaux qui n'étaient abreuvés qu'ensuite. Le foin doit toujours être secoué à la fourche avant d'être mis au râtelier ; s'il renferme de la poussière, on le secouera d'autant plus complétement, après quoi on l'arrosera d'un peu d'eau salée, avant de le distribuer. Quand l'animal rentre en sueur du travail, on le bouchonne fortement, et on ne commence le repas que lorsque le flanc est calme et le poil ressuyé. Le barbotage au son doit être abandonné comme prédisposant à la pousse ; cependant, c'est un moyen utile de faire consommer les fourrages de qualité inférieure. On fait la litière et l'on étrille matin et soir, pendant que l'animal mange le foin.

Si nous passons aux vaches laitières, nous pourrons citer un excellent règlement qui avait été fait en 1847 pour la vacherie de Grand-Jouan, par M. Lespiault, ancien élève de Hofwyl. « Le pansage du matin dure 2 heures à 2 heures et demie. Il se compose ainsi : à 5 heures, distribution de nourriture; l'individu chargé de la vacherie donne à chaque vache quatre rations de fourrage vert, une ration chaque quart d'heure. Une ration se compose à peu près du volume de fourrage vert que peut embrasser un homme de moyenne taille. On a la précaution de ne donner à chaque animal qu'une ration à la fois, et de ne donner la suivante qu'après que la première a été consommée, ce qui demande à peu près un quart d'heure, pour laisser l'appétit à l'animal et prévenir le dégoût que pourrait amener une trop grande abondance de fourrages.

« Pendant le repas des bestiaux, un homme les carde et les brosse avec soin. Leur repas achevé, on les conduit à l'abreuvoir; pendant leur absence, un domestique enlève les excréments, refait la litière et répand de la paille fraîche. A la rentrée de l'abreuvoir, deux rations de fourrage vert sont encore distribuées comme précédemment. Pendant que les animaux le consomment, on continue à les carder et à les brosser.

« Après le pansage du matin, le vacher s'occupe d'apporter dans la case ménagée à cet effet la paille qui doit fournir la litière pour le pansage du soir, puis il rentre les fourrages verts qui doivent alimenter le bétail. Cette manière d'agir a l'avantage d'économiser le temps, d'occuper les domestiques et de laisser les animaux en repos pendant la journée. On a grand soin quand le repas est terminé, et que les animaux ne mangent plus, de tenir les auges et râteliers parfaitement propres.

« Le second pansage se fait de midi à 2 heures et absolument comme celui du matin. Le pansage du soir se fait de 6 à 8 heures comme les deux précédents. Le vacher apporte à la case le fourrage et la paille litière pour celui du lendemain matin. »

A Hohenheim, 154 vaches laitières sont soignées par trois vachers et deux enfants. Voici, d'après M. Lefour, l'ordre des pansages : lever à 4 heures en été, nettoyer les mangeoires, donner le sel. De 4 à 7 heures, mettre, en trois reprises, le fourrage devant les animaux, enlever la litière, la retourner, traire et faire boire les veaux. A 7 heures déjeuner; faire la litière et étriller jusqu'à 9 heures. De 11 heures à 1 heure, repos; de 1 heure à 6 heures, répétition des mêmes travaux. Un homme spécial hache le vert, la paille et les racines, un autre fauche le vert. (*Annales de l'agriculture française*, 3ᵉ série, 1837, tome XX, page 90.)

A Sahlis, chez le docteur Crusius, voici le détail du pansage d'hiver : à 4 heures du matin, les étables sont nettoyées. Les vaches reçoivent à 5 heures un peu de paille, puis une ration d'aliments cuits. On les trait à 7 heures. Pendant cette opération, elles reçoivent du foin; à midi, des betteraves coupées et mêlées de paille hachée. L'après-midi, le traitement du matin est renouvelé; les vaches ont du foin pour la nuit. Le lait est trait deux fois par jour. (C. de Gourcy, *Journal d'agriculture pratique*, numéro du 20 février 1854, page 137.)

En Vendée le pansage des bœufs à l'engrais se pratique, d'après M. Maillet, de la manière suivante : le matin, à 5 heures 1/2 ou 6 heures, on ouvre les portes, on nettoie les crèches et les râteliers, et on donne une première brassée de foin (de 5 à 7 kilogr.) par couple; lorsque cette ration est mangée, on en donne une deuxième ou troisième de choux branchus. A 7 heures ou 7 heures 1/2, le repas étant achevé, on mène les animaux à l'abreuvoir d'où ils ne rentrent que pour trouver sous leurs pieds une litière fraîche, et dans leur crèche des feuilles de choux auxquelles succèdent d'ordinaire des racines. A midi, on donne de nouveau foin, ou des choux, et on fait boire. A 3 heures, on recommence comme le matin. Le pansement finit vers 6 heures. Les bœufs ruminent jusqu'à 9 heures, où on leur porte une dernière brassée de choux. (Leclerc-Thoüin, *Agriculture de l'Ouest*, page 430.)

Le nombre et la durée des repas varient suivant l'espèce des animaux et la spéculation à laquelle ils donnent lieu. Les chevaux de travail font partout et toujours trois repas en toute saison. En Normandie, ils font encore en été, un déjeuner à 8 heures, et à 4 heures un goûter, dans les champs. Les vaches laitières font presque toujours trois repas en été et deux au moins en hiver. Quant aux bœufs à l'engrais, on est généralement d'accord pour leur faire faire trois et rarement quatre repas par jour. On a reconnu que les repas ne doivent pas être trop rapprochés pour que l'animal puisse ruminer, digérer et assimiler en repos. Les chevaux ont besoin, pour prendre leur repas, d'un temps plus long que les bœufs qui achèvent leur digestion dans les intervalles du travail. Le repas terminé, l'étable des bœufs à l'engrais doit être fermée, et on doit les laisser dans le plus grand repos jusqu'au repas suivant.

Mais une fois l'heure du repas établie, il est essentiel, surtout pour le bétail de graisse, de le distribuer avec la plus grande ponctualité, afin d'éviter l'inquiétude des animaux, leurs mouvements désordonnés et les indigestions. Nous traiterons du pansage à la main, en parlant de l'engraissement.

Pour les moutons, les principes généraux sont les mêmes, mais les recommandations de propreté sont plus importantes encore. Donner peu à la fois, graduer la succulence des aliments, distribuer à heures fixes, ne jamais agir brusquement, voilà les grandes règles d'après lesquelles on doit gouverner ce craintif bétail. Des chaudières suspendues servent à l'abreuvage; les râteliers sont droits pour que le fourrage ne tombe pas dans la toison, et par un semblable motif, on affourage avant la rentrée des animaux. Le plus généralement on distribue trois repas par jour, et quatre ou même quelquefois cinq pour les animaux à l'engrais.

FIN DU TOME PREMIER.

TABLE DES MATIÈRES.

FIN DE LA TABLE DU TOME PREMIER.

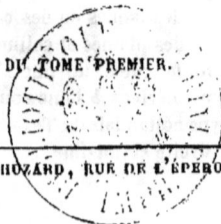

PARIS. — IMPR. DE Mᵐᵉ Vᵉ BOUCHARD-HUZARD, RUE DE L'ÉPERON, 5. — 1862.

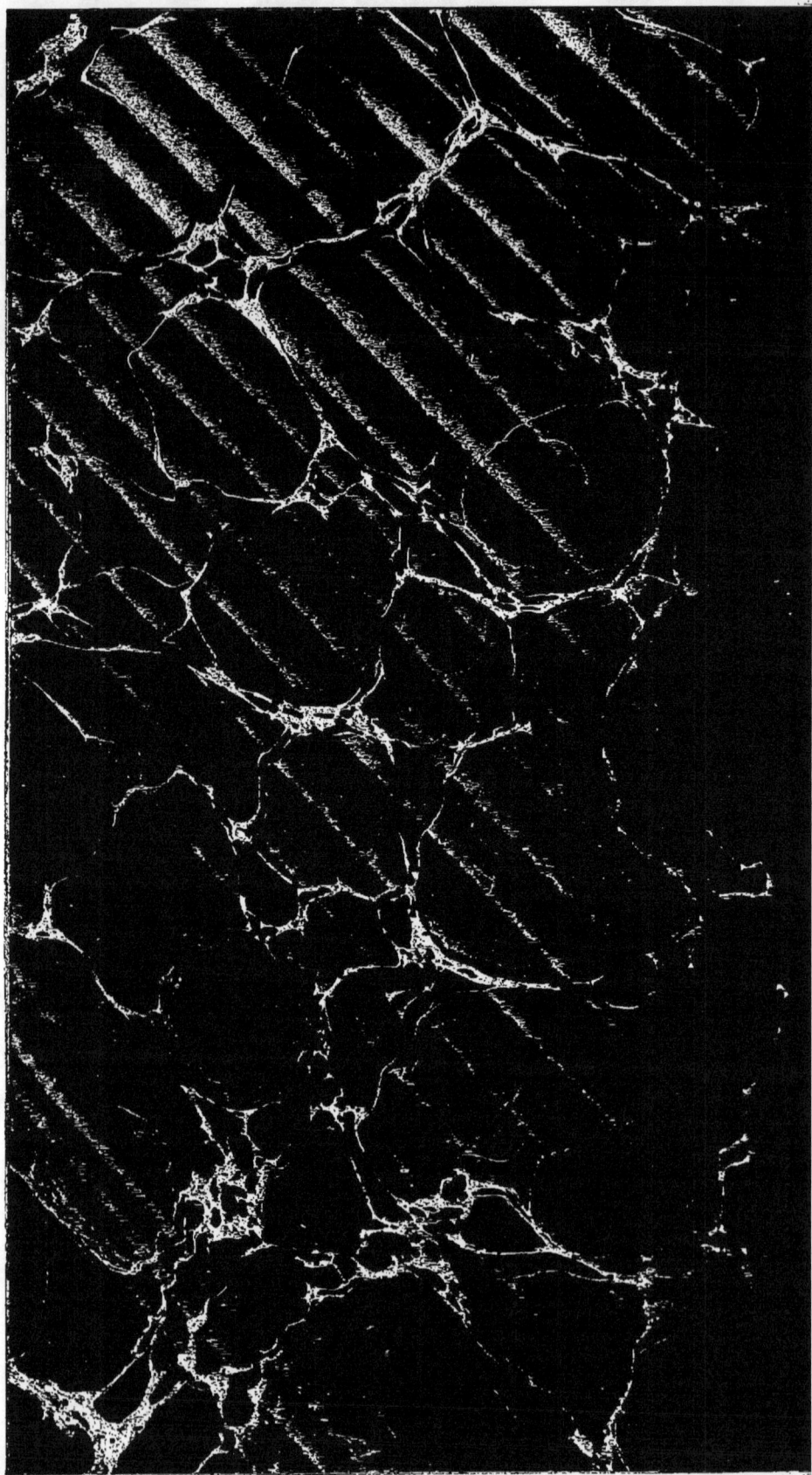

www.ingramcontent.com/pod-product-compliance
Lightning Source LLC
Chambersburg PA
CBHW061958220326
41599CB00021BA/3284